普通高等教育"十一五"国家级规划教材

# 新编材料力学

## 第 3 版

哈尔滨工业大学国家工科力学基础课程教学基地　组编

主编　张少实　王春香
参编　张桂莲　胡恒山
主审　盖秉政　高宗俊

U0241079

机械工业出版社

本书是"国家工科力学基础课程教学基地"建设项目的研究成果之一，是普通高等教育"十一五"国家级规划教材，是"哈尔滨工业大学'十一五'教材规划"中的重点教材。本书也是首批"国家精品课程"和"国家精品资源共享课程"主讲教材，同时是"哈工大国家力学课程教学团队"建设项目的标志性成果之一。党的二十大报告指出，必须坚持科技是第一生产力、人才是第一资源、创新是第一动力，深入实施科教兴国战略、人才强国战略、创新驱动发展战略。本书在编写过程中，充分注意到后续课程以及新时代工程设计思想、理念与方法的深刻变革，刻意追求加强与适当拓宽基础，强化应力与应变分析主线，突出力学、几何、物理三大方程，向当代前沿开设窗口与接口等。本书在内容、体系、结构与问题表述上均有较大的创新。

全书包括绪论、应力状态分析、应变状态分析、材料的力学性能与应力应变关系、轴向拉压、扭转、弯曲、组合内力时杆件应力计算、能量原理、超静定结构、材料失效及强度理论、杆件的强度与刚度计算、联接、弹塑性变形与极限载荷分析、疲劳与断裂、压杆稳定等共16章。

本书可作为高等工科院校本科各专业教材，亦可作为有关工程技术人员的参考书。

为便于教师讲授本书，配套编制了电子教案，教师可通过 http：//www.cmpedu.com 注册后免费下载使用。

## 图书在版编目（CIP）数据

新编材料力学/张少实，王春香主编. —3 版. —北京：机械工业出版社，2017. 12（2024. 8 重印）

普通高等教育"十一五"国家级规划教材

ISBN 978-7-111-58650-0

Ⅰ. ①新… Ⅱ. ①张… ②王… Ⅲ. ①材料力学-高等学校-教材

Ⅳ. ①TB301

中国版本图书馆 CIP 数据核字（2017）第 298939 号

机械工业出版社（北京市百万庄大街 22 号　邮政编码 100037）

策划编辑：张金奎　责任编辑：张金奎　汤　嘉　责任校对：郑　婕

封面设计：马精明　责任印制：单爱军

北京虎彩文化传播有限公司印刷

2024 年 8 月第 3 版第 6 次印刷

184mm×260mm·21.5 印张·521 千字

标准书号：ISBN 978-7-111-58650-0

定价：59. 80 元

电话服务

客服电话：010-88361066

010-88379833

010-68326294

**封底无防伪标均为盗版**

网络服务

机 工 官 网：www.cmpbook.com

机 工 官 博：weibo.com/cmp1952

金 书 网：www.golden-book.com

机工教育服务网：www.cmpedu.com

# 第3版前言

　　自 2009 年 3 月对本书第一次修订起，已过去九年时间。这期间经历了哈尔滨工业大学材料力学课程建设从"国家精品课程"向"国家精品资源共享课程"的飞跃。同时，还恰逢哈尔滨工业大学力学课程教学团队建设成为国家级教学团队的有利契机。无疑，本教材在这一飞跃和契机中，得到了进一步的审视和锤炼。不仅如此，这期间移动互联网和移动通信技术获得了飞速发展，手机已经成为全民的便捷通信工具。所有这些，都为本次修订工作提供了有利条件。

　　本次修订，在教材内容选取、体系结构设计以及杆件应力与变形分析方法叙述等方面，仍沿用了第 2 版的做法。进一步传承适当拓宽和深化基础知识，突出应力与应变分析主线，凸显平衡、几何、物理三方面条件在分析、求解杆件应力和变形时的核心作用这一编写理念。

　　由于本版采用双色印刷，故重新绘制了全书的绝大部分插图。新插图以蓝色与亮蓝色为主色调，约定：研究对象、未知的和需要求解的力学量（约束力、内力、应力、位移、变形等）、要引起读者特别关注的线、面和体，教材中的难点与重点等，一般用亮蓝色和蓝色绘制或标注。用透明色，描述出被遮挡的或形体内部的线和面的变形情况（如弯曲等），以助于读者的形象思维和对知识的理解。不同的面（如单元体等）采用不同颜色或亮度，用渐变色模拟光照等，用以增强插图的立体感。

　　本次修订，设置了二维码，一些没有写入和无法写入本书中的相关教学内容和信息以及辅助教学等，被编撰并链接相应的二维码。概括起来，这些内容和信息包括：工程实例视频与图片、动态插图（动画）、构件整体应力分布规律彩色云纹图片、知识点的外延和深化、解题示例、力学史话、前沿问题，等等。手机扫描封底二维码，即可浏览和学习这部分内容。

　　对于上一版中个别不严谨的叙述和错误之处，作了修正。

　　综上所述，第 3 版《新编材料力学》具有如下特色：

　　1. 基础知识适当拓宽和深化。材料力学的基本概念（如强度、刚度、稳定性、应力、应变、应变能，等等），基本原理和理论（如切应力互等、平衡、应变连续和变形协调、应力应变关系、能量原理、互等定理、强度理论，叠加原理等等）以及基本方法（综合平衡、几何、物理三个方面条件分析和求解力学问题，能量法，叠加法等），是变形体力学最基础、最普遍的知识，它们和研究对象的形体是否为杆件没有任何必然性。因此，加强和深化这部分内容，能够从一般性或普遍性条件或问题中引出的，就不必拘泥于杆件，从而更能引导学生体悟到这些知识所具有的普遍性和基础性，而不至于使其误读为只有杆件才适用。

2. 所有插图用双色和不同亮度色调绘制，新颖、亮丽，形象、逼真，透明感与立体感强。这样，使得那些无法看到的（如构件内部点、线、面的位移和变形规律）和抽象的，以及课程重点和难点内容（如平面假设、截面上应力分布规律等）变得可见、直观，形象、清晰和易于理解；使得重要和须特别关注的地方更加醒目、凸显。

3. 二维码助教，使得本书有了支持移动网络和移动通信的功能。从而，极大地丰富了辅助教学信息，使本书真正成为一本能满足学生个性化学习的"立体教材"。用移动通信工具扫描封底二维码，可以获得诸如答疑、解惑、深化、外延、前沿、动态插图等更加丰富的辅助教学信息，同时，这些辅助教学内容容易修改和与时俱进。

参加本版修订工作的有张少实、王春香、张桂莲、胡恒山四位教授，主编由张少实、王春香担任。张少实负责全部书稿和二维码部分的统稿以及第1、9、10、11章的修订与所辖二维码内容的编撰工作；王春香负责部分书稿统稿以及第4、7、8、16章的修订与所辖二维码内容的编撰工作；张桂莲负责第5、6、12、13章、附录A的修订与所辖二维码内容的编撰工作；胡恒山负责第2、3、14、15章的修订与所辖二维码内容的编撰工作。全书绝大部分插图，二维码所辖的文本文档（署名者除外）、彩色图片以及59幅动画均为张少实原创。

本书修订期间，哈尔滨工业大学国家力学课程教学团队，航天科学与力学系、航天学院、校本科学院和校教务处的各级领导给予了极大的关心和支持。材料力学课程组的老师，特别是青年老师，提出了宝贵意见，并给予许多帮助，特此一并感谢！

特别要提及的是，哈尔滨工业大学固体力学学科带头人盖秉政教授和航天学院高宗俊教授，他们不顾年事已高，认真地审阅了全书，并提出了宝贵意见与建议。在此，致以崇高敬意和衷心感谢。

囿于水平，难免错误和疏漏，敬请老师和读者批评、斧正。

编　者

2018 年 2 月

# 第2版前言

本书自 2002 年第 1 版出版以来，已使用了七年。本次修订正值哈尔滨工业大学材料力学国家精品课程、力学课程国家教学团队建设工作努力展开并取得一定成效的时期；也正值普通高等教育"十一五"国家级规划教材方案实施和积极向前推进的时期。修订工作被纳入这一规划和建设工作当中，受到了学校和团队的热切关注和极大支持。团队和精品课程建设对本书修订小组提出了高标准要求，并为本书修订工作进一步指明了努力方向。

强化基础知识，深化应力与应变分析思想，突显平衡、几何、物理三方面条件在分析、求解力学问题中的核心作用，增强对理论知识的直观表述是本书的特色，也是本次修订工作所遵循的指导思想。七年来，随着教育部"教学质量工程"建设的进一步开展，随着我国教育、教学改革热潮的蓬勃兴起，随着使用本书的教师投身教学实践的继续深入，证明当前在我国材料力学教材这个生机勃勃的百花园中，具有这一特色的材料力学是有其生命力的，并已得到广大教师、学生和读者的认可。

遵循上述思想，修订后的《新编材料力学》，沿用了原来的内容、体系架构；将圆轴扭转，梁弯曲变形时应力、变形分析和求解的叙述部分内容做了改写；增加了提高构件疲劳强度措施等联系工程实际的知识；新增了少量例题；重新绘制了插图，使得全书插图风格趋于统一。

参加第 2 版修订工作的有张少实教授、王春香教授和张桂莲副教授。张少实教授担任主编，并绘制了书中的全部插图。在修订期间，哈尔滨工业大学教务处、航天学院、航天科学与力学系的领导给予了莫大的关怀和支持。团队和课程组同仁提出了中肯的意见，并给予有益的指导。特别是哈尔滨工业大学固体力学学科带头人盖秉政教授、航天学院高宗俊教授审阅了全部书稿，提出了许多宝贵意见。在此，谨致以崇高的敬意和衷心的感谢。

因为水平有限，修订后的教材难免有疏漏和欠妥之处，敬望广大教师和读者批评与给予指导。

编　者
2009 年 3 月

V

# 第1版前言

本书是"国家工科力学教学基地"建设项目的研究成果之一，是"哈尔滨工业大学'十五'教材规划"中的重点教材。

由于计算机技术的广泛应用，AutoCAD、大型结构有限元分析软件等已成为工程师手中的得力工具。高速快捷的计算机设计与精细周密的有限元分析，再加之新型材料与先进工艺的不断涌现，使得工程设计思想、理念与方法发生了深刻变革。本书编写过程中，充分注意到工程设计的这一变革以及后续课程的改革，刻意追求如下总体目标：

加强与适当拓宽基础；强化应力与应变分析观点并以此为全书主线；突出力学、几何、物理三大方程；统一坐标系统；加强对理论知识的形象直观表述与联系工程实际；向当代前沿适当开设窗口与接口等。

由此，本书在内容、体系、结构与知识表述上均做了较大幅度的更新。特别是书中的插图，由于得益于计算机强大的绘图功能，它们改变了传统的线框图形的面貌，取而代之的是立体感与透明感较强的二维与三维图形。这样，将会得到更形象直观的描述效果，更有助于读者对知识的理解。

全书包括绪论、应力状态分析、应变状态分析、应力应变关系与材料的力学性能、轴向拉压、扭转、弯曲、复杂内力时应力计算、能量原理、超静定结构、材料失效与强度理论、杆件强度与刚度计算、联接、弹塑性变形与极限载荷分析、疲劳与断裂、压杆稳定等共16章。

本书由张少实教授主编，盖秉政教授主审。参加编写的老师有：王春香副教授（第4、7、12、13章）、薛福林副教授（第6、9章）、张桂莲副教授（第8、10章以及附录A、B）、牟宗花副教授（第5、16章）、张少实（第1、2、3、11、14、15章）。书中的绝大部分图形是由张少实在计算机上绘制的。

本书的编写得到了国家工科力学基地建设项目基金与哈尔滨工业大学重点教材基金资助，哈尔滨工业大学教务处给予直接关怀与大力支持。在经历了五轮循环的试点教学过程中，哈尔滨工业大学实验学院、航天工程与力学系等单位积极配合、鼎力相助。哈尔滨工业大学固体力学学科带头人盖秉政教授、北京科技大学靳东来教授审阅了全书，提出了许多宝贵意见与建议。哈尔滨工业大学材料力学教研室全体老师一直关注着本书的编写工作，他们也对本书提出了宝贵意见。我们在此谨致以衷心的感谢。

囿于编者的有限水平，书中难免存在缺点、疏漏与错误之处，恳请广大教师与读者不吝指正。

编　者

# 目 录

第 3 版前言

第 2 版前言

第 1 版前言

第 1 章　绪论 ……………………………… 1

1.1　强度　刚度　稳定性 …………………… 1

1.2　变形固体及其基本假设 ………………… 2

1.3　外力及其分类 …………………………… 3

1.4　变形与位移 ……………………………… 4

第 2 章　应力状态分析 …………………… 6

2.1　内力 ……………………………………… 6

2.2　应力的概念　正应力与切应力 ………… 9

2.3　一点的应力状态　切应力互等定理 …… 10

2.4　二向应力状态分析　解析法 ………… 13

2.5　二向应力状态分析　图解法 ………… 17

2.6　三向应力状态分析 …………………… 21

2.7　微体平衡 ……………………………… 25

习题 ……………………………………… 27

第 3 章　应变状态分析 ………………… 31

3.1　应变概念　线应变与切应变 ………… 31

3.2　位移与应变的关系　几何方程 ……… 32

3.3　应变协调条件　相容方程 …………… 34

3.4　平面应变状态分析 …………………… 35

习题 ……………………………………… 38

第 4 章　材料的力学性能与应力应变
　　　　关系 …………………………… 41

4.1　材料的力学性能与基本试验 ………… 41

4.2　轴向拉伸和压缩试验 ………………… 42

4.3　常见工程材料的应力-应变曲线 …… 46

4.4　应力松弛与蠕变 ……………………… 48

4.5　各向同性材料的胡克定律 …………… 49

4.6　应变能 ………………………………… 53

4.7　各向同性材料弹性常数间的关系 …… 56

4.8　各向异性材料应力-应变关系 ……… 56

习题 ……………………………………… 57

第 5 章　轴向拉压 ……………………… 60

5.1　轴向拉压杆的内力 …………………… 60

5.2　轴向拉压杆的应力 …………………… 61

5.3　圣维南原理　应力集中 ……………… 63

5.4　轴向拉压杆的变形　变形能 ………… 65

5.5　轴向拉压超静定问题　温度应力
　　　装配应力 …………………………… 67

5.6　构件受惯性力作用时的应力计算 …… 72

习题 ……………………………………… 75

第 6 章　扭转 …………………………… 81

6.1　扭转杆件的内力 ……………………… 81

6.2　圆轴扭转横截面上的切应力 ………… 83

6.3　圆轴扭转破坏模式的分析 …………… 86

6.4　圆轴扭转变形与变形能 ……………… 87

6.5　非圆截面杆扭转 ……………………… 88

6.6　薄壁杆的自由扭转　剪力流 ………… 90

习题 ……………………………………… 93

第 7 章　弯曲 …………………………… 96

7.1　梁的内力　剪力与弯矩 ……………… 96

7.2　剪力图与弯矩图 ……………………… 98

7.3　载荷、剪力及弯矩间的关系 ………… 101

7.4　纯弯曲梁的正应力 …………………… 104

7.5　有关弯曲的讨论 ……………………… 109

7.6　弯曲切应力 …………………………… 111

7.7　开口薄壁非对称截面梁的弯曲
　　　弯曲中心 …………………………… 117

7.8　梁的弹性弯曲变形　弹性曲线微分
　　　方程 ………………………………… 119

7.9　直接积分求梁的变形 ………………… 121

7.10　叠加原理与叠加法求变形 ………… 124

7.11　曲杆弯曲 …………………………… 128

习题 ……………………………………… 130

第 8 章　组合内力时杆件应力计算 …… 138

8.1 斜弯曲 …………………… 138
8.2 偏心拉伸与压缩 …………… 141
8.3 弯曲与扭转 ………………… 146
习题 …………………………… 148

第9章 能量原理 ……………… 153
9.1 虚功 杆件内力的虚功 …… 153
9.2 虚功原理及其对杆件的应用 … 155
9.3 莫尔定理 …………………… 158
9.4 图形互乘法 ………………… 161
9.5 虚功原理应用于小变形固体 … 166
9.6 冲击 ………………………… 169
习题 …………………………… 173

第10章 超静定结构 …………… 177
10.1 超静定结构的概念及其分析方法 … 177
10.2 用力法分析超静定结构 …… 178
10.3 具有对称与反对称性的超静定
结构 ……………………… 186
10.4 连续梁 …………………… 188
习题 …………………………… 191

第11章 材料失效及强度理论 … 196
11.1 常用工程材料的失效模式及强度
理论概念 ………………… 196
11.2 关于断裂的强度理论 …… 198
11.3 关于屈服的强度理论 …… 199
11.4 莫尔强度理论 …………… 201
11.5 强度条件与强度计算 …… 203
习题 …………………………… 206

第12章 杆件的强度与刚度计算 … 209
12.1 强度计算与刚度计算 …… 209
12.2 轴向拉压杆件的强度计算 … 210
12.3 扭转杆件的强度与刚度计算 … 212
12.4 弯曲杆件的强度与刚度计算 … 214
12.5 组合内力时杆件的强度与刚度
计算 ……………………… 219
12.6 提高杆件强度与刚度的一些措施 … 223
习题 …………………………… 225

第13章 联接 …………………… 234
13.1 工程中常见的联接结构 …… 234
13.2 剪切实用计算 …………… 235
13.3 挤压实用计算 …………… 236
13.4 焊缝与胶粘接缝的实用计算 … 238
习题 …………………………… 240

第14章 弹塑性变形与极限载荷
分析 ……………………… 242
14.1 弹塑性变形与极限载荷法概念 … 242
14.2 应力-应变关系曲线的简化 … 244
14.3 超静定桁架的极限载荷 …… 245
14.4 圆轴的弹塑性扭转 残余应力 … 247
14.5 梁的弹塑性弯曲 塑性铰 … 248
习题 …………………………… 250

第15章 疲劳与断裂 …………… 252
15.1 交变应力及其描述 ……… 252
15.2 疲劳的概念与材料的疲劳极限 … 254
15.3 影响疲劳极限的主要因素 … 256
15.4 疲劳强度计算 …………… 260
15.5 变幅交变应力下构件的疲劳强度
计算 ……………………… 264
15.6 疲劳裂纹扩展与构件的疲劳寿命 … 267
15.7 提高构件疲劳强度的措施 … 271
习题 …………………………… 273

第16章 压杆稳定 ……………… 275
16.1 压杆稳定性概念 ………… 275
16.2 确定临界力的静力法 欧拉公式 … 276
16.3 超过比例极限压杆临界力的计算 … 280
16.4 关于压杆稳定性的进一步讨论 … 283
16.5 中心加载压杆稳定性计算 … 286
习题 …………………………… 289

附录 …………………………… 293
附录A 截面的几何性质 …… 293
附录B 型钢表（GB/T 706—2008） … 306
附录C 部分习题答案 ……… 321

参考文献 ……………………… 332

与理论力学不同,材料力学的研究对象——构件,不再是刚体,而是变形固体,在外力作用下将发生形状与尺寸的改变。当构件所承受的外力超过某一限度时,就要丧失承载能力而不能正常工作。因而要求构件应具有一定的强度、刚度与稳定性。材料力学就是研究构件强度、刚度、稳定性的一门科学。

## 1.1 强度 刚度 稳定性

材料力学将工程结构物(各种机械、仪器及建筑结构等)的零部件统称为构件。例如,图 1-1 所示的车床主轴、齿轮、传动轴等均为构件。构件工作时因承受一定的外力(包括载荷和约束力)而发生的几何形状和尺寸的改变,称为变形。当构件所承受的外力超过某一限度时,就要丧失承载能力而不能正常工作。有如下三种丧失承载能力的形式:

1)构件发生破坏。例如,图 1-1 所示的车床主轴若断裂,则车床将不能工作。又如,飞机的机翼断裂,其后果是不堪设想的。

2)构件的变形过大,超过允许范围。例如,图 1-2 所示的车床主轴,由于工作时发生弯曲变形而使工件的回转轴线与刀具前进方向发生偏斜,这样,加工出的工件会带有一定的

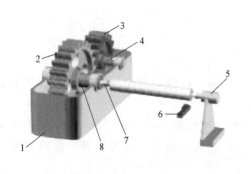

图 1-1

1—床头箱 2—主轴齿轮 3—传动轴齿轮
4—传动轴 5—尾座 6—刀具
7—顶尖 8—主轴

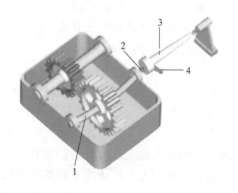

图 1-2

1—主轴 2—顶尖 3—工件 4—刀具

锥度。主轴变形越大，工件锥度亦越大。可见，若主轴变形过大而超过允许范围，那么加工出的工件就不能满足精度要求而成为废品。不仅如此，主轴弯曲变形过大还将使齿轮不能正常啮合、轴承不合理的磨损、甚至要引起车床振动等。

3）构件不能稳定地保持原有的平衡形态。图1-3所示为磨床工作原理图，当活塞杆受压时，若压力达到某一数值，在意外干扰力下，活塞杆会突然弯曲而失去原来直杆的平衡形态，从而丧失承载能力。这种破坏称为失稳（或屈曲）。

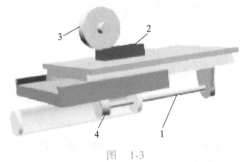

图　1-3
1—活塞杆　2—工件　3—砂轮　4—活塞

由此可见，要保证构件工作时不丧失承载能力，应要求其具有一定的强度、刚度和稳定性。

- 强度——构件抵抗破坏的能力；
- 刚度——构件抵抗变形的能力；
- 稳定性——构件保持原有平衡形态的能力。

为提高构件的强度、刚度、稳定性，而盲目地增大构件截面面积或选用优质材料，势必要提高成本、浪费材料、增加构件重量、降低机械效率而不经济，在某种条件下，一味地增大构件截面面积反而会降低强度。

应用材料力学的知识能设计出具有足够强度、刚度和稳定性，同时又最节省材料、最经济的合理构件。

## 1.2　变形固体及其基本假设

实际上，任何物体受力后都要发生变形。在理论力学中从其研究任务出发，忽略了物体的变形，通常将研究对象视为刚体。而在材料力学中要研究构件的强度、刚度和稳定性，不能忽略物体的变形，因此将构件视为**变形固体**。

变形固体按其几何形状分为：

1）块体，如图1-4a所示。

2）板，如平板（图1-4b）、曲板（或称壳体）（图1-4c）。

3）杆件，轴线是直线的为直杆（图1-4d），轴线是曲线的为曲杆（图1-4e），等截面的直杆为等直杆。

变形固体的性质是多方面的，在研究构件强度、刚度和稳定性时，自然要关心变形固体与强度、刚度和稳定性有关的物理性质，而对与其无关的性质（如导电性、导热性等）不予考虑，为此对变形固体作下列基本假设：

（1）连续性假设　假设变形固体在其整个体积内，连续地、毫无空隙地被构成该固体的物质所充满，即变形固体内的介质是连续介质。这样，在材料力学中就可以引入无穷小概念并能运用数学中的微分、积分等分析方法。

（2）均匀性假设　假设变形固体内各个质点（或各个部分）物质的性质都是相同的。这就是说，从变形固体内任意切取一体积单元，其物质的性质与所切取的部位、切取的大小无关。譬如材料的弹性模量（也称杨氏模量，是我们在物理学中早就熟悉的），由于有了均匀性假设，那么它对变形固体内任何一点都具有相同的数值。

（3）各向同性假设　假设变形固体内每一点处，沿任何方向物质的性质都是相同的。这样，若在变形固体内切取一体积单元，其物质的性质与该单元在变形固体内的方位无关，这种性质称为各向同性。具有各向同性的物体称为各向同性体，否则称为各向异性体。

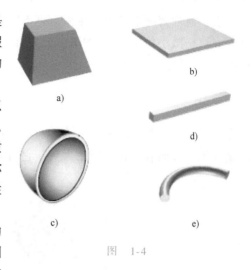

图　1-4

从微观或细观的角度来说，制成变形固体的任何材料都是不连续、不均匀和各向异性的。例如工程中常用的金属材料，其内部总是存在诸如砂眼、气孔等各种缺陷；即便是没有缺陷，组成物质的分子、原子间还会有空隙，因而是不连续的。钢材是由铁、碳等元素组成，不同元素其性质不同，因而钢材是不均匀的。金属中包含着许许多多且排列错综复杂的晶体，就每个晶体来说，不同方向性质是不相同的，晶体是各向异性的。但是，由于是从宏观的、统计的角度来研究变形固体的力学行为，因而完全可以把变形固体假设成连续的、均匀的各向同性体。

需要说明的是，由于所面临的问题和研究的对象不同，在某种情况下不得不放弃其中某一个或某几个假设。譬如，近些年来高技术领域中广泛使用的纤维增强复合材料，是由纤维、基体和界面相复合而成。对于这类材料，即使是从宏观、统计的角度来研究，纤维、基体和界面的性质也是完全不同的；顺着纤维方向和垂直纤维方向的力学行为也是大不相同的。这样，在复合材料力学学科中，就需放弃均匀性假设和各向同性假设，把复合材料制成的变形固体视为非均匀的各向异性体。

## 1.3　外力及其分类

### 1.3.1　静载荷与动载荷

若载荷在其作用过程中，随着时间推移不发生变化或变化十分缓慢和微小，这样引起构件变形时各质点的加速度为零或小到可以忽略的程度，则称这样的载荷为静载荷。例如，重力、建筑物对地基的压力等都是静载荷。反之，若载荷在其作用过程中，随着时间推移发生明显变化，引起构件变形时各质点的加速度大到不能忽略的程度，这样的载荷称为动载荷。譬如，锻锤对工件的打击力、内燃机气缸内的气体压力等都是动载荷。

在后面的讨论中将会看到，动载荷作用效果与静载荷大不相同。因此，在工程设计中若误把动载荷当作静载荷，则设计或分析的结果将是错误的，可能要产生危险的后果。

### 1.3.2　体积力与表面力

分布在物体整个体积内的力称为体积力，例如重力和惯性力。体积力作用在物体内各个质点上，通常情况下各点处体积力是不同的。为表明物体内某点 $a$ 处体积力大小和方向，围绕点 $a$ 取一微小体积 $\Delta V$，如图 1-5a 所示。设 $\Delta V$ 内的体积力为 $\Delta Q$，则平均集度 $\Delta Q/\Delta V$ 的极限 $F$

$$F = \lim_{\Delta V \to 0} \frac{\Delta Q}{\Delta V}$$

就是 $a$ 点体积力集度。矢量 $\boldsymbol{F}$ 在坐标轴上投影 $F_x$、$F_y$、$F_z$ 称为点 $a$ 的体积力分量，其指向沿坐标轴正方向者为正，反之为负。它们的因次是 ［力］［长度］$^{-3}$。

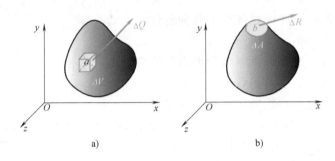

图　1-5

分布在物体表面上的力，例如流体的压力和接触力等，称为**表面力**。一般情况下，物体表面各点受力是不同的，为表明表面某点 $b$ 处的表面力大小和方向，围绕点 $b$ 取一微小面积 $\Delta A$，其上表面力为 $\Delta R$（图 1-5b），则表面力平均集度 $\Delta R/\Delta A$ 的极限 $S$

$$S = \lim_{\Delta A \to 0} \frac{\Delta R}{\Delta A}$$

就是点 $b$ 的**表面力集度**。矢量 $\boldsymbol{S}$ 在坐标轴上投影 $S_x$、$S_y$、$S_z$ 称为点 $b$ 的表面力分量，其指向沿坐标轴正方向者为正，反之为负。它们的因次是 ［力］［长度］$^{-2}$。

### 1.3.3　分布力与集中力

外力作用在构件的某一区域内，则为**分布力**，上述的体积力与表面力均为分布力。若力作用在构件某一极小区域内，可视为作用在一点上，称为**集中力**。例如，一辆卡车对一长桥作用就可视为集中力。

## 1.4　变形与位移

### 1.4.1　弹性变形与塑性变形

变形固体在外力作用下将发生变形。若载荷完全卸去后，变形能够消失，使构件又恢复到原来的形状和尺寸，称这种变形为**弹性变形**。反之，变形不能消失，被永远保留下来，称这种变形为**塑性变形**或**残留变形**。

实验指出，一般金属材料在一定受力限度内，力和变形成正比（线性）关系，这样的弹性体称为**线性弹性体**，简称**线弹性体**。

### 1.4.2 大变形与小变形

若物体的变形量与物体变形前的尺寸相比很微小，这样在建立其静力平衡方程时可以忽略其变形量，而使用物体变形前尺寸，那么此种变形为小变形。反之，在建立其静力平衡方程时若无法忽略其变形量，那么这种变形为大变形。发生大变形时，变形与力不再呈线性关系，属非线性力学问题。材料力学只研究小变形问题。

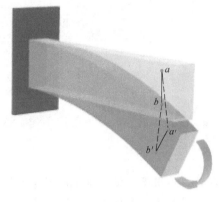

图 1-6

### 1.4.3 位移

物体发生变形时，物体内各个质点要移动（被固定约束的质点除外），使各个质点间的相对位置发生改变。如图 1-6 所示，点 $a$ 在物体变形时移到点 $a'$，点 $b$ 移到点 $b'$。线段 $aa'$、线段 $bb'$ 分别是点 $a$、点 $b$ 的线位移。变形前物体内微线段 $ab$ 变形后移到 $a'b'$，线段 $a'b'$ 和线段 $ab$ 间夹角，就是 $ab$ 微线段的角位移。位移是矢量，线位移在 $x$、$y$、$z$ 方向的分量用 $u$、$v$、$w$ 来表示，其指向沿坐标轴正方向者为正；反之为负。

在外力作用下，变形固体内部相邻各部分之间产生了相互作用力，这就是内力。内力反映出材料对外力具有抗力和传递效能。某一截面上的内力是连续作用在该截面的各个点上，对于杆件，横截面上的内力，系指横截面上各点分布内力所组成的力系向截面形心简化的合力与合力矩。一般情况下，不同横截面上内力亦不相同，可用截面法求得。

分布内力在截面上一点处的强弱程度（简称分布集度），称为应力。应力在过该点截面的法向方向分量，称为正应力；在切向方向分量，称为切应力。通常情况下，构件内不同点的应力是不相同的。

用单元体来表示构件内的一个点，用单元体上作用的应力来表示该点处的应力状态，并分类为单向应力状态、纯切应力状态、二向应力状态、三向应力状态。对于同一点，一般情况下，在过该点的不同面上，应力分量是不相同的，这可用解析或图解的方法分析求解；但其主应力、主平面、主切应力、主切平面是确定不变的。

静力平衡微分方程描述了构件内部任意一点平衡时，应力分量与外力分量间应满足的关系；而应力边界条件描述了构件表面上任意一点平衡时，外力分量与应力分量间应满足的关系。

## 2.1 内力

### 2.1.1 内力的概念

图 2-1a 所示杆件，左端固定，右端承受轴向拉伸载荷 $F$ 而发生伸长变形，同时固定端处产生沿轴向方向的约束力 $F'$（$=F$）与之平衡（图 2-1b）。此时若沿某一截面 $m$-$m$ 将杆件切开（图 2-1c），则在外力 $F$ 作用下左右两部分就要分离，固定端处也不会产生约束力 $F'$，外力亦随之消失。在未切开而受拉时，左右两部分不分离，说明在 $m$-$m$ 截面上左右两部分间有相互作用力。这种力完全由外力引起，并随着外力改变而改变。这种力若超过了材料所能承受的极限值，杆件就要在某一截面处断裂，称此种力为内力。所谓内力，就是受力构件相邻两部分间的相互作用力。内力反映了材料对外力有抗力，并能将外力传递到杆件内部的其他地方。

### 2.1.2 内力的求法

现在要求 $m$-$m$ 截面内力，可假想在 $m$-$m$ 截面处用一平面将构件截开，保留左半部分，

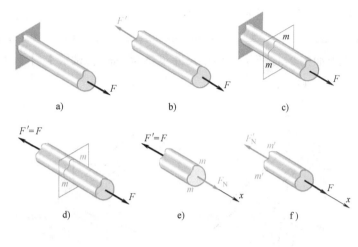

图　2-1

去掉右半部分，将右半部分对左半部分作用力用内力 $F_N$ 代替（图 2-1e）。保留部分内力与外力是平衡的，对保留部分列静力平衡方程，有

$$\sum F_x = 0 \qquad F_N - F' = 0$$

解此方程可得 $F_N = F' = F$。这就是说，欲求构件某一截面上内力，可假想用一平面在该截面处将构件截开，保留其中某一部分，去掉另一部分，并在该截面处将去掉部分对保留部分的作用力用内力代替，然后对保留部分列静力平衡方程，即可求得内力。这种方法称为截面法。

需要注意的是，内力是连续地分布在截面各个点上的力系，一般情况下可向截面形心（形心的概念可见附录 A）简化为一个主矢和一个主矩。而这个主矢与主矩在图 2-2 所示的坐标系中，又可分解为 $F_N$、$F_{S_y}$、$F_{S_z}$ 三个主矢分量和 $T$、$M_y$、$M_z$ 三个主矩分量。这些主矢与主矩分量就是材料力学中所谓的内力分量，其中 $F_N$ 为轴力，使杆件发生轴向拉伸或压缩变形；$F_{S_y}$、$F_{S_z}$ 为剪力，发生剪切变形；$T$ 为扭矩，发生扭转变形；$M_y$、$M_z$ 为弯矩，发生弯曲变形。

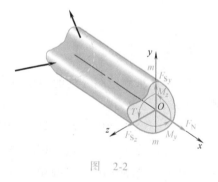

图　2-2

### 2.1.3　内力的符号规定

用截面法求内力时，若保留杆件 m-m 截面（图 2-1d）的右半部分，将左半部分对右半部分的作用力用内力 $F_N'$ 代替（图 2-1f），显然 $F_N'$ 与 $F_N$ 是作用力与反作用力的关系。如果仍然按着理论力学的方法来规定内力的符号，那么在图示的坐标中，$F_N$ 取正号，而 $F_N'$ 应取负号，这样就出现了随保留部分的不同，内力符号也不相同的矛盾。合理的结果应该是，无论保留构件的哪一部分，所得内力大小和符号都应该相同。为此，规定外法线沿着坐标正方向的截面称为正面，反之称为负面（图 2-1f 所示的 m'-m' 截面即为负面）；正面上与坐标正方向相同的内力为正，反之为负；负面上与坐标正方向相反的内力为正，反之为负。这样，无论保留哪一部分，$F_N$ 与 $F_N'$ 的符号与大小均相同。按此规定，图 2-2 中所示的内力分量均

为正。

例 2-1　折杆受力如图 2-3a 所示（图中尺寸单位为 mm），试求 I-I 截面上内力。

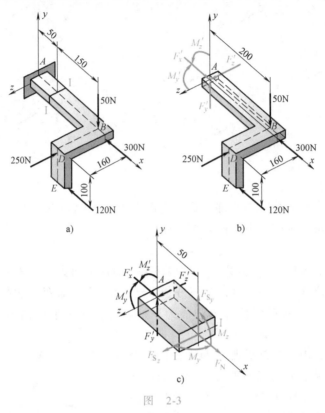

图　2-3

解：1）求固定端 $A$ 处的约束力。为此以整体作为研究对象（图 2-3b），列静力平衡方程，可求出约束力。

$$\sum F_x = 0, \quad F_x' - 120\text{N} - 300\text{N} = 0, \quad F_x' = 420\text{N}$$

$$\sum F_y = 0, \quad F_y' - 50\text{N} = 0, \quad F_y' = 50\text{N}$$

$$\sum F_z = 0, \quad F_z' - 250\text{N} = 0, \quad F_z' = 250\text{N}$$

$$\sum M_y = 0, \quad (-M_y' + 250 \times 0.2 - 120 \times 0.16)\text{N} \cdot \text{m} = 0, \quad M_y' = 30.8\text{N} \cdot \text{m}$$

$$\sum M_z = 0, \quad (M_z' - 50 \times 0.2 - 120 \times 0.1)\text{N} \cdot \text{m} = 0, \quad M_z' = 22\text{N} \cdot \text{m}$$

2）求 I-I 截面上内力分量。为此用截面法，假想在 I-I 截面处将折杆截分成两部分，保留左半部分，将去掉部分对保留部分的作用用内力代替，并设各内力分量为正（见图 2-3c），对保留部分列静力平衡方程，可解出内力分量。

$$\sum F_x = 0, \quad F_N + F_x' = 0, \quad F_N = -F_x' = -420\text{N}$$

$$\sum F_y = 0, \quad F_{S_y} + F_y' = 0, \quad F_{S_y} = -F_y' = -50\text{N}$$

$$\sum F_z = 0, \quad F_{S_z} + F_z' = 0, \quad F_{S_z} = -F_z' = -250\text{N}$$

$$\sum M_y = 0, \quad M_y - M_y' - 0.05F_{S_z} = 0$$

$$M_y = M_y' + 0.05F_{S_z} = [30.8 + 0.05 \times (-250)]\text{N} \cdot \text{m} = 18.3\text{N} \cdot \text{m}$$

$$\sum M_z = 0, \quad M_z + M_z' + 0.05F_{S_y} = 0,$$

$$\begin{aligned} M_z &= -M_z' - 0.05F_{S_y} \\ &= [-22 - 0.05 \times (-50)] \text{N} \cdot \text{m} \\ &= -19.5\text{N} \cdot \text{m} \end{aligned}$$

本例若保留 Ⅰ-Ⅰ 截面右半部分，可不需要先求固定端 $A$ 处的约束力，便直接求得 Ⅰ-Ⅰ 截面的内力（这样解法简捷），读者可自行验证。

**例 2-2**  直杆 $OA$，左端固定，右端受外力 $F$ 作用（$F$ 在 $xOy$ 平面内），如图 2-4a 所示。试求该杆 $n$-$n$ 横截面上的内力。

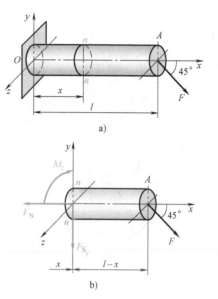

图  2-4

**解**：假想在 $n$-$n$ 横截面处将杆件截分成两部分，保留右半部分，将去掉部分对保留部分的作用用内力代替，并设各内力分量为正，如图 2-4b 所示。对保留部分列静力平衡方程，可解出内力分量。

$$\sum F_x = 0, \quad -F_N + F\cos 45° = 0$$

$$F_N = \frac{\sqrt{2}}{2}F$$

$$\sum F_y = 0, \quad -F_{S_y} - F\sin 45° = 0$$

$$F_{S_y} = -\frac{\sqrt{2}}{2}F$$

$$\sum M_z = 0, \quad -M_z - F\sin 45°(l-x) = 0$$

$$M_z = -\frac{\sqrt{2}}{2}F(l-x)$$

显然，不同横截面上的弯矩 $M_z$ 是不同的，绝对值最大的弯矩 $M_z$ 出现在 $O$ 截面。

## 2.2 应力的概念  正应力与切应力

### 2.2.1  应力的概念

通过对大量的破坏构件观察分析和实验研究发现，构件通常都是在某一个截面上的某一个点先发生破坏，该点往往也是受力最大的点。譬如，图 2-5 所示的支架横梁，实验或分析均表明，$A$、$B$ 两处表层各点受力最大。当悬吊物的重量超过某一限度时，横梁破坏首先从 $A$、$B$ 两处表层各点开始。由 2.1 节的"截面法"可以求出截面上内力的大小，但这仅仅是截面上分布内力的合力（合力或合力偶），并不能说明这一分布力系在截面上的分布规律。因此，要研究构件的破坏（强度），必须要研究内力在截面上各点的密集程度（集度）。将内力在截面上各点的分布集度称为应力。

某一受力物体如图 2-6a 所示（为便于描述而使右半部分透明），Ⅰ-Ⅰ 截面的各点上均作用着内力。为了描述该截面上点 $a$ 内力大小和方向，围绕点 $a$ 取微面积元 $\Delta A$，$\Delta A$ 上作用

的内力可向点 $a$ 简化成主矢 $\Delta \boldsymbol{F}_n$ 和主矩 $\Delta \boldsymbol{M}_n$，$n$ 是该面积元的外法线。$\Delta F_n / \Delta A$ 是 $\Delta A$ 面内的内力平均分布集度。当 $\Delta A$ 渐渐变小趋近于零时，$\Delta M_n$ 也渐渐变小趋近于零，于是 $\Delta F_n / \Delta A$ 的极限

$$p = \lim_{\Delta A \to 0} \frac{\Delta F_n}{\Delta A}$$

称为点 $a$ 的**全应力**，如图 2-6b 所示。

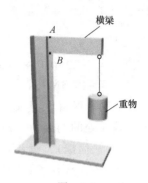

图 2-5

### 2.2.2 正应力 切应力

将全应力 $p$ 向截面法向和切向方向分解，得到两个分量：

1）沿截面的法向分量，称为**正应力**，以 $\sigma$ 表示。若取截面法

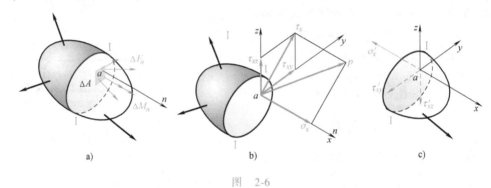

图 2-6

向为 $x$ 轴，则该截面上点 $a$ 的正应力表示为 $\sigma_x$，如图 2-6b 所示。

2）沿截面的切向分量，称为点 $a$ 的**切应力**，以 $\tau$ 表示。若取截面法向为 $x$ 轴，则该截面上点 $a$ 的切应力表示为 $\tau_x$，在截面内再取坐标轴 $y$、$z$，则 $\tau_x$ 在 $y$、$z$ 轴上的分量分别表示为 $\tau_{xy}$ 和 $\tau_{xz}$，如图 2-6b 所示。

以上分析截面上点 $a$ 的应力时是以物体 Ⅰ-Ⅰ 截面的左半部分为研究对象。若考虑以物体 Ⅰ-Ⅰ 截面的右半部分为研究对象，根据作用与反作用关系，点 $a$ 应力分量 $\sigma'_x$、$\tau'_{xy}$ 和 $\tau'_{xz}$ 与上述的 $\sigma_x$、$\tau_{xy}$ 和 $\tau_{xz}$ 大小应相等，方向应相反，如图 2-6c 所示。

应力的因次是 [力][长度]$^{-2}$，单位是 Pa（1Pa = 1N/m$^2$）、MPa（1MPa = 10$^6$Pa）和 GPa（1GPa = 10$^9$Pa）。

以上分析可见，应力是受力物体内某个截面上某一点上内力分布的集度。通常情况下，物体内各点应力是不同的，它们是物体内点的位置坐标 $(x, y, z)$ 的函数；对于同一点不同方位截面上应力分量亦不同。因此，应力离开它的作用点是没有意义的，同样，离开它的作用面亦是没有意义的。

## 2.3 一点的应力状态 切应力互等定理

### 2.3.1 单元体

对于连续性介质可以应用极限的概念来描述一个点。例如，要描述构件内任意一个点

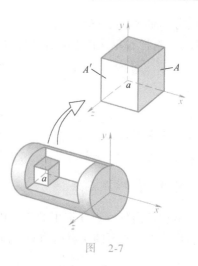

$a$，就围绕点 $a$ 取一微小的六面体，当其三个相互垂直的棱边趋近于零时（点 $a$ 始终被包围其间）的极限情况，即为点 $a$，称此微小六面体为 单元体（图 2-7）。

从极限的角度，单元体的六个面都表示通过同一点 $a$ 的面，只是方位不同而已。相平行的两个面是表示过该点的同一截面的不同侧方向。例如，图 2-7 中的 $A$、$A'$ 面就是过点 $a$ 垂直于 $x$ 轴截面（该截面法向方向是 $x$）的两个侧方向，所不同的是 $A$ 面的外法向沿 $x$ 轴正方向，而 $A'$ 面的外法向沿 $x$ 轴负方向。今后约定，以截面外法线方向来命名截面。例如，$x$ 面是指该截面的外法线方向沿 $x$ 轴，或者说该截面垂直于 $x$ 轴；以此类推。

图 2-7

### 2.3.2 一点的应力状态表示

要表示构件内某点的应力状态，就围绕该点取一单元体，并把各面上的应力分量表示出来。如图 2-8a 所示的轴向拉伸杆，为表示杆中一点 $a$ 的应力状态，便围绕点 $a$ 取一单元体，如图 2-8b 所示，该单元体只在 $x$ 面上有正应力 $\sigma_x$，其他各面上均没有应力（见 5.2 轴向拉压杆的应力）。

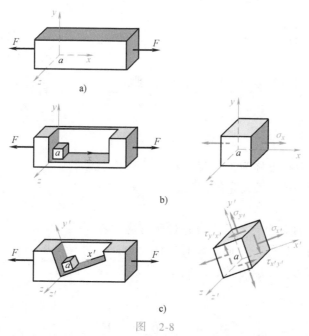

图 2-8

如果所取的单元体在空间方位不同，则单元体上各面的应力分量亦不相同。如图 2-8c 是过点 $a$ 沿 $x'$、$y'$、$z'$ 方向取出的单元体（或者理解为将 $x$、$y$、$z$ 方向取的单元体在 $xy$ 平面内绕 $z$ 轴旋转某一角度）各面上的应力分量。可见，对于同一点由于所取单元体各面方位不同，则表示的应力形式亦不同，但它们都描述了同一点的应力状态。

若从一复杂受力构件内某点取一单元体，一般情况下单元体各面上均有应力，且每一面上同时存在三个应力分量：一个法向分量——正应力 $\sigma_i$ （$i=x$，$y$，$z$）；两个切向分量——

切应力 $\tau_{ij}$ 和 $\tau_{ik}$（$j$，$k=x$、$y$、$z$），如图 2-9 所示（负面上应力分量与正面的大小相等、方向相反）。这样，单元体上共有 9 个应力分量，即

$$\begin{matrix} \sigma_x & \tau_{xy} & \tau_{xz} & （x \text{ 面上应力分量}） \\ \tau_{yx} & \sigma_y & \tau_{yz} & （y \text{ 面上应力分量}） \\ \tau_{zx} & \tau_{zy} & \sigma_z & （z \text{ 面上应力分量}） \end{matrix}$$

应力符号规定为：正面上应力以沿着坐标轴正方向者为正，反之为负；负面上应力以沿着坐标轴负方向者为正，反之为负。图 2-9 所标的应力均为正。

### 2.3.3 切应力互等定理

从构件内任一点 $a$ 取出的单元体应处于平衡状态，各面上内力应该满足静力平衡方程，例如图 2-9 中所示的所有内力对 $z$ 轴取矩的代数和等于零，即

$$\sum M_z = 0 \quad 2(\tau_{xy}\mathrm{d}y\mathrm{d}z) \cdot \frac{\mathrm{d}x}{2} - 2(\tau_{yx}\mathrm{d}x\mathrm{d}z) \cdot \frac{\mathrm{d}y}{2} = 0$$

则
$$\tau_{xy} = \tau_{yx} \tag{2-1a}$$
同理
$$\tau_{yz} = \tau_{zy} \tag{2-1b}$$
$$\tau_{zx} = \tau_{xz} \tag{2-1c}$$

式（2-1a）、式（2-1b）、式（2-1c）表明，在受力构件内过一点相互垂直的两个微面上，垂直于两微面交线的切应力大小相等，方向相向或相背。这一规律称为切应力互等定理。

这样，上述 9 个应力分量中只有 6 个分量是独立的。

### 2.3.4 应力状态分类

#### 1. 三向应力状态

图 2-9 所示的应力状态称为三向应力状态，亦称空间应力状态。它是最一般、最复杂的情况。

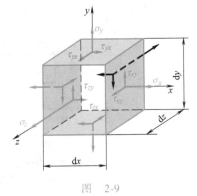

图 2-9

#### 2. 二向应力状态

当单元体上只有两对面上承受应力并且所有应力作用线均在同一平面内，另外一对面上没有任何应力，称为二向应力状态，亦称平面应力状态。如图 2-10所示即为二向应力状态，所有应力均在 $xy$ 平面内，即

$$\begin{matrix} \sigma_x & \tau_{xy} & 0 \\ \tau_{yx} & \sigma_y & 0 \\ 0 & 0 & 0 \end{matrix}$$

#### 3. 单向应力状态

当平面应力状态中切应力为零，且只在一个方向上有正应力作用时，称为单向应力状态。如图 2-11 所示，只在 $x$ 方向上有正应力作用，即

$$\begin{matrix} \sigma_x & 0 & 0 \\ 0 & 0 & 0 \\ 0 & 0 & 0 \end{matrix}$$

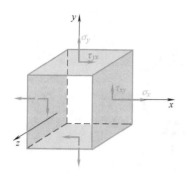

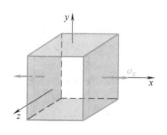

图　2-10　　　　　　　　　　　　图　2-11

**4. 纯切应力状态**

当平面应力状态中所有的正应力均为零时，称为纯切应力状态（图 2-12），即

$$\begin{matrix} 0 & \tau_{xy} & 0 \\ \tau_{yx} & 0 & 0 \\ 0 & 0 & 0 \end{matrix}$$

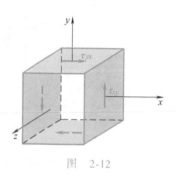

单向应力状态和纯切应力状态均属于简单应力状态，而二向、三向应力状态都属于复杂应力状态。简单应力状态和二向应力状态都是三向应力状态的特殊情况。

图　2-12

## 2.4　二向应力状态分析　解析法

二向应力状态是工程中一种常见的复杂应力状态，如图 2-13a 所示为二向应力状态中最一般情况（省略了负面上的应力分量）。

### 2.4.1　任意斜截面上的应力

在图 2-13a 中，若 $\sigma_x$、$\sigma_y$、$\tau_{xy}$ 均为已知，由切应力互等定理又知 $\tau_{yx}$ 等于 $\tau_{xy}$。由于这些应力均处在 $xy$ 平面内，为了简化绘图，今后用图 2-13b 的形式来表示二向应力状态。$ef$ 是过该点且平行于 $z$ 轴的任意一个斜截面，该截面外法线方向取为 $x'$ 轴，切线方向取为 $y'$ 轴。$x'$ 与 $x$ 的夹角 $\alpha$ 称为该斜截面的方位角，并规定由 $x$ 轴转向 $x'$ 轴时，逆时针转向为正，反之为负（图中所示的 $\alpha$ 角为正）。为求 $ef$ 面上应力，可用截面法，沿 $ef$ 面将单元体分成两部分，保留其中任一部分，如图 2-13c、d 所示。假定 $ef$ 面面积为 $dA$，其上应力为 $\sigma_{x'}$ 和 $\tau_{x'y'}$，并设为正方向。于是由

$$\sum F_{x'} = 0$$
$$\sigma_{x'}dA - (\sigma_x dA\cos\alpha)\cos\alpha - (\tau_{xy}dA\cos\alpha)\sin\alpha$$
$$- (\sigma_y dA\sin\alpha)\sin\alpha - (\tau_{yx}dA\sin\alpha)\cos\alpha = 0$$

解出

$$\sigma_{x'} = \sigma_x\cos^2\alpha + \sigma_y\sin^2\alpha + 2\tau_{xy}\sin\alpha\cos\alpha \tag{2-2a}$$

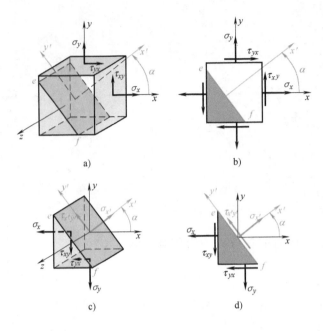

图 2-13

同理由 $\sum F_{y'} = 0$（其方程读者可自行列出）解出

$$\tau_{x'y'} = -(\sigma_x - \sigma_y)\sin\alpha\cos\alpha + \tau_{xy}(\cos^2\alpha - \sin^2\alpha) \tag{2-2b}$$

用倍角公式简化式（2-2），得

$$\left. \begin{array}{l} \sigma_{x'} = \dfrac{\sigma_x + \sigma_y}{2} + \dfrac{\sigma_x - \sigma_y}{2}\cos2\alpha + \tau_{xy}\sin2\alpha \\[4mm] \tau_{x'y'} = -\dfrac{\sigma_x - \sigma_y}{2}\sin2\alpha + \tau_{xy}\cos2\alpha \end{array} \right\} \tag{2-3}$$

式（2-3）描述了过构件内一点不同方位面上应力分量之间关系。

### 2.4.2 主应力与主方向

由式（2-3）知，斜截面上应力在 0 到 $2\pi$ 范围内是截面方位角 $\alpha$ 的连续函数，它们必有极值。欲求正应力极值，可令 $\dfrac{\mathrm{d}\sigma_{x'}}{\mathrm{d}\alpha} = 0$，即

$$\frac{\mathrm{d}\sigma_{x'}}{\mathrm{d}\alpha} = 2\left(-\frac{\sigma_x - \sigma_y}{2}\sin2\alpha + \tau_{xy}\cos2\alpha\right) = 0 \tag{a}$$

将式（a）与式（2-3）第二式比较，括号中正是 $\tau_{x'y'}$。可见，正应力取得极值的面上切应力必为零。定义：切应力为零的面称为主平面；主平面上正应力称为主应力；主平面的外法线方向称为主方向。

设主平面的方位角（即主方向）为 $\alpha_\sigma$，由式（a）可得

$$\tan2\alpha_\sigma = \frac{2\tau_{xy}}{\sigma_x - \sigma_y} \tag{2-4}$$

由式（2-4）可求出一个位于（$-\pi/4$，$\pi/4$）内的主方向 $\alpha_\sigma$，因为 $\tan[2(\alpha_\sigma\pm\pi/2)]=$ $\tan2\alpha_\sigma$，所以另一个主方向由 $[\alpha_\sigma+\pi/2]$ 给出，而 $[\alpha_\sigma-\pi/2]$ 与 $[\alpha_\sigma+\pi/2]$ 相差 $\pi$，二者对应的两个面是同一个截面的两侧，按单元体应力的定义，同一截面两侧的应力相等。所以独立的主方向只有两个，并且二者相互垂直。在一个周期内，正应力有两个极值，其中一个必为极大值，而另一个必为极小值。应用三角公式由式（2-4）和式（2-3）可求得两个主应力分别为

$$\left.\begin{array}{c}\sigma'\\\sigma''\end{array}\right\}=\frac{\sigma_x+\sigma_y}{2}\pm\sqrt{\left(\frac{\sigma_x-\sigma_y}{2}\right)^2+\tau_{xy}^2}\qquad(2-5)$$

需要指出，从三维空间来讲，图 2-13a 所示的二向应力状态，根据主平面定义，$z$ 面当然是个主平面，$z$ 面上正应力（用 $\sigma'''$ 表示）是零，这说明实际上二向应力状态已经有一个主应力是零（$\sigma'''=0$），剩下的另外两个主应力就是式（2-5）所表示的 $\sigma'$ 和 $\sigma''$。今后用 $\sigma_1$、$\sigma_2$ 和 $\sigma_3$ 表示三个主应力，并规定按其代数值，最大者是 $\sigma_1$，最小者是 $\sigma_3$，即 $\sigma_1\geqslant\sigma_2\geqslant\sigma_3$。

今后，也可以根据主应力情况来对应力状态分类：三个主应力都不等于零者为三向应力状态；只有一个主应力等于零者为二向应力状态；只有一个主应力不等于零者为单向应力状态。

### 2.4.3　主切应力与主切平面

由式（2-3）的第二式知，切应力也有极值，称为主切应力。主切应力所在的面称为主切平面。欲求主切应力，可令

$$\frac{\mathrm{d}\tau_{x'y'}}{\mathrm{d}\alpha}=-2\left(\frac{\sigma_x-\sigma_y}{2}\cos2\alpha+\tau_{xy}\sin2\alpha\right)=0\qquad(\mathrm{b})$$

若主切平面的方位角为 $\alpha_\tau$，由式（b）可得

$$\tan2\alpha_\tau=-\frac{\sigma_x-\sigma_y}{2\tau_{xy}}\qquad(2-6)$$

同前述确定主方向类似，由式（2-6）可得两个相互垂直的主切平面。应用三角公式由式（2-6）和式（2-3）的第二式可求得两个主切应力分别为

$$\left.\begin{array}{c}\tau'\\\tau''\end{array}\right\}=\pm\sqrt{\left(\frac{\sigma_x-\sigma_y}{2}\right)^2+\tau_{xy}^2}\qquad(2-7)$$

式（b）和式（2-3）的第一式相比较可知，切应力达到极值的面，在计算其正应力时，公式（2-3）的后两项应为零 [式（b）]，因此，得到主切平面上正应力的值等于平均应力，即

$$\sigma_\mathrm{m}=\frac{\sigma_x+\sigma_y}{2}\qquad(2-8)$$

比较式（2-4）和式（2-6），可见

$$\tan2\alpha_\tau=-\cot2\alpha_\sigma=\tan2\left(\alpha_\sigma\pm\frac{\pi}{4}\right)$$

即

$$\alpha_\tau=\alpha_\sigma\pm\frac{\pi}{4}\qquad(\mathrm{c})$$

式（c）表明，主切平面与主平面相差 45°，经判定（可参见图 2-15b）

$$\left.\begin{array}{l} \alpha_{\tau'} = \alpha_{\sigma'} - 45° \\ \alpha_{\tau''} = \alpha_{\sigma'} + 45° \end{array}\right\} \tag{2-9}$$

比较式（2-5）和式（2-7）两式，有

$$\left.\begin{array}{l} \tau' \\ \tau'' \end{array}\right\} = \pm \frac{1}{2}(\sigma' - \sigma'') \tag{2-10}$$

即主切应力等于主应力之差的一半。

---

**例 2-3**　已知二向应力状态如图 2-14a 所示，图中应力单位为 MPa。试求：

（1）斜截面上应力。

（2）主应力及主平面。

（3）主切应力及主切平面。

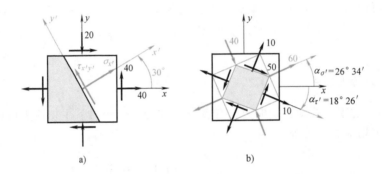

图　2-14

解：已知 $\sigma_x = 40\text{MPa}$，$\sigma_y = -20\text{MPa}$，$\tau_{xy} = 40\text{MPa}$，$\alpha = 30°$

（1）斜截面上应力

$$\sigma_{x'} = \frac{\sigma_x + \sigma_y}{2} + \frac{\sigma_x - \sigma_y}{2}\cos 2\alpha + \tau_{xy}\sin 2\alpha$$

$$= \left[\frac{40 + (-20)}{2} + \frac{40 - (-20)}{2}\cos(2 \times 30°) + 40\sin(2 \times 30°)\right]\text{MPa}$$

$$= 59.6\text{MPa}(实际方向沿 x' 正方向)$$

$$\tau_{x'y'} = -\frac{\sigma_x - \sigma_y}{2}\sin 2\alpha + \tau_{xy}\cos 2\alpha$$

$$= \left[-\frac{40 - (-20)}{2}\sin(2 \times 30°) + 40\cos(2 \times 30°)\right]\text{MPa}$$

$$= -6\text{MPa}(实际方向沿 y' 负方向)$$

（2）主应力及主平面

$$\left.\begin{array}{l} \sigma' \\ \sigma'' \end{array}\right\} = \frac{\sigma_x + \sigma_y}{2} \pm \sqrt{\left(\frac{\sigma_x - \sigma_y}{2}\right)^2 + \tau_{xy}^2}$$

$$= \left[ \frac{40 + (-20)}{2} \pm \sqrt{\left( \frac{40 - (-20)}{2} \right)^2 + 40^2} \right] \text{MPa} = \begin{cases} 60\text{MPa} \\ -40\text{MPa} \end{cases}$$

$$\tan 2\alpha_\sigma = \frac{2\tau_{xy}}{\sigma_x - \sigma_y} = \frac{2 \times 40\text{MPa}}{[40 - (-20)\text{MPa}]} = \frac{4}{3}$$

$2\alpha_\sigma = \begin{cases} 53°8' \\ 233°8' \end{cases}$，$\alpha_\sigma = \begin{cases} 26°34' \\ 116°34' \end{cases}$，将 $\alpha_\sigma$ 代入式 (2-3) 的第一式知 $\sigma_{\sigma'} = 26°34'$。

（3）主切应力及主切平面

$$\begin{rcases} \tau' \\ \tau'' \end{rcases} = \pm \sqrt{\left( \frac{\sigma_x - \sigma_y}{2} \right)^2 + \tau_{xy}^2} = \pm \sqrt{\left( \frac{40 - (-20)}{2} \right)^2 + 40^2} \, \text{MPa} = \pm 50\text{MPa}$$

$$\begin{rcases} \alpha_{\tau'} \\ \alpha_{\tau''} \end{rcases} = \alpha_{\sigma'} \mp 45° = 26°34' \mp 45° = \begin{cases} -18°26' \\ 71°34' \end{cases}$$

主平面、主切平面如图 2-14b 所示。主切平面上正应力为平均应力

$$\sigma_\text{m} = \frac{\sigma_x + \sigma_y}{2} = \left[ \frac{40 + (-20)}{2} \right] \text{MPa} = 10\text{MPa}$$

## 2.5　二向应力状态分析　图解法

### 2.5.1　应力圆方程

式 (2-3) 可视为斜面方位角 $\alpha$ 的参数方程，现消去参数 $\alpha$

$$\left( \sigma_{x'} - \frac{\sigma_x + \sigma_y}{2} \right)^2 = \left( \frac{\sigma_x - \sigma_y}{2}\cos 2\alpha + \tau_{xy}\sin 2\alpha \right)^2 \qquad (\text{a})$$

$$\tau_{x'y'}^2 = \left( -\frac{\sigma_x - \sigma_y}{2}\sin 2\alpha + \tau_{xy}\cos 2\alpha \right)^2 \qquad (\text{b})$$

将式 (a)、式 (b) 相加，整理得到

$$\left( \sigma_{x'} - \frac{\sigma_x + \sigma_y}{2} \right)^2 + \tau_{x'y'}^2 = \left( \frac{\sigma_x - \sigma_y}{2} \right)^2 + \tau_{xy}^2 \qquad (2\text{-}11)$$

式 (2-11) 在 $\sigma_{x'}$-$\tau_{x'y'}$ 坐标系中是圆的方程，圆心 $C$ 的位置和圆半径 $R$ 分别为

$$C\left( \frac{\sigma_x + \sigma_y}{2}, \ 0 \right), \ R = \sqrt{\left( \frac{\sigma_x - \sigma_y}{2} \right)^2 + \tau_{xy}^2}$$

该圆称为应力圆，又称莫尔圆。

### 2.5.2　应力圆作法

图 2-15a 所示二向应力状态，作其应力圆。先选好 $\sigma_{x'}$-$\tau_{x'y'}$ 坐标系（横坐标 $\sigma_{x'}$ 箭头向右，纵坐标 $\tau_{x'y'}$ 箭头向下）及坐标比例；定 $X$ ($\sigma_x$，$\tau_{xy}$) 点，再定 $Y$ ($\sigma_y$，$-\tau_{yx}$) 点；连接 $X$ 点和 $Y$ 点，线段 $XY$ 交 $\sigma_{x'}$ 轴于 $C$ 点；以 $C$ 为圆心，以线段 $XY$ 为直径作圆，即为所求的应力圆（图 2-15b）。

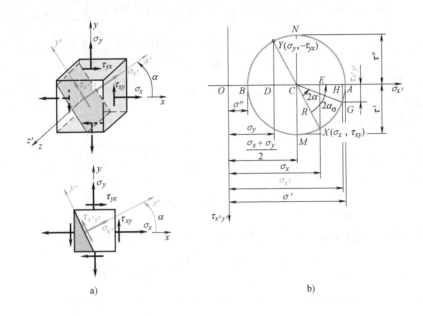

a)            b)

图 2-15

现在证明图 2-15b 所示的圆就是该二向应力状态的应力圆。因为线段 $OC = \dfrac{DE}{2} + OD =$

$\dfrac{\sigma_x - \sigma_y}{2} + \sigma_y = \dfrac{\sigma_x + \sigma_y}{2}$，这样圆心 $C$ 坐标为 $\left( \dfrac{\sigma_x + \sigma_y}{2},\ 0 \right)$，半径 $R = CX = \sqrt{CE^2 + EX^2} =$

$\sqrt{\left( \dfrac{\sigma_x - \sigma_y}{2} \right)^2 + \tau_{xy}^2}$，故该圆为应力圆。

要求图 2-15a 中 $\alpha$ 斜截面上应力，先在应力圆上将线段 $CX$（半径）按 $\alpha$ 转向转过 $2\alpha$ 角，得 $G$ 点，$G$ 点的横坐标和纵坐标值即分别为 $\alpha$ 斜截面上的正应力与切应力，见图 2-15b。证明如下

$$\begin{aligned}
\sigma_{x'} = OH &= OC + CH \\
&= OC + CG\cos(2\alpha_\sigma - 2\alpha) \\
&= OC + CG\cos 2\alpha_\sigma \cos 2\alpha + CG\sin 2\alpha_\sigma \sin 2\alpha \\
&= OC + CX\cos 2\alpha_\sigma \cos 2\alpha + CX\sin 2\alpha_\sigma \sin 2\alpha \\
&= \frac{\sigma_x + \sigma_y}{2} + \frac{\sigma_x - \sigma_y}{2}\cos 2\alpha + \tau_{xy}\sin 2\alpha
\end{aligned}$$

$$\begin{aligned}
\tau_{x'y'} = GH &= CG\sin(2\alpha_\sigma - 2\alpha) \\
&= CG\sin 2\alpha_\sigma \cos 2\alpha - CG\cos 2\alpha_\sigma \sin 2\alpha \\
&= CX\sin 2\alpha_\sigma \cos 2\alpha - CX\cos 2\alpha_\sigma \sin 2\alpha \\
&= \tau_{xy}\cos 2\alpha - CE\sin 2\alpha \\
&= \tau_{xy}\cos 2\alpha - \frac{\sigma_x - \sigma_y}{2}\sin 2\alpha
\end{aligned}$$

图 2-15b 中 $A$、$B$ 两点的横坐标分别为 $\sigma'$ 和 $\sigma''$。

$$\sigma' = OA = OC + CA = OC + R = \frac{\sigma_x + \sigma_y}{2} + \sqrt{\left(\frac{\sigma_x - \sigma_y}{2}\right)^2 + \tau_{xy}^2}$$

$$\sigma'' = OB = OC - CB = OC - R = \frac{\sigma_x + \sigma_y}{2} - \sqrt{\left(\frac{\sigma_x - \sigma_y}{2}\right)^2 + \tau_{xy}^2}$$

$$\tan 2\alpha_\sigma = \frac{XE}{CE} = \frac{2\tau_{xy}}{\sigma_x - \sigma_y}$$

即 $\angle XCA$ 为主平面方位角的两倍。在应力圆中线段 $CX$ 转向线段 $CA$ 为逆时针转 $2\alpha_\sigma$，那么在图 2-15a 的单元体上从 $x$ 轴应逆时针转过 $\alpha_\sigma$ 角，即为主平面。$A$、$B$ 两点相差 $\pi$，则在单元体上两主平面相差 $\pi/2$。

应力圆中 $M$、$N$ 两点，分别对应主切应力 $\tau'$ 和 $\tau''$ 所在的主切平面，主切应力值等于 $R$。该两点相差 $\pi$，则在单元体上两主切平面相差 $\pi/2$。线段 $MN$ 与线段 $AB$ 正交，说明在单元体上主平面与主切平面相差 $\pi/4$。应力圆中线段 $CA$ 顺时针转 $\pi/2$ 到 $CM$ 线段，在单元体上主应力 $\sigma'$ 所在的主平面顺时针转 $\pi/4$ 即为主切应力 $\tau'$ 所在的主切平面，即式 (2-9) $\alpha_{\tau'} = \alpha_{\sigma'} - 45°$。

### 2.5.3　应力圆与单元体的对应关系

综上所述，应力圆与单元体有如下对应关系：

● 点面对应：应力圆圆周上某一点及其横、纵坐标值，分别对应着单元体上某一方位的截面及该面上的正应力与切应力。

● 转向对应：应力圆半径旋转时，单元体上的坐标轴（或斜截面）应沿相同转向旋转。

● 二倍角对应：应力圆上的角度是相应单元体上角度的两倍。

例 2-4　用图解法分析例 2-3 所示的平面应力状态。

解：选好比例尺，每刻度代表 20MPa。由 $x$ 面上的应力分量，作点 $X(\sigma_x,\ \tau_{xy})$。由 $y$ 面上的应力分量，作点 $Y(\sigma_y,\ -\tau_{yx})$。连接点 $X$ 与点 $Y$，线段 $XY$ 交 $\sigma_{x'}$ 轴于 $C$ 点。以 $C$ 点为圆心，以线段 $CX$ 为半径作圆（图 2-16）。

$$OC = \frac{\sigma_x + \sigma_y}{2} = \frac{40 + (-20)}{2}\text{MPa} = 10\text{MPa}$$

$$CE = \frac{\sigma_x - \sigma_y}{2} = \frac{40 - (-20)}{2}\text{MPa} = 30\text{MPa}$$

$$R = CX = \sqrt{CE^2 + XE^2} = \sqrt{30^2 + 40^2}\text{MPa} = 50\text{MPa}$$

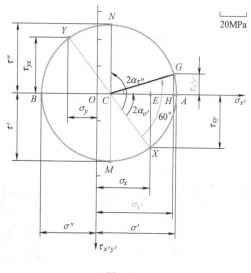

图　2-16

19

$$2\alpha_\sigma = \arctan \frac{XE}{CE} = \arctan\left(\frac{40}{30}\right) = \begin{cases} 53°8' \\ 233°8' \end{cases}$$

（1）$\alpha = 30°$ 斜截面上应力

将线段 $CX$ 逆时针旋转 $60°$ 得 $G$ 点

$$\sigma_{x'} = OH = OC + CH = OC + R\cos(60° - 53°8')$$

$$= (10 + 50\cos6°52')\text{MPa} = 59.6\text{MPa}$$

$$\tau_{x'y'} = GH = R\sin(60° - 53°8') = 50\sin6°52'\text{MPa} = 6\text{MPa}$$

$G$ 点在 $\sigma_{x'}$ 轴上方，故 $\tau_{x'y'} = -6\text{MPa}$。

（2）主应力及主方向

$$\sigma' = OA = OC + R = 10\text{MPa} + 50\text{MPa} = 60\text{MPa}$$

$$\sigma'' = OB = R - OC = -40\text{MPa}$$

$$\alpha_{\sigma'} = 26°34'$$

$$\alpha_{\sigma''} = 116°34'$$

（3）主切应力及主切平面

$$\tau' = R = 50\text{MPa} \qquad\qquad \tau'' = -50\text{MPa}$$

$$\alpha_\tau' = 26°34' - 45° = -18°26'$$

$$\alpha_\tau'' = 26°34' + 45° = 71°34'$$

以上是用图解法对例 2-3 的详细分析。实际上，真正用图解法求解问题时，不需要用上述方法去计算，而直接用绘图工具按 2.5.2 节的步骤画出应力圆，再用比例尺直接量出待求的各个应力大小，用量角器测出待求的各个角度即可。

例 2-5  图 2-17a 所示均质等厚矩形物体，在周边（$x$、$y$ 两个方向）承受均匀压应力 $\sigma$ 作用。用图解法对物体内任意点进行应力状态分析。

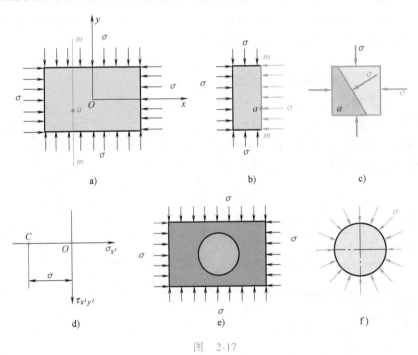

图　2-17

解：过任意点 $a$ 用垂直于 $x$ 轴的 $m$-$m$ 截面（$x$ 面）将物体分成两部分，如图 2-17a 所示。由其中任一部分（图 2-17b）的平衡分析可知，此面（$x$ 面）上只有正应力 $-\sigma$，无切应力；同理可分析出 $y$ 面上也只有正应力 $-\sigma$，无切应力。

物体中任意点的应力状态均如图 2-17c 所示。用图解法画出应力圆，如图 2-17d 所示，应力圆已退缩为一个点圆，半径为零。这表明物体内任意点和任意斜截面上只有正应力 $-\sigma$，切应力等于零（图 2-17c）。因此，如果在物体中用许多截面切取出任意部分，例如从中切取出一个圆柱体（图 2-17e），其柱面上只有均匀压应力 $\sigma$ 而无切应力（图 2-17f）。圆柱体是物体中的一部分，其内各点、各截面上都只有相同的正应力 $-\sigma$，切应力等于零。

上述分析中得出如下结论：当均质物体周边承受均匀应力时，其内部任意点和任意斜截面上只有正应力，切应力等于零，正应力的大小等于周边上的应力值。

## 2.6 三向应力状态分析

图 2-9 所示的三向应力状态，假定六个独立的应力分量均已知，这是三向应力状态的最一般的情况。

### 2.6.1 任意斜截面应力

某斜截面 $ABC$，外法线 $N$ 的方位角分别为 $(N,x)$、$(N,y)$ 和 $(N,z)$，其方向余弦分别用 $l$、$m$ 和 $n$ 来表示，假想过 $ABC$ 面和三个坐标平面取一四面体 $OABC$，如图 2-18a 所示。设 $ABC$ 面面积为 $\mathrm{d}A_N$，$OBC$ 面面积为 $\mathrm{d}A_x$，$OAC$ 面面积为 $\mathrm{d}A_y$，$OAB$ 面面积为 $\mathrm{d}A_z$（图 2-18b），则

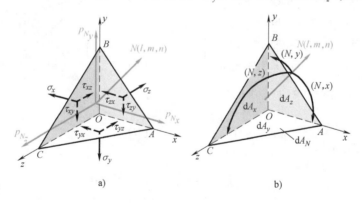

图 2-18

$$\left.\begin{array}{l}
l = \cos(N,x) = \dfrac{\mathrm{d}A_x}{\mathrm{d}A_N} \\[2mm]
m = \cos(N,y) = \dfrac{\mathrm{d}A_y}{\mathrm{d}A_N} \\[2mm]
n = \cos(N,z) = \dfrac{\mathrm{d}A_z}{\mathrm{d}A_N} \\[2mm]
l^2 + m^2 + n^2 = 1
\end{array}\right\} \qquad (\text{a})$$

斜截面 $ABC$ 上全应力 $p_N$ 在 $x$、$y$、$z$ 三个方向分量分别为 $p_{N_x}$、$p_{N_y}$、$p_{N_z}$。四面体处于平衡状态，满足平衡方程。由 $\sum F_x = 0$，即

$$p_{N_x}\mathrm{d}A_N = \sigma_x \mathrm{d}A_x + \tau_{yx}\mathrm{d}A_y + \tau_{zx}\mathrm{d}A_z \tag{b}$$

式（b）各项均除以 $\mathrm{d}A_N$ 后，便得到 $p_{N_x}$ 的表达式。同理可得 $p_{N_y}$ 和 $p_{N_z}$。现将它们一并列出来

$$\left.\begin{aligned}
p_{N_x} &= \sigma_x l + \tau_{yx} m + \tau_{zx} n \\
p_{N_y} &= \tau_{xy} l + \sigma_y m + \tau_{zy} n \\
p_{N_z} &= \tau_{xz} l + \tau_{yz} m + \sigma_z n
\end{aligned}\right\} \tag{2-12}$$

$$p_N^2 = p_{N_x}^2 + p_{N_y}^2 + p_{N_z}^2 \tag{2-13}$$

斜截面 $ABC$ 上正应力 $\sigma_N$ 为总应力矢量 $p_N$ 在法线 $N$ 上的投影，也等于 $p_N$ 的三个分量 $p_{N_x}$、$p_{N_y}$ 和 $p_{N_z}$ 在法线 $N$ 上的投影的代数和，即

$$\sigma_N = \sigma_x l^2 + \sigma_y m^2 + \sigma_z n^2 + 2\tau_{xy} lm + 2\tau_{yz} mn + 2\tau_{zx} nl \tag{2-14}$$

斜截面 $ABC$ 上切应力

$$\tau_N = \sqrt{p_N^2 - \sigma_N^2} = \sqrt{p_{N_x}^2 + p_{N_y}^2 + p_{N_z}^2 - \sigma_N^2} \tag{2-15}$$

### 2.6.2 主应力与主方向

若过点 $O$ 的斜截面 $A^*B^*C^*$ 就是一个主平面，其方向余弦 $l^*$、$m^*$、$n^*$ 就是一个主方向。由于主平面上没有切应力，则 $A^*B^*C^*$ 面上的全应力就是正应力分量，即是点 $O$ 的一个主应力 $\sigma$（图 2-19）。该面上的全应力在坐标轴上的投影为

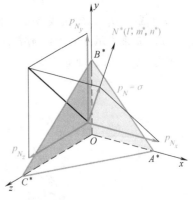

$$p_{N_x} = \sigma l^*, \quad p_{N_y} = \sigma m^*, \quad p_{N_z} = \sigma n^*$$

将式（2-12）代入以上各式，得

$$\left.\begin{aligned}
\sigma l^* &= \sigma_x l^* + \tau_{yx} m^* + \tau_{zx} n^* \\
\sigma m^* &= \tau_{xy} l^* + \sigma_y m^* + \tau_{zy} n^* \\
\sigma n^* &= \tau_{xz} l^* + \tau_{yz} m^* + \sigma_z n^*
\end{aligned}\right\} \tag{a}$$

此外还有关系式

$$l^{*2} + m^{*2} + n^{*2} = 1 \tag{b}$$

图 2-19

将式（a）改写为

$$\left.\begin{aligned}
(\sigma_x - \sigma)l^* + \tau_{yx} m^* + \tau_{zx} n^* &= 0 \\
\tau_{xy} l^* + (\sigma_y - \sigma)m^* + \tau_{zy} n^* &= 0 \\
\tau_{xz} l^* + \tau_{yz} m^* + (\sigma_z - \sigma)n^* &= 0
\end{aligned}\right\} \tag{2-16}$$

这是关于 $l^*$、$m^*$、$n^*$ 的齐次线性方程组。由式（b）可见，$l^*$、$m^*$、$n^*$ 不能全部为零，所以方程组（2-16）的系数行列式应该为零，即

$$\begin{vmatrix}
\sigma_x - \sigma & \tau_{yx} & \tau_{zx} \\
\tau_{xy} & \sigma_y - \sigma & \tau_{zy} \\
\tau_{xz} & \tau_{yz} & \sigma_z - \sigma
\end{vmatrix} = 0 \tag{c}$$

将式（c）展开，得关于主应力 $\sigma$ 的三次方程

$$\sigma^3 - I_1\sigma^2 + I_2\sigma - I_3 = 0 \qquad (2\text{-}17)$$

式（2-17）称为**特征方程**，式中系数

$$
\left.
\begin{aligned}
I_1 &= \sigma_x + \sigma_y + \sigma_z \\
I_2 &= \begin{vmatrix} \sigma_x & \tau_{yx} \\ \tau_{xy} & \sigma_y \end{vmatrix} + \begin{vmatrix} \sigma_y & \tau_{zy} \\ \tau_{yz} & \sigma_z \end{vmatrix} + \begin{vmatrix} \sigma_z & \tau_{xz} \\ \tau_{zx} & \sigma_x \end{vmatrix} \\
I_3 &= \begin{vmatrix} \sigma_x & \tau_{yx} & \tau_{zx} \\ \tau_{xy} & \sigma_y & \tau_{zy} \\ \tau_{xz} & \tau_{yz} & \sigma_z \end{vmatrix}
\end{aligned}
\right\} \qquad (2\text{-}18)
$$

它们都是实数，解方程式（2-17）可得三个实根，称为特征值，即三个主应力 $\sigma_1$、$\sigma_2$、$\sigma_3$。将这三个主应力分别代入式（2-16），会得到三个主方向的方向余弦（$l_1^*$、$m_1^*$、$n_1^*$）、（$l_2^*$、$m_2^*$、$n_2^*$）、（$l_3^*$、$m_3^*$、$n_3^*$）。

如在另一个坐标系（$x'$、$y'$、$z'$）中分析该点的应力，则特征方程（2-17）的系数将为

$$
\left.
\begin{aligned}
I_1' &= \sigma_{x'} + \sigma_{y'} + \sigma_{z'} \\
I_2' &= \begin{vmatrix} \sigma_{x'} & \tau_{y'x'} \\ \tau_{x'y'} & \sigma_{y'} \end{vmatrix} + \begin{vmatrix} \sigma_{y'} & \tau_{z'y'} \\ \tau_{y'z'} & \sigma_{z'} \end{vmatrix} + \begin{vmatrix} \sigma_{z'} & \tau_{x'z'} \\ \tau_{z'x'} & \sigma_{x'} \end{vmatrix} \\
I_3' &= \begin{vmatrix} \sigma_{x'} & \tau_{y'x'} & \tau_{z'x'} \\ \tau_{x'y'} & \sigma_{y'} & \tau_{z'y'} \\ \tau_{x'z'} & \tau_{y'z'} & \sigma_{z'} \end{vmatrix}
\end{aligned}
\right\} \qquad (\text{d})
$$

受力构件内一点的主应力是客观存在的，不会因坐标系的变化而改变。既然考察的是同一点的应力，那么无论在哪个坐标系下，式（2-17）的根应不变，这就要求系数 $I_1 = I_1'$，$I_2 = I_2'$，$I_3 = I_3'$。即，无论坐标怎样变化，系数 $I_1$、$I_2$、$I_3$ 均不变，分别称为一点应力状态的第一、第二、第三不变量。

## 2.6.3 三向应力状态的应力圆

假设主应力 $\sigma_1$、$\sigma_2$、$\sigma_3$ 已知，如图 2-20a 所示。以主方向为坐标轴，在主方向坐标系中，凡平行于主方向 3 的各个斜截面上的应力分量均只由 $\sigma_1$、$\sigma_2$ 决定，而与 $\sigma_3$ 无关（图 2-20b），这样，由 $\sigma_1$、$\sigma_2$ 可作出一个应力圆 $C_{12}$，其圆周上某一点的坐标值就是平行于主方向 3 的一个斜截面上的应力分量。同理，由 $\sigma_2$ 与 $\sigma_3$、$\sigma_1$ 与 $\sigma_3$ 又分别作出应力圆 $C_{23}$、$C_{13}$，这样，三向应力状态的应力圆是三个相切的圆（图 2-20c）。

可以证明，在圆 $C_{13}$ 外不存在对应于斜截面上应力分量的点，是外极圆；而在圆 $C_{12}$、圆 $C_{23}$ 内也不存在对应于斜截面上应力分量的点，是内极圆。任一斜截面上应力分量 $\sigma_N$、$\tau_N$ 所对应的点，均位于此三圆所围的阴影区域内。

图 2-20d、图 2-20e、图 2-20f 分别表示了三个主切应力 $\tau_{12}$、$\tau_{23}$、$\tau_{13}$ 及主切平面，在应力圆上分别对应于 $N_{12}$、$N_{23}$、$N_{13}$ 点，即

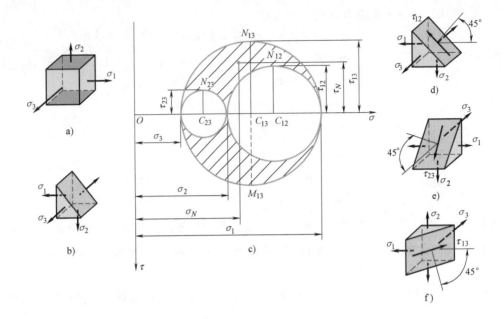

图　2-20

$$\left. \begin{array}{l} \tau_{12} = \pm \dfrac{1}{2}(\sigma_1 - \sigma_2) \\[3mm] \tau_{23} = \pm \dfrac{1}{2}(\sigma_2 - \sigma_3) \\[3mm] \tau_{13} = \pm \dfrac{1}{2}(\sigma_1 - \sigma_3) \end{array} \right\} \qquad (2\text{-}19)$$

由式（2-19）可知，$\tau_{13}$ 是最大和最小的主切应力。应力圆中标出的点 $N_{13}$ 是最小值（取负值的 $\tau_{13}$）、点 $M_{13}$ 是切应力的最大值。

**例 2-6**　用三向应力状态的应力圆讨论二向应力状态的最大切应力 $\tau_{\max}$。

**解**：对于二向应力状态，有一个主应力等于零（$\sigma''' = 0$），可视为一个主应力为零的（特殊）三向应力状态。假设其另外两个主应力 $\sigma'$、$\sigma''$ 已经用式（2-5）求得，现讨论如下三种情况：

1）若 $\sigma' > \sigma'' > 0$，此时 $\sigma_1 = \sigma'$，$\sigma_2 = \sigma''$，$\sigma_3 = \sigma''' = 0$，则应力圆如图 2-21a 所示；最大切应力（取正值的 $\tau_{13}$）$\tau_{\max} = \dfrac{\sigma'}{2}$，在图 2-21b 所示蓝色阴影平面内，其值为应力圆上的 $M_{13}$ 点。

2）若 $\sigma' > 0$，$\sigma'' < 0$，此时 $\sigma_1 = \sigma'$，$\sigma_3 = \sigma''$，$\sigma_2 = \sigma''' = 0$，则应力圆如图 2-21c 所示；最大切应力（取正值的 $\tau_{13}$）$\tau_{\max} = \dfrac{\sigma' - \sigma''}{2}$，在图 2-21d 所示蓝色阴影平面内，其值为应力圆上的 $M_{13}$ 点。

3）若 $\sigma' < \sigma'' < 0$，请读者自行讨论。

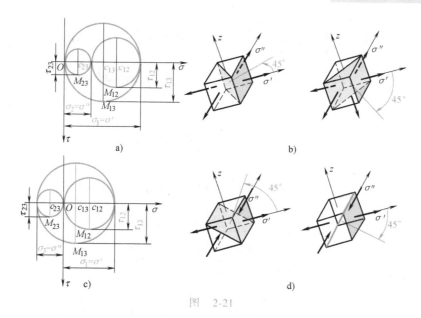

图 2-21

## 2.7 微体平衡

### 2.7.1 构件内部微体的平衡 平衡微分方程

图 2-22 所示为从受力构件内部一点处取出的微体，正 $x$ 面（即微面 $A'B'C'D'$）与负 $x$ 面（即微面 $ABCD$）相比，仅 $x$ 坐标有增量 $\mathrm{d}x$，$y$、$z$ 坐标相同。这样，微面 $A'B'C'D'$ 上的应力分量与微面 $ABCD$ 相比应有增量，即负 $x$ 面与正 $x$ 面上的应力分别为 $(\sigma_x,\ \tau_{xy},\ \tau_{xz})$ 与 $(\sigma_x+\dfrac{\partial \sigma_x}{\partial x}\mathrm{d}x,$

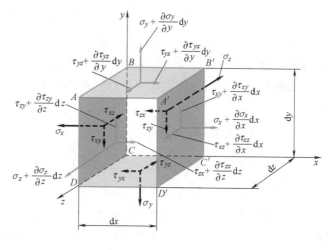

图 2-22

$\tau_{xy}+\dfrac{\partial \tau_{xy}}{\partial x}\mathrm{d}x,\ \tau_{xz}+\dfrac{\partial \tau_{xz}}{\partial x}\mathrm{d}x)$。以此类推，可知负 $y$ 面与正 $y$ 面上的应力分别为 $(\sigma_y,\ \tau_{yx},\ \tau_{yz})$ 与 $(\sigma_y+\dfrac{\partial \sigma_y}{\partial y}\mathrm{d}y,\ \tau_{yx}+\dfrac{\partial \tau_{yx}}{\partial y}\mathrm{d}y,\ \tau_{yz}+\dfrac{\partial \tau_{yz}}{\partial y}\mathrm{d}y)$；负 $z$ 面与正 $z$ 面上的应力分别为 $(\sigma_z,\ \tau_{zx},\ \tau_{zy})$ 与 $(\sigma_z+\dfrac{\partial \sigma_z}{\partial z}\mathrm{d}z,\ \tau_{zx}+\dfrac{\partial \tau_{zx}}{\partial z}\mathrm{d}z,\ \tau_{zy}+\dfrac{\partial \tau_{zy}}{\partial z}\mathrm{d}z)$。设体积力分量为 $(X、Y、Z)$，由静力平衡方程 $\sum M_x=0$、$\sum M_y=0$、$\sum M_z=0$ 再一次得到切应力互等定理（请读者自行验证）；由 $\sum F_x=0$，得

$$- \sigma_x \mathrm{d}y\mathrm{d}z + \left(\sigma_x + \frac{\partial \sigma_x}{\partial x}\mathrm{d}x\right)\mathrm{d}y\mathrm{d}z - \tau_{yx}\mathrm{d}x\mathrm{d}z + \left(\tau_{yx} + \frac{\partial \tau_{yx}}{\partial y}\mathrm{d}y\right)\mathrm{d}x\mathrm{d}z$$

$$- \tau_{zx}\mathrm{d}x\mathrm{d}y + \left(\tau_{zx} + \frac{\partial \tau_{zx}}{\partial z}\mathrm{d}z\right)\mathrm{d}x\mathrm{d}y + X\mathrm{d}x\mathrm{d}y\mathrm{d}z = 0$$

即

$$\frac{\partial \sigma_x}{\partial x} + \frac{\partial \tau_{yx}}{\partial y} + \frac{\partial \tau_{zx}}{\partial z} + X = 0$$

同理，由 $\sum F_y = 0$ 与 $\sum F_z = 0$ 得另外两个方程，综合在一起为

$$\left. \begin{aligned} \frac{\partial \sigma_x}{\partial x} + \frac{\partial \tau_{yx}}{\partial y} + \frac{\partial \tau_{zx}}{\partial z} + X = 0 \\ \frac{\partial \tau_{xy}}{\partial x} + \frac{\partial \sigma_y}{\partial y} + \frac{\partial \tau_{zy}}{\partial z} + Y = 0 \\ \frac{\partial \tau_{xz}}{\partial x} + \frac{\partial \tau_{yz}}{\partial y} + \frac{\partial \sigma_z}{\partial z} + Z = 0 \end{aligned} \right\} \tag{2-20}$$

式（2-20）称为**静力平衡微分方程**，它描述了构件内部一点静力平衡时应力分量与体积力分量间应该满足的方程。

### 2.7.2　构件表面微体的平衡　应力边界条件

若图 2-18a 所示的四面体为从受力构件表面上任一点处取出的微体（图2-23），面 $ABC$ 为表面，其方向余弦用 $(l_b, m_b, n_b)$ 表示；$(\overline{X}, \overline{Y}, \overline{Z})$ 是已知的表面外力分量；应力分量的下脚标 $b$ 表示为构件表面处点的应力。仿着式（2-12）的推导过程，得

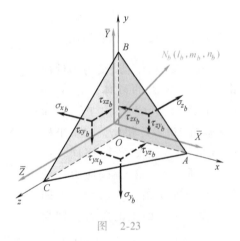

图　2-23

$$\left. \begin{aligned} \overline{X} = \sigma_{x_b}l_b + \tau_{yx_b}m_b + \tau_{zx_b}n_b \\ \overline{Y} = \tau_{xy_b}l_b + \sigma_{y_b}m_b + \tau_{zy_b}n_b \\ \overline{Z} = \tau_{xz_b}l_b + \tau_{yz_b}m_b + \sigma_{z_b}n_b \end{aligned} \right\} \tag{2-21}$$

式（2-21）描述了受力构件表面上任意一点平衡时，外力分量与应力分量间应满足的关系式，称为**应力边界条件**。这里顺便指出，若上述微小的四面体是围绕受力构件内部一点取出的，那么式（2-21）表明的意义就与式（2-12）的相同，即等式左端为该点斜面 $ABC$ 上总应力矢沿坐标的三个分量 $p_{Nx}$、$p_{Ny}$ 和 $p_{Nz}$。

当边界垂直于某一坐标轴时，应力边界条件形式将大大简化。例如，在垂直于 $x$ 轴的边界上，$x$ 值为常量，$l_b = \pm 1$，$m_b = n_b = 0$，则式（2-21）简化为

$$\left. \begin{aligned} \sigma_{x_b} = \pm \overline{X} \\ \tau_{xy_b} = \pm \overline{Y} \\ \tau_{xz_b} = \pm \overline{Z} \end{aligned} \right\} \tag{2-22}$$

可见，在这一特殊情况下，应力分量的边界值就等于对应的表面力分量；当边界的外法线沿坐标轴正方向时，两者正负号相同，反之相反。对于垂直于 $y$ 轴、$z$ 轴的边界，可自行简化其边界条件。

2-1　试求出习题 2-1 图所示各杆件中 I - I 截面上的内力。

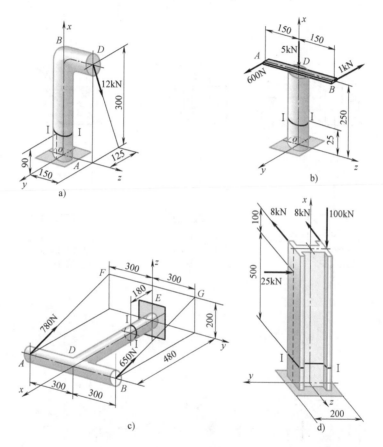

习题　2-1 图

2-2　习题 2-2 图所示矩形截面杆，横截面上正应力沿截面高度线性分布，截面顶边各点处的正应力均为 $\sigma_{max} = 100\text{MPa}$，底边各点处的正应力均为零。杆件横截面上存在何种内力分量，并确定其大小（$C$ 点为截面形心）。

2-3　试指出习题 2-3 图所示各单元体表示哪种应力状态。

2-4　已知应力状态如习题 2-4 图所示（应力单位为 MPa），试用解析法计算图中指定截面的应力。

2-5　已知应力状态如习题 2-5 图所示（应力单位为 MPa），试用解析法求：（1）主应力及主方向；（2）主切应力及主切平面。

2-6　试作应力圆来确定习题 2-4 图中指定截面的应力。

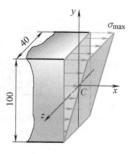

习题　2-2 图

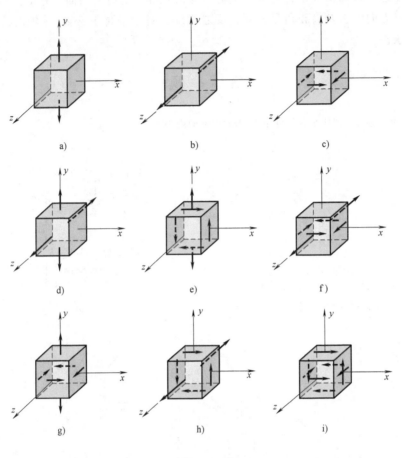

习题 2-3 图

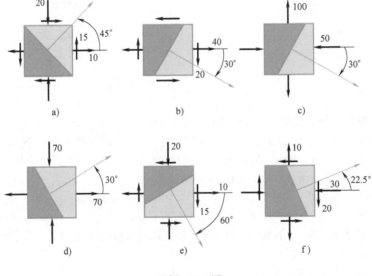

习题 2-4 图

2-7　已知应力状态如习题 2-5 图所示，试作应力圆来确定：（1）主应力及主方向；（2）主切应力及主切平面。

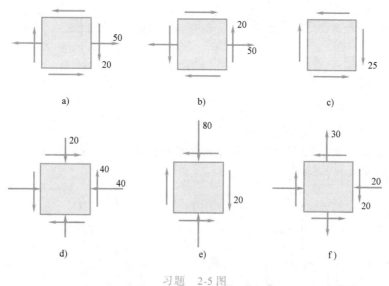

a)　　　　　　　　　　b)　　　　　　　　　　c)

d)　　　　　　　　　　e)　　　　　　　　　　f )

习题　2-5 图

2-8　已知习题 2-8 图所示构件内某点处的应力状态为两种应力状态的叠加结果，试求叠加后所得应力状态的主应力、主切应力。

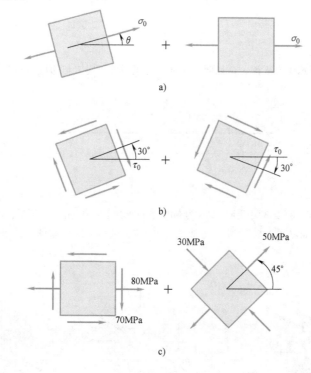

a)

b)

c)

习题　2-8 图

2-9　习题 2-9 图所示双向拉应力状态，$\sigma_x = \sigma_y = \sigma$。试证明任一斜截面上的正应力均等于 $\sigma$，而切应力为零。

2-10　已知 $K$ 点处为二向应力状态，过 $K$ 点两个截面上的应力如习题 2-10 图所示（应力单位为 MPa）。

试分别用解析法与图解法确定该点的主应力。

习题 2-9 图　　　　　　　　　　　习题 2-10 图

2-11　一点处的应力状态在两种坐标系中的表示方法分别如习题 2-11 图 a、b 所示。试确定未知的应力分量 $\tau_{xy}$、$\tau_{x'y'}$、$\sigma_{y'}$ 的大小与方向。

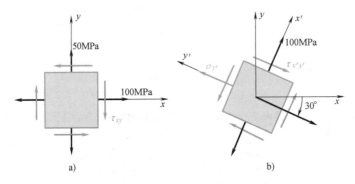

a)　　　　　　　　　　　　　　b)

习题　2-11 图

2-12　习题 2-12 图所示受力板件，试证明尖角 $A$ 处各截面的正应力与切应力均为零。

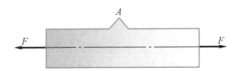

习题　2-12 图

2-13　已知应力状态如习题 2-13 图所示（单位为 MPa），试求其主应力及第一、第二、第三不变量 $I_1$、$I_2$、$I_3$。

2-14　已知应力状态如习题 2-14 图所示（单位为 MPa），试画三向应力圆，并求主应力、最大正应力与最大切应力。

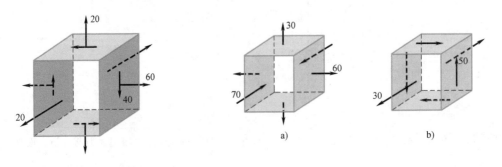

习题　2-13 图　　　　　　　　　　习题　2-14 图

3

# 第 3 章
## 应变状态分析

受力构件内各点处受应力作用，各点处就要发生变形（约束处的点除外），每一点的变形亦可用单元体的变形来描述。线应变分量描述了单元体棱边长度的改变，切应变分量描述了单元体棱边夹角的改变。对于空间问题，一点处共有六个应变分量。通常情况下，构件内不同点处的应变是不相同的；即便是同一点处，沿不同方向的应变分量也是不相同的。但是，对于同一点，其主应变与主应变方向是确定不变的。本章主要分析平面应变状态。

几何方程描述了一点处的位移与应变间关系，构件内各点处变形是协调的，相容方程描述了变形协调时应变分量间应满足的关系。

## 3.1 应变概念 线应变与切应变

受力构件内各点有应力作用，各点处均要发生变形（约束处除外）。构件各点或各部分的变形累积成构件整体变形。若要研究构件内某一点 $a$ 的变形，可围绕点 $a$ 取一单元体，如图 3-1a 所示。在应力作用下，单元体棱边的长度可能发生改变，例如图 3-1a 和图 3-1b 所示的 $x$ 方向的棱边 $ae$ 由 $\Delta x$ 伸长到 $\Delta x+\Delta u$。该边长度的改变量为 $\Delta u$。将

$$\varepsilon_{xm}=\frac{\Delta u}{\Delta x}$$

称为 $ae$ 上各点的平均线应变。一般情况下，$ae$ 上各点处变形程度是不相同的，为了描述 $a$ 点处变形程度，令 $\Delta x \to 0$，平均线应变 $\dfrac{\Delta u}{\Delta x}$ 的极限

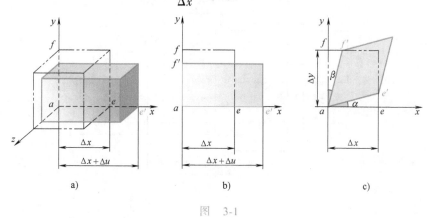

a)  b)  c)

图 3-1

31

$$\varepsilon_x = \lim_{\Delta x \to 0} \frac{\Delta u}{\Delta x} \tag{a}$$

称为点 $a$ 在 $x$ 方向的**线应变**或称为**正应变**。它描述了点 $a$ 处在 $x$ 这个线段方向变形的程度。如果在线段 $ae$ 内各点沿 $x$ 方向的变形程度是相同的，则平均线应变 $\varepsilon_{xm}$ 也就是点 $a$ 的线应变。同理，$\varepsilon_y$、$\varepsilon_z$ 分别表示点 $a$ 沿 $y$、$z$ 方向的线应变。以伸长的线应变为正，缩短的为负。

单元体除发生棱边长度改变的变形外，还可能发生角度的改变，即发生角变形。例如，图 3-1c 所示，变形前棱边 $ae$ 和 $af$ 两微小线段的夹角为 $\pi/2$，变形后夹角减少了 $\alpha+\beta$。当 $e$ 和 $f$ 趋近于 $a$ 点，夹角变化的极限值

$$\gamma_{xy} = \lim_{\substack{\Delta x \to 0 \\ \Delta y \to 0}} (\alpha+\beta) \tag{b}$$

称为 $a$ 点在 $x$-$y$ 平面内的**切应变**或**角应变**。同理用 $\gamma_{yz}$，$\gamma_{zx}$ 分别表示 $y$-$z$ 平面内和 $z$-$x$ 平面内的切应变。并规定使夹角 $\pi/2$ 减小时切应变为正，反之为负。

综上所述，通常情况下，受力构件内某一点既有线应变 $\varepsilon_x$、$\varepsilon_y$ 和 $\varepsilon_z$，又有切应变 $\gamma_{xy}$、$\gamma_{yz}$、$\gamma_{zx}$ 等六个应变分量。线应变和切应变都是量纲为 1 的量，切应变用弧度表示。今后，应变的单位用微应变 $\mu$ 表示，即一个微应变等于 $10^{-6}$。

## 3.2　位移与应变的关系　几何方程

为简捷明了，首先分析在一个平面内（例如，在平行 $x$-$y$ 坐标面内），过点 $a$ 所取的单元体的变形。图 3-2 中 $aBCD$ 为变形前的单元体，$a'B'C'D'$ 为变形后的位置和形状。$a$ 点的位移 $aa'$ 在 $x$ 和 $y$ 方向的分量分别为 $u$ 和 $v$。根据变形固体的连续性假设，位移分量 $u$ 和 $v$ 都应是 $x$，$y$ 的连续函数。与点 $a$ 相比，点 $C$ 的 $y$ 坐标不变，但 $x$ 坐标有一增量 $\Delta x$，所以点 $C$ 的位移分量应为

$$u+\frac{\partial u}{\partial x}\Delta x \quad \text{和} \quad v+\frac{\partial v}{\partial x}\Delta x$$

式中，$\dfrac{\partial u}{\partial x}\Delta x$ 和 $\dfrac{\partial v}{\partial x}\Delta x$ 是函数 $u$ 和 $v$ 因 $x$ 有一增量 $\Delta x$ 而引起的相应增量。在小变形情况下，位

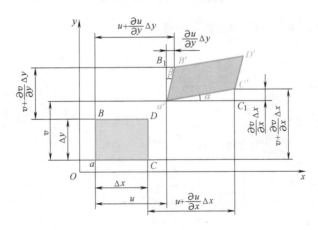

图　3-2

移 $v$ 的增量 $\dfrac{\partial v}{\partial x}\Delta x$ 项只引起线段 $a'C'$ 的轻微转动，并不改变其长度。于是可以认为 $a'C'$ 的长度是

$$a'C' = \Delta x + \left( u + \frac{\partial u}{\partial x}\Delta x \right) - u = \Delta x + \frac{\partial u}{\partial x}\Delta x$$

这样，点 $a$ 沿 $x$ 方向的线应变

$$\varepsilon_x = \lim_{aC \to 0} \frac{a'C' - aC}{aC} = \lim_{\Delta x \to 0} \frac{\Delta x + \dfrac{\partial u}{\partial x}\Delta x - \Delta x}{\Delta x} = \frac{\partial u}{\partial x}$$

同理，可得到点 $a$ 在 $y$ 方向的线应变

$$\varepsilon_y = \frac{\partial v}{\partial y}$$

由图 3-2 看到，变形后 $a'C'$ 转过了 $\alpha$ 角。由于 $\alpha$ 很小，则

$$\alpha \approx \tan\alpha = \frac{C'C_1}{a'C_1} = \frac{\dfrac{\partial v}{\partial x}\Delta x}{\Delta x + \dfrac{\partial u}{\partial x}\Delta x} = \frac{\dfrac{\partial v}{\partial x}}{1 + \dfrac{\partial u}{\partial x}}$$

在小变形情况下，分母中的 $\dfrac{\partial u}{\partial x} = \varepsilon_x$，与 1 相比甚小可以忽略，于是

$$\alpha = \frac{\partial v}{\partial x}$$

同理

$$\beta = \frac{\partial u}{\partial y}$$

按着切应变的定义，则

$$\gamma_{xy} = \lim_{\substack{\Delta x \to 0 \\ \Delta y \to 0}} (\alpha + \beta) = \frac{\partial v}{\partial x} + \frac{\partial u}{\partial y}$$

　　按着上述的分析方法，考虑过点 $a$ 的单元体与 $y$-$z$ 和 $z$-$x$ 两坐标面平行的面的变形，将得出与上面相似的线应变和切应变。汇总如下：

$$\left.\begin{array}{ll} \varepsilon_x = \dfrac{\partial u}{\partial x} & \gamma_{xy} = \dfrac{\partial v}{\partial x} + \dfrac{\partial u}{\partial y} \\[2mm] \varepsilon_y = \dfrac{\partial v}{\partial y} & \gamma_{yz} = \dfrac{\partial w}{\partial y} + \dfrac{\partial v}{\partial z} \\[2mm] \varepsilon_z = \dfrac{\partial w}{\partial z} & \gamma_{zx} = \dfrac{\partial w}{\partial x} + \dfrac{\partial u}{\partial z} \end{array}\right\} \tag{3-1}$$

式（3-1）描述了三个位移分量与六个应变分量之间存在微分关系。位移分量确定后，应变分量将完全确定下来，称式（3-1）为**几何方程**。

## 3.3 应变协调条件 相容方程

由几何方程式（3-1）知，若位移分量 $u$、$v$、$w$ 确定后，那么就能得到六个应变分量 $\varepsilon_x$、$\varepsilon_y$、$\varepsilon_z$、$\gamma_{xy}$、$\gamma_{yz}$、$\gamma_{zx}$。现在反过来，假定六个应变分量函数已确定，要得到三个位移分量函数，从数学的角度来看，那就是要由六个方程解出三个未知数，这样方程组可能是矛盾的，三个位移分量不能确定下来。要使方程组不矛盾，则六个应变分量之间必须满足一定的关系。下面仅就平面应变这一比较简单的情况证明和导出这一关系。

平面问题几何方程为

$$\varepsilon_x = \frac{\partial u}{\partial x}, \quad \varepsilon_y = \frac{\partial v}{\partial y}, \quad \gamma_{xy} = \frac{\partial u}{\partial y} + \frac{\partial v}{\partial x} \tag{a}$$

将 $\varepsilon_x$ 对 $y$ 的二阶导数和 $\varepsilon_y$ 对 $x$ 的二阶导数相加，得

$$\frac{\partial^2 \varepsilon_x}{\partial y^2} + \frac{\partial^2 \varepsilon_y}{\partial x^2} = \frac{\partial^3 u}{\partial x \partial y^2} + \frac{\partial^3 v}{\partial y \partial x^2} = \frac{\partial^2}{\partial x \partial y}\left(\frac{\partial u}{\partial y} + \frac{\partial v}{\partial x}\right)$$

即

$$\frac{\partial^2 \varepsilon_x}{\partial y^2} + \frac{\partial^2 \varepsilon_y}{\partial x^2} = \frac{\partial^2 \gamma_{xy}}{\partial x \partial y} \tag{3-2}$$

式（3-2）表明，对于平面问题，三个应变分量 $\varepsilon_x$、$\varepsilon_y$ 和 $\gamma_{xy}$ 间存在着微分关系，反映了单元体变形应变协调这一事实。这就是应变协调条件，这个方程称为平面问题的相容方程。

试取不满足相容方程式（3-2）的应变分量

$$\varepsilon_x = 0, \quad \varepsilon_y = 0, \quad \gamma_{xy} = Cxy \tag{b}$$

其中常数 $C$ 不等于零。由几何方程式（3-1）的前二式得

$$\frac{\partial u}{\partial x} = 0, \quad \frac{\partial v}{\partial y} = 0$$

从而得

$$u = f_1(y), \quad v = f_2(x) \tag{c}$$

式中，$f_1(y)$ 和 $f_2(x)$ 分别是关于 $y$ 和 $x$ 的任意函数。

另一方面，将式（c）、式（b）中第三式代入式（a）的第三式，又得

$$\frac{\mathrm{d} f_1(y)}{\mathrm{d} y} + \frac{\mathrm{d} f_2(x)}{\mathrm{d} x} \neq Cxy \tag{d}$$

显然式（c）与式（d）互相矛盾，式（d）不可能成为等式，于是不能求出对应于式（b）三个应变分量的位移来。

相容方程的意义也可以从几何角度加以解释。如前所述，我们假想将物体分割成无数单元体，使每个单元体发生变形。如果表示单元体变形的应变分量之间没有一定关系，则在物体变形之后，就不能将这些单元体重新拼合成连续体，相邻单元体之间或产生裂缝、或发生嵌入。为使变形后的小单元体能重新拼合成连续体，则应变应满足协调条件。变形具有连续性。

## 3.4  平面应变状态分析

若受力物件内某一点只存在三个应变分量，而且都在同一个平面内，其余的应变分量为零。例如在 $xOy$ 平面内，只有 $\varepsilon_x$、$\varepsilon_y$、$\gamma_{xy}$ 三个分量，而 $\varepsilon_z = \gamma_{yz} = \gamma_{zx} = 0$，称此种情况为平面应变状态，这是工程中较常见的情况。

### 3.4.1  斜向方向应变

假定构件内某点 $M$ 处于平面应变状态，在 $xOy$ 坐标系内其坐标为 $x$、$y$；变形后移动到 $M'$ 处，位移 $U$ 的分量为 $u$、$v$；三个应变分量 $\varepsilon_x$、$\varepsilon_y$、$\gamma_{xy}$ 均已知。现在讨论当坐标系改变时，应变分量的变换规律。为此将坐标轴旋转 $\alpha$ 角，且规定逆时针旋转的 $\alpha$ 为正，得到新坐标系 $x'Oy'$。在新坐标系下，$M$ 点的坐标为 $x'$、$y'$；位移 $U$ 的分量为 $u'$、$v'$（图3-3），于是有

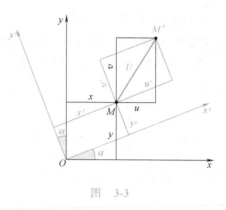

图 3-3

$$\left.\begin{array}{l} u' = u\cos\alpha + v\sin\alpha \\ v' = -u\sin\alpha + v\cos\alpha \\ x = x'\cos\alpha - y'\sin\alpha \\ y = x'\sin\alpha + y'\cos\alpha \end{array}\right\} \qquad (a)$$

由式（3-1）几何方程，可得到 $M$ 点在 $x'Oy'$ 新坐标系下沿 $x'$、$y'$ 方向的线应变以及在以 $x'$ 与 $y'$ 为两垂直微线段间的切应变

$$\varepsilon_{x'} = \frac{\partial u'}{\partial x'}, \quad \varepsilon_{y'} = \frac{\partial v'}{\partial y'}, \quad \gamma_{x'y'} = \frac{\partial v'}{\partial x'} + \frac{\partial u'}{\partial y'} \qquad (b)$$

在式（b）中，若把 $u'$ 和 $v'$ 视为 $x$ 和 $y$ 的函数，而 $x$ 和 $y$ 又是 $x'$ 和 $y'$ 的函数，那么由求导数的链式法则，可得

$$\left.\begin{array}{l} \varepsilon_{x'} = \dfrac{\partial u'}{\partial x'} = \dfrac{\partial u'}{\partial x}\dfrac{\partial x}{\partial x'} + \dfrac{\partial u'}{\partial y}\dfrac{\partial y}{\partial x'} \\[3mm] \gamma_{x'y'} = \dfrac{\partial v'}{\partial x'} + \dfrac{\partial u'}{\partial y'} = \left(\dfrac{\partial v'}{\partial x}\dfrac{\partial x}{\partial x'} + \dfrac{\partial v'}{\partial y}\dfrac{\partial y}{\partial x'}\right) + \left(\dfrac{\partial u'}{\partial x}\dfrac{\partial x}{\partial y'} + \dfrac{\partial u'}{\partial y}\dfrac{\partial y}{\partial y'}\right) \end{array}\right\} \qquad (c)$$

由式（a）得

$$\frac{\partial u'}{\partial x} = \frac{\partial u}{\partial x}\cos\alpha + \frac{\partial v}{\partial x}\sin\alpha, \quad \frac{\partial x}{\partial x'} = \cos\alpha$$

$$\frac{\partial u'}{\partial y} = \frac{\partial u}{\partial y}\cos\alpha + \frac{\partial v}{\partial y}\sin\alpha, \quad \frac{\partial y}{\partial x'} = \sin\alpha$$

$$\frac{\partial v'}{\partial x} = -\frac{\partial u}{\partial x}\sin\alpha + \frac{\partial v}{\partial x}\cos\alpha, \quad \frac{\partial x}{\partial y'} = -\sin\alpha$$

$$\frac{\partial v'}{\partial y} = -\frac{\partial u}{\partial y}\sin\alpha + \frac{\partial v}{\partial y}\cos\alpha, \quad \frac{\partial y}{\partial y'} = \cos\alpha$$

将上式代入式(c),并考虑几何方程式(3-1),得到

$$
\left.
\begin{aligned}
\varepsilon_{x'} &= \varepsilon_x \cos^2\alpha + \varepsilon_y \sin^2\alpha + \gamma_{xy}\sin\alpha\cos\alpha \\
\gamma_{x'y'} &= -2(\varepsilon_x - \varepsilon_y)\sin\alpha\cos\alpha + \gamma_{xy}(\cos^2\alpha - \sin^2\alpha)
\end{aligned}
\right\}
\tag{3-3}
$$

仿照上述的过程,可以导出 $\varepsilon_{y'}$,但如用 $\left(\alpha+\dfrac{\pi}{2}\right)$ 代替式(3-3)的第一式中的 $\alpha$,即可求得 $\varepsilon_{y'}$。

式(3-3)描述了坐标旋转时,应变分量间的变换规律。实际上,式(3-3)中的 $\varepsilon_{x'}$ 和 $\gamma_{x'y'}$ 就是与 $x$ 和 $y$ 方向成任一 $\alpha$ 角度的斜向方向的应变。

将三角函数略作简化,同时写成与式(2-3)类似的形式,式(3-3)变为

$$
\left.
\begin{aligned}
\varepsilon_{x'} &= \frac{\varepsilon_x + \varepsilon_y}{2} + \frac{\varepsilon_x - \varepsilon_y}{2}\cos2\alpha + \frac{\gamma_{xy}}{2}\sin2\alpha \\
\frac{\gamma_{x'y'}}{2} &= -\frac{\varepsilon_x - \varepsilon_y}{2}\sin2\alpha + \frac{\gamma_{xy}}{2}\cos2\alpha
\end{aligned}
\right\}
\tag{3-4}
$$

### 3.4.2 主应变及主应变方向

仿照二向应力状态解析的分析方法,会得出类似的分析结果。例如,在平面应变状态中,通过一点一定存在两个相互垂直的方向,在这两个方向上,线应变为极值而切应变为零。这样的极值线应变称为主应变,这个方向称为主应变方向或应变主轴。主应变方向为

$$
\tan2\alpha_\varepsilon = \frac{\gamma_{xy}}{\varepsilon_x - \varepsilon_y}
\tag{3-5}
$$

主应变为

$$
\left.
\begin{aligned}
\varepsilon' \\
\varepsilon''
\end{aligned}
\right\}
= \frac{\varepsilon_x + \varepsilon_y}{2} \pm \sqrt{\left(\frac{\varepsilon_x - \varepsilon_y}{2}\right)^2 + \left(\frac{\gamma_{xy}}{2}\right)^2}
\tag{3-6}
$$

主切应变及其方向

$$
\left.
\begin{aligned}
\frac{\gamma'}{2} \\
\frac{\gamma''}{2}
\end{aligned}
\right\}
= \pm \sqrt{\left(\frac{\varepsilon_x - \varepsilon_y}{2}\right)^2 + \left(\frac{\gamma_{xy}}{2}\right)^2}
$$

即

$$
\left.
\begin{aligned}
\gamma' \\
\gamma''
\end{aligned}
\right\}
= \pm \sqrt{(\varepsilon_x - \varepsilon_y)^2 + \gamma_{xy}^2}
\tag{3-7}
$$

$$
\tan2\alpha_\gamma = -\frac{\varepsilon_x - \varepsilon_y}{\gamma_{xy}}
\tag{3-8}
$$

### 3.4.3 应变圆

类似于二向应力状态图解分析方法,会得到应变圆方程

$$
\left(\varepsilon_{x'} - \frac{\varepsilon_x + \varepsilon_y}{2}\right)^2 + \left(\frac{\gamma_{x'y'}}{2}\right)^2 = \left(\frac{\varepsilon_x - \varepsilon_y}{2}\right)^2 + \left(\frac{\gamma_{xy}}{2}\right)^2
\tag{3-9}
$$

作图时以横坐标表示线应变，以纵坐标表示切应变的二分之一。

例 **3-1** 构件内某点处于平面应变状态，从该点取出的单元体及其变形如图 3-4 所示（图中尺寸单位为 mm）。试求：

（1）用解析方法求出主应变及主应变方向。

（2）用应变圆求出最大切应变及其方向。

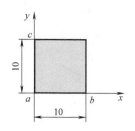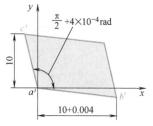

图 3-4

解：

$$\varepsilon_x = \frac{a'b' - ab}{ab} = \frac{4 \times 10^{-3} \text{mm}}{10 \text{mm}} = 400 \times 10^{-6}$$

$$\varepsilon_y = 0$$

$$\frac{\gamma_{xy}}{2} = -200 \times 10^{-6}$$

（1）主应变及主应变方向

$$\left.\begin{array}{c}\varepsilon' \\ \varepsilon''\end{array}\right\} = \frac{\varepsilon_x + \varepsilon_y}{2} \pm \sqrt{\left(\frac{\varepsilon_x - \varepsilon_y}{2}\right)^2 + \left(\frac{\gamma_{xy}}{2}\right)^2}$$

$$= \frac{400}{2} \times 10^{-6} \pm \sqrt{\left(\frac{400}{2} \times 10^{-6}\right)^2 + (-200 \times 10^{-6})^2}$$

$$= \left\{\begin{array}{c} 483 \times 10^{-6} \\ -83 \times 10^{-6} \end{array}\right.$$

$$\tan 2\alpha_\varepsilon = \frac{\gamma_{xy}}{\varepsilon_x - \varepsilon_y} = \frac{-400 \times 10^{-6}}{400 \times 10^{-6}} = -1$$

$$2\alpha_\varepsilon = \left\{\begin{array}{c} -45° \\ 135° \end{array}\right. \qquad \alpha_\varepsilon = \left\{\begin{array}{c} -22.5° \\ 67.5° \end{array}\right.$$

经判断，$\alpha_{\varepsilon'} = -22.5°$，$\alpha_{\varepsilon''} = 67.5°$。

（2）最大切应变及方向

作点 $X\left(\varepsilon_x, \dfrac{\gamma_{xy}}{2}\right)$，点 $Y\left(\varepsilon_y, -\dfrac{\gamma_{xy}}{2}\right)$，连接 $XY$，交 $\varepsilon_{x'}$ 轴于 $C$ 点，以 $C$ 为圆心，以 $XY$ 为直径作圆（图 3-5）。从应变圆上可知，$\varepsilon'$ 发生在 $-22.5°$ 的方向上（图3-6a）。$\dfrac{\gamma'}{2}$ 是在应变圆（图 3-5）的 $E$ 点。

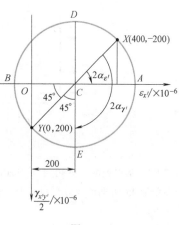

图 3-5

$$\gamma' = 2R = 2\sqrt{200^2 + (-200)^2} \times 10^{-6}$$
$$= 566 \times 10^{-6}$$

$\gamma'$ 是在 $-67.5°$ 方向上（图 3-6b）。

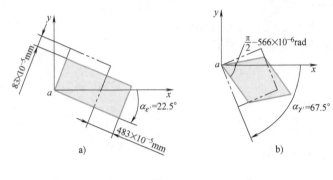

图　3-6

## 习题

3-1　已知某点的位移分量 $u = A$，$v = Bx + Cy + Dz$，$w = Ex^2 + Fy^2 + Gz^2 + Ixy + Jyz + Kzx$。$A$、$B$、$C$、$D$、$E$、$F$、$G$、$I$、$J$、$K$ 均为常数，求该点处的应变分量。

3-2　已知某点处于平面应变状态，试证明 $\varepsilon_x = Axy^2$，$\varepsilon_y = Bx^2y$，$\gamma_{xy} = Ax^2y + Bxy^2$（式中，$A$、$B$ 为任意常数）可作为该点的三个应变分量。

3-3　如习题 3-3 图所示，平面应变状态的点 $O$ 处 $\varepsilon_x = 6 \times 10^{-4}$ mm/m，$\varepsilon_y = 4 \times 10^{-4}$ mm/m，$\gamma_{xy} = 0$；求：1）平面内以 $x'$、$y'$ 方向的线应变；2）以 $x'$ 与 $y'$ 为两垂直线元的切应变；3）该平面内的最大切应变及其与 $x$ 轴的夹角。

3-4　习题 3-4 图所示一点处于平面应变状态，其 $\varepsilon_x = 0$，$\varepsilon_y = 0$，$\gamma_{xy} = -1 \times 10^{-8}$ rad。试求：1）平面内以 $x'$、$y'$ 方向的线应变；2）以 $x'$ 与 $y'$ 为两垂直线元的切应变；3）该平面内的最大切应变及其与 $x$ 轴的夹角。

3-5　用图解法解习题 3-3。

3-6　用图解法解习题 3-4。

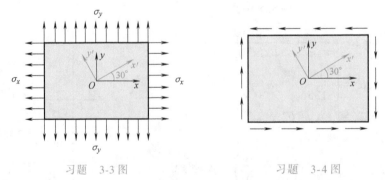

习题　3-3 图　　　　　　习题　3-4 图

3-7　某点处的 $\varepsilon_x = 80\mu$，$\varepsilon_y = 20\mu$，$\gamma_{xy} = 1 \times 10^{-8}$ rad；分别用图解法和解析法求该点 $xy$ 面内的：1）与 $x$ 轴夹角为 45° 方向的线应变和以 45° 方向为始边的直角（两垂直线元）的切应变；2）最大线应变的方向和线应变的值。

3-8　设在平面内一点周围任何方向上的线应变都相同，证明过此点的任意两垂直线元的切应变均为零。

3-9　试导出习题 3-9 图所示 $xy$ 平面上的正方形微元面，在纯切应力状态下切应变 $\gamma_{xy}$ 与对角线方向的线应变之间的关系。

3-10 用电阻应变片测得某点在某平面内 0°、45°和 90°方向的线应变分别为 $-130 \times 10^{-6}$ m/m，$75 \times 10^{-6}$ m/m，$130 \times 10^{-6}$ m/m，求该点在该平面内的最大和最小线应变，最大切应变。

3-11 用习题 3-11 图所示电阻应变片测得某点的应变 $\varepsilon_1 = 280 \times 10^{-6}$ m/m，$\varepsilon_2 = -30 \times 10^{-6}$ m/m，$\varepsilon_4 = 110 \times 10^{-6}$ m/m。求：1）$\varepsilon_3$ 的值；2）该平面内最大、最小线应变和最大切应变。

3-12 已知 $\varepsilon_1 = -100 \times 10^{-6}$，$\varepsilon_2 = 720 \times 10^{-6}$，$\varepsilon_3 = 630 \times 10^{-6}$，求习题 3-12 图所示平面内的最大线应变。

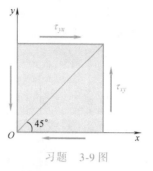

习题 3-9 图

3-13 已知 $\varepsilon_x = -360 \times 10^{-6}$ m/m，$\varepsilon_y = 0$，$\gamma_{xy} = 150 \times 10^{-6}$ rad，求坐标轴 $x$、$y$ 绕 $z$ 轴转过 $\theta = -30°$ 时，新的应变分量 $\varepsilon_{x'}$、$\varepsilon_{y'}$、$\gamma_{x'y'}$。

3-14 已知 $\varepsilon_x = -64 \times 10^{-6}$ m/m，$\varepsilon_y = 360 \times 10^{-6}$ m/m，$\gamma_{xy} = 160 \times 10^{-6}$ rad，求坐标轴 $x$、$y$ 绕 $z$ 轴转过 $\theta = -25°$ 时，新的应变分量 $\varepsilon_{x'}$、$\varepsilon_{y'}$、$\gamma_{x'y'}$。

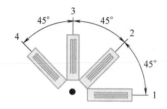

习题 3-11 图                          习题 3-12 图

3-15 如习题 3-15 图所示，已知 $\varepsilon_1 = 480 \times 10^{-6}$ m/m，$\varepsilon_2 = -120 \times 10^{-6}$ m/m，$\varepsilon_3 = 80 \times 10^{-6}$ m/m，求 $\varepsilon_x$。

3-16 证明习题 3-16 图中所示点的应变 $\varepsilon_1$、$\varepsilon_2$ 和 $\varepsilon_3$ 满足 $\varepsilon_1 + \varepsilon_2 + \varepsilon_3 = 3\varepsilon_c$。$\varepsilon_c$ 为应变圆圆心的横坐标。

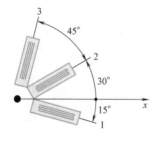 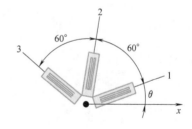

习题 3-15 图                          习题 3-16 图

3-17 已知某二点为平面应变状态，其应变分量是：1）$\varepsilon_x = -1.2 \times 10^{-4}$ m/m，$\varepsilon_y = 1.12 \times 10^{-3}$ m/m，$\gamma_{xy} = 2.0 \times 10^{-4}$ rad；2）$\varepsilon_x = 8.0 \times 10^{-4}$ m/m，$\varepsilon_y = -2.0 \times 10^{-4}$ m/m，$\gamma_{xy} = -8.0 \times 10^{-4}$ rad，试求它们各自的主应变与应变主方向。

3-18 如习题 3-18 图所示，若已知一点的线应变 $\varepsilon_{0°}$、$\varepsilon_{45°}$、$\varepsilon_{90°}$，证明

$$\left. \begin{array}{c} \varepsilon_{\max} \\ \varepsilon_{\min} \end{array} \right\} = \frac{\varepsilon_{0°} + \varepsilon_{90°}}{2} \pm \sqrt{\frac{(\varepsilon_{0°} - \varepsilon_{45°})^2 + (\varepsilon_{45°} - \varepsilon_{90°})^2}{2}}$$

$$\tan 2\alpha_\varepsilon = \frac{2\varepsilon_{45°} - \varepsilon_{0°} - \varepsilon_{90°}}{\varepsilon_{0°} - \varepsilon_{90°}}$$

3-19 如习题 3-19 图所示，若已测得某点 0°、60°、120° 三个方向的线应变 $\varepsilon_{0°}$、$\varepsilon_{60°}$、$\varepsilon_{120°}$，证明

$$\begin{matrix} \varepsilon_{max} \\ \varepsilon_{min} \end{matrix} = \frac{\varepsilon_{0°}+\varepsilon_{60°}+\varepsilon_{120°}}{3} \pm \frac{\sqrt{2}}{3}\sqrt{(\varepsilon_{0°}-\varepsilon_{60°})^2 + (\varepsilon_{60°}-\varepsilon_{120°})^2 + (\varepsilon_{120°}-\varepsilon_{0°})^2}$$

$$\tan 2\alpha_\varepsilon = \frac{\sqrt{3}(\varepsilon_{60°}-\varepsilon_{120°})}{2\varepsilon_{0°}-\varepsilon_{60°}-\varepsilon_{120°}}$$

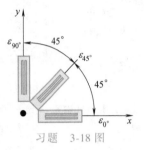

习题 3-18 图

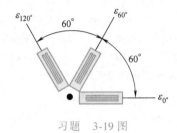

习题 3-19 图

# 第4章
## 材料的力学性能与应力应变关系

第 2、3 章分别从静力学、几何学观点出发，建立了应力、应变的概念以及满足平衡和变形协调等条件时的方程。仅用这些方程还不足以确定受力构件内各点的受力大小和变形程度，因为在推导这些方程时，没有考虑到应力与应变间内在的联系。实际上它们是相互联系的，应力和应变的数值是相关的。应力与应变间的关系，完全由材料决定，它反映了材料所固有的力学性能。材料的力学性能和应力-应变关系要通过实验得到。

## 4.1 材料的力学性能与基本试验

材料在外力作用下所表现出的变形和强度等方面的特性，称为材料的力学性能。材料的力学性能是材料本身固有的性质，不同材料的力学性能当然也不同；就是同一种材料，其力学性能还要和材料的温度、所承受载荷的加载速率、所处的环境（湿度、腐蚀性与放射性介质、太空等）等因素的不同而不同。材料的力学性能通常都是通过实验来得到的，最基本的实验是材料的轴向拉伸和压缩实验。常温、静载下的轴向拉伸试验是材料力学中最基本、应用最广泛的试验。通过拉伸试验，可以较全面地测定工程材料受力后与变形及破坏等方面的各种数据，即材料的力学性能指标，如弹性、塑性、强度、断裂等。这些性能指标对材料力学的分析计算、工程设计、选择材料和新材料开发有着极其重要的作用，也为建立复杂应力状态下材料的失效准则提供依据。由于有些材料在拉伸和压缩时所表现的力学性能并不相同，因而必须通过另一基本试验——轴向压缩试验来了解材料压缩时的力学性能。

试验时首先要将待测试的材料加工成试件。试件的形状、加工精度和试验条件等都有具体的国家标准或部颁标准规定。例如，国家标准 GB/T 228—2002《材料室温拉伸试验方法》中规定拉伸试件截面可采用圆形和矩形（图 4-1），并分别具有长短两种规格。圆截面长试件其工作段长度（也称标距）$l_0 = 10d_0$，短试件 $l_0 = 5d_0$（图 4-1a）；矩形截面长试件 $l_0 = 11.3\sqrt{A_0}$，短试件 $l_0 = 5.65\sqrt{A_0}$，$A_0$ 为试件未变形时横截面面积（图 4-1b）。金属材料的压缩试验，一般采用短圆柱形试

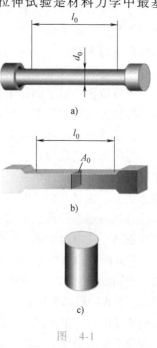

图　4-1

件（GB/T 7314—2017《金属材料室温压缩试验方法》），其高度为直径的 1.5~3 倍（图 4-1c）。除此之外，还规定了试件的加工精度、试验条件、试验内容及方法等。

## 4.2 轴向拉伸和压缩试验

### 4.2.1 低碳钢的拉伸试验

将试件装卡在材料试验机上进行常温、静载拉伸试验，直到把试件拉断，试验机的绘图装置会将试件所受的拉力 $F$ 和试件的伸长量 $\Delta l$ 之间的关系自动记录下来，绘出一条 $F\text{-}\Delta l$ 曲线，称为拉伸图。研究拉伸图，可测得描述材料力学性能的各项指标。

1. 低碳钢的拉伸图

图 4-2 所示为低碳钢试件的拉伸图。由图可见，在拉伸试验过程中，低碳钢试件工作段的伸长量 $\Delta l$ 与试件所受拉力 $F$ 之间的关系，大致可分为以下四个阶段。

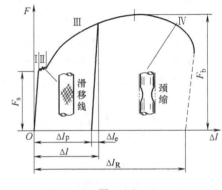

图 4-2

第 I 阶段　试件受力以后，随着拉力的逐渐增加，试件的伸长量也逐渐增加，这时如将外力卸去，试件的变形亦随之消失，试件恢复原状，变形为弹性变形，因此，称第 I 阶段为弹性变形阶段。低碳钢试件在弹性变形阶段的大部分范围内，外力与变形之间成正比，拉伸图呈一斜直线。

第 II 阶段　弹性变形阶段以后，试件的伸长显著增加，但外力却滞留在很小的范围内上下波动。这时低碳钢暂时失去了对变形的抵抗能力，外力不需增加，变形却继续增大，这种现象称为屈服或流动。因此，第 II 阶段称为屈服阶段或流动阶段。屈服阶段中拉力波动的最低值称为屈服载荷，用 $F_s$ 表示。在屈服阶段中，试件的表面上呈现出与轴线大致成 45° 的条纹线，这种条纹线是因材料沿最大切应力面滑移而形成的，通常称为滑移线。

第 III 阶段　过了屈服阶段以后，继续增加变形，需要连续不断地加大外力，试件对变形的抵抗能力又获得恢复。因此，第 III 阶段称为强化阶段。强化阶段中，力与变形之间不再成正比，呈现出非线性的关系。

超过弹性阶段以后，若将载荷卸去（简称卸载），则在卸载过程中，力与变形按线性规律降低，且其间的比例关系与弹性阶段基本相同。载荷全部卸除以后，试件所产生的变形一部分消失，而另一部分则残留下来，试件不能完全恢复原状。在屈服阶段，试件已经有了明显的塑性变形。因此，过了弹性阶段以后，拉伸图曲线上任一点处对应的变形，都包含着弹性变形 $\Delta l_e$ 及塑性变形 $\Delta l_p$ 两部分（图 4-2）。

第 IV 阶段　当拉力继续增大到某一确定数值时，可以看到，试件某处突然开始逐渐局部变细，形同细颈，称颈缩现象。颈缩出现以后，试件伸长变形主要集中在细颈附近的局部区域。因此，第 IV 阶段称为局部变形阶段。局部变形阶段后期，颈缩处的横截面面积急剧减少，试件所能承受的拉力迅速降低，最后在颈缩处被拉断。若用 $d_1$ 及 $l_1$ 分别表示断裂后颈缩处的最小直径及断裂后试件工作段的长度，则 $d_1$ 及 $l_1$ 与试件初始直径 $d_0$ 及工作段初始长度 $l_0$ 相比，均有很大差别。颈缩出现前，试件所能承受的拉力最大值，称为最大载荷，用 $F_b$ 表示。

2. 低碳钢拉伸时的力学性能

低碳钢的拉伸图反映了试件所受的拉力、变形及破坏的情况，但还不能代表材料的力学性能。因为试件截面、长度尺寸不同，使得拉伸图在力的大小和变形量的方面有所差异，为了定量地表示出材料的力学性能，应将拉伸图纵、横坐标分别除以 $A_0$ 及 $l_0$，所得图形称为应力-应变图（σ-ε 图），$\sigma = F / A_0$（见第 5 章），$\varepsilon = \Delta l / l_0$。图 4-3 所示为低碳钢的应力-应变图。由图可见，应力-应变图的曲线上有几个特殊点（如图中 $a$、$b$、$c$、$e$ 等），当应力达到这

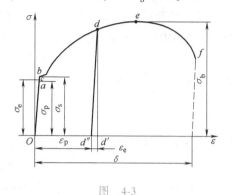

图　4-3

些特殊点所对应的应力值时，图中的曲线就要从一种形态变到另一种形态。这些特殊点所对应的应力称为极限应力，材料拉伸时反映强度的一些力学性能，就是用这些极限应力来表示的。从应力-应变图上，还可以得出反映材料对弹性变形抵抗能力及反映材料塑性的力学性能。下面对拉伸时材料力学性能的主要指标逐一进行讨论。

（1）比例极限 $\sigma_p$ 及弹性模量 $E$　应力-应变曲线上 $Oa$ 段，按一般工程精度要求，可视为直线，在 $a$ 点以下，应力与应变成正比。对应于 $a$ 点的应力，称为比例极限，用 $E$ 表示比例常数，则有

$$\sigma = E\varepsilon \tag{4-1}$$

这就是胡克定律，其中比例常数 $E$ 表示产生单位应变时所需的应力，是反映材料对弹性变形抵抗能力的一个性能指标，称为抗拉弹性模量，简称弹性模量。不同材料，其比例极限 $\sigma_p$ 和弹性模量 $E$ 也不同。例如，低碳钢中的普通碳素钢 Q235，比例极限约 200MPa，弹性模量约 200GPa。

（2）弹性极限 $\sigma_e$　$\sigma_e$ 是卸载后不产生塑性变形的最大应力，在图 4-3 中用 $b$ 点所对应的应力表示。实际上低碳钢的弹性极限 $\sigma_e$ 与比例极限 $\sigma_p$ 十分接近，可以认为，对低碳钢来说，$\sigma_e \approx \sigma_p$。

（3）屈服极限或屈服点 $\sigma_s$　$\sigma_s$ 等于屈服载荷 $F_s$ 除以试件的初始横截面面积 $A_0$，即

$$\sigma_s = \frac{F_s}{A_0} \tag{4-2}$$

从图 4-3 可见，屈服阶段中曲线呈锯齿形，应力上下波动，锯齿形最高点所对应的应力称为上屈服点，最低点称为下屈服点。上屈服点不太稳定，常随试验状态（如加载速率）而改变。下屈服点比较稳定（图 4-3 中的 $c$ 点），通常把下屈服点作为材料的屈服点[⊖]。应力达屈服点 $\sigma_s$ 时，材料将产生显著的塑性变形。

（4）强度极限或抗拉强度 $\sigma_b$　图 4-3 中 $e$ 点的应力等于试件拉断前所能承受的最大载荷 $F_b$ 除以试件初始横截面面积 $A_0$，即

$$\sigma_b = \frac{F_b}{A_0} \tag{4-3}$$

---

⊖　参看 GB/T 228—2002《金属材料室温拉伸试验方法》。

当横截面上的应力达强度极限 $\sigma_b$ 时，受拉杆件上将开始出现颈缩并随即发生断裂。

屈服点和抗拉强度是衡量材料强度高低的两个重要指标。普通碳素钢 Q235 的屈服点约为 $\sigma_s = 240\text{MPa}$，抗拉强度约为 $\sigma_b = 420\text{MPa}$。

（5）伸长率 $\delta$    $\delta$ 为试件拉断后，工作段的残余伸长量 $\Delta l_R = l_1 - l_0$ 与工作长度 $l_0$ 的比值，通常用百分数表示，即

$$\delta = \frac{l_1 - l_0}{l_0} \times 100\% \tag{4-4}$$

伸长率 $\delta$ 表示试件在拉断以前，所能达到的塑性变形的程度，是衡量材料塑性的指标。工作长度对伸长率有影响，因此，对用 5 倍试件及 10 倍试件测得的伸长率分别加注角标 5 及 10 字样，即分别用 $\delta_5$ 及 $\delta_{10}$ 表示，以示区别。普通碳素钢 Q235 的伸长率可达 $\delta_5 = 27\%$ 以上，在钢材中是塑性相当好的材料。工程上通常把静载常温下伸长率大于 5% 的材料称为塑性材料，金属材料中低碳钢是典型的塑性材料。

（6）断面收缩率 $\psi$    用试件初始横截面面积 $A_0$ 减去断裂后缩颈处的最小横截面面积 $A_1$，并除以 $A_0$ 所得商值用百分数表示，即

$$\psi = \frac{A_0 - A_1}{A_0} \times 100\% \tag{4-5}$$

普通碳素钢 Q235 的断面收缩率约为 $\psi = 55\%$。

3. 冷作硬化现象

图 4-4a 为低碳钢的拉伸图。设载荷从零开始逐渐增大，拉伸图曲线将沿 $Odef$ 线变化，直至 $f$ 点发生断裂为止。前已述及，经过弹性阶段与屈服阶段以后，若从某点（例如 $d$ 点）开始卸载，则力与变形间的关系将沿与弹性阶段直线大体平行的 $dd''$ 线回到 $d''$ 点，残余变形 $od''$ 被保留下来。若卸载后从 $d''$ 点开始继续加载，曲线将首先大体沿 $d''d$ 线回至 $d$ 点，然后仍沿曲线 $def$ 变化，直至 $f$ 点发生断裂为止。

可见在再次加载过程中，直到 $d$ 点以前，试件变形是弹性的，过 $d$ 点后才开始出现塑性变形。比较图 4-4a、b 所示的两条曲线，说明在第二次加载时，材料的比例极限得到提高，而塑性变形和伸长率有所降低。在常温下，材料经加载到产生塑性变形后卸载，由于材料经历过强化，从而使其比例极限提高、塑性性能降低的现象称为冷作硬化。

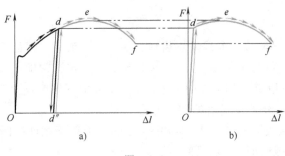

图    4-4

冷作硬化可以提高构件在弹性范围内所能承受的载荷，同时也降低了材料继续进行塑性变形的能力。一些弹性元件及操纵钢索等常利用冷作硬化现象进行预加工处理，以使其能承受较大的载荷而不产生残留变形。冷压成形时，希望材料具有较大塑性变形的能力，因此，

常设法防止或消除冷作硬化对材料塑性的影响，例如，在工序间进行退火等。

### 4.2.2　铸铁的拉伸试验

静载常温下伸长率小于 5% 的材料习惯上称为脆性材料。砖、石、玻璃、水泥、灰铸铁及某些高强度钢等都属于脆性材料。灰铸铁（简称铸铁）拉伸时，断裂后测得的伸长率尚不及 1%，在金属材料中，是一种典型的脆性材料。图4-5所示为铸铁拉伸时的应力-应变图。由图可见，铸铁拉伸时，没有屈服阶段，也没有颈缩现象，反映强度的力学性能只能测得强度极限，而且拉伸时强度极限 $\sigma_b$ 的值较低。铸铁的应力-应变图没有明显的直线段，通常在应力较小时，取 $\sigma$-$\varepsilon$ 图上的弦线近似地表示铸铁拉伸时的应力-应变关系，并按弦线的斜率近似地确定弹性模量 $E$。由于铸铁的抗拉强度较差，一般不宜选做承受拉力的构件。抗拉强度差，这是脆性材料共同的特点。

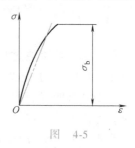

图　4-5

### 4.2.3　低碳钢和铸铁的压缩试验

图 4-6 中，曲线 1 表示低碳钢试件压缩时的应力-应变图，曲线 2 为拉伸时的应力-应变图。两个图形曲线在屈服阶段以前基本重合，即低碳钢压缩时，弹性模量 $E$、屈服点 $\sigma_s$ 均与拉伸时大致相同。过了屈服阶段，继续压缩时，试件的长度越来越短，而直径不断增大，由于受试验机上下压板摩擦力的影响，试件两端直径的增大受到阻碍，因而变成鼓形。压力继续增加，鼓形高度减小，直径增大，最后被压成饼状也不断裂，因而低碳钢压缩时测不出强度极限。由于低碳钢压缩时的主要力学性能与拉伸时大体相同，所以一般通过拉伸试验即可得到其压缩时的主要力学性能。因此，对低碳钢来说，拉伸试验是基本的试验。

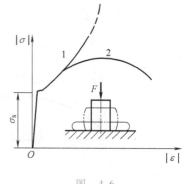

图　4-6

图 4-7 所示为铸铁压缩时的应力-应变图。与拉伸时相比，铸铁压缩时强度极限 $\sigma_{bc}$ 很高，例如，HT300 压缩时的强度极限约为拉伸时强度极限的四倍。抗压强度远大于抗拉强度，这是铸铁力学性能的重要特点。铸铁试件受压缩发生破坏时，断面与轴线大致成 45° 的倾角（图4-7），这表明铸铁试件受压时破坏是因最大切应力所致。

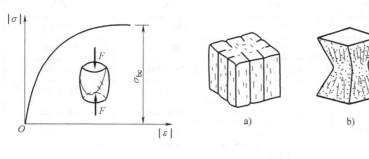

图　4-7　　　　　　　　　　　图　4-8

顺便指出，混凝土及石料等非金属脆性材料进行压缩试验时，常采用立方体形状的试件。这类材料受压破坏的形式与试件端面所受摩擦阻力有关。例如，压缩时若在端面涂以润滑剂，试件将沿纵向开裂（图4-8a），而不涂润滑剂时，压坏后将呈对接的截锥体形（图4-8b）。两种情况下测得的抗压强度极限亦不相同。因此，对这类材料进行压缩实验时，除应注意采用规定的试件形状及尺寸外，还需注意端面的接触条件。

## 4.3 常见工程材料的应力-应变曲线

各种材料均可通过拉伸试验测定其力学性能，并绘制应力-应变图。图4-9为几种不同塑性材料的应力-应变图。由图可见，一些塑性材料的应力-应变图中没有明显的屈服阶段。对于没有明显屈服阶段的塑性材料，通常人为地规定，将产生0.2%残留应变时所对应的应力称为名义屈服点，并用$\sigma_{0.2}$表示（图4-10）。通常对于没有明显屈服阶段的材料，手册中列出的$\sigma_s$指的即是材料的名义屈服点$\sigma_{0.2}$。表4-1给出了几种常用金属材料拉伸时的力学性能。关于材料更详尽的资料，可查阅有关国家标准、部标准或企业标准以及有关资料手册等。

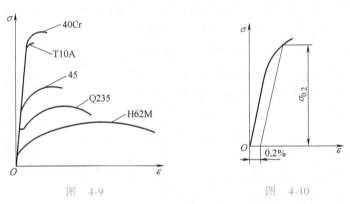

图 4-9          图 4-10

表 4-1　几种常用材料的主要力学性能

| 材料名称 | 牌　号 | 屈服点 $\sigma_s$/MPa | 抗拉强度 $\sigma_b$/MPa | 伸长率 $\delta_5$(%) |
|---|---|---|---|---|
| 普通碳素钢<br>（GB/T700—1988） | Q235 | 240 | 380~470 | 25~27 |
| | Q275 | 280 | 500~620 | 19~21 |
| 优质碳素钢<br>（GB/T699—1988） | 45 | 360 | 610 | 16 |
| | 50 | 390 | 660 | 13 |
| 普通低合金钢<br>（GB/T1591—1994） | Q345B | 280~350 | 480~520 | 19~21 |
| | Q390B | 340~420 | 500~560 | 17~19 |
| 合金结构钢<br>（GB/T3077—1988） | 40Cr(调质) | 550~800 | 750~1000 | 9~15 |
| | 40MnB(调质) | 500~800 | 750~1000 | 10~12 |
| 球墨铸铁<br>（GB/T1348—1988） | QT400—18 | 280~320 | 380~420 | 17~19 |
| | QT600—3 | 400~440 | 580~620 | 3 |
| 灰铸铁<br>（GB/T9439—1988） | HT150 | | 100~280 | |
| | HT200 | | 160~320 | |

（续）

| 材料名称 | 牌　号 | 屈服点 $\sigma_s$/MPa | 抗拉强度 $\sigma_b$/MPa | 伸长率 $\delta_5$(%) |
|---|---|---|---|---|
| 铝合金<br>（GB/T3190—1996） | 2A11 | 110~240 | 210~420 | 18 |
| | 2A90 | 280 | 420 | 13 |

高分子材料是一种常用的工程材料，其种类很多，它们的力学性能有很大差异。主要分这样几类，一类为硬而脆的高分子材料，如聚苯乙烯、有机玻璃等，聚苯乙烯的应力-应变曲线如图 4-11 所示；第二类为具有一定强度和塑性的结晶态高分子材料，如尼龙、聚碳酸酯等，尼龙的应力-应变曲线如图 4-11 所示；第三类为高弹性材料，如橡胶等。

需要指出，结晶态高分子材料，拉伸时颈缩现象不是发生在强化阶段之后，而是在屈服的开始。但颈缩后不立即发生断裂，仍能承受很大的应变。

近年来，复合材料以其诸多优点广泛应用于各个工程领域。图 4-12 所示为某种碳/环氧（碳纤维增强环氧树脂基体）单层纤维复合材料沿纤维方向和垂直纤维方向拉伸时的应力-应变曲线，由图可见，材料的力学性能随加力方向的改变而变化，即为各向异性，其沿着纤维方向的抗拉强度和弹性模量均远大于垂直纤维方向的值。碳纤维和玻璃纤维的单向复合材料的力学性能列于表 4-2 中。

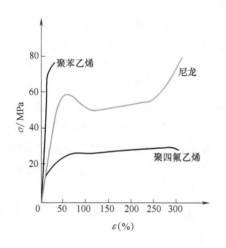

图　4-11

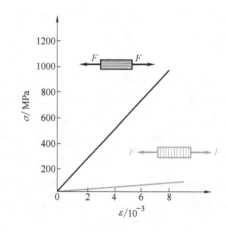

图　4-12

表 4-2　单向复合材料的力学性能

| 材　料 | 弹性模量/GPa | | 抗拉强度/GPa | | 伸长率（%） | |
|---|---|---|---|---|---|---|
| | 平行纤维 | 垂直纤维 | 平行纤维 | 垂直纤维 | 平行纤维 | 垂直纤维 |
| 碳纤维/环氧树脂<br>（$\varphi_f=0.6$） | 220 | 7 | 1400 | 38 | 0.8 | 0.6 |
| 玻璃纤维/聚酯树脂<br>（$\varphi_f=0.5$） | 38 | 10 | 750 | 22 | 1.8 | 0.2 |

注：$\varphi_f$ 是纤维在复合材料中所占体积分数。

## 4.4 应力松弛与蠕变

加载速率、温度及载荷作用时间等因素，对材料的力学性能有显著影响。当载荷迅速增加时，材料的塑性变形可能还来不及完全形成就发生了破坏。图 4-13 所示为低碳钢在静载及迅速加载两种情况下的应力-应变曲线示意图。由图可见，迅速加载时，屈服阶段已不明显，但强度极限显著提高。其他塑性材料在迅速加载时也有类似性质。至于温度的影响，一般说来，随着温度的升高，金属材料的屈服点、强度极限降低，而伸长率则增大。图 4-14a 所示为短期静载下，低碳钢的 $\sigma_s$、$\sigma_b$、$E$、$\delta$、$\psi$ 等随温度的变化曲线。由图可见，当升温至 $250 \sim 300°C$ 时，低碳钢的强度极限

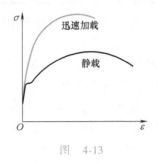

图 4-13

$\sigma_b$ 反而升高，而伸长率 $\delta$ 及断面收缩率 $\psi$ 却显著降低。这一现象称为蓝脆现象。蓝脆现象主要是低碳钢所特有的。因此，低碳钢锻件应尽量避免在蓝脆区进行热加工，以防锻件开裂。图 4-14b 表示铬锰合金钢的 $\sigma_b$、$\sigma_{0.2}$ 及 $\delta$ 随温度的变化曲线。对多数材料来说，随着温度升高，都是趋于强度降低，塑性增加。金属热加工就是根据材料的这一性质加热成型的。温度降至 0°C 以下时，钢材总的趋势是变脆，强度提高，塑性降低。

高温下，载荷作用的时间对材料的力学性能有重要影响。温度高于一定数值，应力超过某一限度以后，在定值静载应力作用下，材料的变形会随着时间而不断地缓慢增长，这种现象称为蠕变。蠕变变形主要是塑性变形，卸载后只有很少部分变形能够恢复。图 4-15 所示为金属材料蠕变曲线的示意图，图中纵坐标为蠕变应变，横坐标代表时间，曲线斜率即 $d\varepsilon/dt$ 表示蠕变速度。图 4-15a 中曲线的 $AB$ 段蠕变速度不断减少，是不稳定阶段；$BC$ 段蠕变速度最小，且近于常量，称稳定阶段；随后蠕变速度开始增加，$CD$ 段因之称为加速阶段；过了 $D$ 点，蠕变速度急剧加大直至 $E$ 点发生断裂，$DE$ 段称为破坏阶段。温度不变时，应力愈大稳定阶段的蠕变速度亦愈大，容易发生蠕变断裂（图 4-15b）。应力小于某一限度，稳定阶段的蠕变速度将减少至零，这时就可以不考虑蠕变的影响。

高温下若变形保持不变，会出现应力随时间逐渐降低的现象，这种现象称为松弛。忽视

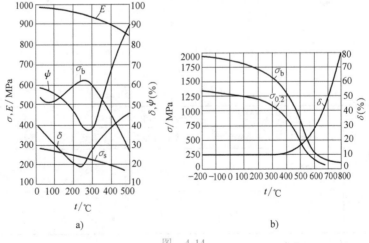

a)

b)

图 4-14

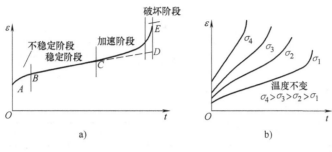

图 4-15

蠕变与松弛的影响，可能会使高温下工作的构件发生重大事故。例如，燃气轮机的叶片在高温下可能产生过大的蠕变变形而与汽轮机筒体相撞，高压燃气管道紧固螺栓的预紧力会因松弛现象而大大降低，从而保证不了气密联接，等等。

## 4.5　各向同性材料的胡克定律

### 4.5.1　简单胡克定律

式（4-1）表示，在弹性范围内加载，受单向应力作用的一点（图 4-16），其正应力与线应变成正比，即

$$\sigma_x = E\varepsilon_x \tag{4-6}$$

这是简单拉、压时的胡克定律。由上式，纵向（沿应力方向）应变 $\varepsilon_x$ 可写为

$$\varepsilon_x = \frac{\sigma_x}{E} \tag{4-7}$$

实验表明，在比例极限内，横向（与应力 $\sigma_x$ 垂直的方向）应变 $\varepsilon_y$（或 $\varepsilon_z$）与纵向应变 $\varepsilon_x$ 之比为一常量。用 $\nu$ 表示这一比值，则

$$\nu = -\frac{\varepsilon_y}{\varepsilon_x} = -\frac{\varepsilon_z}{\varepsilon_x} \tag{4-8}$$

对于绝大多数工程材料，纵向和横向应变正负号始终相反[⊖]，为使 $\nu$ 为正值，故在定义式（4-8）中加一个负号。

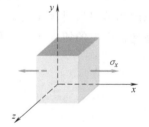

图 4-16

$\nu$ 称为**横向变形系数**或**泊松比**，其值随材料而异，可通过实验进行测定。由式（4-8）可得

$$\left.\begin{array}{l} \varepsilon_y = -\nu\varepsilon_x \\ \varepsilon_z = -\nu\varepsilon_x \end{array}\right\} \tag{4-9}$$

式中，负号表示横向应变与纵向应变符号相反。式（4-7）代入式（4-9）得

---

⊖ 近 30 年来已经研制出"拉胀材料"，例如某些聚合物泡沫材料，具有受拉时横向发生膨胀，受压时横向发生收缩的力学特性。这时纵向应变和横向应变具有相同的正负号，所以这类材料的泊松比为负值。

$$\left.\begin{aligned} \varepsilon_y &= -\frac{\nu}{E}\sigma_x \\ \varepsilon_z &= -\frac{\nu}{E}\sigma_x \end{aligned}\right\} \qquad (4\text{-}10)$$

表4-3给出了几种常用材料的 $E$ 和 $\nu$ 值。

表4-3　几种常用材料的 $E$ 和 $\nu$ 值

| 材料名称 | $E/\text{GPa}$ | $\nu$ |
|---|---|---|
| 碳　素　钢 | 196~216 | 0.24~0.28 |
| 合　金　钢 | 186~206 | 0.25~0.30 |
| 灰　铸　铁 | 78.5~157 | 0.23~0.27 |
| 铜及其合金 | 72.6~128 | 0.31~0.42 |
| 铝　合　金 | 70 | 0.33 |

由扭转试验还可看出，在弹性范围内，一点的切应力与相应的切应变（图4-17）成正比，即

$$\tau_{xy} = G\gamma_{xy} \qquad (4\text{-}11)$$

或改写为

$$\gamma_{xy} = \frac{\tau_{xy}}{G} \qquad (4\text{-}12)$$

上两式称为剪切胡克定律，其中 $G$ 称为切变模量，其值与材料有关，可由实验测得。

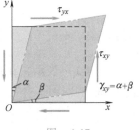

图　4-17

### 4.5.2　广义胡克定律

在图4-18a所示的空间应力状态下，对于各向同性材料，在线弹性范围内，正应力在其纵向和横向只引起线应变，而不引起此方向的切应变；同样，坐标面内的切应力只引起它所在坐标面内的切应变，而不引起其他坐标面内的切应变，也不会引起此坐标方向的线应变。

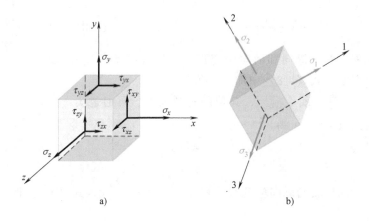

a)　　　　　　　　　　b)

图　4-18

由上节的式（4-7）、式（4-10）、式（4-12），应用叠加原理，可得空间应力状态下应力-应变关系。

$$\left.\begin{aligned}
\varepsilon_x &= \frac{1}{E}\left[\sigma_x - \nu(\sigma_y + \sigma_z)\right] \\[4pt]
\varepsilon_y &= \frac{1}{E}\left[\sigma_y - \nu(\sigma_z + \sigma_x)\right] \\[4pt]
\varepsilon_z &= \frac{1}{E}\left[\sigma_z - \nu(\sigma_x + \sigma_y)\right] \\[4pt]
\gamma_{xy} &= \frac{\tau_{xy}}{G} \\[4pt]
\gamma_{yz} &= \frac{\tau_{yz}}{G} \\[4pt]
\gamma_{zx} &= \frac{\tau_{zx}}{G}
\end{aligned}\right\} \tag{4-13}$$

上式称为广义胡克定律。

若单元体的三个主应力已知时，如图 4-18b 所示，其应力-应变关系可写成

$$\left.\begin{aligned}
\varepsilon_1 &= \frac{1}{E}\left[\sigma_1 - \nu(\sigma_2 + \sigma_3)\right] \\[4pt]
\varepsilon_2 &= \frac{1}{E}\left[\sigma_2 - \nu(\sigma_3 + \sigma_1)\right] \\[4pt]
\varepsilon_3 &= \frac{1}{E}\left[\sigma_3 - \nu(\sigma_1 + \sigma_2)\right]
\end{aligned}\right\} \tag{4-14}$$

式中，$\varepsilon_1$、$\varepsilon_2$、$\varepsilon_3$ 分别为沿主应力方向的线应变。由于主应力单元体在三个坐标平面内的切应变等于零，故主应力方向的线应变就是主应变。

---

**例 4-1** 某构件表面一点处于平面应力状态，测得该点两个互相垂直方向的线应变为 $\varepsilon_x = 500 \times 10^{-6}$，$\varepsilon_y = -200 \times 10^{-6}$，已知 $E = 200\text{GPa}$，$\nu = 0.25$。试求该点的正应力分量 $\sigma_x$ 和 $\sigma_y$。

**解：** 由式（4-13），平面应力状态下

$$\left.\begin{aligned}
\varepsilon_x &= \frac{1}{E}(\sigma_x - \nu\sigma_y) \\[4pt]
\varepsilon_y &= \frac{1}{E}(\sigma_y - \nu\sigma_x)
\end{aligned}\right\} \tag{a}$$

求解此式得

$$\left.\begin{aligned}
\sigma_x &= \frac{E}{1-\nu^2}(\varepsilon_x + \nu\varepsilon_y) \\[4pt]
\sigma_y &= \frac{E}{1-\nu^2}(\varepsilon_y + \nu\varepsilon_x)
\end{aligned}\right\} \tag{b}$$

所以
$$\sigma_x = \frac{200 \times 10^9 \mathrm{Pa}}{1 - 0.25^2} \left( 500 \times 10^{-6} - 0.25 \times 200 \times 10^{-6} \right) = 96 \mathrm{MPa}$$

$$\sigma_y = \frac{200 \times 10^9 \mathrm{Pa}}{1 - 0.25^2} \left( -200 \times 10^{-6} + 0.25 \times 500 \times 10^{-6} \right) = -16 \mathrm{MPa}$$

**例 4-2** 在一个体积比较大的钢块上有一直径为 5.001cm 的凹座，凹座内放置一直径为 5cm 的钢制圆柱（图 4-19a 为剖视图），圆柱受到轴向均布压力作用，其合力 $F = 300 \mathrm{kN}$。钢的弹性模量 $E = 200 \mathrm{GPa}$，泊松比 $\nu = 0.3$。假设钢块不变形，试求圆柱内任意一点的主应力。

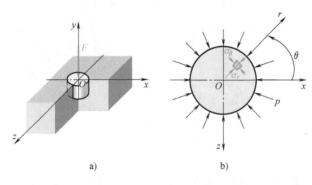

图 4-19

**解**：随着轴向压力的增加，圆柱开始向横向（径向）扩展，后来受到块体孔壁的阻碍。加载完毕时，圆柱内任意一点的轴向压应力为

$$\sigma_y = -\frac{F}{A} = -\frac{300 \times 10^3 \mathrm{N}}{\frac{\pi}{4} \times 5^2 \times 10^{-4} \mathrm{m}^2} = -153 \times 10^6 \mathrm{Pa} = -153 \mathrm{MPa}$$

由于圆柱结构和所受载荷均为轴对称，因此，圆柱侧表面只受到因块体孔壁的阻碍而施加给它的径向（横向）均布压应力，用 $p$ 来表示（图 4-19b）。

由例 2-5 可知，圆柱内任意点平行于 $y$ 轴的任意斜截面上只有大小为 $p$ 的正应力，无切应力。因此，圆柱内任意点径向（$r$ 方向）截面上的应力 $\sigma_r$ 和周向（$\theta$ 方向）截面上的应力 $\sigma_\theta$ 相等，即

$$\sigma_r = \sigma_\theta = -p$$

再利用约束条件

$$\varepsilon_r = \frac{5.001\mathrm{cm} - 5\mathrm{cm}}{5\mathrm{cm}} = 0.0002$$

由广义胡克定律

$$\varepsilon_r = \frac{1}{E} \left[ \sigma_r - \nu(\sigma_y + \sigma_\theta) \right] = \frac{1}{E} \left[ -p - \nu\sigma_y + \nu p \right] = 0.0002$$

可以求出

$$p = \frac{-\nu\sigma_y - 0.0002E}{1 - \nu} = \frac{0.3 \times 153 \times 10^6 - 0.0002 \times 200 \times 10^9}{1 - 0.3} \mathrm{Pa} = 8.43 \mathrm{MPa}$$

所以任一点的三个主应力为

$$\sigma_1 = \sigma_2 = -p = -8.43 \mathrm{MPa}, \quad \sigma_3 = -153 \mathrm{MPa}$$

## 4.6　应变能

### 4.6.1　体积应变与形状变形

在应力作用下，单元体要发生变形，该变形分成两类：体积变形与形状变形。如果单元体原来是正立方体，变形后仍为正立方体，或单元体原来是球体，变形后仍为球体，这种变形只是体积发生了变化，而形状没有变化，称为纯体积变形（图 4-20b、e）。如果原来是正立方体的单元体，变形后为体积相等的长方体，或原来是球的单元体，变形后为体积相等的椭球体，这种变形只是形状发生了变化，而体积没有变化，称为纯形状变形（图 4-20c、f）。一般情况下，在应力作用下单元体不仅体积发生变化，而且形状也会发生变化（图 4-20a、d）。

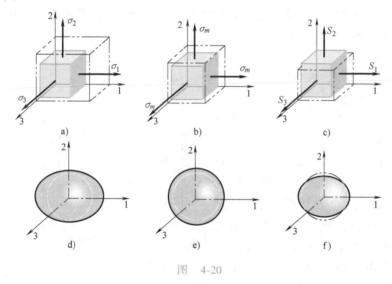

图　4-20

为了方便起见，在主轴坐标系中进行考察。取一主单元正立方体（图 4-20a）。变形前各棱边的长度均为 $da$，体积为 $dV_0 = (da)^3$。在主应力 $\sigma_1$、$\sigma_2$、$\sigma_3$ 作用下产生主应变 $\varepsilon_1$、$\varepsilon_2$、$\varepsilon_3$，则变形后各棱边的长度为 $da(1+\varepsilon_1)$、$da(1+\varepsilon_2)$、$da(1+\varepsilon_3)$，体积为 $dV = da(1+\varepsilon_1)da(1+\varepsilon_2)da(1+\varepsilon_3)$。变形前后体积的相对变化称为体积应变，以 $\theta$ 表示

$$\theta = \frac{dV - dV_0}{dV_0} = \frac{(da)^3(1+\varepsilon_1)(1+\varepsilon_2)(1+\varepsilon_3) - (da)^3}{(da)^3}$$

忽略高阶微量后

$$\theta = \varepsilon_1 + \varepsilon_2 + \varepsilon_3$$

利用广义胡克定律式（4-14）得到

$$\theta = \frac{\sigma_m}{K} \qquad (4\text{-}15)$$

或

$$\varepsilon_m = \frac{\sigma_m}{3K} \qquad (4\text{-}16)$$

式中，$\sigma_m = (\sigma_1 + \sigma_2 + \sigma_3)/3$，为平均应力；$\varepsilon_m = (\varepsilon_1 + \varepsilon_2 + \varepsilon_3)/3$，为平均应变；

$K = E/[3(1-2\nu)]$，称为**体积应变弹性系数**，式（4-15）、式（4-16）称为**体积应变胡克定律**。可见体积应变量是由单元体各面上平均应力引起的（图 4-20b）。

主单元体在主应力 $\sigma_1$、$\sigma_2$、$\sigma_3$ 作用下，不仅体积发生了变化，而且形状也发生了变化，由原来的正立方体改变为长方体。各主应力 $\sigma_1$、$\sigma_2$、$\sigma_3$ 偏离平均应力 $\sigma_m$ 的量用 $s_1$、$s_2$、$s_3$ 表示，即 $s_1 = \sigma_1 - \sigma_m$，$s_2 = \sigma_2 - \sigma_m$，$s_3 = \sigma_3 - \sigma_m$。形状变形就是由这些应力偏离量引起的（图 4-20c）。

### 4.6.2 应变能

弹性体受外力作用要发生变形，引起力作用点沿力作用方向位移，外力因此而做功；另一方面，弹性体因变形而具备了做功能力，表明其储存了能量，这种能量称为**弹性变形势能**，简称**变形能**。当逐渐卸去外力，弹性体又将所储存的变形能逐渐释放而做功，使变形逐渐消失。若外力从零开始十分缓慢地增加到最终值，变形中的每一瞬间弹性体均处于平衡状态，这样可忽略弹性体内的动能及其他能量的变化，可以认为变形能 $E_\varepsilon$（或用 $E_\gamma$ 表示）在数值上就等于外力所做功 $W$，即

$$E_\varepsilon = W \tag{4-17}$$

#### 1. 单向应力状态下的应变能

图 4-21a 所示的轴向拉伸直杆，当拉力从零开始缓慢地增加到最终值 $F$ 时，则杆的变形亦同时从零开始慢慢地增加到最终值 $\Delta l$。在比例极限内，外力 $F$ 与变形量 $\Delta l$ 之间成正比关系，$F$-$\Delta l$ 图呈一过原点的斜直线，如图 4-21b 所示。在逐渐加力的过程中，当拉力为 $F_1$ 时，杆的变形量为 $\Delta l_1$，假如此时拉力再增加一个 $dF_1$，那么杆的变形将含有一增量 $d(\Delta l_1)$。于是已作用于杆件上的拉力 $F_1$ 因位移 $d(\Delta l_1)$ 而做功 $dW$

$$dW = F_1 d(\Delta l_1)$$

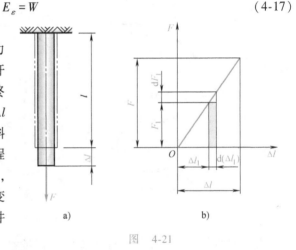

图 4-21

$dW$ 就等于图 4-21b 中阴影部分的微分面积。把最终的拉力 $F$ 和最终的变形量 $\Delta l$ 分别视为一系列 $dF_1$ 和 $d(\Delta l_1)$ 的积累，这样，拉力 $F$ 所做的总功 $W$ 便等于这些微分面积总和，即图 4-21b 斜直线下三角形的面积。于是总功

$$W = \frac{1}{2} F \Delta l$$

由式（4-17）得杆的变形能

$$E_\varepsilon = W = \frac{1}{2} F \Delta l \tag{4-18}$$

让我们将这一概念应用于线弹性体内的一个单元体中。图 4-22a 表示单元体受单向应力 $\sigma_x$ 作用，图 4-22b 给出了相应的变形。

储存在单元体内的变形能一般亦称**应变能**。单位体积中积蓄的应变能称为**应变比能**或**应变能密度**。在图 4-22a 与图 4-22b 所示的情形下，$x$ 方向的力 $\sigma_x dy dz$ 在 $x$ 方向位移 $\varepsilon_x dx$ 上所

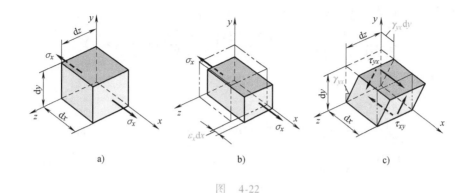

图　4-22

做的功，就等于储存在单元体内的应变能

$$\mathrm{d}E_\varepsilon = \mathrm{d}W = \frac{1}{2}(\sigma_x \mathrm{d}y\mathrm{d}z)(\varepsilon_x \mathrm{d}x) = \frac{1}{2}\sigma_x \varepsilon_x \mathrm{d}V$$

单元体内的应变比能为

$$e = \frac{\mathrm{d}E_\varepsilon}{\mathrm{d}V} = \frac{1}{2}\sigma_x \varepsilon_x \tag{4-19}$$

### 2. 纯切应力状态下的应变能

图 4-22c 所示的单元体为纯切应力状态。仿照上述分析，作用在单元体的上表面的 $x$ 方向的力 $\tau_{yx}\mathrm{d}x\mathrm{d}z$，在 $x$ 方向位移 $\gamma_{yx}\mathrm{d}y$ 上所做的功，就等于储存在单元体内的应变能

$$\mathrm{d}E_\gamma = \mathrm{d}W = \frac{1}{2}(\tau_{yx}\mathrm{d}x\mathrm{d}z)(\gamma_{yx}\mathrm{d}y) = \frac{1}{2}\tau_{yx}\gamma_{yx}\mathrm{d}V$$

单元体内的应变比能为

$$e = \frac{\mathrm{d}E_\gamma}{\mathrm{d}V} = \frac{1}{2}\tau_{yx}\gamma_{yx} = \frac{1}{2}\tau_{xy}\gamma_{xy} \tag{4-20}$$

### 3. 空间应力状态下的应变能

变形固体内一点在主应力 $\sigma_1$、$\sigma_2$、$\sigma_3$ 作用下，其应变能只与最终的力学状态（应力应变）有关，与加载的历史（应力变化的历史）无关，故总应变能等于各应力分量分别在自己方向的应变上所做功的代数和。因此，相应的应变比能为

$$e = \frac{1}{2}(\sigma_1 \varepsilon_1 + \sigma_2 \varepsilon_2 + \sigma_3 \varepsilon_3) \tag{4-21}$$

应用广义胡克定律式（4-14）得到

$$e = \frac{1}{2E}[\sigma_1^2 + \sigma_2^2 + \sigma_3^2 - 2\nu(\sigma_1\sigma_2 + \sigma_2\sigma_3 + \sigma_3\sigma_1)]$$

总应变比能 $e$ 等于体积应变比能 $e_v$ 和形状应变比能 $e_f$ 的总和，即

$$e = e_v + e_f \tag{4-22}$$

体积应变比能等于三个坐标轴方向的平均应力 $\sigma_m$ 在自己方向的应变 $\varepsilon_m$ 上所做功的代数和，即

$$e_v = 3\left[\frac{1}{2}\sigma_m \varepsilon_m\right]$$

应用体积应变胡克定律式（4-16）得到

$$e_v = \frac{\sigma_m^2}{2K} = \frac{3}{2E}\frac{(1-2\nu)}{2E}\left(\frac{\sigma_1+\sigma_2+\sigma_3}{3}\right)^2 = \frac{1-2\nu}{6E}(\sigma_1+\sigma_2+\sigma_3)^2 \tag{4-23}$$

于是，形状应变比能

$$\begin{aligned}e_f &= e - e_v \\ &= \frac{1}{2E}\left[\sigma_1^2+\sigma_2^2+\sigma_3^2-2\nu(\sigma_1\sigma_2+\sigma_2\sigma_3+\sigma_3\sigma_1)\right] - \\ &\quad \frac{1-2\nu}{6E}(\sigma_1+\sigma_2+\sigma_3)^2 \\ &= \frac{1+\nu}{3E}(\sigma_1^2+\sigma_2^2+\sigma_3^2-\sigma_1\sigma_2-\sigma_2\sigma_3-\sigma_3\sigma_1)\end{aligned}$$

即

$$e_f = \frac{1+\nu}{6E}\left[(\sigma_1-\sigma_2)^2+(\sigma_2-\sigma_3)^2+(\sigma_3-\sigma_1)^2\right] \tag{4-24}$$

## 4.7 各向同性材料弹性常数间的关系

现在证明各向同性材料的材料常数 $E$、$\nu$、$G$ 间存在的如下关系式

$$G = \frac{E}{2(1+\nu)}$$

考虑如图 4-23 所示的纯切应力状态，单元体只有形状变形而无体积变形，形状应变比能就是总的应变比能。由式（4-20），其形状应变比能

$$e_f = \frac{1}{2}\tau_{xy}\gamma_{xy} = \frac{\tau_{xy}^2}{2G} \tag{a}$$

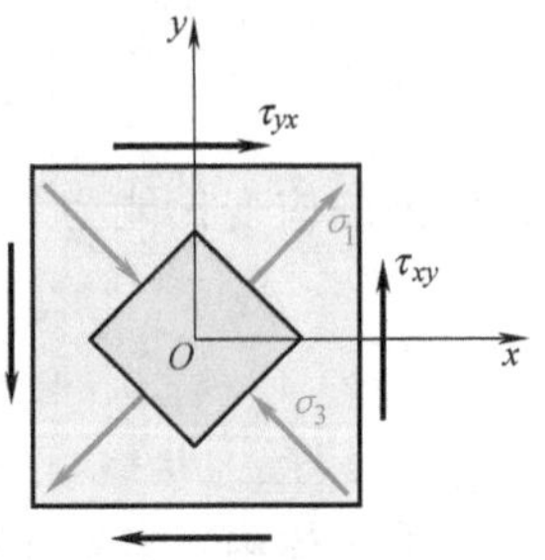

纯切应力状态为一种特殊的双轴应力状态：$\sigma_1 = \tau_{xy}$，$\sigma_2 = 0$，$\sigma_3 = -\tau_{xy}$，应用形状应变比能表达式（4-24）

$$\begin{aligned}e_f &= \frac{1+\nu}{6E}\left[(\sigma_1-\sigma_2)^2+(\sigma_2-\sigma_3)^2+(\sigma_3-\sigma_1)^2\right] \\ &= \frac{1+\nu}{6E}\left[\tau_{xy}^2+\tau_{xy}^2+(-2\tau_{xy})^2\right] \\ &= \frac{1+\nu}{E}\tau_{xy}^2\end{aligned} \tag{b}$$

图 4-23

式（a）和式（b）是同一纯切应力状态的形状应变比能，故相等。于是得证。

## 4.8 各向异性材料应力-应变关系

在载荷作用下，构件内的任一点一般有独立的六个应力分量和六个应变分量。对于各向同性材料正应力分量在其纵向和横向只引起线应变，不引起此方向的切应变，而切应力分量只引起面内切应变。对于各向异性材料，每一个应力分量都可以产生全部的六个应变分量。

也就是说，正应力分量不仅引起线应变，也将引起切应变；切应力分量不仅引起切应变，同时也将引起线应变。在线弹性范围内，这些应力与应变之间也呈线性关系。小变形情况下，叠加原理仍然适用。例如，$x$ 方向的线应变 $\varepsilon_x$ 是由六个应力分量引起的，可以写成六个应力分量的线性函数，即

$$\varepsilon_x = K_{11}\sigma_x + K_{12}\sigma_y + K_{13}\sigma_z + K_{14}\tau_{xy} + K_{15}\tau_{yz} + K_{16}\tau_{zx}$$

其余五个应变分量也有类似关系式，将它们用矩阵形式表示如下

$$\begin{pmatrix} \varepsilon_x \\ \varepsilon_y \\ \varepsilon_z \\ \gamma_{xy} \\ \gamma_{yz} \\ \gamma_{zx} \end{pmatrix} = \begin{pmatrix} K_{11} & K_{12} & K_{13} & \cdots & \cdots & K_{16} \\ K_{21} & K_{22} & K_{23} & \cdots & \cdots & K_{26} \\ \cdots & \cdots & \cdots & & & \cdots \\ \cdots & \cdots & \cdots & & & \cdots \\ \cdots & \cdots & \cdots & & & \cdots \\ K_{61} & K_{62} & K_{63} & & & K_{66} \end{pmatrix} \begin{pmatrix} \sigma_x \\ \sigma_y \\ \sigma_z \\ \tau_{xy} \\ \tau_{yz} \\ \tau_{zx} \end{pmatrix} \tag{4-25}$$

由上式看出，各向异性材料共有 36 个弹性常数。$K_{ij}$ 中第一个角标 $i$ 表示与应变分量有关，第二个角标 $j$ 表示与应力分量有关。可以证明（通过考察由应力作用引起的总功与应力的作用次序无关来证明），弹性常数矩阵 $K$ 是对称的，即 $K_{ij} = K_{ji}$。因此，最多有 21 个弹性常数。

如果材料的弹性性质对于三个互相垂直的平面具有对称性，称为正交异性材料。例如，增强纤维材料、木材等。当 $x$、$y$、$z$ 轴选取分别平行于三个对称面时，各切向分量之间或切向分量与法向分量之间没有相互作用，即正应力只产生线应变，对切应变不产生影响，一坐标面内的切应力只引起同一平面内的切应变，而不产生线应变。所以式（4-25）简化为下列形式

$$\begin{pmatrix} \varepsilon_x \\ \varepsilon_y \\ \varepsilon_z \\ \gamma_{xy} \\ \gamma_{yz} \\ \gamma_{zx} \end{pmatrix} = \begin{bmatrix} K_{11} & K_{12} & K_{13} & 0 & 0 & 0 \\ K_{21} & K_{22} & K_{23} & 0 & 0 & 0 \\ K_{31} & K_{32} & K_{33} & 0 & 0 & 0 \\ 0 & 0 & 0 & K_{44} & 0 & 0 \\ 0 & 0 & 0 & 0 & K_{55} & 0 \\ 0 & 0 & 0 & 0 & 0 & K_{66} \end{bmatrix} \begin{pmatrix} \sigma_x \\ \sigma_y \\ \sigma_z \\ \tau_{xy} \\ \tau_{yz} \\ \tau_{zx} \end{pmatrix} \tag{4-26}$$

由此式看出，正交各向异性材料最多有九个弹性常数（$K_{ij} = K_{ji}$）。

对各向同性材料，式（4-26）将如何简化？最多有几个弹性常数？读者可参考 4.5.2 节，自行推出与式（4-13）相同的结论。

 习 题

4-1 习题 4-1 图所示某矩形截面拉伸试件，标距 $l_0 = 70\text{mm}$，宽度 $b = 20\text{mm}$，厚度 $\eta = 2\text{mm}$。试验过程中测得各变形阶段的极限轴向拉力分别为：弹性阶段 $F_e = 8\text{kN}$；屈服阶段 $F_s = 9.6\text{kN}$；强化阶段 $F_b = 16.8\text{kN}$，拉断后测得试件长度改变了 $\Delta l = 17.5\text{mm}$，试确定该材料的弹性极限 $\sigma_e$、屈服点 $\sigma_s$、强度极限 $\sigma_b$ 和伸长率 $\delta$。

4-2 某电子秤的传感器为一空心圆筒形结构，如习题 4-2 图所示。圆筒外径为 $D = 80\text{mm}$，厚度 $\delta =$

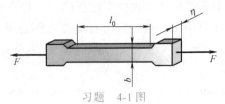

习题 4-1 图

9mm，材料的弹性模量 $E = 210\text{GPa}$。设沿筒轴线作用重物后，测得筒壁产生的轴向线应变 $\varepsilon = -47.5 \times 10^{-6}$，试求此重物的重力 $F$。

4-3 一钢试件如习题 4-3 图所示，其材料的弹性模量 $E = 200\text{GPa}$，比例极限 $\sigma_p = 200\text{MPa}$，直径 $d_0 = 10\text{mm}$。$l_0 = 100\text{mm}$，用放大倍数为 500 的引伸仪测量变形，试问：当引伸仪上的读数为 25mm 时，试件的应变、应力及所受载荷各为多少？

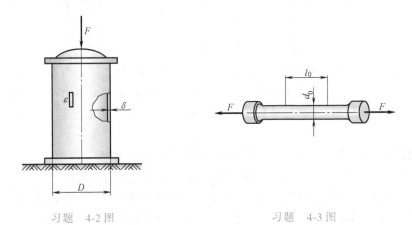

习题 4-2 图　　　　　　　　习题 4-3 图

4-4 一板状拉伸试件如习题 4-4 图所示。为了测定试件的应变，在试件的表面贴上纵向和横向电阻丝片。在测定过程中，每增加 3kN 的拉力时，测得试件的纵向线应变 $\varepsilon_1 = 120 \times 10^{-6}$ 和横向线应变 $\varepsilon_2 = -38 \times 10^{-6}$。求试件材料的弹性模量和泊松比。

4-5 刚性足够大的块体上有一个长方槽（见习题 4-5 图），将一个 $1\text{cm} \times 1\text{cm} \times 1\text{cm}$ 的铝块置于槽中。铝的泊松比 $\nu = 0.33$，弹性模量 $E = 70\text{GPa}$，在铝块的顶面上作用均布压力，其合力 $F = 6\text{kN}$。试求铝块内任意一点的三个主应力。

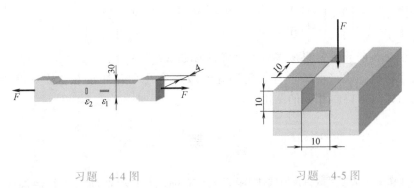

习题 4-4 图　　　　　　　　习题 4-5 图

4-6 试求习题 4-6 图所示正方形棱柱体在下列两种情况下的主应力：a）棱柱体自由受压；b）棱柱体放在刚性方模内受压。

4-7 习题 4-7 图所示矩形板，承受正应力 $\sigma_x$ 与 $\sigma_y$ 作用，试求板的厚度、长度、宽度的改变量 $\Delta\delta$、$\Delta b$、$\Delta h$。已知板件厚度 $\delta = 10\text{mm}$，长度 $b = 800\text{mm}$，宽度 $h = 600\text{mm}$，正应力 $\sigma_x = 80\text{MPa}$，$\sigma_y = 40\text{MPa}$，材料

为铝，弹性模量 $E = 70\text{GPa}$，泊松比 $\nu = 0.33$。

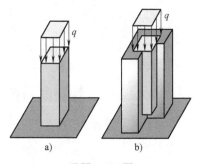

习题　4-6 图

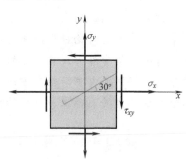

习题　4-7 图

4-8　已知单元体处于二向应力状态，如习题 4-8 图所示，$\sigma_x = 100\text{MPa}$，$\sigma_y = 80\text{MPa}$，$\tau_{xy} = -50\text{MPa}$，$E = 200\text{GPa}$，$\nu = 0.3$。试求 $\varepsilon_{30°}$。

4-9　习题 4-9 图所示的应力状态（图中应力的单位为 MPa）中，哪一应力状态只引起体积变形？哪一应力状态只引起形状变形？哪一应力状态既引起体积变形又引起形状变形？

4-10　求习题 4-10 图所示单元体的体积应变 $\theta$、应变比能 $e$ 和形状应变比能 $e_f$。已知 $E = 200\text{GPa}$，$\nu = 0.3$。（图中应力单位为 MPa）

4-11　试证明对于一般的三向应力状态，若应力-应变关系保持线性，则应变比能

习题　4-8 图

$$e = \frac{1}{2E}\left[\sigma_x^2 + \sigma_y^2 + \sigma_z^2 - 2\nu(\sigma_x\sigma_y + \sigma_y\sigma_z + \sigma_z\sigma_x)\right] + \frac{1}{2G}(\tau_{xy}^2 + \tau_{yz}^2 + \tau_{zx}^2)$$

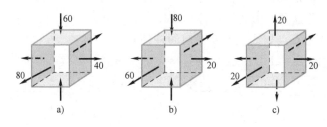

习题　4-9 图

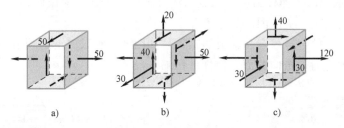

习题　4-10 图

4-12　某构件一点处于平面应力状态，已知该平面内最大切应变 $\gamma_{max} = 5 \times 10^{-4}$，两互相垂直方向的正应力之和为 27.5MPa。材料的弹性模量 $E = 200\text{GPa}$，泊松比 $\nu = 0.25$。试计算主应力的大小。（提示：$\sigma_n + \sigma_{n+90°} = \sigma_x + \sigma_y = \sigma_{max} + \sigma_{min}$）

# 第5章
## 轴向拉压

前三章所阐述的内容，对于任何形状的变形固体（块体、板、壳、杆件）均适用。从本章开始，主要讨论杆件的强度、刚度与稳定性问题。

若杆件所受外力或其合力的作用线沿着杆件轴线，则杆件横截面上将只有轴力这一个内力分量，杆件要发生沿轴向方向的伸长或缩短变形，称为轴向拉伸或压缩，简称轴向拉压。本章在前三章的基础上，分析轴向拉压杆的应力与变形。

## 5.1 轴向拉压杆的内力

工程中有许多发生轴向拉压的杆件。例如，气缸或液压缸中的活塞杆、组成桁架的各根杆、起重机的吊索、连接螺栓、拉床的拉刀，等等。虽然这些杆件横截面的形状和加载方式等并不相同，但它们都是直杆，所受外力或其合力的作用线与杆轴线重合，沿轴线方向将发生伸长或缩短变形。称这种变形为轴向拉伸或压缩，简称轴向拉压，分别用图5-1a、b所示的计算简图表示（图中双点划线表示变形前的杆件）。

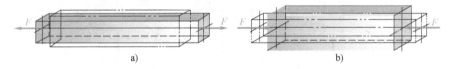

图 5-1

以图5-1a所示轴向拉伸杆为例，用截面法可求得该杆任一横截面 $n$-$n$ 上只有轴力 $F_N$ 一个内力分量，其值为 $F_N = F$（图5-2）。

由2.1节中内力的符合规定，轴力的正负号如图5-3所示。正的轴力力矢背向截面，使杆件拉伸；负的轴力力矢指向截面，使杆件压缩。

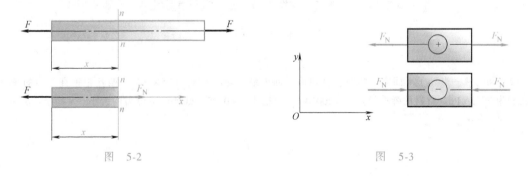

图 5-2                    图 5-3

## 5.2　轴向拉压杆的应力

### 5.2.1　平面假设

受轴向力作用的杆件，其横截面变形前是平面，假设变形后仍为平面，只是两截面的距离发生了改变，称此假设为平面假设。平面假设的正确性可简述如下：

如图 5-4a 所示，大写字母所标注的平面表示变形前沿轴线方向等距划分的横截面，小写字母所标注的平面表示变形后的横截面。由于杆件尺寸与外力均对称于 $E$ 截面，那么，杆件的轴向变形也应对称于 $E$ 截面，这就要求 $E$ 截面变形后仍为平面。再假想在 $E$ 截面处将杆件切开，保留右半部分，$D$ 截面又成为对称面，$D$ 截面变形后也仍为平面（图 5-4b）。这样不断地进行下去，可知各横截面变形后均保持为平面。

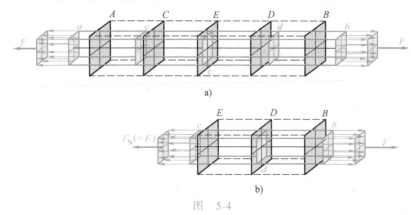

图　5-4

### 5.2.2　横截面上应力公式

以轴向拉伸为例，在杆中取出 $dx$ 微段来研究。根据平面假设，若左端截面 $O$ 固定，则微段变形如图 5-5a 所示，即同一横截面 $A$ 上，无论各点的 $y$、$z$ 坐标取何值，它们沿 $x$ 方向的线位移 $du$ 均相同。由几何方程 $\varepsilon_x = \dfrac{\partial u}{\partial x}$，得知横截面上各点沿 $x$ 方向的线应变 $\varepsilon_x\left(=\dfrac{du}{dx}\right)$ 均相同，即线应变在横截面上均匀分布。

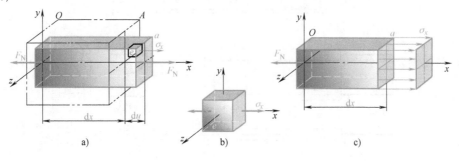

图　5-5

由于横截面上只有轴力，它是该截面内各个点上内力的合力，故横截面只有正应力。围绕点 $e$ 取出一单元体，为单向应力状态，（图 5-5b），根据单向应力状态胡克定律 $\sigma_x = E\varepsilon_x$，横截面上各点的正应力 $\sigma_x$ 亦相同，即正应力在截面上均匀分布（图 5-5c），故

$$\sigma_x = \frac{F_N}{A} \tag{5-1}$$

式（5-1）中轴力 $F_N$ 为正值时，$\sigma_x$ 得正值，为拉应力；反之为压应力。

**例 5-1**　图 5-6a 为一双压手铆机的示意图。作用于活塞杆上的力分别简化为 $F_1 = 2.62\text{kN}$，$F_2 = 1.3\text{kN}$，$F_3 = 1.32\text{kN}$，计算简图如图 5-6b 所示。$AB$ 段为直径 $d = 10\text{mm}$ 的实心圆截面杆，$BC$ 段是外径 $D = 10\text{mm}$，内径 $d_1 = 5\text{mm}$ 的空心圆截面杆。求活塞杆各段横截面上的正应力。

解：（1）分段求轴力

由于在截面 $B$ 处作用着外力，$AB$ 与 $BC$ 段的轴力将不相同，需分段计算。

$AB$ 段如图 5-6c 所示。由平衡条件

$$\sum F_x = 0, \qquad F_1 + F_{N_{AB}} = 0$$

得

$$F_{N_{AB}} = -F_1 = -2.62\text{kN}$$

$BC$ 段如图 5-6d 所示。由平衡条件

$$\sum F_x = 0, \qquad F_1 - F_2 + F_{N_{BC}} = 0$$

得

$$F_{N_{BC}} = F_2 - F_1 = -1.32\text{kN}$$

（2）分段求正应力

$AB$ 段及 $BC$ 段横截面上正应力分别为

$$\sigma_{AB} = \frac{F_{N_{AB}}}{A_{AB}} = \frac{4F_{N_{AB}}}{\pi d^2} = \left[ \frac{4 \times (-2.62) \times 10^3}{\pi (10 \times 10^{-3})^2} \right] \text{Pa} = -33.4\text{MPa}$$

$$\sigma_{BC} = \frac{F_{N_{BC}}}{A_{BC}} = \frac{4F_{N_{BC}}}{\pi (D^2 - d_1^2)} = \left\{ \frac{4 \times (-1.32 \times 10^3)}{\pi [(10 \times 10^{-3})^2 - (5 \times 10^{-3})^2]} \right\} \text{Pa} = -22.4\text{MPa}$$

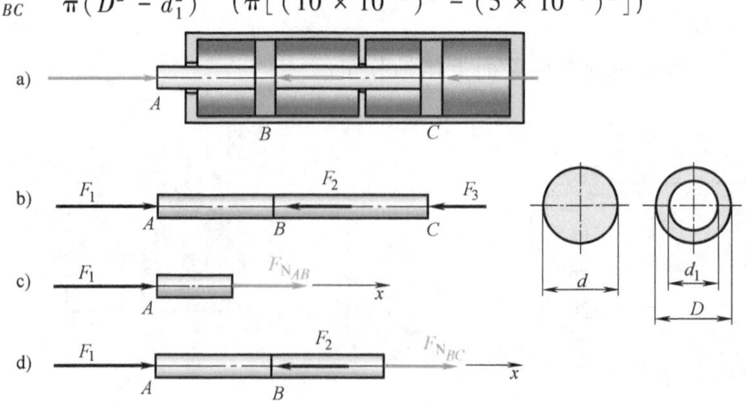

图　5-6

**例 5-2** 直径为 $d$ 长为 $l$ 的圆截面直杆,铅垂放置,上端固定,如图 5-7a 所示。若材料单位体积质量为 $\rho$,试求因自重引起杆的轴力和最大正应力。

**解:** 作用在杆件单位长度上的重力

$$q = \rho g \frac{\pi d^2}{4}$$

用距下端为 $x$ 的横截面 $m\text{-}m$ 假想地把杆件截开,保留下半部分,如图5-7b所示。由平衡方程

$$\sum F_x = 0, \qquad F_N - qx = 0$$

得轴力

$$F_N = qx = \rho g \frac{\pi d^2}{4} x$$

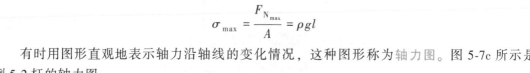

图 5-7

最大轴力 $F_{N_{max}}$ 发生在固定端截面上,其值为

$$F_{N_{max}} = \rho g \frac{\pi d^2}{4} l$$

最大正应力发生在固定端截面上,其值为

$$\sigma_{max} = \frac{F_{N_{max}}}{A} = \rho g l$$

有时用图形直观地表示轴力沿轴线的变化情况,这种图形称为轴力图。图 5-7c 所示是例 5-2 杆的轴力图。

## 5.3 圣维南原理 应力集中

### 5.3.1 圣维南原理

如图 5-8 所示,由于在杆端外力作用的方式不同,将会对杆端附近处各截面的应力分布产生影响(应力非均匀分布),而对远离杆端的各个截面,影响甚小或根本没有影响。这一规律称为圣维南(Saint-Venant)原理。圣维南原理已被实验所证实。根据圣维南原理,对弹性体某一局部区域的外力系,若用静力等效的力系来代替,则力的作用处和附近区域的应力分布将有显著改变,而对略远处其影响甚小可忽略不计。

理论分析与实验证明,影响区的轴向范围约为杆件一个横向尺寸的大小。

工程中杆件所受外力都是通过螺纹、销钉、铆钉、焊缝等进行传递的。力的作用点附近区域的应力分布相当复杂。但是,根据圣维南原理,不论用何种方式传递外力,只要外力的合力与杆轴线相重合,则除了作用点附近的局部区域外,沿杆长的主要部分,应力和应变都是均匀分布的。而在集中力作用点附近(图 5-8b、图 5-8c),应力并非均匀分布,局部区域存在着比平均应力大得多的应力。

### 5.3.2 应力集中

工程实际中,由于结构或功能上的需要,构件常制成阶梯形状(图 5-9a)、带有圆孔

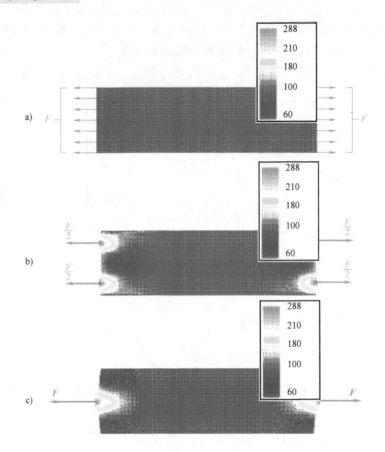

图 5-8

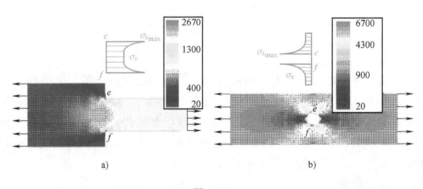

图 5-9

（图 5-9b）或切槽等，使构件截面尺寸或形状发生突变。较精确的理论分析和实验表明，在外力作用下，弹性体形状或截面尺寸发生突变的局部区域应力急剧增大，这种现象称为应力集中。例如，图 5-9a 所示的阶梯形杆件，发生突变的截面处应力非均匀分布，$e$、$f$ 处应力显著增大；图 5-9b 所示为一带有圆孔的薄板过圆孔直径的横截面上应力分布情况。由图可见，在靠近孔边的 $e$、$f$ 处应力显著增大。

设发生应力集中的横截面上的最大应力为 $\sigma_{x_{\max}}$，同一横截面上的平均应力为 $\sigma_{\mathrm{m}}$，则比值

$$k = \frac{\sigma_{x_{max}}}{\sigma_m} \tag{5-2}$$

称为**理论应力集中因数**。它反映了应力集中的程度，是一个大于1的数。截面尺寸改变得越急剧、角越尖、孔越小，应力集中的程度就越严重，理论应力集中因数也越大。工程中一些常见情况下的理论应力集中因数已编制成图表列于有关手册之中。

不同材料对应力集中的敏感程度是不同的。在静载荷作用下，对有着明显屈服阶段的塑性材料，当局部区域的最大应力达到屈服点时，该局部区域将产生塑性变形，随着外力的增加，该区域的应力将暂缓增加，而邻近各点的应力将继续增大，屈服区域不断扩大，直至相继达到屈服点。即随着外力增加，横截面上应力逐渐趋于均匀，而缓和了应力集中。而脆性材料，由于没有屈服点，应力集中处的应力首先达到强度极限而在该处开裂。所以，对脆性材料的构件，应考虑应力集中的影响。但像灰铸铁一类的脆性材料，其内部组织上的缺陷所产生的应力集中是主要因素，而对因截面突变所引起的应力集中并不敏感，一般不予考虑。

受冲击载荷及随时间作周期性变化的载荷作用时，不论是用塑性材料还是用脆性材料制成的构件，应力集中的影响均不可忽视，这一问题将在以后讨论。

## 5.4  轴向拉压杆的变形  变形能

### 5.4.1  轴向变形

图 5-10a 所示的长为 $l$ 的杆件，变形后沿轴向方向（即 $x$ 方向）伸长到 $l_1$，其轴向变形为

$$\Delta l = l_1 - l \tag{5-3}$$

由 5.2 节知，轴向拉压杆横截面上应力

$$\sigma_x = \frac{F_N}{A}$$

且各点都是单向应力状态，由简单胡克定律得 $x$ 方向线应变

$$\varepsilon_x = \frac{\sigma_x}{E} = \frac{F_N}{EA}$$

取 $dx$ 微段（图 5-10b），其轴向变形为

$$d(\Delta l) = \varepsilon_x dx = \frac{F_N dx}{EA}$$

整个杆件的轴向变形

$$\Delta l = \int_0^l d(\Delta l) = \int_0^l \frac{F_N}{EA} dx \tag{5-4}$$

式（5-4）称为轴向拉压杆的轴向变形公式。

对于图 5-10a 所示的等直杆，在整个杆长 $l$ 内，各截面面积 $A$ 和轴力 $F_N$ 均相等，故式（5-4）变为

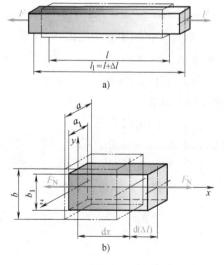

图  5-10

$$\Delta l = \frac{F_N l}{EA} \qquad (5\text{-}5)$$

由此式知，当应力不超过比例极限时，若杆的长度和受力情况一定，则杆的变形量 $\Delta l$ 与 $EA$ 成反比，即 $EA$ 越大则变形量越小，称 $EA$ 为杆的抗拉刚度。

当轴力为负值时，应用式（5-4）或式（5-5）计算得到 $\Delta l$ 为负值，表示为缩短变形。

### 5.4.2 横向变形

对于各向同性材料，由式（4-9）

$$\varepsilon_y = \varepsilon_z = -\nu \varepsilon_x = -\frac{\nu}{E} \sigma_x$$

式中负号表示，当沿轴向（$x$ 方向）伸长变形时，沿横向（$y$、$z$ 方向）缩短变形；反之，沿横向伸长变形。

### 5.4.3 变形能

由式（4-19）知，对于单向应力状态应变能密度 $e = \frac{1}{2}\sigma_x \varepsilon_x = \frac{\sigma_x^2}{2E}$。对于轴向拉压杆，由于横截面上各点的应力与应变均相等，故 $\mathrm{d}x$ 微段的变形能

$$\mathrm{d}e = eA\mathrm{d}x = \frac{\sigma_x^2}{2E}A\mathrm{d}x = \frac{F_N}{2E}\sigma_x \mathrm{d}x = \frac{F_N^2}{2EA}\mathrm{d}x$$

整个杆件的变形能为

$$E_\varepsilon = \int_0^l \mathrm{d}e = \int_0^l \frac{F_N^2}{2EA}\mathrm{d}x \qquad (5\text{-}6)$$

对于图 5-10a 所示的杆，其变形能为

$$E_\varepsilon = \frac{F_N^2 l}{2EA} \qquad (5\text{-}7)$$

---

**例 5-3** 在图 5-11 所示的阶梯形杆中，右端固定。已知：$F_A = 10\mathrm{kN}$，$F_B = 20\mathrm{kN}$，$l = 100\mathrm{mm}$，$AB$ 段与 $BC$ 段横截面面积分别为 $A_{AB} = 100\mathrm{mm}^2$，$A_{BC} = 200\mathrm{mm}^2$，材料的弹性模量 $E = 200\mathrm{GPa}$。试求：

（1）杆的轴向变形。

（2）端面 $A$ 与 $D$-$D$ 截面间的相对位移。

（3）杆的变形能。

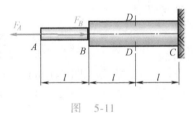

图 5-11

**解**：由截面法求得 $AB$ 段与 $BC$ 段的轴力 $F_{N_{AB}}$、$F_{N_{BC}}$ 分别为

$$F_{N_{AB}} = F_A = 10\mathrm{kN}$$

$$F_{N_{BC}} = F_A - F_B = -10\mathrm{kN}$$

（1）杆的轴向变形

$$\Delta l = \Delta l_{AB} + \Delta l_{BC} = \frac{F_{N_{AB}} l}{EA_{AB}} + \frac{F_{N_{BC}} 2l}{EA_{BC}}$$

$$= \left( \frac{10 \times 10^3 \times 100 \times 10^{-3}}{200 \times 10^9 \times 100 \times 10^{-6}} + \frac{-10 \times 10^3 \times 2 \times 100 \times 10^{-3}}{200 \times 10^9 \times 200 \times 10^{-6}} \right) \text{m} = 0$$

（2）端面 $A$ 与 $D\text{-}D$ 截面间的相对位移 $u_{AD}$

$u_{AD}$ 等于端面 $A$ 与 $D\text{-}D$ 截面间杆的轴向变形量 $\Delta l_{AD}$

$$u_{AD} = \Delta l_{AD} = \frac{F_{N_{AB}} l}{EA_{AB}} + \frac{F_{N_{BC}} l}{EA_{BC}}$$

$$= \left( \frac{10 \times 10^3 \times 100 \times 10^{-3}}{200 \times 10^9 \times 100 \times 10^{-6}} + \frac{-10 \times 10^3 \times 100 \times 10^{-3}}{200 \times 10^9 \times 200 \times 10^{-6}} \right) \text{m} = 2.5 \times 10^{-5} \text{m}$$

（3）变形能 $E_\varepsilon$

$$E_\varepsilon = E_{\varepsilon AB} + E_{\varepsilon BC} = \frac{F_{N_{AB}}^2 l}{2EA_{AB}} + \frac{F_{N_{BC}}^2 2l}{2EA_{BC}}$$

$$= \left[ \frac{(10 \times 10^3)^2 \times 100 \times 10^{-3}}{2 \times 200 \times 10^9 \times 100 \times 10^{-6}} + \frac{(-10 \times 10^3)^2 \times 2 \times 100 \times 10^{-3}}{2 \times 200 \times 10^9 \times 200 \times 10^{-6}} \right] \text{J} = 0.5 \text{J}$$

## 5.5　轴向拉压超静定问题　温度应力　装配应力

### 5.5.1　超静定问题及其解法

以上讨论的问题，杆件的约束力及轴力都可以由静力平衡方程求得，这种问题称为静定问题。在工程实际中还有许多问题，其约束力或轴力只凭静力平衡条件是不能确定的，这类问题称为超静定问题或静不定问题。例如，图 5-12a 所示杆系，轴力 $F_{N_1}$ 和 $F_{N_2}$ 可由平面汇交力系的静力平衡条件 $\Sigma F_x = 0$ 和 $\Sigma F_y = 0$ 确定，是静定问题；而在图 5-12b 中由于又增添了一根杆件，使轴力增加为三个，即 $F_{N_1}$、$F_{N_2}$ 和 $F_{N_3}$，而独立的静力平衡方程数目仍为两个，

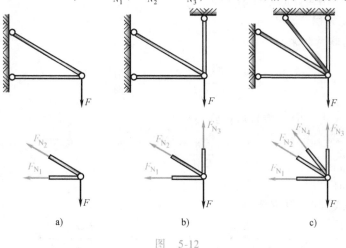

a)　　　　　　　　b)　　　　　　　　c)

图　5-12

$F_{N_1}$、$F_{N_2}$、$F_{N_3}$ 的值只凭静力平衡方程式不能确定，所以是超静定问题。在超静定问题中，都存在着多于维持平衡所必需的支座或杆件，将其称为"多余"约束。由于多余约束的存在，未知力的数目超过独立的静力平衡方程式的数目，未知的约束力或轴力的数目比独立的静力平衡方程式的数目多出的数值称为超静定次数或静不定次数。图 5-12b 为一次超静定问题，图 5-12c 为二次超静定问题。一般地，当未知力的数目减去独立的静力平衡方程式的数目等于 $n$ 时，称为 $n$ 次超静定问题。

超静定问题的特点是未知力的数目多于静力平衡方程式的数目，所以求解超静定问题的关键是建立关于未知力的补充方程。由于多余约束的存在，杆系的变形受到了限制，因此，补充方程可由杆件各部分间或杆系中各杆间变形是协调的这一条件，即从变形的几何关系方面入手，再转换成未知力之间的关系得到。建立了与超静定次数相等的补充方程后，超静定问题便迎刃而解。

例 5-4　弹性模量为 $E_1$、横截面面积为 $A_1$ 的实心圆杆 $A$ 与弹性模量为 $E_2$、横截面面积为 $A_2$ 的圆筒 $B$ 用刚性板联接，如图 5-13a 所示。试求在 $F$ 力作用下圆杆 $A$ 和圆筒 $B$ 的应力。

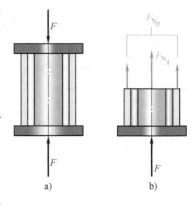

图　5-13

解：（1）求内力，确定超静定次数

用截面法，保留下半部分（图 5-13b）。根据保留部分的平衡条件 $\sum F_y = 0$，得

$$F_{N_A} + F_{N_B} + F = 0 \qquad (a)$$

式中 $F_{N_A}$、$F_{N_B}$ 分别为圆杆 $A$ 和圆筒 $B$ 的未知轴力。未知力有两个，而共线力系独立的平衡方程式只有一个，故为一次超静定问题。

（2）分析变形的协调关系

由于圆杆 $A$ 和圆筒 $B$ 在两刚性板之间，所以变形相等，即

$$\Delta l_A = \Delta l_B \qquad (b)$$

式（b）即为变形协调条件的方程。

（3）建立补充方程

将变形与轴力联系起来有

$$\Delta l_A = \frac{F_{N_A} l}{E_1 A_1}, \qquad \Delta l_B = \frac{F_{N_B} l}{E_2 A_2}, \qquad (c)$$

将式（c）代入式（b），整理后得到补充方程

$$\frac{F_{N_A}}{E_1 A_1} = \frac{F_{N_B}}{E_2 A_2} \qquad (d)$$

（4）求解未知内力

将式（a）和式（d）联立解得

$$F_{N_A} = -\frac{E_1 A_1}{E_1 A_1 + E_2 A_2} F, \qquad F_{N_B} = -\frac{E_2 A_2}{E_1 A_1 + E_2 A_2} F$$

（5）求解应力

圆杆 A 和圆筒 B 的应力

$$\sigma_A = \frac{E_1}{E_1 A_1 + E_2 A_2}F, \qquad \sigma_B = \frac{E_2}{E_1 A_1 + E_2 A_2}F$$

从上例可见，求解超静定问题的主要工作，可以归纳为以下三个方面：

1）力学方面：建立静力平衡方程式。

2）变形方面：建立变形协调方程式。

3）物理方面：建立变形与力之间的关系式。

将变形协调方程中的变形用力表示，可以得出反映未知力之间关系的补充方程式。将补充方程式与静力平衡方程式联立求解，即可得出所求的未知力。从力学、变形、物理三个方面进行综合分析，联立求解，这是求解超静定问题的基本方法。

例 5-5　图 5-14a 所示杆件结构。已知 1 杆的抗拉刚度为 $E_1 A_1$，2 杆及 3 杆的抗拉刚度相等，为 $E_2 A_2$；图中 $l$ 和 $\alpha$ 亦均为已知。求各杆的轴力。

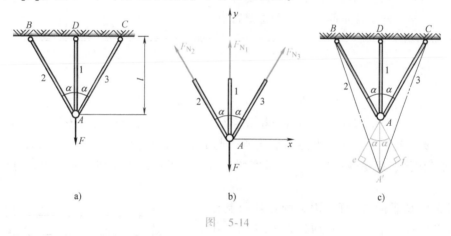

a)　　　　　　　　　　b)　　　　　　　　　　c)

图　5-14

解：

力学方面：按截面法，由图 5-14b 所示保留部分的平衡条件 $\sum F_x = 0$ 及 $\sum F_y = 0$ 得

$$F_{N_2} = F_{N_3} \tag{a}$$

$$F_{N_1} + (F_{N_2} + F_{N_3})\cos\alpha = F \tag{b}$$

三个未知力，两个独立方程，为一次超静定问题。

变形方面：由于结构具有对称性，2、3 杆的变形量应相等，分别为 $Af$（等于 $\Delta l_2$）和 $Ae$（等于 $\Delta l_3$），见图 5-14c。2 杆以 $B$ 点为圆心，$Bf$ 为半径画圆弧，3 杆以 $C$ 点为圆心，$Ce$ 为半径画圆弧，两圆弧的交点 $A'$ 为节点 $A$ 位移后的新位置（图中画圆弧过程省略）。由于是小变形问题，两条弧线分别用两条垂直杆件的直线来代替（图 5-14c），那么 $AA'$ 即是 1 杆的变形量 $\Delta l_1$。于是由图 5-14c 中所示的几何关系得变形协调方程

$$\Delta l_1 \cos\alpha = \Delta l_2 = \Delta l_3 \tag{c}$$

物理方面：$F_{N_1}$、$F_{N_2}$ 及 $\Delta l_1$、$\Delta l_2$ 之间的关系为

$$\Delta l_1 = \frac{F_{N_1} l}{E_1 A_1} \tag{d}$$

$$\Delta l_2 = \frac{F_{N_2} l}{E_2 A_2 \cos\alpha} \tag{e}$$

补充方程：将式（d）及式（e）代入式（c）简化后得

$$F_{N_1} - F_{N_2} \frac{E_1 A_1}{E_2 A_2 \cos^2\alpha} = 0 \tag{f}$$

将式（a）、式（b）及式（f）联立求解，得所求轴力

$$F_{N_1} = \frac{F}{1 + 2\frac{E_2 A_2}{E_1 A_1}\cos^3\alpha}$$

$$F_{N_2} = F_{N_3} = \frac{F}{\dfrac{E_1 A_1}{E_2 A_2 \cos^2\alpha} + 2\cos\alpha}$$

由内力结果可见，超静定杆的轴力除受外力和结构尺寸 $\alpha$ 决定外，还与各杆抗拉刚度的比值有关。这是不同于静定问题的一个重要特点。

### 5.5.2 温度应力

温度变化要引起物体的膨胀或收缩。对于静定结构，杆件可以自由变形，当温度均匀变化时，在构件内不会引起应力；但对于超静定结构，由于构件变形受到部分或全部约束，温度变化时就要引起应力。这种由温度变化所引起的应力，称为温度应力。例如图 5-15 中的 $AB$ 杆，两端固定，是超静定结构，当温度变化时，由于杆件不能伸长或缩短，将存在温度应力。

对图 5-15 所示的 $AB$ 杆，因为固定端限制杆件的膨胀或收缩，所以一定有约束力 $F_A$ 和 $F_B$ 作用于两端。由平衡方程得出

$$F_A = F_B \tag{a}$$

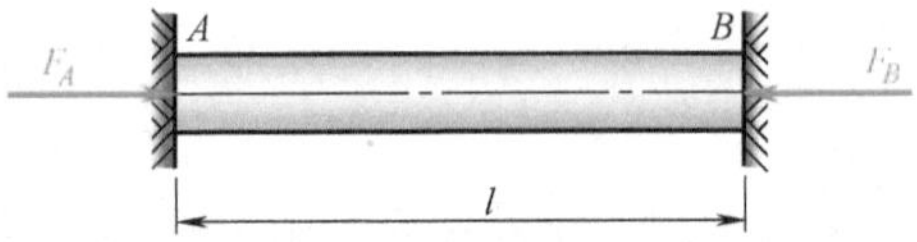

图 5-15

设想解除右端约束，允许杆件自由伸缩，当温度升高了 $\Delta T$ 时，杆件因温度改变的变形（伸长）应为

$$\Delta l_T = \alpha \Delta T l \tag{b}$$

式中，$\alpha$ 为材料的线膨胀系数。

然后，在右端作用 $F_B$，杆件因 $F_B$ 而产生的缩短变形

$$\Delta l = \frac{F_B l}{EA} \tag{c}$$

实际上，由于两端固定，杆件长度不能变化，必须有

$$\Delta l_T = \Delta l$$

这就是变形协调方程。将式（b）和式（c）代入上式，得补充方程

$$\alpha \Delta T = \frac{F_B}{EA}$$

由此求出

$$F_B = EA\alpha\Delta T$$

温度应力

$$\sigma_T = \frac{F_B}{A} = \alpha E\Delta T$$

为了避免过高的温度应力，在管道中增加伸缩节，铁路在钢轨各段之间留有伸缩缝等，就可以削弱对膨胀的约束，降低温度应力。

### 5.5.3　装配应力

构件的加工误差是难以避免的。对静定结构，加工误差只是引起结构几何形状的微小变化，而不会在构件内引起应力。但对超静定结构，加工误差就会在构件内引起应力。这种由于装配而引起的应力称为装配应力。装配应力是结构构件在载荷作用之前已具有的应力，因而是一种初应力。

以图 5-16 所示的结构为例，并假定 OB 为刚性杆。图 5-16a 是静定结构，如果将 AB 杆加工短了，安装后顶多是使 OB 杆倾斜了（图中虚线所示），AB 杆中并没有应力存在。图 5-16b 是超静定结构，若 AB 杆加工短了 δ 尺寸，安装时 AB 杆要被拉长，CD 杆要被压短，因而 AB 杆将产生拉应力，CD 杆将产生压应力。

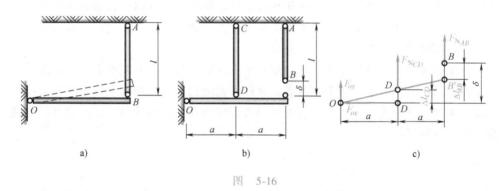

图　5-16

下面求解 AB 杆和 CD 杆的装配应力。假设 AB、CD 杆的材料和截面尺寸相同，OB 为刚性杆，不计杆自重。

力学方面：由平衡条件 $\Sigma M_O = 0$（见图 5-16c）得

$$F_{N_{CD}}a + F_{N_{AB}}2a = 0 \tag{a}$$

变形方面：由图 5-16c 中的几何关系得

$$\Delta l_{CD} = \frac{1}{2}(\delta - \Delta l_{AB}) \tag{b}$$

物理方面：

$$\Delta l_{CD} = -\frac{F_{N_{CD}}l}{EA}, \quad \Delta l_{AB} = \frac{F_{N_{AB}}l}{EA} \tag{c}$$

补充方程：将式（c）代入式（b）简化后得

$$F_{N_{CD}} = -\frac{1}{2}\left(\frac{\delta}{l}EA - F_{N_{AB}}\right) \tag{d}$$

联立式（a）和式（d）解得

$$F_{N_{CD}} = -\frac{2\delta}{5l}EA, \qquad F_{N_{AB}} = \frac{\delta}{5l}EA$$

杆的装配应力

$$\sigma_{CD} = -\frac{2\delta}{5l}E （压应力）, \qquad \sigma_{AB} = \frac{\delta}{5l}E$$

若材料的 $E = 200\text{GPa}$，制造误差 $\delta/l = 0.001$，则装配应力

$$\sigma_{CD} = -80\text{MPa}, \qquad \sigma_{AB} = 40\text{MPa}$$

从以上计算结果可以看出，制造误差 $\delta/l$ 虽很小，但装配后却要引起相当大的初应力。杆的应力是初应力再与工作时外载荷引起的应力相叠加。因此，装配应力的存在对于结构往往是不利的，工程中常要求加工构件时要保证足够的加工精度，来降低有害的装配应力。

但事物都是一分为二的，装配应力也有有用的一面，机械上的过盈配合就是利用装配应力的一个例证。

## 5.6 构件受惯性力作用时的应力计算

前面讨论的轴向拉压杆的内力、应力和变形，都是构件在静载荷作用下的问题。但在工程实际中，有些构件，例如，高速旋转和加速运动的构件，构件内各质点的加速度很大，不能忽略，它们是在惯性力作用下，即承受动载荷。在动载荷作用下，构件内的应力称为动应力，对这类问题可用下面介绍的动静法来解决。

达朗贝尔原理指出，对作加速运动的质点系，如假想地在每一质点上加上惯性力，则质点系上的原力系与惯性力系组成平衡力系。这样，就可把动力学问题在形式上作为静力学问题来处理，这就是动静法。于是，以前关于内力、应力和变形的计算方法，就可以直接应用于惯性力作用下的杆件。

### 5.6.1 构件作匀加速直线运动时的应力

图 5-17a 所示，长为 $l$、横截面面积为 $A$ 的等直杆，在牵引力 $F$ 作用下，在水平面内以加速度 $a$ 向右作匀加速直线运动。若材料的单位体积质量为 $\rho$，不计杆与水平面的摩擦力，试求杆的动应力。

杆内各质点的加速度均为 $a$，故惯性力在杆内均匀分布。用惯性力的线分布集度 $q_d$ 来表示其大小，并作用在杆轴线上，则有

$$q_d = \rho A a$$

将惯性力 $q_d$ 加在杆上，方向与加速度方向相反。这样，惯性力 $q_d$ 与作用于杆的牵引力 $F$ 组成平衡力系（图 5-17b）。

用截面法求得内力（图 5-17c）

$$\Sigma F_x = 0, \qquad F_{N_d} - q_d x = 0$$

$$F_{N_d} = q_d x = \rho A a x$$

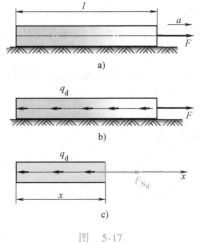

图 5-17

横截面上动应力

$$\sigma_d = \frac{F_{N_d}}{A} = \rho a x$$

轴力沿杆轴线按线性规律变化。最大动应力发生在杆的右端面上，其值为

$$\sigma_{dmax} = \rho a l$$

**例 5-6** 起重机以加速度 $a$ 匀加速吊起重物，如图 5-18a 所示。已知：重物重量为 $W$，吊索的横截面面积为 $A$，吊索材料的单位体积质量为 $\rho$，起吊重物时吊索的瞬时长度为 $l$。试求吊索中的动应力。

**解：** 作用在吊索上的重力集度

$$q_s = \rho g A$$

作用在吊索上的惯性力集度

$$q_d = \rho A a$$

作用在重物上的惯性力为 $\frac{W}{g} a$，连同重物的重量 $W$ 一同加在吊索上，如图5-18b所示。由保留部分的平衡条件 $\Sigma F_x = 0$，得

$$F_{N_d} - \left(W + \frac{W}{g} a\right) - (\rho A g + \rho A a) x = 0$$

由此求得

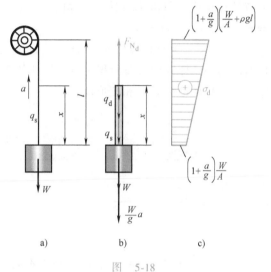

图 5-18

$$F_{N_d} = \left(1 + \frac{a}{g}\right)(W + \rho A g x)$$

式中，$(W + \rho A g x)$ 为 $a = 0$ 时吊索 $x$ 截面上的轴力，即静载荷作用下的内力，以 $F_{N_s}$ 表示，则

$$F_{N_d} = \left(1 + \frac{a}{g}\right) F_{N_s}$$

该截面上的动应力为

$$\sigma_d = \frac{F_{N_d}}{A} = \frac{\left(1 + \dfrac{a}{g}\right) F_{N_s}}{A} = \left(1 + \frac{a}{g}\right)\sigma_s$$

式中，$\sigma_s = \dfrac{W}{A} + \rho g x$，为静载荷下（即加速度 $a = 0$ 时）的应力。

令

$$k_d = 1 + \frac{a}{g} \qquad\qquad (5\text{-}8)$$

则

$$\sigma_d = k_d \sigma_s$$

称 $k_d$ 为动荷因数。

最大动应力发生在吊索的上端，即 $x = l$ 截面上，其值为

$$\sigma_{dmax} = \left(1 + \frac{a}{g}\right)\left(\frac{W}{A} + \rho gl\right)$$

动应力沿吊索轴线线性分布，如图5-18c所示。

### 5.6.2 构件作匀速转动时的动应力

上述关于作匀加速直线运动构件的动应力计算方法，也适用于构件作匀角速转动时的动力应计算。作匀角速转动时，构件内各质点具有向心加速度，因而要承受离心惯性力作用。

**例5-7** 一等直杆绕铅垂轴 $O$（垂直于纸面）作匀角速转动，如图5-19a所示。已知：角速度为 $\omega$，杆件横截面面积为 $A$，材料的单位体积质量为 $\rho$，弹性模量为 $E$。求杆内最大动应力、杆的总伸长量和变形能。

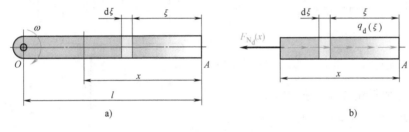

图 5-19

**解**：由于杆内各点到转轴 $O$ 的距离不同，因而有不同的向心加速度。对距杆右端为 $\xi$ 的横面上各点的向心加速度为

$$a_n = \omega^2(l - \xi)$$

该处惯性力集度为

$$q_d(\xi) = \rho A\omega^2(l - \xi)$$

取微段 $d\xi$，此微段上的惯性力为

$$dF_d = q_d(\xi)d\xi = \rho A\omega^2(l - \xi)d\xi$$

计算距杆右端为 $x$ 处截面上的内力，将杆沿 $x$ 截面截开，保留右半部分。保留部分作用着轴力 $F_{N_d}(x)$ 和集度为 $q_d(\xi)$ 的离心惯性力（图5-19b）。由平衡条件 $\sum F_x = 0$ 得

$$F_{N_d}(x) = \int_0^x \rho A\omega^2(l - \xi)d\xi$$

由此得出

$$F_{N_d}(x) = \rho A\omega^2\left(lx - \frac{x^2}{2}\right)$$

最大轴力发生 $x = l$ 处

$$F_{N_{dmax}} = \frac{\rho A\omega^2 l^2}{2}$$

最大动应力为

$$\sigma_{dmax} = \frac{F_{N_{dmax}}}{A} = \frac{\rho \omega^2 l^2}{2}$$

应用式（5-4）、式（5-6）计算杆的总伸长量和变形能分别为

$$\Delta l = \int_0^l \frac{F_{N_d}(x)\,\mathrm{d}x}{EA} = \int_0^l \frac{\rho\omega^2}{E}\left(lx - \frac{x^2}{2}\right)\mathrm{d}x = \frac{\rho\omega^2}{E}\left(\frac{l^3}{2} - \frac{l^3}{6}\right) = \frac{\rho\omega^2 l^3}{3E}$$

$$E_\varepsilon = \int_0^l \frac{F_{Nd}^2(x)}{2EA}\mathrm{d}x$$

$$= \int_0^l \frac{\rho^2 A^2 \omega^4 \left(lx - \dfrac{x^2}{2}\right)^2}{2EA}\mathrm{d}x = \frac{\rho^2 A \omega^4 l^5}{15E}$$

## 习 题

5-1 试求习题 5-1 图所示各杆 1-1、2-2、3-3 截面上的轴力。

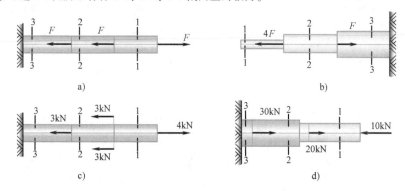

习题 5-1 图

5-2 一等直杆的横截面面积为 $A$，材料的单位体积质量为 $\rho$，受力如习题 5-2 图所示。若 $F = 10\rho gaA$，试考虑杆的自重时绘出杆的轴力图。

5-3 习题 5-3 图所示边长 $a = 10\text{mm}$ 的正方形截面杆，$CD$ 段的槽孔宽度 $d = 4\text{mm}$，试求杆的最大拉应力和压应力。已知 $F_1 = 1\text{kN}$，$F_2 = 1.5\text{kN}$，$F_3 = 2\text{kN}$。

5-4 桅杆起重机，起重杆 $AB$ 为无缝钢管，横截面尺寸如习题 5-4 图所示。钢丝绳 $CB$ 的横截面面积为 $10\text{mm}^2$。试求起重杆 $AB$ 和钢丝绳 $CB$ 横截面上正应力。

5-5 习题 5-5 图所示杆所受轴向拉力 $F = 10\text{kN}$，杆的横截面面积 $A = 100\text{mm}^2$。以 $\alpha$ 表示斜截面与横截面的夹角，试求 $\alpha = 0°$、$30°$、$45°$、$60°$、$90°$时各斜截面上的正应力和切应力。

5-6 变截面杆所受外力如习题 5-6 图所示。两段截面直径分别为 $d_1 = 40\text{mm}$、$d_2 = 20\text{mm}$，已知此杆的 $\tau_{\max} = 40\text{MPa}$。试求外力 $F$ 的大小。

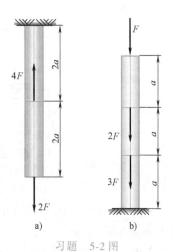

习题 5-2 图

5-7 习题 5-7 图所示内径 $d = 500\text{mm}$、壁厚 $\delta = 5\text{mm}$ 的薄壁圆筒，受压强 $p = 2\text{MPa}$ 的均匀内压力作用。试求圆筒过直径的纵向截面上的拉应力。

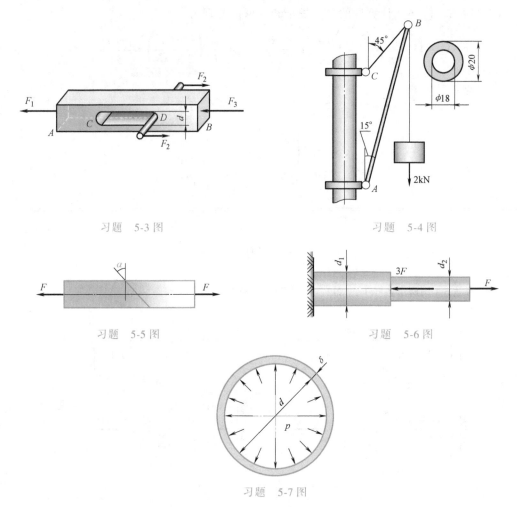

习题 5-3 图          习题 5-4 图

习题 5-5 图          习题 5-6 图

习题 5-7 图

5-8 在习题 5-8 图所示结构中，钢拉杆 BC 的直径为 10mm，试求此杆的应力。由 BC 连接的 1 和 2 两部分可视为刚体。

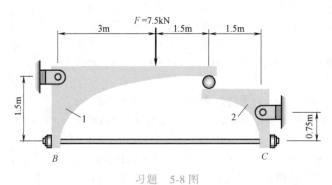

习题 5-8 图

5-9 同一根杆，两端外力作用的方式不同，如习题 5-9 图中 a、b、c 所示。试问截面1-1、2-2 的应力分布情况是否相同？为什么？

5-10 等直杆所受的外力如习题 5-10 图所示。杆的横截面面积 A 和材料的弹性模量 E 及 l、F 均已知，试求杆自由端 B 的位移。

5-11 长为 l 的变截面杆，如习题 5-11 图所示。左右两端的直径分别为 $d_1$、$d_2$，杆只在两端作用着轴

向拉力 $F$，材料的弹性模量为 $E$，试求杆的总伸长。

5-12　习题 5-12 图所示结构，$AB$ 为刚性杆，$AC$、$BD$ 杆材料相同 $E = 200\mathrm{GPa}$，横截面面积皆为 $A = 1\mathrm{cm}^2$，力 $F = 20\mathrm{kN}$，求 $AC$、$BD$ 杆的应力及力的作用点 $G$ 的位移。

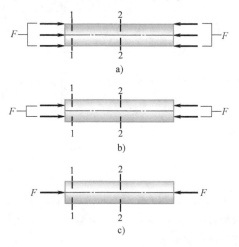

习题　5-9 图

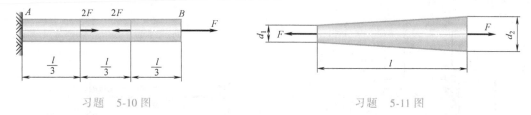

习题　5-10 图　　　　　　　　　习题　5-11 图

5-13　习题 5-13 图所示杆，全杆自重 $w = 20\mathrm{kN}$，材料的弹性模量 $E = 50\mathrm{GPa}$，已知杆的横截面面积 $A = 1\mathrm{cm}^2$，杆长 $l = 2\mathrm{m}$，力 $F = 20\mathrm{kN}$，计算在自重和载荷作用下杆的变形。

5-14　习题 5-14 图所示结构中，1、2 两杆的直径分别为 10mm 和 20mm，若 $AB$、$BC$ 两横杆皆为刚性杆，试求 1、2 杆内的应力。

5-15　三脚架如习题 5-15 图所示。斜杆 $AB$ 由两根 80mm×80mm×7mm 等边角钢组成，杆长 $l = 2\mathrm{m}$，横杆 $AC$ 由两根 10 号槽钢组成，材料均为 Q235 钢，弹性模量 $E = 200\mathrm{GPa}$，$\alpha = 30°$，力 $F = 130\mathrm{kN}$。求节点 $A$ 的位移（角钢与槽钢截面尺寸查阅附录 B）。

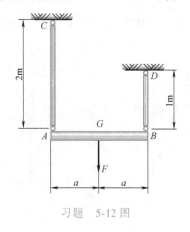

习题　5-12 图

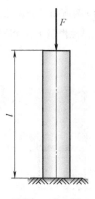

习题　5-13 图

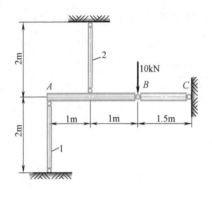

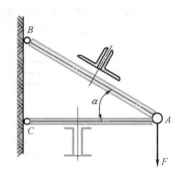

习题　5-14 图　　　　　　　　　　　　习题　5-15 图

5-16　如习题 5-16 图所示，打入黏土的木桩长 $l = 12m$，上端荷载 $F = 420kN$，设载荷全由摩擦力承担，且沿木桩单位长度的摩擦力 $f$ 按抛物线 $f = Ky^2$ 变化，$K$ 是常数。木桩的横截面面积 $A = 640cm^2$，弹性模量 $E = 10GPa$，试确定常数 $K$，并求木桩的缩短量。

5-17　等直杆所受外力及几何尺寸如习题 5-17 图所示。杆的横截面面积为 $A$，两端固定。求杆的最大拉应力和最大压应力。

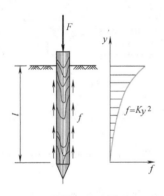

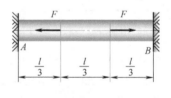

习题　5-16 图　　　　　　　　　　　　习题　5-17 图

5-18　习题 5-18 图所示结构，$AB$ 为刚性横梁，1、2 两杆材料相同，横截面面积皆为 $A = 300mm^2$。载荷 $F = 50kN$，求 1、2 杆横截面的应力。

5-19　习题 5-19 图所示平行杆系 1、2、3，悬吊着刚性横梁 $AB$。在横梁上作用着载荷 $F$，三杆的横截面面积 $A$、长度 $l$、弹性模量 $E$ 均相同。试求各杆横截面的应力。

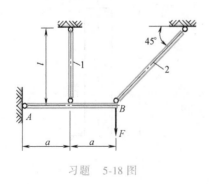

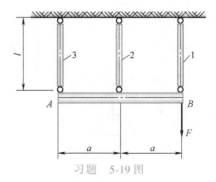

习题　5-18 图　　　　　　　　　　　　习题　5-19 图

5-20　习题 5-20 图所示桁架结构，杆 1、2、3 分别用铸铁、铜和钢制成，弹性模量分别为 $E_1 = 160\text{GPa}$、$E_2 = 100\text{GPa}$、$E_3 = 200\text{GPa}$，横截面面积 $A_1 = A_2 = A_3 = 100\text{mm}^2$。载荷 $F = 20\text{kN}$。试求各杆横截面的应力。

5-21　习题 5-21 图所示结构，各杆的横截面面积、长度、弹性模量均相同，分别为 $A$、$l$、$E$，在节点 $A$ 处受铅垂方向载荷 $F$ 作用。试求节点 $A$ 的铅垂位移。

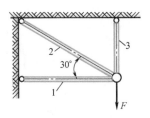

习题　5-20 图　　　　　　　　　　　　习题　5-21 图

5-22　埋入合成树脂的玻璃纤维如习题 5-22 图所示。求温度从 $-10\text{℃}$ 升至 $30\text{℃}$ 时在玻璃纤维中产生的拉应力。已知升温时玻璃纤维与合成树脂完全密接。玻璃纤维及合成树脂的横截面面积分别为 $A$ 及 $50A$，线膨胀系数分别为 $8\times10^{-6}$（$1/\text{℃}$）及 $20\times10^{-6}$（$1/\text{℃}$），弹性模量分别为 70GPa 及 4GPa。

5-23　习题 5-23 图所示结构中的三角形板可视为刚性板。1 杆（横杆）材料为钢、2 杆（竖杆）材料为铜，两杆的横截面面积分别为 $A_1 = 10\text{cm}^2$，$A_2 = 20\text{cm}^2$，当 $F = 200\text{kN}$，温度升高 20℃，求 1、2 杆横截面的应力。（钢、铜材料的弹性模量与线膨胀系数分别为 $E_1 = 200\text{GPa}$，$\alpha_1 = 12.5\times10^{-6}$（$1/\text{℃}$）；$E_2 = 100\text{GPa}$，$\alpha_2 = 16\times10^{-6}$（$1/\text{℃}$））。

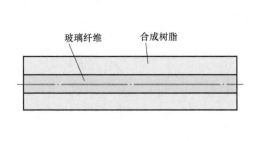

习题　5-22 图　　　　　　　　　　　　习题　5-23 图

5-24　一刚性梁放在三根混凝土支柱上如习题 5-24 图所示。各支柱的横截面面积皆为 $400\text{cm}^2$，弹性模量皆为 14GPa。未加载荷时，中间支柱与刚性梁之间有 $\delta = 1.5\text{mm}$ 的空隙。试求当载荷 $F = 720\text{kN}$ 时各支柱内的应力。

5-25　习题 5-25 图所示桁架结构，由于制造误差使 $BC$ 杆比原设计短了 $\delta$，试求装配后各杆的应力。已知各杆的弹性模量 $E$、横截面面积均相同。$AB = AD = AE = l$，$\alpha = 30°$。

5-26　习题 5-26 图中杆 $OAB$ 可视为不计自重的刚体。$AC$ 与 $BD$ 两杆材料、横截面面积均相同，$E$ 为弹性模量，$\alpha$ 为线膨胀系数，试求当温度均升高 $\Delta T\text{℃}$ 时，杆 $AC$ 和 $BD$ 内的温度应力。

5-27　习题 5-27 图所示长为 $l$、横截面面积为 $A$ 的匀质等截面杆，两端分别受 $F_1$ 和 $F_2$ 作用（$F_1 < F_2$）。试确定杆的正应力沿长度的变化关系（不计摩擦）。

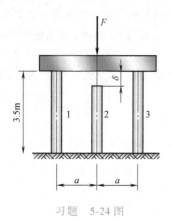

习题 5-24 图

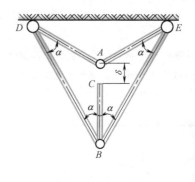

习题 5-25 图

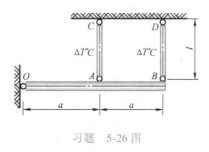

习题 5-26 图

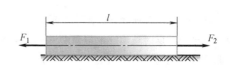

习题 5-27 图

5-28　平均直径为 $D$ 的薄壁圆环，以匀角速度 $\omega$ 绕通过圆心且垂直于圆环平面的轴转动。若圆环材料的单位体积质量为 $\rho$，弹性模量为 $E$，试求圆环的动应力及平均直径 $D$ 的改变量。

5-29　习题 5-29 图所示重 $W$ 的钢球装在长为 $l$ 的转臂的端部，以等角速度 $\omega$ 在光滑水平面上绕 $O$ 旋转。若转臂的抗拉刚度为 $EA$，试求转臂的总伸长（不计转臂的质量）。

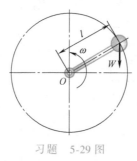

习题 5-29 图

# 第6章

# 扭转

当杆件承受着绕其轴线的外力偶时，则杆件横截面上将只有扭矩这一个内力分量，杆件各横截面要发生绕轴线相对转动的变形，称为扭转。发生扭转变形的杆件称为轴。本章主要讨论圆轴扭转时应力与变形，简单介绍非圆截面杆以及薄壁截面杆的扭转。

## 6.1 扭转杆件的内力

工程中有许多发生扭转变形的杆件。例如，机床主轴，各种机械中的转动轴，等等。这些杆件所承受的外力或其合力均是绕轴线的外力偶，杆件各横截面要发生绕轴线相对转动的变形（例如图 6-1a 中 $O_2$ 横截面相对 $O_1$ 面转过一 $\theta$ 角度），称为扭转。发生扭转变形的杆件称为轴。

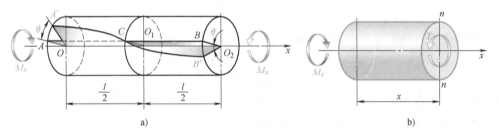

图　6-1

以图 6-1a 所示的扭转杆件为例，用截面法可求得该杆任一横截面 $n$-$n$ 上只有扭矩 $T$ 一个内力分量，其值为 $T=M_x$（图 6-1b）。

由 2.1 节中内力的符号规定，扭矩的正负号如图 6-2所示。正的扭矩矩矢背向截面；负的扭矩矩矢指向截面。

某一横截面上的扭矩大小，等于该横截面同一侧绕轴线的全部外力偶矩的合力偶矩。

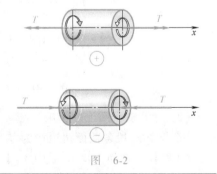

图　6-2

例 6-1　传动轴如图 6-3a 所示，转速 $n = 300\mathrm{r/min}$（转每分），主动轮 $A$ 输入功率 $P_A = 22.1\mathrm{kW}$，从动轮 $B$、$C$ 输出功率分别为 $P_B = 14.8\mathrm{kW}$、$P_C = 7.3\mathrm{kW}$。试求：

（1）作用在轴上的外力偶矩。

（2）横截面上的扭矩。

解：（1）作用在轴上的外力偶矩

在工程实际中，对于传动轴等转动构件，通常只知道其转速与所传递的功率。因而，需根据转速与功率计算轴所承受的外力偶矩。

如果功率以 W（瓦）为单位时符号为 $P$，而以 kW（千瓦）为单位时符号为 $P_k$；转速以 rad/s（弧度每秒）为单位时符号为 $\omega$，而以 r/min（转每分）为单位时符号为 $n$；则有

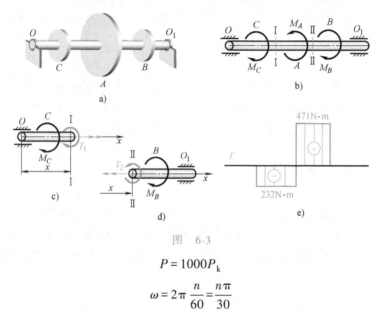

图　6-3

$$P = 1000P_k$$

$$\omega = 2\pi\frac{n}{60} = \frac{n\pi}{30}$$

而做功的外力偶矩（单位为 N·m）的数值为

$$M = \frac{P}{\omega} = \frac{1000P_k}{\pi n/30} = \frac{3\times10^4}{\pi}\cdot\frac{P_k}{n}$$

这可作为一个公式使用。

因此，作用在轴上的外力偶矩（图 6-3b）为

$$M_A = \frac{3\times10^4}{\pi}\cdot\frac{P_A}{n} = \left(\frac{3\times10^4}{\pi}\times\frac{22.1}{300}\right)\text{N}\cdot\text{m} = 703\text{N}\cdot\text{m}$$

$$M_B = \frac{3\times10^4}{\pi}\cdot\frac{P_B}{n} = \left(\frac{3\times10^4}{\pi}\times\frac{14.8}{300}\right)\text{N}\cdot\text{m} = 471\text{N}\cdot\text{m}$$

$$M_C = M_A - M_B = (703-471)\text{N}\cdot\text{m} = 232\text{N}\cdot\text{m}$$

（2）计算横截面上的扭矩

$OC$ 与 $BO_1$ 段各截面扭矩均为零

$CA$ 段任一截面（图 6-3c 中 I - I 截面）

$$\sum M_x = 0,\ T_1 + M_C = 0\text{：解得 } T_1 = -M_C = -232\ \text{N}\cdot\text{m}$$

$AB$ 段任一截面（图 6-3d 中 II - II 截面）

$$\sum M_x = 0,\ -T_2 + M_B = 0\text{：解得 } T_2 = M_B = 471\ \text{N}\cdot\text{m}$$

表示扭矩和横截面位置之间关系的图线称作扭矩图。扭矩图的画法类似于轴力图，区别在于纵坐标表示的是扭矩而不是轴力。本例题的扭矩图见图6-3e。

## 6.2　圆轴扭转横截面上的切应力

### 6.2.1　微段的静力平衡方程

从扭转变形的圆轴上截取长为 $dx$ 的微段，由6.1节知，横截面上只有扭矩 $T$ 一个内力分量，该扭矩就是横截面上分布在各个点上内力对轴线的合力矩。由此分析可知，圆轴扭转时横截面上只有切应力，而没有正应力。为方便起见，采用柱坐标系 $\rho\phi x$，于是横截面上的切应力为 $\tau_{x\phi}$（图6-4）。

整个圆轴是平衡的，$dx$ 微段当然也平衡，应满足静力平衡方程 $\Sigma M_x = 0$，即

$$\iint_A \rho\tau_{x\varphi}dA - T = 0 \qquad\qquad (a)$$

式中，$A$ 为横截面面积。

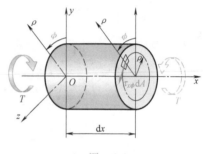

图　6-4

但在式（a）中，切应力 $\tau_{x\phi}$ 随截面上各个点的变化规律（或函数 $\tau_{x\phi}(\rho,\phi)$）尚未得知，故仅凭式（a）不能解出 $\tau_{x\phi}$。这就是说，分析、求解圆轴扭转时的应力，实际上是一个高次（无穷次）超静定问题。为此，需从分析微段的变形协调关系来建立补充方程。

### 6.2.2　几何方程

（1）平面假设

假设圆轴扭转变形后，横截面仍保持为平面，且其形状、大小以及两横截面间距离均不改变。换言之，圆轴扭转变形时，各横截面如同刚性平面，仅绕轴线作相对转动而已。这个平面假设正确与否，可简单说明如下。

图6-5a所示的扭转圆轴，其结构和受力（在圣维南原理的意义上）均反对称于 $A$ 截面，故其变形和与 $A$ 截面等距离的任一对横截面（譬如图中 $e$、$f$ 两截面）上各点的位移也应反对称于 $A$ 截面。然而无论从 $x$ 的正方向，还是从 $x$ 的负方向来观察该圆轴的变形和 $e$、$f$ 两横截面上各点的位移，得到的结论应该相同。这就要求变形后 $A$ 截面必须保持为平面。现假想在 $A$ 截面处将圆轴截分，研究任一半段，例如右半段（图6-5b）。同样道理，右半段的变形和任一对横截面（譬如 $g$、$h$ 两截面）上各点的位移应反对称于 $B$ 截面，要求 $B$ 截面必须保持为平面。如此反复进行下去，则各个横截面变形后均必须保持为平面。

对于圆截面杆扭转，平面假设完全成立，已被理论和试验所证明。

（2）几何方程

现在研究 $dx$ 微段的变形。图6-6a中，根据平面假设，若左端截面 $O$ 固定，则右端截面 $O_1$ 仍为平面并转过 $d\phi$ 角；半径线 $O_1b$ 转到半径线 $O_1b'$ 处；$O_1b$ 线上的 $f$ 点沿极角 $\phi$ 的方向

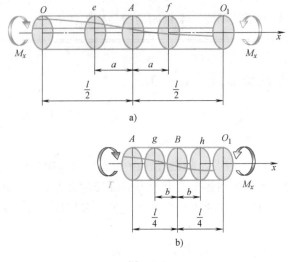

图　6-5

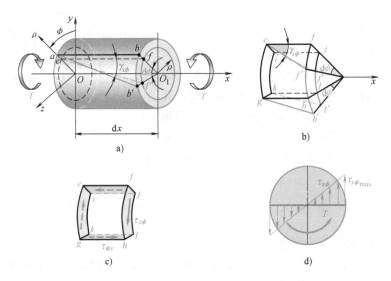

图　6-6

（即圆周方向）转到 $f'$ 点。这样，原来距轴线为 $\rho$，垂直于圆周线的纵向线 $ef$ 微线段，沿极角 $\phi$ 的方向倾斜了 $\gamma_{x\phi}$ 角，变形如图 6-6a、b 所示。切应变 $\gamma_{x\phi}$ 就是过 $e$ 点的微元体两条棱边（$ef$ 和 $eg$）夹角的改变量（图6-6b）。由图 6-6b 所示的小变形的几何关系，可得几何方程

$$\gamma_{x\phi} \approx \tan\gamma_{x\phi} = \frac{\widehat{ff'}}{\mathrm{d}x} = \rho\frac{\mathrm{d}\phi}{\mathrm{d}x} \tag{b}$$

### 6.2.3　物理方程

由于圆轴扭转时横截面上没有正应力。这样，围绕 $e$ 点取出的单元体为纯切应力状态，如图 6-6c 所示。根据剪切胡克定律

$$\tau_{x\phi} = G\gamma_{x\phi}$$

则

$$\tau_{x\phi} = G\rho \frac{\mathrm{d}\phi}{\mathrm{d}x} \tag{c}$$

式（c）中，$\frac{\mathrm{d}\phi}{\mathrm{d}x}$ 是相距为单位长度的两个横截面相对扭过的角度，称为单位长度扭转角，与横截面上各点的位置没有任何关系，在本式中相当于常数。这样，横截面上切应力 $\tau_{x\phi}$ 是 $\rho$ 的线性函数（即切应力的大小沿径向 $\rho$ 按线性规律分布），其方向沿圆周 $\phi$ 的方向，如图 6-6d 所示。

### 6.2.4 横截面上切应力公式

联立式（a）和式（c），求得

$$\frac{\mathrm{d}\phi}{\mathrm{d}x} = \frac{T}{GI_p} \tag{6-1}$$

式（6-1）是圆轴的单位长度扭转角公式，它表示了扭转变形的程度。式中

$$I_p = \iint_A \rho^2 \mathrm{d}A \tag{6-2}$$

为截面的极惯性矩（可参阅附录 A）；$GI_p$ 为抗扭刚度。

将式（6-1）代入式（c），得圆轴扭转横截面切应力公式

$$\tau_{x\phi} = \frac{T}{I_p}\rho \tag{6-3}$$

由式（6-3）可知，最大切应力发生在横截面外圆周的各个点上（图 6-6d）

$$\tau_{x\phi_{max}} = \frac{T}{I_p}\rho_{max} = \frac{T}{I_p}R$$

令

$$W_t = \frac{I_p}{R} \tag{6-4}$$

称为抗扭截面系数。对于实心圆截面，$W_t = \frac{\pi}{16}D^3$；对于空心圆截面，$W_t = \frac{\pi}{16}D^3(1-\alpha^4)$。这里，$D$ 为圆轴外径，$\alpha$ 为内径 $d$ 和外径 $D$ 的比值，$\alpha = \frac{d}{D}$。

于是

$$\tau_{x\phi_{max}} = \frac{T}{W_t} \tag{6-5}$$

其实，第 5 章中推导轴向拉压杆件的正应力公式，同样是个超静定问题，读者可依照上面的方法，自行推导。

---

例 6-2　例 6-1 所示的传动轴（图 6-3）。

（1）若轴是实心圆轴，其直径为 20mm 时，求整个传动轴的最大切应力。

（2）若轴是空心圆轴，其外径为 40mm，内径为 20mm 时，求整个传动轴最大切应力和最小切应力。

解：由图 6-3e 所示的扭矩图可知，最大扭矩发生在 $AB$ 段各个截面上，而最小扭矩发生

在 CA 段各个截面上。

（1）实心圆轴

整个传动轴的最大切应力应该在 AB 段各横截面的圆周各个点上，其值

$$\tau_{x\phi_{\max}} = \frac{T_2}{W_t} = \left( \frac{471}{\frac{\pi}{16} \times (20 \times 10^{-3})^3} \right) \mathrm{Pa} = 300 \mathrm{MPa}$$

（2）空心圆轴

最大切应力应该在 AB 段各横截面的外圆周各个点上，其值

$$\tau_{x\phi_{\max}} = \frac{T_2}{W_t} = \left( \frac{471}{\frac{\pi}{16} \times (40 \times 10^{-3})^3 \times (1 - 0.5^4)} \right) \mathrm{Pa} = 40 \mathrm{MPa}$$

整个传动轴的最小切应力发生在 CA 段横截面的内圆周各个点上，其值

$$\tau_{x\phi_{\min}} = \frac{T_1 \cdot \frac{d}{2}}{I_p} = \left( \frac{232 \times 10 \times 10^{-3}}{\frac{\pi}{32} \times (40 \times 10^{-3})^4 \times (1 - 0.5^4)} \right) \mathrm{Pa} = 9.9 \mathrm{MPa}$$

## 6.3　圆轴扭转破坏模式的分析

扭转试验表明，对于像低碳钢这类塑性材料制成的圆轴，沿横截面破坏（图 6-7a）；而对于像灰铸铁这类脆性材料制成的圆轴，沿与轴线成 45° 的螺旋面破坏（图 6-7b），现在来研究这两种破坏模式产生的原因。

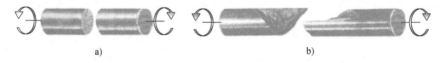

a)　　　　　　　　　　　　b)

图　6-7

从圆轴表面取一单元体（图 6-8a），该单元体表面上的应力如图 6-8b 所示，为纯切应力状态。

由 2.5 节，画出该点的应力圆如图 6-8c 所示，根据应力圆可知：

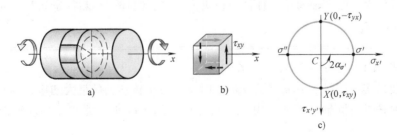

a)　　　　　　　　　b)　　　　　　　c)

图　6-8

$\alpha = 45°$时，正应力最大，$\sigma' = \tau_{xy}$，为拉应力

$\alpha = -45°$时，正应力最大，$\sigma'' = -\tau_{xy}$，为压应力

$\alpha = 0°$时，切应力最大，$\tau' = \tau_{xy}$

$\alpha = 90°$时，切应力最小，$\tau'' = -\tau_{xy}$

最大拉应力、最大压应力及最大切应力数值均相等。

根据以上分析得出结论如下：图 6-7a 所示的塑性材料（低碳钢），破坏发生在最大切应力所在的截面（$\alpha = 0°$的横截面），说明其抗剪切能力比抗拉伸能力弱；图 6-7b 所示的脆性材料（灰铸铁），破坏发生在最大拉应力所在的截面（$\alpha = 45°$的截面），说明其抗拉伸能力比抗剪切能力弱。

## 6.4　圆轴扭转变形与变形能

### 6.4.1　圆轴扭转变形公式

式 (6-1) 是圆轴单位长度的扭转角，要计算长为 $l$ 的圆轴的扭转角 $\phi$，可从该圆轴中截取 $dx$ 微段。微段的扭转角为 $d\phi$，则

$$d\phi = \frac{T}{GI_p}dx$$

整个圆轴的扭转角 $\phi$

$$\phi = \int_0^l d\phi = \int_0^l \frac{T}{GI_p}dx \tag{6-6}$$

如果圆轴为材料均匀的等直圆杆，并且各个截面扭矩相等，式 (6-6) 变为

$$\phi = \frac{Tl}{GI_p} \tag{6-7}$$

式 (6-6) 与式 (6-7) 的扭转角单位为 rad。

### 6.4.2　圆轴扭转的变形能

由式 (4-20)，圆轴中任一点的应变比能

$$e = \frac{1}{2}\tau_{x\phi}\gamma_{x\phi} = \frac{1}{2} \cdot \frac{\tau_{x\phi}^2}{G}$$

取出 $dx$ 微段，其变形能为 $dE_\gamma$，则

$$dE_\gamma = \left(\iint_A e\,dA\right)dx = \left(\iint_A \frac{\tau_{x\phi}^2}{2G}dA\right)dx = \left(\int_0^{\frac{D}{2}} \frac{\tau_{x\phi}^2}{2G} \cdot 2\pi\rho d\rho\right)dx \tag{a}$$

式 (a) 中，取微面积元为环形面积，其值 $dA = 2\pi\rho d\rho$。

将切应力公式 (6-3) 代入式 (a) 中，得微段的变形能

$$dE_\gamma = \frac{T^2}{2GI_p}dx \tag{b}$$

于是，整个圆轴的变形能

$$E_\gamma = \int_0^l \mathrm{d}E_\gamma = \int_0^l \frac{T^2}{2GI_p}\mathrm{d}x \qquad (6\text{-}8)$$

若圆轴材料及各个截面尺寸与扭矩均相等，$GI_p$ 与 $T$ 为常数，则式（6-8）取得最简单形式

$$E_\gamma = \frac{T^2 l}{2GI_p} \qquad (6\text{-}9)$$

**例 6-3**　对于例 6-1 的传动轴，如果 $CA$ 段和 $AB$ 段的长度均为 $l = 200\text{mm}$；轴径 $d = 40\text{mm}$，且材料的切变模量 $G = 80\text{GPa}$，试求 $B$ 截面相对 $C$ 截面的扭转角 $\phi_{BC}$ 和整个传动轴的变形能。

**解**：由例 6-1 的扭矩图知，$CA$ 段各截面的扭矩 $T_{CA} = -232\text{N} \cdot \text{m}$；$AB$ 段各截面的扭矩 $T_{AB} = 471\text{N} \cdot \text{m}$。故 $B$ 截面相对 $C$ 截面的扭转角 $\phi_{BC}$ 为

$$\phi_{BC} = \phi_{CA} + \phi_{AB} = \frac{T_{CA}l}{GI_p} + \frac{T_{AB}l}{GI_p} = \frac{l}{GI_p}(T_{CA} + T_{AB})$$

$$= \frac{200 \times 10^{-3}}{80 \times 10^9 \times \dfrac{\pi \cdot (40 \times 10^{-3})^4}{32}} \times (-232 + 471)$$

$$= 2.38 \times 10^{-3}\text{rad}$$

变形能

$$E_\gamma = E_{\gamma CA} + E_{\gamma AB} = \frac{T_{CA}^2 l}{2GI_p} + \frac{T_{AB}^2 l}{2GI_p} = \frac{l}{2GI_p}(T_{CA}^2 + T_{AB}^2)$$

$$= \left( \frac{200 \times 10^{-3}}{2 \times 80 \times 10^9 \times \dfrac{\pi \cdot (40 \times 10^{-3})^4}{32}} \times [(-232)^2 + 471^2] \right)\text{J} = 1.37\text{J}$$

## 6.5　非圆截面杆扭转

### 6.5.1　自由扭转与约束扭转

在矩形截面等直杆的侧面画上纵向线和横向线，它们组成许多相同的矩形格子，然后在杆的两端施加力偶使其扭转，可见到如图 6-9 所示的变形：纵向线都倾斜相同的角度，横向线都发生相同形状的弯曲，在同一横向线上的矩形格子变形并不相同。

上述变形模式，对于其他种非圆截面等直杆的扭转变形，也是如此。

从横向线的弯曲可知，非圆截面杆扭转时横截面不再保持为平面。但由于各横向线弯曲形状相同，因此有理由认为横截面互相间没有对纵向变形的约束，即横截面上没有正应力，这种扭转称作自由扭转。

如果某个或某些横截面的纵向变形受到约束，例如图 6-10 所示的杆，在 $A$ 端截面变形

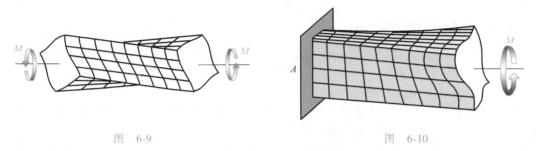

图　6-9　　　　　　　　　　　　　　图　6-10

受到固定端的约束，因此靠近 $A$ 端，各横截面上会产生正应力。像这样，横截面之间有纵向变形约束的扭转称为约束扭转。如果不是薄壁杆，在约束扭转时，当截面离约束截面较远时，根据圣维南原理，横截面上的正应力可忽略不计。即在离约束截面较远的地方，可近似认为自由扭转。对细长轴，如果被约束截面很少，那么绝大部分截面都可认为是自由扭转，因此本书只讨论自由扭转。

### 6.5.2　矩形截面杆的自由扭转

矩形截面杆自由扭转时，由于横截面不再保持为平面，平面假设不成立，因此不能用圆轴切应力公式的推导方法去导出矩形截面杆扭转的切应力。

如图 6-9 所示，侧面矩形格子的变形，沿横向线是不均匀的。这样，横截面上的切应力沿横截面的边界是变化的。从侧面可观察到矩形格子角变形的规律是：在棱边上等于零；越远离棱边，角变形就越大；且在横截面的周边线中，长边中点处最大。由此，可以推知，在矩形截面的周边线上，切应力方向与周边相切；四个角点处切应力等于零；在周边线的中点处，切应力极大，且在长边中点处切应力最大。

弹性力学的分析结果表明，矩形截面长边中点的切应力是整个截面上的最大切应力。长边和短边上切应力的分布规律如图 6-11a 所示，并且

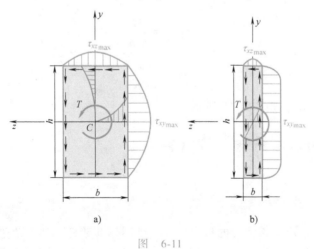

图　6-11

$$\tau_{xy_{max}} = \frac{T}{\alpha h b^2} \tag{6-10}$$

短边中点的切应力

$$\tau_{xz_{max}} = \gamma \tau_{xy_{max}} \tag{6-11}$$

相距为 $l$ 的两横截面的相对扭转角

$$\phi = \frac{Tl}{G\beta hb^3} \tag{6-12}$$

式(6-10)~式(6-12)中，$\alpha$、$\beta$、$\gamma$ 是与 $h/b$ 有关的系数（见表6-1），可查表得到。

许多其他非圆截面杆，已从理论和实验上解决了横截面上切应力的求解问题。例如，椭圆截面杆、三角形截面杆、梯形截面杆，等等。

表6-1　矩形截面杆在纯扭转时的系数 $\alpha$、$\beta$、$\gamma$

| $h/b$ | 1.00 | 1.2 | 1.50 | 2.00 | 2.5 | 3.00 | 4.00 | 6.00 | 8.00 | 10.00 | $\infty$ |
|---|---|---|---|---|---|---|---|---|---|---|---|
| $\alpha$ | 0.208 | 0.219 | 0.231 | 0.246 | 0.258 | 0.267 | 0.282 | 0.299 | 0.307 | 0.313 | 0.333 |
| $\beta$ | 0.141 | 0.166 | 0.196 | 0.229 | 0.249 | 0.263 | 0.281 | 0.299 | 0.307 | 0.313 | 0.333 |
| $\gamma$ | 1.000 | 0.930 | 0.858 | 0.796 | 0.767 | 0.753 | 0.745 | 0.743 | 0.743 | 0.743 | 0.743 |

对于实心非圆截面杆的自由扭转，横截面上最大切应力一般发生在截面周边线上离形心（参见附录A）最近的点处。例如，图6-12中的点 $A$ 等。但这个规律应用于空心非圆截面杆时常导致错误。

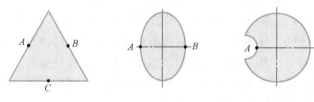

图 6-12

对于狭长矩形截面，即 $b \ll h$（图6-11b）时，从表6-1可知，$\alpha = \beta = \frac{1}{3}$。因此

$$\tau_{xy_{max}} = \frac{3T}{b^2 h} \tag{6-13}$$

$$\phi = \frac{3Tl}{Gb^3 h} \tag{6-14}$$

该截面上切应力分布规律如图6-11b所示。

## 6.6　薄壁杆的自由扭转　剪力流

### 6.6.1　开口薄壁杆的自由扭转

如果杆的壁厚 $\delta$ 远小于横截面的最大尺寸，则叫作薄壁杆。如果薄壁杆横截面为单连通域，则称作开口薄壁杆。对槽钢、工字钢等开口薄壁杆，横截面可看作由若干个狭长矩形组成（图6-13），即把开口薄壁杆看作若干狭长矩形截面杆拼接而成。

在小变形条件下，可认为薄壁杆扭转时横截面轮廓不变，因此每一个狭长矩形的扭转角都相同。对于第 $i$ 个狭长矩形，由式（6-14）有

$$\phi = \frac{3T_i l}{G h \delta_i^3} \quad (i = 1, 2, \cdots, n) \qquad (6-15)$$

式（6-15）中，$\phi$ 为开口薄壁杆的扭转角，$T_i$ 为作用在第 $i$ 个狭长矩形面上的扭矩。

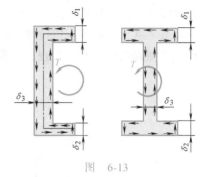

图　6-13

利用合比定理，有

$$\phi = \frac{\sum 3T_i l}{\sum G h_i \delta_i^3} = \frac{3Tl}{G \sum h_i \delta_i^3} = \frac{Tl}{GI_t} \qquad (6-16)$$

式中

$$I_t = \frac{\sum h_i \delta_i^3}{3} \qquad (6-17)$$

每一狭长矩形上的最大切应力可按式（6-13）来计算。

$$(\tau_{max})_i = \frac{3T_i}{h_i \delta_i^2}$$

将式（6-15）得到的 $T_i$ 代入上式，得

$$(\tau_{max})_i = \frac{G\phi\delta_i}{l}$$

将式（6-16）中的 $\phi$ 代入上式，得

$$(\tau_{max})_i = \frac{T\delta_i}{I_t} \qquad (6-18)$$

因此，开口薄壁杆横截面最大切应力在最厚部分狭矩形长边的中点处，其值

$$\tau_{max} = \frac{T\delta_{max}}{I_t} \qquad (6-19)$$

切应力沿截面周边形成"环流"，如图 6-13 所示。

对于开口薄壁杆，若横截面有如图 6-14 所示的曲边狭矩形部分（其中线长为 $s$），则可把它当作边长为 $s$ 和 $\delta$ 的狭长矩形来计算。这样所得的最大切应力的误差不会太大。

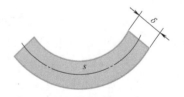

图　6-14

### 6.6.2　闭口薄壁杆的自由扭转

横截面为多连通域的薄壁杆称为闭口薄壁杆。例如横截面为图 6-15 所示的薄壁杆。这里只研究横截面为双连通域且无分支的闭口薄壁杆的自由扭转。例如，横截面为图 6-15a 所

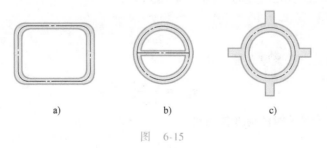

a)             b)             c)

图　6-15

示的薄壁杆。由于杆壁很薄，可认为切应力沿厚度方向均匀分布并平行于截面中线的切线。

假想用纵、横截面从扭转薄壁杆上取出一分离体（图 6-16），由分离体沿纵向（$x$ 方向）应平衡和切应力互等定理，可得

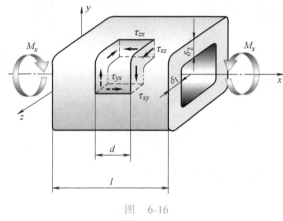

图　6-16

$$\tau_{yx}\delta_1 d = \tau_{zx}\delta_2 d$$

即

$$\tau_{xy}\delta_1 = \tau_{xz}\delta_2$$

这就说明在横截面任意位置，切应力 $\tau$ 与壁厚 $\delta$ 的乘积保持为常数。

设

$$\tau\delta = q \qquad (6\text{-}20)$$

称 $q$ 为 剪力流。在横截面上剪力流的值为常数。

在横截面的图面内取任一点 $O$（图 6-17），计算切应力对点 $O$ 的力矩，应该有

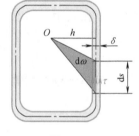

图　6-17

$$\oint_s h\tau\delta ds = T$$

即

$$q\oint_s h ds = T \qquad (6\text{-}21)$$

而 $hds/2$ 为 $ds$ 所对扇形区的面积 $d\omega$（图 6-17 中阴影部分面积），因此

$$\oint_s h ds = 2\omega \qquad (6\text{-}22)$$

式（6-22）中，$\omega$ 为横截面中心线所围区域的面积。

由式（6-20）、式（6-21）和式（6-22），得

$$\tau = \frac{T}{2\omega\delta} \qquad (6\text{-}23)$$

横截面上最大的切应力在壁厚 $\delta$ 最小处，即

$$\tau_{max} = \frac{T}{2\omega\delta_{min}} \qquad (6\text{-}24)$$

由式（6-23）可知，扭转时的应变能密度为

$$e = \frac{\tau^2}{2G} = \frac{T^2}{8G\omega^2\delta^2}$$

整个杆的变形能为

$$E_\gamma = l\oint_s e\delta ds = \frac{T^2 l}{8G\omega^2}\oint_s \frac{ds}{\delta}$$

由于变形能等于外力偶矩 $M$ 在扭转角 $\phi$ 上所做的功，因此

$$\frac{1}{2}M\phi = \frac{T^2 l}{8G\omega^2}\oint_s \frac{ds}{\delta}$$

由于外力偶矩施加在杆的两端，$T = M$，因此从上式得到

$$\phi = \frac{Tl}{4G\omega^2}\oint_s \frac{ds}{\delta} \tag{6-25}$$

式（6-25）为闭口薄壁杆的扭转角公式。

本节推导出的薄壁杆件最大切应力公式（6-19）和式（6-24），计算精确度较差。实际上，薄壁杆横截面的内凹角处往往因应力集中而有最大切应力，并且比式（6-19）和式（6-24）的计算值大许多。

习　题

6-1　作习题 6-1 图所示各杆的扭矩图。

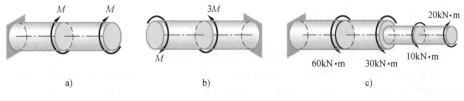

习题　6-1 图

6-2　如习题 6-2 图所示，轴的转速为 450r/min，最大切应力为 45MPa，试求轴传递的功率。

习题　6-2 图

6-3　画出习题 6-3 图所示各杆横截面上的切应力分布图。

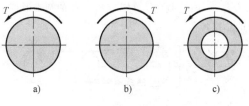

习题　6-3 图

6-4　直径 50mm 的圆轴，扭矩 2.15kN·m，求在距离横截面中心 10mm 处的切应力，并求横截面上最大切应力。

6-5 习题6-5图所示实心轴和空心轴通过牙嵌式离合器连接在一起，已知轴的转速 $n=100\text{r/min}$，传递功率 $P=7.5\text{kW}$，最大切应力为40MPa，试选择实心轴直径 $d_1$ 和内外径之比为1/2的空心轴外径 $D_2$。

习题 6-5图

6-6 习题6-6图所示用横截面 $ABE$，$CDF$ 和包含轴线的纵向面 $ABCD$ 从受扭圆轴（图a）中截出一部分如图b所示，根据切应力互等定理，纵向截面上的切应力 $\tau'$ 将产生一个力偶矩，试问这个力偶矩与这一截出部分上的哪个力偶矩平衡？

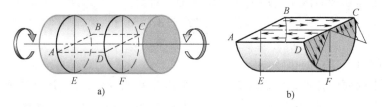

习题 6-6图

6-7 直径50mm的钢圆轴，其横截面上的扭矩 $T=1.5\text{kN}\cdot\text{m}$，求横截面上的最大切应力。

6-8 圆轴的直径 $d=50\text{mm}$，转速为120r/min，若该轴横截面上的最大切应力等于60MPa，问所传递的功率是多少kW？

6-9 习题6-9图所示圆轴的粗段外径为100mm，内径为80mm，细段直径为80mm，在轮 $A$ 处由电动机带动，输入功率 $P_1=150\text{kW}$，在轮 $B$、$C$ 处分别负载 $P_2=75\text{kW}$、$P_3=75\text{kW}$，已知轴的转速为300r/min。

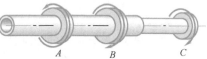

习题 6-9图

（1）作圆轴的扭矩图；（2）求该空心轴及实心轴的最大切应力。

6-10 习题6-10图所示一直径为 $d=50\text{mm}$ 的圆轴，其两端受力矩大小为 $1\text{kN}\cdot\text{m}$ 的外力偶作用而发生扭转，轴材料的切变模量 $G=8\times10^4\text{MPa}$。试求：（1）横截面上 $\rho_A=d/4$ 处的切应力和切应变；（2）最大切应力和单位长度扭转角。

6-11 材料相同的一根空心圆轴和一根实心圆轴。它们的横截面面积相同、扭矩相同。试分别比较这两根轴的最大切应力和单位长度扭转角。

6-12 一电动机轴的直径 $d=40\text{mm}$，转速 $n=1400\text{r/min}$，功率为30kW，切变模量 $G=8\times10^4\text{MPa}$。试求此轴的最大切应力和单位长度扭转角。

6-13 空心圆轴的外径 $D=100\text{mm}$，内径 $d=50\text{mm}$，已知间距为 $L=2.7\text{m}$ 的两横截面的相对扭转角 $\phi=1.8°$，材料的切变模量 $G=80\text{GPa}$，求：（1）轴内最大切应力；（2）当轴以 $n=80\text{r/min}$ 的速度旋转时，轴传递的功率。

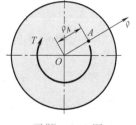

习题 6-10图

6-14 习题6-14图所示全长为 $L$，两端面直径分别为 $d_1$、$d_2$ 的圆锥形杆，其两端各受一矩为 $M$ 的转向相反的集中力偶作用，试求杆的总扭转角。

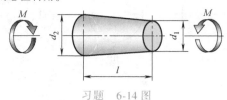

习题 6-14图

6-15 一根轴转速360r/min，传递功率150kW，切变模量80GPa，设计其直径，使切应力不超过

50MPa，并且在 2.5m 长度内扭转角不超过 3°。

6-16 习题 6-16 图所示矩形截面杆受 $M=3$kN·m 的一对外力偶作用，材料的切变模量 $G=80$GPa。求：（1）杆内最大切应力的大小，位置和方向；（2）横截面短边中点的切应力；（3）单位长度扭转角。

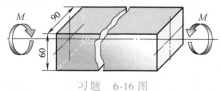

习题 6-16 图

6-17 习题 6-17 图所示 T 形薄壁截面杆，长 $L=2$m，在两端受扭转力偶作用，杆的扭矩为 $T=0.2$kN·m，材料的切变模量 $G=8\times10^4$MPa。求此杆在自由扭转时的最大切应力及扭转角。

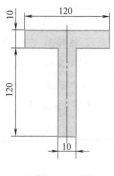

习题 6-17 图

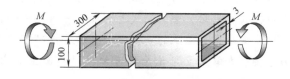

习题 6-18 图

6-18 习题 6-18 图所示一等厚闭口薄壁杆，两端受扭转力偶作用，杆的最大切应力为 60MPa。求：（1）确定其扭转力偶矩；（2）若在杆上沿母线切开一条缝，试问开口后扭转力偶矩是多少？

6-19 直径 $d=25$mm 的钢杆上的两个凸台 $A$ 和 $B$ 上，套有与钢杆材料相同，壁厚 $\delta=1.25$mm 的薄壁钢管，如习题 6-19 图所示。当钢杆承受外力偶矩 $M=75$N·m 时，将薄壁钢管与钢杆焊接在一起，然后卸去外力偶矩。假定凸台不变形，试求卸载后薄壁钢管内的切应力。

习题 6-19 图

# 7

## 第7章
## 弯曲

当杆件在外力或外力偶作用下，杆的轴线由直线变为曲线，这种变形称为弯曲，以弯曲变形为主的杆件在工程中称为梁。若所有外力（包括外力偶），均作用在过梁轴线的一个纵向对称平面内，而变形后，梁的轴线也弯成这一对称平面内的平面曲线，这种变形称为平面弯曲，它是弯曲变形中最简单的一种变形。通常情况下，平面弯曲梁横截面上将有剪力与弯矩两个内力分量。本章主要讨论平面弯曲梁横截面上的内力、应力分析与梁的变形计算等问题。

### 7.1　梁的内力　剪力与弯矩

在工程实际中，受弯构件是极为常见的。例如，图7-1所示的火车轮轴，还有吊车大梁、混凝土梁等。它们共同的特点是承受垂直于其轴线的外力，或在其轴线平面内作用有外力偶。受力后，轴线由直线变成了曲线，这种变形称为弯曲变形。以弯曲变形为主的杆件称为梁。工程中常见的梁，其横截面至少有一个对称轴，各个横截面的对称轴组成一个包含轴线的纵向对称平面（图7-2），当所有的外力都作用在该对称平面内时，梁的轴线将弯成对称平面内的一条平面曲线，这种弯曲称为平面弯曲。它是弯曲变形中最简单的一种变形。

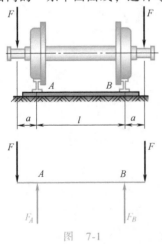

图　7-1

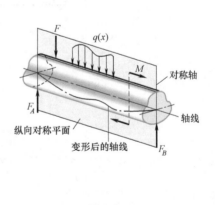

图　7-2

图7-3a所示的梁，左端为固定铰支约束，右端为可动铰支约束，称为简支梁。在梁上作用着沿其轴线均匀分布的载荷集度（单位长度的载荷值）为 $q$ 的分布力与集中力 $F$，且 $q$

96

与 $F$ 均在 $xy$ 面内。那么，该梁将在 $xy$ 面内发生平面弯曲变形。若 $F_A$、$F_B$ 为已求得的约束力，用截面法可以求梁任意横截面上的内力。例如，要计算坐标为 $x$ 处 1-1 横截面的弯曲内力，可保留左侧部分，如图7-3b 所示。由平衡方程 $\sum F_y = 0$，得

$$F_{S_y}(x) = qx - F_A \qquad\qquad (a)$$

式中，$F_{S_y}$ 是横截面上的剪力，其大小等于该横截面左侧或右侧（保留部分）梁上所有横向外力的合力值。

同理，由平衡方程 $\sum M_C = 0$ 得

$$M_z(x) = F_A x - \frac{q}{2}x^2 \qquad\qquad (b)$$

式中，$M_z$ 为横截面上的弯矩，其值等于该横截面左侧或右侧（保留部分）梁上所有外力向截面形心 $C$ 取矩的代数和。

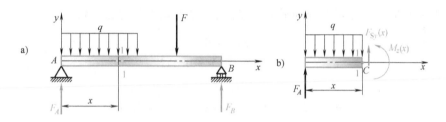

图　7-3

由 2.1.3 中内力的符号规定，剪力、弯矩的正负号如图 7-4 所示。因此，图 7-3b 中的 $F_{S_y}(x)$、$M_z(x)$ 均为正号。今后，在求解弯曲内力时，无论保留截面的哪一侧部分，剪力、弯矩均设为正方向，这样根据平衡条件计算它们的大小，所得的正负号就是内力实际的正负号。

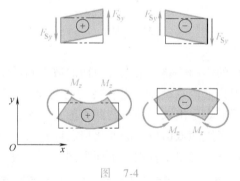

图　7-4

例 7-1　外伸梁受力与支承情况如图 7-5a 所示，求 1-1、2-2 两截面的剪力与弯矩。

解：（1）求约束力

$$F_A = 5.5\text{kN}$$
$$F_B = 2.5\text{kN}$$

（2）列图 7-5b 所示保留部分的平衡方程，求 1-1 截面上的剪力、弯矩

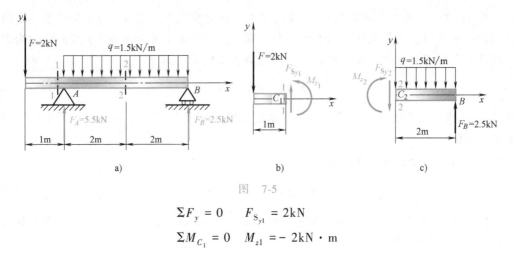

图 7-5

$$\Sigma F_y = 0 \qquad F_{S_{y1}} = 2\text{kN}$$

$$\Sigma M_{C_1} = 0 \qquad M_{z1} = -2\text{kN} \cdot \text{m}$$

（3）列图 7-5c 所示保留部分的平衡方程，求 2-2 截面上的剪力、弯矩

$$\Sigma F_y = 0$$

$$F_{S_{y2}} = 2.5 - 1.5 \times 2 = -0.5\text{kN}$$

$$\Sigma M_{C_2} = 0$$

$$M_{z2} = 2.5 \times 2 - 1.5 \times 2 \times 1 = 2\text{kN} \cdot \text{m}$$

## 7.2 剪力图与弯矩图

从前面的例子我们看出，梁在外力作用下，不同截面上的内力一般是不同的，随截面位置的变化而变化，描述这种变化的数学表达式

$$F_{S_y} = F_{S_y}(x)$$

$$M_z = M_z(x)$$

分别称为剪力方程和弯矩方程。

由于载荷的变化及约束的影响，整个梁上各截面的剪力和弯矩有时不能用一个表达式描述，这样就要分段加以考虑，分段点设在外力有突变的截面处。同作轴力图、扭矩图类似，将剪力方程、弯矩方程用图形表示出来，即得到剪力图、弯矩图。有了剪力图和弯矩图，便可形象直观地展现出剪力、弯矩随截面位置的变化情况以及梁的最大剪力与最大弯矩值及其所在位置截面，为梁的强度计算奠定了基础。下面举例说明作剪力图、弯矩图的方法。

例 7-2　图 7-6a 所示简支梁，受集中力 $F$ 作用，试写出梁的剪力方程和弯矩方程，并作剪力图与弯矩图。

解：（1）求约束力

$$F_A = \frac{2}{3}F \qquad F_B = \frac{1}{3}F$$

（2）分段列剪力方程和弯矩方程

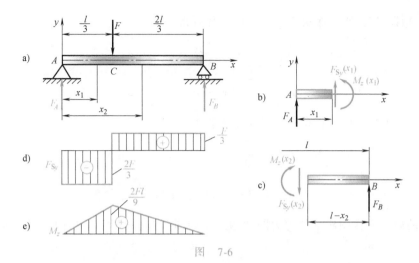

图 7-6

因为 $C$ 截面作用一集中力 $F$，集中力两侧梁的内力方程不同，需要分别写出。

$AC$ 段：由图 7-6b 所示保留部分的平衡方程，得到该段的内力方程

$$F_{S_y}(x_1) = -\frac{2}{3}F \qquad \left(0 < x_1 < \frac{l}{3}\right) \tag{a}$$

$$M_z(x_1) = \frac{2}{3}Fx_1 \qquad \left(0 \leqslant x_1 \leqslant \frac{l}{3}\right) \tag{b}$$

$CB$ 段：由图 7-6c 所示保留部分的平衡方程，得到该段的内力方程

$$F_{S_y}(x_2) = \frac{F}{3} \qquad \left(\frac{l}{3} < x_2 < l\right) \tag{c}$$

$$M_z(x_2) = \frac{F}{3}(l - x_2) \qquad \left(\frac{l}{3} \leqslant x_2 \leqslant l\right) \tag{d}$$

（3）作剪力图与弯矩图

根据式（a）、式（c）作出梁的剪力图，如图 7-6d 所示；由式（b）、式（d）作出梁的弯矩图，如图 7-6e 所示。由图可见，最大剪力发生在 $AC$ 段的各个横截面上，最大弯矩发生在集中力所在的 $C$ 截面上。其值分别为

$$|F_{S_y}|_{max} = \frac{2}{3}F, \qquad M_{zmax} = \frac{2}{9}Fl$$

由剪力图还可看出，在集中力作用截面的两侧剪力值有一大小为 $F$ 的突变。

例 7-3　图 7-7a 所示外伸梁，$F$、$a$ 已知，试作其 $F_{S_y}$、$M_z$ 图。

解：（1）求约束力

$$F_A = \frac{5}{2}F \qquad F_B = \frac{3}{2}F$$

（2）分段列内力方程

此梁的分段点在有支座的 $A$ 截面和集中力偶所在的 $D$ 截面。

$CA$ 段，由图 7-7b 所示保留部分的平衡方程可得

$$F_{S_y}(x_1) = F \qquad (0 < x_1 < a) \tag{a}$$

$$M_z(x_1) = -Fx_1 \qquad (0 \leqslant x_1 \leqslant a) \tag{b}$$

*AD* 段：由图 7-7c 所示保留部分的平衡方程可得

$$F_{S_y}(x_2) = F - \frac{5}{2}F = -\frac{3}{2}F \qquad (a < x_2 \leqslant 2a) \tag{c}$$

$$M_z(x_2) = -Fx_2 + \frac{5}{2}F(x_2 - a) \qquad (a \leqslant x_2 < 2a) \tag{d}$$

*DB* 段：由图 7-7d 所示保留部分的平衡方程可得

$$F_{S_y}(x_3) = -\frac{3}{2}F \qquad (2a \leqslant x_3 < 3a) \tag{e}$$

$$M_z(x_3) = -\frac{3}{2}F(3a - x_3) \qquad (2a < x_3 \leqslant 3a) \tag{f}$$

由各段的内力方程画出梁的剪力图和弯矩图如图 7-7e、f 所示。从图中可以看到在集中力偶作用的 *D* 截面两侧梁的弯矩有一突变，突变值的大小即为集中力偶的大小。

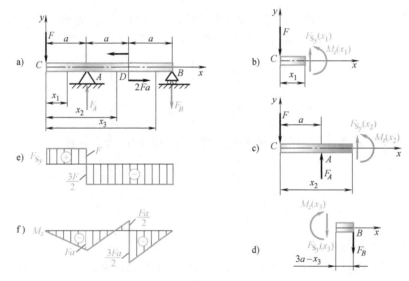

图　7-7

**例 7-4**　图 7-8a 所示简支梁承受均布载荷作用，载荷集度为 $q$，梁的长度为 $l$，试作梁的 $F_{S_y}$、$M_z$ 图。

解：（1）求约束力

$$F_A = F_B = \frac{ql}{2}$$

（2）列内力方程

很显然，由于载荷无突变，梁的剪力和弯矩各用一个连续函数式来描述即可。由图 7-8b 所示保留部分的平衡得到内力方程

$$F_{S_y}(x) = -\frac{ql}{2} + qx \qquad (0 < x < l) \tag{a}$$

$$M_z(x) = \frac{ql}{2}x - \frac{q}{2}x^2 \qquad (0 \leqslant x \leqslant l) \tag{b}$$

（3）作 $F_{S_y}$、$M_z$ 图

由式（a）看出，剪力方程是线性的，求出梁两个端截面的剪力值即可作 $F_{S_y}$ 图，如图 7-8c 所示。由式（b）可见，弯矩图为一抛物线。将式（b）对 $x$ 求导数，并令其为零

$$\frac{\mathrm{d}M_z(x)}{\mathrm{d}x} = \frac{ql}{2} - qx = 0 \qquad (\mathrm{c})$$

由此求得弯矩有极值的截面位置为 $x = l/2$，将其代入式（b），得弯矩的极大值 $M_{z\max} = ql^2/8$，作出的弯矩图，如图 7-8d 所示。

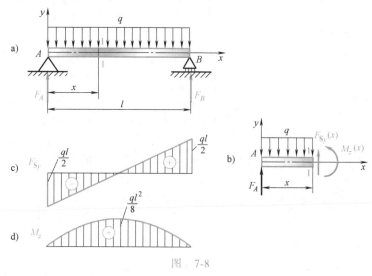

图 7-8

## 7.3 载荷、剪力及弯矩间的关系

由前一节的例 7-4 可见，将弯矩 $M_z(x)$ 对 $x$ 求一阶导数所得的函数（式（c））与剪力 $F_{S_y}(x)$（式（a））只差一负号。若将剪力 $F_{S_y}(x)$ 对 $x$ 求导数，就得到载荷集度的负值。这种关系是普遍存在的。下面推导 $q(x)$、$F_{S_y}(x)$ 及 $M_z(x)$ 之间的微分关系。

在图 7-9a 所示的梁上，受到向上的（正的）分布载荷及集中力、集中力偶的作用。从有分布载荷作用的梁段内取出一微段 $\mathrm{d}x$，其受力情况如图 7-9b 所示。因梁整体平衡，这一微段也必满足平衡条件

$$\Sigma F_y = 0$$

$$q(x)\mathrm{d}x - F_{S_y}(x) + F_{S_y}(x) + \mathrm{d}F_{S_y}(x) = 0$$

$$\Sigma M_c = 0$$

$$-M_z(x) + F_{S_y}(x)\mathrm{d}x - q(x)\mathrm{d}x\frac{\mathrm{d}x}{2} + M_z(x) + \mathrm{d}M_z(x) = 0$$

略去二阶微量，化简后得

$$\frac{\mathrm{d}F_{S_y}(x)}{\mathrm{d}x} = -q(x) \qquad (7\text{-}1)$$

$$\frac{\mathrm{d}M_z(x)}{\mathrm{d}x} = -F_{S_y}(x) \qquad (7\text{-}2)$$

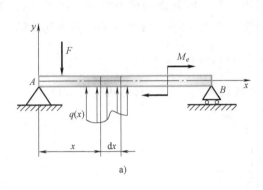

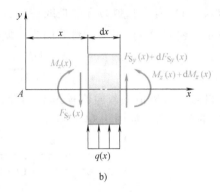

图 7-9

$$\frac{\mathrm{d}^2 M_z}{\mathrm{d}x^2} = -\frac{\mathrm{d}F_{S_y}}{\mathrm{d}x} = q(x) \tag{7-3}$$

这种关系对于梁的内力分析，作 $F_{S_y}$、$M_z$ 图以及建立梁的切应力计算公式都有重要意义。

在集中力 $F$ 作用的截面附近，假想截出长为 $\Delta x$ 的微段，如图 7-10 所示，由 $\Sigma F_y = 0$ 可得出 $\Delta F_{S_y} = F$，即微段左、右两个截面剪力的突变值为集中力 $F$ 的大小。同理可证，在集中力偶 $M_e$ 作用截面的左、右两侧弯矩有一突变，突变值的大小为集中力偶 $M_e$ 的大小。

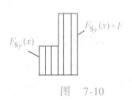

图 7-10

由上述关系，外力与剪力图和弯矩图三者之间的几何关系就很明显了。具体如下：

1）由式（7-1）、式（7-2）可见，如果按 $q(x)$、$F_{S_y}(x)$、$M_z(x)$ 的先后次序，那么后者比前者是（关于 $x$ 的）高一次的多项式；若 $q(x)$ 为零（即无分布载荷），则 $F_{S_y}(x)$ 图是水平线，而 $M_z(x)$ 图为斜直线；若 $q(x)$ 图为水平线（即均布载荷），则 $F_{S_y}(x)$ 图为斜直线，而 $M_z(x)$ 图为二次曲线；依此类推。

2）$M_z(x)$ 曲线的凹向同 $q(x)$ 的指向一致。由式（7-3）可见，当 $q(x)$ 指向上方，即 $q(x)$ 值为正时，$\mathrm{d}^2 M_z(x)/\mathrm{d}x^2 > 0$，$M_z(x)$ 曲线将凹向上；反之，$q(x)$ 指向下方时，$M_z(x)$ 曲线将凹向下。在 $F_{S_y}(x) = 0$ 的截面，$M_z(x)$ 有极值。

3）在集中力作用的截面处，$F_{S_y}(x)$ 图线有突变，突变量就等于该集中力的数值，$M_z(x)$ 图线连续，但有折点（即斜率不连续的点）；在集中力偶作用的截面处，$M_z(x)$ 图线有突变，突变量就等于该集中力偶矩的数值，而 $F_{S_y}(x)$ 图线仍然连续。

**例 7-5** 试作图 7-11a 所示梁的 $F_{S_y}$、$M_z$ 图。

**解**：（1）求约束力

$$F_A = \frac{qa}{4} \qquad F_B = \frac{3}{4}qa$$

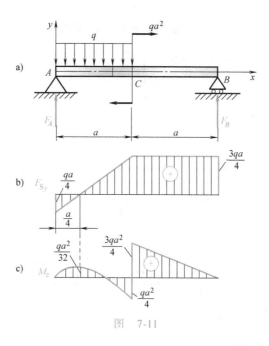

图　7-11

（2）分段

按梁的受力情况分为 $AC$、$CB$ 两段。

（3）求端值

直接求得各段左、右两端横截面上的剪力、弯矩值，并列入表 7-1 中（熟练后可不必列表，直接标出与端值相对应的点）。

（4）绘图线

标出与端值对应的各点后，利用上述的 $q$、$F_{S_y}$、$M_z$ 图形的几何关系，用直线或曲线将各点连接起来，从而绘出 $F_{S_y}$、$M_z$ 图，如图 7-11b、c 所示。其中 $AC$ 段内 $F_{S_y}=0$ 的截面，很容易由 $F_{S_y}$ 图的几何关系求出距 $A$ 截面为 $a/4$，该截面弯矩的极值为 $qa^2/32$。

表　7-1

| 段别 | AC | | CB | |
|------|------|------|------|------|
| 截面 | $A_右$ | $C_左$ | $C_右$ | $B_左$ |
| $F_{S_y}$ | $-qa/4$ | $3qa/4$ | $3qa/4$ | $3qa/4$ |
| $M_z$ | $0$ | $-qa^2/4$ | $3qa^2/4$ | $0$ |

例 7-6　作图 7-12a 所示悬臂梁的 $F_{S_y}$、$M_z$ 图。

解：（1）求约束力

$$F_A = 8\text{kN} \qquad M_A = 7\text{kN} \cdot \text{m}$$

（2）分段

本梁分 $AC$、$CB$ 两段。

（3）求端值

各端截面值直接标在图上。

（4）绘图线

103

由 $q$、$F_{S_y}$、$M_z$ 图间的几何关系连线，如图 7-12b、c 所示。

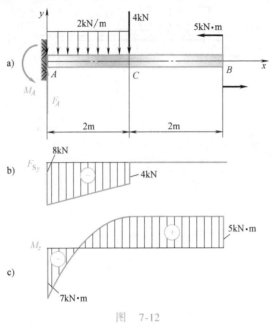

图 7-12

## 7.4 纯弯曲梁的正应力

一般情况下，梁的各个横截面上既有剪力又有弯矩（参看前几个例题），这种弯曲称为剪力弯曲（如例 7-6 中的 $AC$ 段）。在某些情况下，当梁的各个横截面上剪力为零而只有弯矩时（如例 7-6 中的 $CB$ 段），这种弯曲称为纯弯曲，它是平面弯曲中最简单的一种弯曲。本节主要讨论纯弯曲梁横截面上的应力。

### 7.4.1 微段的静力平衡方程

从纯弯曲梁上截取 $dx$ 微段，横截面上只有弯矩 $M_z$ 一个内力分量。如 2.1.2 节所述，该弯矩实际上就是横截面上分布在各个点的内力对 $z$ 轴（过截面形心）的合力矩，这就是说，作用在各个点上的内力应与横截面垂直。由此分析可知，纯弯曲时梁的横截面上只有正应力 $\sigma_x$，而没有切应力（图 7-13a）。

整个梁是平衡的，$dx$ 微段当然也是平衡的，它应满足静力平衡方程，即

$$\sum F_x = 0 \qquad \iint_A - \sigma_x \mathrm{d}A = 0 \qquad (a)$$

$$\sum M_y = 0 \qquad \iint_A - z\sigma_x \mathrm{d}A = 0 \qquad (b)$$

$$\sum M_z = 0 \qquad \iint_A y\sigma_x \mathrm{d}A - M_z = 0 \qquad (c)$$

式中，$A$ 为横截面面积（另外三个平衡方程是零等于零恒等式）。

但在式（a）、式（b）和式（c）中，正应力 $\sigma_x$ 随截面上各个点的变化规律（或函数

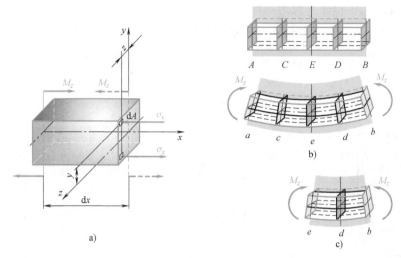

图 7-13

$\sigma_x(y, z)$) 尚未得知，故仅凭这三个方程还不能解出 $\sigma_x$。这就是说，分析、求解纯弯曲梁的应力，实际上是要求解一个高次（无穷次）超静定问题。为此，需从分析微段的变形协调关系来建立补充方程。

### 7.4.2 几何方程

#### 1. 平面假设

假设梁弯曲变形后，横截面仍保持为平面，并发生相对转动，与变形后的轴线依然正交。平面假设正确与否，可简单说明如下。

如图 7-13b 所示纯弯曲梁，大写字母标注的平面表示变形前的横截面，小写字母标注的平面表示变形后的横截面。由于该梁的尺寸与受力均对称于 $E$ 截面，那么，变形后的梁也应对称于 $E$ 截面，这就要求 $E$ 截面变形后仍保持为平面，并与变形后的轴线仍然正交。假想在 $E$ 截面处将梁切开，保留右半部分，对于右半部分，$D$ 截面又是对称面，它也应保持为平面，也应与轴线正交（图7-13c）。这样不断地进行下去，可知各个横截面变形后均保持为平面，并均与变形后的轴线正交。

对于纯弯曲梁，平面假设完全成立，这一点已被理论和试验所证明。

#### 2. 几何方程

现在研究微段的变形。图 7-14a 所示为变形前的微段，$y$ 轴是横截面的对称轴，图 7-14b 和图 7-14c 分别用轴测图与投影图表示变形后的微段。设想该梁由许多平行轴线的纵向层面组成，由平面假设可知，横截面仍然为平面，并发生相对转动，这样，原来平直的纵向层面要同轴线一起变弯。假想纵向层面是由纵向线段组成，弯曲变形后，梁上部的纵向线段（如 $ab$ 线段）缩短了，而梁下部的纵向线段伸长了。根据变形的连续性，中间必有一层面的纵向线段既不伸长也不缩短，这个层面称为中性层，如图 7-14 中的 $OO_1'$ 层（变形前为 $OO_1$ 层）。中性层与横截面的交线称为中性轴，由于弯矩 $M_z$ 作用在梁的纵向对称面内，故梁变形后的形状也应该对称于此平面，因此中性轴必然垂直于横截面的对称轴 $y$。现假设形心轴 $z$ 就是中性轴（下面会证明这个假设是正确的）。

设微段左端截面 $O$ 不动，右端截面 $O_1$ 绕中性轴 $z$ 转到 $O_1'$，相对左端截面转过 $d\theta$ 角，中

性层的曲率半径为 $\rho$。现在考察距中性层为 $y$ 的 $ab$ 层面的变形，即分析该层面上 $b$ 点沿 $x$ 方向的位移 $du$（沿 $y$ 方向的位移将在分析梁的变形中研究）。

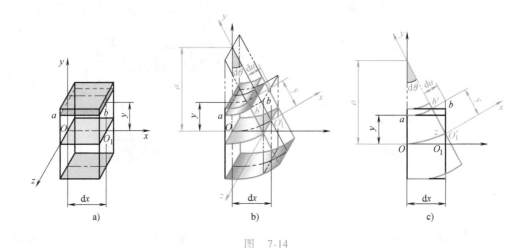

图　7-14

由式（3-1）的第一式，$b$ 点的线应变

$$\varepsilon_x = \frac{\partial u}{\partial x} = \frac{du}{dx} = -y\frac{d\theta}{dx} = -\frac{y}{\rho} \tag{d}$$

式中，$\rho$ 是中性层的曲率半径，在此为常量。故上式表明，线应变 $\varepsilon_x$ 随 $y$ 按线性规律变化。当 $y$ 为正时，应变为负，是缩短变形；$y$ 为负时，应变为正，是伸长变形。

### 7.4.3　物理方程

再假设变形过程中，各纵向层面间互不挤压（即在垂直于纵向层面方向没有应力），这样横截面上中性轴两侧各点均处于单向应力状态。距中性轴为 $y$ 的一点，应力状态如图7-15 b 所示，由单向应力状态胡克定律得

$$\sigma_x = E\varepsilon_x = -E\frac{y}{\rho} \tag{e}$$

式（e）表明，纯弯曲时梁横截面上某一点的正应力与该点到 $z$ 轴的距离 $y$ 成正比，即正应力沿 $y$ 方向线性分布。中性轴上各点处 $y=0$，因而 $\sigma_x = 0$。距中性轴等距离的各个点上正应力相等。在中性轴的两侧，一侧是压应力（$y$ 为正时），一侧是拉应力（$y$ 为负时），应力分

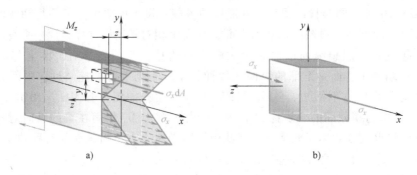

图　7-15

布如图 7-15a 所示。

### 7.4.4 横截面上正应力公式

因中性轴 $z$ 的位置和中性层曲率半径 $\rho$ 尚未确定，故式（e）只是反映了正应力的分布规律，还不能定量求出正应力的大小，这就需要与静力平衡方程联立起来求解。

将式（e）代入式（a）（注意，列静力平衡方程式时已经考虑了 $\sigma_x$ 的方向，故此时只需代入 $\sigma_x$ 的绝对值。下同），得

$$\iint_A - E \frac{y}{\rho} \mathrm{d}A = - \frac{E}{\rho} \iint_A y \mathrm{d}A = 0$$

式中，$E/\rho$ 恒不为零，故应有

$$\iint_A y \mathrm{d}A = 0 \tag{f}$$

由附录 A 知道，上式为截面对中性轴 $z$ 的静矩。注意，静矩为零的轴是截面的形心轴。所以，式（f）表明，中性轴 $z$ 通过截面形心 $C$，是形心轴，前面的假设得证。

将式（e）代入式（b），得

$$\iint_A - z \frac{E}{\rho} y \mathrm{d}A = - \frac{E}{\rho} \iint_A z y \mathrm{d}A = 0$$

上式中，积分 $\iint_A z y \mathrm{d}A$ 为横截面对 $y$、$z$ 轴的惯性积，由于 $y$ 轴是对称轴，由附录 A 可知，该惯性积为零，$y$、$z$ 是主轴。$y$、$z$ 又是形心轴，故为形心主轴。

将式（e）代入式（c），得

$$\frac{E}{\rho} \iint_A y^2 \mathrm{d}A = M_z$$

上式左端的积分是对 $z$ 轴的惯性矩 $I_z$，改写上式得

$$\frac{1}{\rho} = \frac{M_z}{E I_z} \tag{7-4}$$

式（7-4）中 $1/\rho$ 是中性层的曲率，即梁的轴线弯曲后的曲率。$E I_z$ 称为抗弯刚度，其值越大，弯曲的曲率越小。式（7-4）是纯弯曲梁变形公式之一，7.8 节还要用到它。

将式（7-4）代入式（e）中，得

$$\sigma_x = - \frac{M_z}{I_z} y \tag{7-5}$$

上式即为纯弯曲梁横截面上的正应力计算公式。虽然在分析中我们把梁的横截面画成了矩形，但推导中并没有用到矩形截面的几何性质。所以，只要梁截面有一个对称轴（$y$ 轴），而且载荷作用在对称轴所在的纵向对称面内，式（7-4）、式（7-5）都适用。

由式（7-5）可见，最大正应力发生在距中性轴最远的点上。用 $|y|_{\max}$ 表示距中性轴最远点的距离，则最大弯曲正应力的绝对值为

$$| \sigma_x |_{\max} = \frac{| M_z |}{I_z} | y |_{\max}$$

或写成

$$| \sigma_x |_{\max} = \frac{| M_z |}{W_z} \tag{7-6}$$

式中

$$W_z = \frac{I_z}{|y|_{max}} \qquad (7\text{-}7)$$

称为**抗弯截面系数**，是仅与截面形状、尺寸有关的几何量。当实际运用式(7-5)或式（7-6）计算应力时，可不考虑 $M_z$、$y$ 的正负号，而直接由梁的变形来确定所求应力的正、负号。对应于凹侧，截面各点为压应力（负号），凸侧为拉应力（正号）。

几种常见截面的抗弯截面系数如下：

图 7-16a 所示的矩形截面　　$W_z = \dfrac{bh^2}{6}$

图 7-16b 所示的圆形截面　　$W_z = \dfrac{\pi d^3}{32}$

图 7-16c 所示的空心圆截面　　$W_z = \dfrac{\pi D^3}{32}(1-\alpha^4)$，其中 $\alpha = \dfrac{d}{D}$。

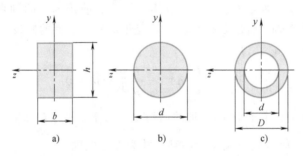

图　7-16

工程上常用的各种型钢，其 $W_z$、$I_z$ 等几何量均可从附录 B 的型钢表中查得。

---

**例 7-7**　求图 7-17a 所示梁 $n$-$n$ 截面 $a$、$b$、$c$、$d$ 四点的应力，并绘出过 $a$、$b$ 两点直径线及过 $c$、$d$ 两点弦线上各点的应力分布图。

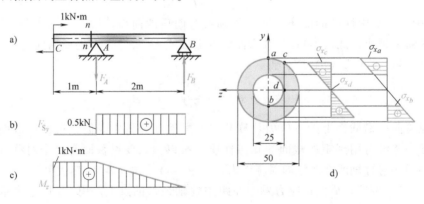

图　7-17

**解：**求出约束力

$$F_A = 0.5\text{kN} \qquad F_B = 0.5\text{kN}$$

作内力图如图 7-17b、c 所示。

由 $M_z$ 图知道 $n$-$n$ 截面的弯矩值 $M_z = 1\mathrm{kN} \cdot \mathrm{m}$，因此处剪力为零，属纯弯曲。由式（7-5）

$$\sigma_x = -\frac{M_z}{I_z} y$$

进行计算，本题中
$$M_z = 1\mathrm{kN} \cdot \mathrm{m}$$

$$I_z = \frac{\pi}{64}(D^4 - d^4) = \frac{\pi}{64}(50^4 - 25^4) \times (10^{-3})^4 \mathrm{m}^4 = 2.88 \times 10^{-7} \mathrm{m}^4$$

$a$ 点
$$y_a = \frac{D}{2} = 25\mathrm{mm}$$

$$\sigma_{x_a} = -\frac{M_z}{I_z} y_a = -\frac{1 \times 10^3 \mathrm{N} \cdot \mathrm{m}}{2.88 \times 10^{-7} \mathrm{m}^4} \times 25 \times 10^{-3} \mathrm{m} = -86.8\mathrm{MPa}（压应力）$$

$b$ 点
$$y_b = -\frac{d}{2} = -12.5\mathrm{mm}$$

$$\sigma_{x_b} = -\frac{M_z}{I_z} y_b = -\frac{1 \times 10^3 \mathrm{N} \cdot \mathrm{m}}{2.88 \times 10^{-7} \mathrm{m}^4} \times (-12.5) \times 10^{-3} \mathrm{m} = 43.4\mathrm{MPa}（拉应力）$$

$c$ 点
$$y_c = \left(\frac{D^2}{4} - \frac{d^2}{4}\right)^{1/2} = \left(\frac{50^2}{4} - \frac{25^2}{4}\right)^{1/2} \mathrm{mm} = 21.7\mathrm{mm}$$

$$\sigma_{x_c} = -\frac{M_z}{I_z} y_c = -\frac{1 \times 10^3 \mathrm{N} \cdot \mathrm{m}}{2.88 \times 10^{-7} \mathrm{m}^4} \times 21.7 \times 10^{-3} \mathrm{m} = -75.3\mathrm{MPa}（压应力）$$

$d$ 点
$$y_d = 0$$
$$\sigma_{x_d} = 0$$

过 $a$、$b$ 的直径线上及过 $c$、$d$ 的弦线上的应力分布如图 7-17d 所示。

## 7.5　有关弯曲的讨论

### 7.5.1　非对称截面梁的纯弯曲

上一节中讨论了横截面具有对称轴的梁，即梁有纵向对称面，当外力偶作用在对称平面内时横截面上的正应力计算问题。对于横截面没有对称轴（即没有纵向对称面）的梁来说，只要外力偶的作用面与横截面的任一个主轴所在的纵向平面相重合，发生的仍为平面弯曲，式（7-5）仍然适用。现说明如下。

图 7-18 所示为一非对称截面实体梁，当其纯弯曲时，平面假设仍然成立。因此上一节中变形及物理方面导出的式（d）、式（e）仍然有效。下面讨

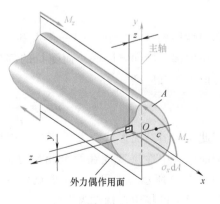

图　7-18

论微段的静力平衡。在图 7-18 所示的非对称截面梁的横截面上，任设一与外力偶作用平面相垂直的轴为中性轴 $z$，外力偶作用平面与横截面的交线为 $y$ 轴，过 $y$ 轴与 $z$ 轴的交点 $O$ 并与横截面相垂直的轴为 $x$ 轴。由平衡条件 $\Sigma F_x = 0$，并利用上节中的式（e），仍可得

$$F_N = \iint_A \sigma_x \mathrm{d}A = -\frac{E}{\rho}\iint_A y\mathrm{d}A = 0$$

上式表明中性轴 $z$ 仍过截面形心，为形心轴。其次由平衡条件 $\Sigma M_z = 0$，推出与上节的式（7-4）及式（7-5）完全相同的曲率及正应力计算公式。最后由平衡条件 $\Sigma M_y = 0$ 得

$$\iint_A z\sigma_x \mathrm{d}A = -\frac{E}{\rho}\iint_A yz\mathrm{d}A = 0$$

由此式可得

$$I_{yz} = \iint_A yz\mathrm{d}A = 0$$

即 $y$、$z$ 轴为主轴。根据惯性积的平行移轴公式，凡是平行于 $y$ 轴的都满足上式，都是主轴。所以，对于非对称截面梁，为发生平面弯曲，外力偶的作用平面应与梁的任一个主轴所在的纵向平面相重合，这时，与外力偶作用平面相垂直的另一个通过形心的主轴即为中性轴。

### 7.5.2 纯弯曲正应力公式及曲率公式的推广

式（7-4）、式（7-5）是在纯弯曲条件下推导出来的，它的基础是平面假设和纵向层面间互不挤压。在剪力弯曲时，由于横截面上剪力的影响，变形后，横截面要发生翘曲（见 7.6 节），平面假设不再成立。另一方面由于横向力的作用，各纵向层面间产生互相挤压作用。但是精确的理论分析和大量的实验都表明，当梁的长度 $l$ 与截面的高度 $h$ 之比足够大时（$l/h>5$），上述两个因素对横截面上的正应力分布及大小的影响都很小。所以，式（7-4）、式（7-5）用于剪力弯曲下正应力及曲率的计算已有足够的精度，能满足工程要求。

### 7.5.3 截面的横向变形

在上一节中，我们推出过纯弯曲时梁各点的纵向线应变的分布规律

$$\varepsilon_x = -\frac{y}{\rho}$$

即中性层的一侧受压，另一侧受拉。由于泊松比的存在，受压的部分横向要膨胀，而受拉的部分则要收缩。在 $y$、$z$ 方向也要有应变

$$\varepsilon_z = -\nu\varepsilon_x = \frac{\nu}{\rho}y$$

因此梁的横截面形状要发生变化，中性轴变成一个大半径的曲线。中性层变成在两个相反方向有曲率的鞍形曲面，如图 7-19 所示。工程中，一般梁的变形都属于小变形，因此，通常可将中性轴视为直线。

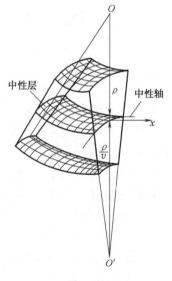

图 7-19

## 7.6 弯曲切应力

在工程实际中，发生纯弯曲的梁比较少见，而常见的是剪力弯曲。剪力弯曲时，梁横截面上的内力除弯矩 $M_z$ 外，还有剪力 $F_{S_y}$。由 7.4 节知，弯矩是横截面上与正应力相关的内力，显然，剪力应该是与切应力相关的内力。

对于薄壁截面梁，如图 7-20 所示的箱形截面梁，根据切应力互等定理，若梁表面无切向力作用，则横截面上的切应力作用线必平行于截面周边的切线方向，又因壁很薄，切应力沿壁厚方向可视为均匀分布。至于切应力的方向及分布规律，可通过从局部取出的微元体的平衡得到。

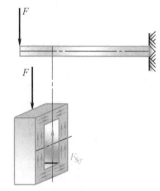

图　7-20

### 7.6.1　矩形截面梁的弯曲切应力

在图 7-21a 所示的矩形截面梁上，用 1-1 和 2-2 两横截面截取长为 $dx$ 的微段。作用在微段左、右两截面上的剪力为 $F_{S_y}$，弯矩分别为 $M_z$ 及 $M_z+dM_z$，如图7-21b所示（由于 $\dfrac{dM_z}{dx}=-F_{S_y}$，对于一个正的剪力 $F_{S_y}$，弯矩的增量 $dM_z=-F_{S_y}dx$，因此，$M_z>M_z+dM_z$）。如果截面是窄而高的，切应力仍可视为平行截面侧边（平行于 $F_{S_y}$），且沿截面宽度均匀分布，如图7-21c所示。切应力分布规律的这一假设，对于 $b$ 越小于 $h$ 的矩形截面，就越接近实际情况。

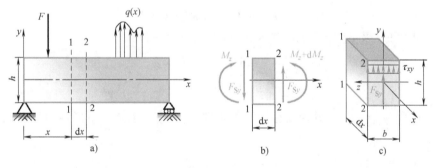

图　7-21

在图 7-22b 所示的微段上，用距中性层为 $y$ 的 $m$-$m$ 截面（平行于中性层）截取微段的一部分如图 7-22c 所示。该部分左、右两个侧面上分别作用有由弯矩 $M_z$ 及 $M_z+dM_z$ 引起的正应力 $\sigma_{x1}$ 及 $\sigma_{x2}$。此外，两个侧面上还作用有切应力 $\tau_{xy}$，根据切应力互等定理，截出部分的 $m$-$m$ 面上亦作用有切应力 $\tau_{yx}$，其值与距中性层为 $y$ 处横截面上的切应力 $\tau_{xy}$ 相等（图 7-22a、b）。设截出部分两个侧面 $1m$ 及 $2m$ 上的法向内力元素 $\sigma_{x1}dA$ 及 $\sigma_{x2}dA$ 组成的在 $x$ 轴方向的法向内力分别为 $F_{x1}^*$ 及 $F_{x2}^*$。则 $F_{x2}^*$ 可表示为

$$F_{x2}^* = \iint_{A^*} \sigma_{x2}\,dA = \iint_{A^*} \frac{M_z + dM_z}{I_z}y^*\,dA = \frac{M_z + dM_z}{I_z}\iint_{A^*} y^*\,dA$$

$$= \frac{M_z + dM_z}{I_z}S_z^* \tag{a}$$

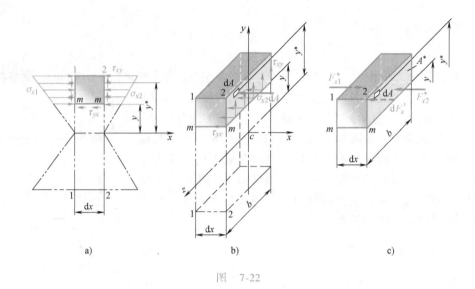

图 7-22

同理

$$F_{x1}^* = \frac{M_z}{I_z} S_z^*$$ （b）

式中，$S_z^*$ 为截出部分的左侧或右侧的横截面上的面积 $A^*$（简称部分面积）对中性轴 $z$ 的静矩。

考虑截出部分 $1mm2$ 的平衡（图 7-22c），由 $\Sigma F_x = 0$ 得

$$F_{x1}^* - F_{x2}^* - dF_x' = 0$$ （c）

将式（a）、式（b）及 $dF_x' = \tau_{yx} b dx$ 代入式（c），化简后得

$$\tau_{yx} = -\frac{dM_z}{dx}\frac{S_z^*}{bI_z} = \frac{F_{S_y} S_z^*}{bI_z}$$

注意上式中 $\dfrac{dM_z}{dx} = -F_{S_y}$，并由切应力互等定理 $\tau_{xy} = \tau_{yx}$，于是得矩形截面梁横截面上切应力计算公式为

$$\tau_{xy} = \tau_{yx} = \frac{F_{S_y} S_z^*}{bI_z}$$ （7-8）

式中，$F_{S_y}$ 为横截面上的剪力；$b$ 为截面宽度；$I_z$ 为横截面对中性轴 $z$ 的惯性矩；$S_z^*$ 为部分面积对 $z$ 轴的静矩。

对于给定的高为 $h$ 宽为 $b$ 的矩形截面（图7-23），计算出部分面积对中性轴的静矩

$$S_z^* = \int_{A^*} y^* dA = \int_y^{h/2} y^* b dy^* = \frac{b}{2}\left(\frac{h^2}{4} - y^2\right)$$

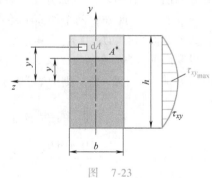

代入式（7-8）得

$$\tau_{xy} = \frac{F_{S_y}}{2I_z}\left(\frac{h^2}{4} - y^2\right)$$ （7-9）

图 7-23

从式（7-9）可见，矩形截面梁其横截面上的切应力 $\tau_{xy}$ 沿截面高度按抛物线规律变化。当 $y=\pm\dfrac{h}{2}$ 时，即截面的上、下边缘上各点的切应力 $\tau_{xy}=0$；当 $y=0$ 时，即截面的中性轴上各点的切应力最大，其值为

$$\tau_{xy_{\max}}=\frac{F_{S_y}h^2}{8I_z}$$

将 $I_z=\dfrac{bh^3}{12}$ 代入上式得

$$\tau_{xy_{\max}}=\frac{3}{2}\frac{F_{S_y}}{bh} \tag{7-10}$$

可见，矩形截面梁横截面上的最大切应力为平均切应力 $\overline{\tau}_{xy}=F_{S_y}/bh$ 的 1.5 倍。

根据剪切胡克定律，由式（7-9）可得

$$\gamma_{xy}=\frac{\tau_{xy}}{G}=\frac{F_{S_y}}{2GI_z}\left(\frac{h^2}{4}-y^2\right) \tag{7-11}$$

上式表明，横截面上的切应变沿截面高度亦按抛物线规律变化，这就说明横截面将翘曲（图 7-24）。

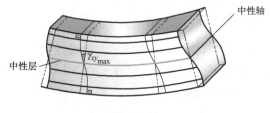

图 7-24

以上推出的切应力计算公式与弹性力学中的精确解相比是有误差的，当 $h/b\geqslant2$ 时，上述误差极小。当 $h/b=1$ 时，误差约为 10%。

### 7.6.2 工字形截面梁的切应力

工字形截面梁如图 7-25a 所示，由上、下翼缘和腹板组成。由于腹板是狭长矩形，所以其切应力的计算与矩形截面梁相同

$$\tau_{xy}=\frac{F_{S_y}S_z^*}{dI_z} \tag{7-12}$$

式中，$d$ 为腹板的厚度。切应力大小的分布规律仍为抛物线，如图 7-25c 所示，最大切应力在中性轴上，其值为

$$\tau_{xy_{\max}}=\frac{F_{S_y}S_{z\max}^*}{dI_z} \tag{7-13}$$

对于热轧工字钢，式中 $I_z$ 的值可由附录 B 的型钢表中查得。$S_{z\max}^*$ 可查得翼缘厚度 $t$ 值，再将翼缘简化成厚度为 $t$（图 7-25c 中为 $\delta$）的狭长矩形截面，腹板简化成另一矩形截面（图 7-25c）计算得到。

工字形截面梁翼缘上的切应力分布比较复杂。因其宽度 $b$ 远大于厚度 $\delta$，不能再假定切

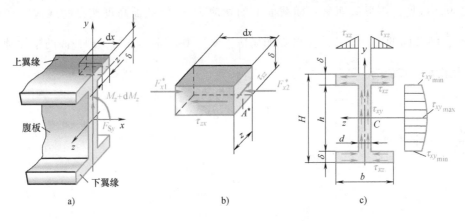

图 7-25

应力按宽度方向均匀分布，切应力方向亦不再与剪力 $F_{S_y}$ 的方向一致。每一点的切应力有 $y$、$z$ 两个方向的分量，由于 $b$ 远大于 $\delta$ 的原因，$y$ 方向切应力分量的值非常小，通常无实际计算意义。$z$ 方向（平行翼缘方向）的切应力分量的计算利用与推证矩形截面梁切应力公式相类似的方法（图 7-25），可得到应力计算公式

$$\tau_{xz} = \frac{F_{S_y} S_z^*}{\delta I_z} \tag{7-14}$$

计算出 $S_z^*$ 后可发现，平行翼缘的切应力 $\tau_{xz}$ 是沿 $z$ 方向线性分布的（读者可自己完成），分布图如图 7-25c 所示，其最大切应力一般小于腹板上的最大切应力。截面上的切应力与周边相切，形成图示的**切应力流**（图 7-25c）。

### 7.6.3 圆形截面梁的切应力

由切应力互等定理可知，圆形截面梁横截面边缘上各点的切应力与圆周相切。在距 $z$ 轴为 $y$ 的水平弦线 $AB$ 的两个端点，与圆周相切的两个切应力相交于 $y$ 轴上的某点 $p$，见图 7-26a。此外，由于对称，$AB$ 弦线中点的切应力也通过 $p$ 点。由此可以假设，$AB$ 弦上各点的切应力都通过 $p$ 点，并假设各点 $y$ 方向的切应力分量 $\tau_{xy}$ 均相等，于是就可用推证矩形截面梁的切应力相类似的方法来确定 $\tau_{xy}$（图 7-26b），即

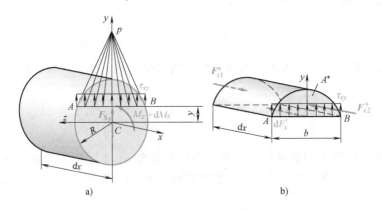

图 7-26

$$\tau_{xy} = \frac{F_{S_y} S_z^*}{bI_z} \tag{7-15}$$

式中，$b$ 为弦线的长度。通过计算便可知道，最大切应力发生在中性轴上，其值为

$$\tau_{xy_{max}} = \frac{4}{3} \frac{F_{S_y}}{\pi R^2} \tag{7-16}$$

由式（7-16）可见圆截面的最大切应力为平均切应力的 $1\frac{1}{3}$ 倍。

### 7.6.4　环形截面梁的切应力

对于壁厚 $\delta$ 远小于平均半径 $R$ 的环形截面梁，由于 $\delta$ 很小，可以认为切应力沿厚度 $\delta$ 均匀分布并与圆周相切。据此可用分析矩形截面梁切应力的方法来分析环形截面梁的切应力（读者可参考图 7-27 自行完成），其计算公式为

$$\tau = \frac{F_{S_y} S_z^*}{2\delta I_z} \tag{7-17}$$

最大切应力在中性轴上

$$\tau_{xy_{max}} = \frac{F_{S_y}}{\pi R \delta} \tag{7-18}$$

为平均切应力的 2 倍。

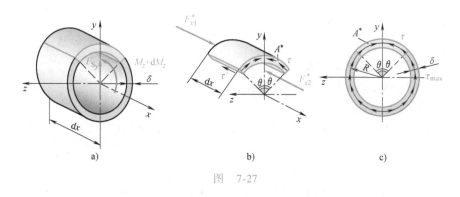

图　7-27

例 7-8　图 7-28 所示外伸梁，为 22a 工字钢制成，求梁的最大正应力 $|\sigma_x|_{max}$ 及最大切应力 $|\tau_{xy}|_{max}$。

解：求约束力 $F_A = 98\text{kN}$，$F_B = 42\text{kN}$；

绘出 $F_{S_y}$、$M_z$ 图，如图 7-28b、c 所示，由图可见

$$|F_{S_y}|_{max} = 58\text{kN}, \quad |M_z|_{max} = 44.1\text{kN·m}$$

由附录 B 查得 22a 工字钢的抗弯截面系数 $W_z = 309\text{cm}^3$。所以最大正应力为

$$|\sigma_x|_{max} = \frac{|M_z|_{max}}{W_z} = \frac{44.1 \times 10^3 \text{N·m}}{309 \times 10^{-6}\text{m}^3} = 142.7\text{MPa}$$

由式（7-13），并由附录 B 型钢表查得 $I_z = 3400\text{cm}^4$，翼缘、腹板厚度分别为 $t = 12.3\text{mm}$，$d = 7.5\text{mm}$，翼缘宽度 $b = 110\text{mm}$，整个工字钢高度 $h = 220\text{mm}$，于是

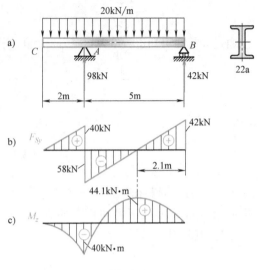

图 7-28

$$S_{z\max}^* = d\left(\frac{h}{2} - t\right)\left(\frac{h}{4} - \frac{t}{2}\right) + bt\frac{h-t}{2}$$

$$= \left[7.5 \times \left(\frac{220}{2} - 12.3\right)\left(\frac{220}{4} - \frac{12.3}{2}\right) + 110 \times 12.3 \times \frac{220-12.3}{2}\right] mm^3$$

$$= 1.763 \times 10^{-4} m^3$$

$$|\tau_{xy}|_{\max} = \frac{|F_{S_y}|_{\max} S_{z\max}^*}{I_z d}$$

$$= \frac{58 \times 10^3 N \times 1.763 \times 10^{-4} m^3}{3400 \times 10^{-8} m^4 \times 7.5 \times 10^{-3} m}$$

$$= 40.1 MPa$$

**例 7-9** 求图 7-29 所示简支梁的最大正应力 $|\sigma_x|_{\max}$ 及最大切应力 $|\tau_{xy}|_{\max}$，并求二者的比值。

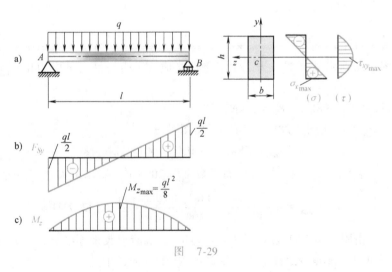

图 7-29

解：画出 $F_{S_y}$、$M_z$ 图，如图 7-29b、c 所示。

最大正应力为
$$|\sigma_x|_{max} = \frac{|M_z|_{max}}{W_z} = \frac{ql^2/8}{bh^2/6} = \frac{3ql^2}{4bh^2}$$

最大切应力为
$$|\tau_{xy}|_{max} = \frac{3}{2}\frac{F_{S_{y_{max}}}}{A} = \frac{3}{2}\frac{ql/2}{bh} = \frac{3ql}{4bh}$$

二者比值为
$$\frac{|\sigma_x|_{max}}{|\tau_{xy}|_{max}} = \frac{l}{h}$$

当 $l \gg h$ 时，最大正应力将远大于最大切应力。因此，一般对于细长的实心截面梁或非薄壁截面梁，正应力是强度问题的主要因素。

## 7.7 开口薄壁非对称截面梁的弯曲 弯曲中心

前面所讨论的平面弯曲，载荷均作用于纵向对称面（或形心主惯性平面）内。非对称截面梁的纯弯曲，由 7.5 节的讨论知道，外力偶只要作用于梁的一个形心主轴所在纵向平面（形心主惯性平面）或与之平行的平面内，梁就只发生平面弯曲。但是如果是剪力弯曲，即使横向力作用在形心主惯性平面内，梁除弯曲变形外，还将发生扭转变形，如图 7-30a 所示。

只有当横向力的作用面平行与形心主惯性平面，且通过某一特定点 $A$ 时（图 7-30b、c），梁才只发生弯曲而不发生扭转，称这样的特定点 $A$ 为截面的弯曲中心。

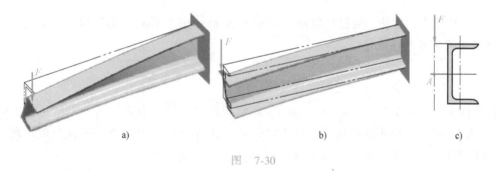

a)          b)          c)

图 7-30

对于非对称截面的实体梁，由于实心截面的弯曲中心一般靠近截面形心，产生的扭矩不大，同时实心截面梁的抗扭能力较强，一般可不考虑扭转的影响。对于工程中常用的开口薄壁截面梁来说，由于其抗扭刚度较差，确定其弯曲中心的位置，使外力尽量通过弯曲中心，具有重要的实际意义。下面以更一般化的开口薄壁截面悬臂梁为例，说明确定弯曲中心的一般方法。

图 7-31a 所示为一任意的开口薄壁截面梁，假定集中力 $F$ 通过截面弯曲中心 $A$ 且与过形心主轴 $y$ 的纵向面平行，那么梁只弯曲而无扭转，横截面上只存在弯曲正应力和弯曲切应力，而不存在扭转切应力。由于杆件内、外侧表面都是自由面，没有任何外力作用，据切应力互等定理可知，横截面边缘上各点的切应力应与截面的边界相切。又因壁厚 $\delta$ 很小，完全有理由认为，沿着壁厚方向各点的切应力大小均相等，即切应力沿壁厚均匀分布。按照 7.6

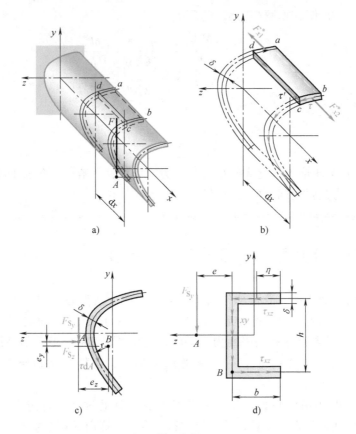

图 7-31

节推导弯曲切应力的方法，通过截取部分 $abcd$ 的平衡（图 7-31b），会得到横截面上 $c$ 点的切应力为（读者可自行推导）。

$$\tau = \frac{F_{S_y} S_z^*}{I_z \delta} \tag{a}$$

在横截面上（图 7-31c），微内力 $\tau \mathrm{d}A$ 组成切于横截面的内力系，其合力就是截面的剪力 $F_{S_y}$。为了确定 $F_{S_y}$ 作用线的位置，可选定截面内任意一点 $B$ 为矩心，据合力矩定理，微内力 $\tau \mathrm{d}A$ 对点 $B$ 的力矩总和，应等于合力 $F_{S_y}$ 对点 $B$ 的力矩，即

$$F_{S_y} e_z = \iint_A r \tau \mathrm{d}A \tag{b}$$

式中，$e_z$ 是 $F_{S_y}$ 对点 $B$ 的力臂；$r$ 是微内力 $\tau \mathrm{d}A$ 对点 $B$ 的力臂。将式（a）代入式（b）并解出 $e_z$，便确定了 $F_{S_y}$ 作用线的位置。这样，如本节一开始所述，当外力不通过弯曲中心 $A$，将外力向弯曲中心简化后，得到通过弯曲中心的力和一个扭转力偶矩。通过弯曲中心的力将引起弯曲变形，而扭转力偶矩将引起扭转变形。

当外力通过弯曲中心 $A$ 且平行于截面的形心主轴 $z$ 时，用同样的方法，可导出弯曲切应力的计算公式为

$$\tau = \frac{F_{S_z} S_y^*}{I_y \delta} \tag{c}$$

利用合力矩定理，得到确定剪力 $F_{S_z}$ 作用线位置的方程

$$F_{S_z}e_y = \iint_A r\tau \mathrm{d}A \qquad (\mathrm{d})$$

解出 $e_y$ 便确定了 $F_{S_z}$ 作用线位置。$F_{S_y}$、$F_{S_z}$ 两作用线的交点就是弯曲中心 $A$。

根据上述分析，现在确定图 7-30 所示槽型截面弯曲中心 $A$ 的位置（图 7-31d）。由式（a）知，上翼缘处距右边缘线为 $\eta$ 处的切应力

$$\tau_{xz}(\eta) = \frac{F_{S_y}S_z^*}{I_z\delta} = \frac{F_{S_y}\delta\eta\dfrac{h}{2}}{I_z\delta} = \frac{F_{S_y}h}{2I_z}\eta$$

取腹板中线与下翼缘交点 $B$ 为矩心，由式（b）

$$F_{S_y}e = \int_0^b h\tau_{xz}(\eta)\delta\mathrm{d}\eta = \frac{F_{S_y}h^2\delta b^2}{4I_z}$$

于是，槽型截面弯曲中心 $A$ 的位置

$$e = \frac{\delta h^2 b^2}{4I_z}$$

弯曲中心的位置只与截面的几何特征有关，与剪力的大小无关。几种常见截面的弯曲中心位置列于表 7-2 中。

表 7-2　几种薄壁截面梁弯曲中心的位置

| 截面形状 | 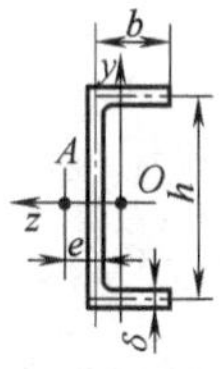 | 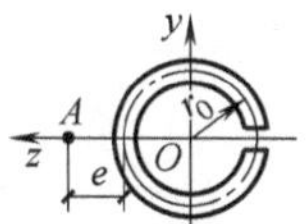 | 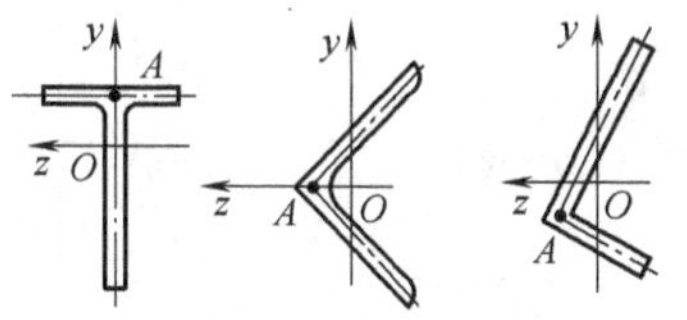 | 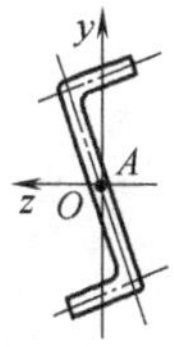 |
|---|---|---|---|---|
| 弯曲中心位置 | $e=\dfrac{\delta h^2 b^2}{4I_z}$ | $e=r_0$ | 在狭长矩形中线的交点 | 在形心上 |

## 7.8　梁的弹性弯曲变形　弹性曲线微分方程

梁在载荷作用下发生平面弯曲，其轴线由直线变为一条连续光滑的平面曲线，该曲线称为梁的挠曲线或弹性曲线（图 7-32）。为表示梁的变形程度，取坐标系 $Oxy$。在小变形的情况下，梁轴线上坐标为 $x$ 的任意一点，即任意截面的形心，在变形过程中沿 $x$ 方向的线位移 $u$ 可忽略不计，沿 $y$ 方向的线位移 $v$ 可以认为就是截面形心的线位移，我们称线位移 $v$ 为挠度。一般情况下挠度都是截面位置 $x$ 的函数

$$y = v(x) \qquad (7\text{-}19)$$

上式称为挠曲线方程。

弯曲变形后的横截面仍与变形后的轴线（挠曲线）相垂直，即相对变形前的位置绕中性轴还产生一个角位移 $\theta$，称 $\theta$ 为截面的转角。$\theta$ 也是随截面位置的不同而变化的

$$\theta = \theta(x) \qquad (7\text{-}20)$$

上式称为**转角方程**。

由图 7-32 可以看出，转角 $\theta$ 与挠曲线在该点切线的倾角相等。在小变形的情况下

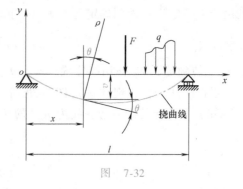

图 7-32

$$\theta \approx \tan\theta = \frac{dv}{dx} \qquad (7\text{-}21)$$

即，截面转角近似地等于挠曲线在该截面处的斜率。

在图 7-32 所示的坐标系中，规定向上的挠度为正，向下的挠度为负；逆时针的转角为正，顺时针的转角为负。

在建立纯弯曲正应力计算公式时，曾得到曲率公式（式（7-4））

$$\frac{1}{\rho} = \frac{M_z}{EI_z}$$

在剪力弯曲的情况下，如果是细长梁，剪力对变形的影响可以忽略，上式仍然适用，但是曲率和弯矩均为 $x$ 的函数

$$\frac{1}{\rho(x)} = \frac{M_z(x)}{EI_z} \qquad (a)$$

由高等数学可知，任一平面曲线 $v = v(x)$ 上，任意一点的曲率为

$$\frac{1}{\rho(x)} = \pm \frac{\dfrac{d^2 v}{dx^2}}{\left[1 + \left(\dfrac{dv}{dx}\right)^2\right]^{3/2}} \qquad (b)$$

由于工程实际中的梁变形一般都很小，挠曲线是一条极平坦的曲线，$\dfrac{dv}{dx}$（截面转角）的数值很小，式（b）中 $\left(\dfrac{dv}{dx}\right)^2$ 与 1 相比可以略去，于是得到近似式

$$\frac{1}{\rho(x)} = \pm \frac{d^2 v}{dx^2} \qquad (c)$$

由式（a）、式（c）两式可得

$$\pm \frac{d^2 v}{dx^2} = \frac{M_z(x)}{EI_z} \qquad (d)$$

根据 7.1 中关于弯矩的符号规定，在图 7-33 所示的坐标系下，弯矩 $M_z$ 与二阶导数 $\dfrac{d^2 v}{dx^2}$ 的正负号始终一致，因此式（d）的左端应取正号，即

$$\frac{d^2 v}{dx^2} = \frac{M_z(x)}{EI_z} \qquad (7\text{-}22)$$

式（7-22）称为梁的**挠曲线近似微分方程**。求解此方程可得到挠曲线方程及转角方程，并可进一步求出任意截面的挠度、转角。

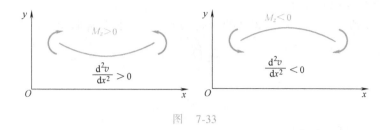

图 7-33

## 7.9 直接积分求梁的变形

对挠曲线近似微分方程（7-22）积分，即可求得梁的转角方程和挠曲线方程。对于等截面梁，抗弯刚度 $EI_z$ 为常量，方程（7-22）可改写为如下形式

$$EI_z v'' = M_z(x) \tag{7-23}$$

将上式连续积分两次，分别得

$$EI_z v' = EI_z \theta = \int M_z(x)\,\mathrm{d}x + C \tag{7-24}$$

$$EI_z v = \int \left[\int M_z(x)\,\mathrm{d}x\right]\mathrm{d}x + Cx + D \tag{7-25}$$

式中，$C$、$D$ 为积分常数，可根据梁的已知变形条件来确定。已知的变形条件包括两类：一是边界条件，即梁的被约束截面的挠度、转角为零或为已知量；二是变形的连续条件，即在梁的任一截面处，挠度、转角都是连续的。下面举例说明。

例 7-10　图 7-34 所示悬臂梁，自由端受集中力 $F$ 作用，若梁的抗弯刚度 $EI_z$ 为常量，试求梁的最大挠度与最大转角。

解：（1）列弯矩方程

$$M_z(x) = F(l - x) \tag{a}$$

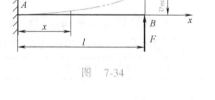

图 7-34

（2）建立挠曲线近似微分方程

$$EI_z v'' = F(l - x) \tag{b}$$

（3）积分求通解

$$EI_z \theta = F\left(lx - \frac{x^2}{2}\right) + C \tag{c}$$

$$EI_z v = F\left(\frac{l}{2}x^2 - \frac{x^3}{6}\right) + Cx + D \tag{d}$$

（4）确定积分常数，固定端 $A$ 处已知的位移边界条件为

$$\theta\,|_{x=0} = 0 \tag{e}$$

$$v\,|_{x=0} = 0 \tag{f}$$

将边界条件式（e）、式（f）分别代入式（c）、式（d）得

$$C = 0 \qquad D = 0$$

（5）转角方程及挠曲线方程

将常数 $C$、$D$ 值代入式（c）、式（d），得梁的转角方程与挠曲线方程

$$\theta = \frac{F}{EI_z}\left(lx - \frac{x^2}{2}\right) \tag{g}$$

$$v = \frac{F}{EI_z}\left(\frac{l}{2}x^2 - \frac{x^3}{6}\right) \tag{h}$$

（6）求最大挠度与最大转角

可以看出，最大挠度与最大转角均发生在自由端 $B$ 截面处。将 $x=l$ 代入式（g）、式（h），得

$$\theta_{max} = \theta\mid_{x=l} = \frac{Fl^2}{2EI_z}(\curvearrowleft)$$

$$v_{max} = v\mid_{x=l} = \frac{Fl^3}{3EI_z}(\uparrow)$$

所得结果均为正值，表示 $B$ 截面的转角为逆时针转向，$B$ 截面处挠度向上。

例 7-11  图 7-35 所示简支梁，受集中力 $F$ 作用，$EI_z$ 为常量，求梁的最大挠度及两端截面的转角。

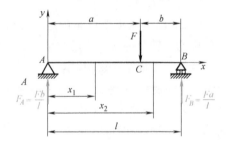

图  7-35

解：（1）建立挠曲线近似微分方程

求得约束力后分段列出弯矩方程式，并建立挠曲线近似微分方程如下

| $AC$ 段  $0 \leqslant x_1 \leqslant a$ | | $CB$ 段  $a \leqslant x_2 \leqslant l$ | |
|---|---|---|---|
| $M_{z1}(x_1) = \dfrac{Fb}{l}x_1$ | (a) | $M_{z2}(x_2) = \dfrac{Fb}{l}x_2 - F(x_2 - a)$ | (b) |
| $EI_z v_1'' = \dfrac{Fb}{l}x_1$ | (c) | $EI_z v_2'' = \dfrac{Fb}{l}x_2 - F(x_2 - a)$ | (d) |

（2）积分求通解

对 $AC$ 段及 $CB$ 段的挠曲线近似微分方程式分别积分两次，得

| $AC$ 段  $0 \leqslant x_1 \leqslant a$ | | $CB$ 段  $a \leqslant x_2 \leqslant l$ | |
|---|---|---|---|
| $EI_z v_1' = \dfrac{Fb}{l}\dfrac{x_1^2}{2} + C_1$ | (e) | $EI_z v_2' = \dfrac{Fb}{l}\dfrac{x_2^2}{2} - F\dfrac{(x_2 - a)^2}{2} + C_2$ | (f) |
| $EI_z v_1 = \dfrac{Fb}{l}\dfrac{x_1^3}{6} + C_1 x_1 + D_1$ | (g) | $EI_z v_2 = \dfrac{Fb}{l}\dfrac{x_2^3}{6} - F\dfrac{(x_2 - a)^3}{6} + C_2 x_2 + D_2$ | (h) |

（3）确定积分常数

四个积分常数 $C_1$、$C_2$、$D_1$ 及 $D_2$ 可由边界条件及变形连续条件确定。

边界条件

$$v_1 \big|_{x_1=0} = 0 \tag{i}$$

$$v_2 \big|_{x_2=l} = 0 \tag{j}$$

变形连续条件

$$v_1 \big|_{x_1=a} = v_2 \big|_{x_2=a} \tag{k}$$

$$v_1' \big|_{x_1=a} = v_2' \big|_{x_2=a} \tag{l}$$

将式（e）、式（f）、式（g）及式（h）分别相应代入式（i）、式（j）、式（k）及式（l），并联立求解，得

$$C_1 = C_2 = -\frac{Fb}{6l}(l^2 - b^2)$$

$$D_1 = D_2 = 0$$

（4）转角方程与挠曲线方程

将 $C_1$、$C_2$、$D_1$ 及 $D_2$ 之值代入式（e）、式（f）、式（g）及式（h），得

| AC 段 $0 \leqslant x_1 \leqslant a$ | CB 段 $a \leqslant x_2 \leqslant l$ |
|---|---|
| $EI_z v_1' = \dfrac{Fb}{6l}(3x_1^2 - l^2 + b^2)$ （m） | $EI_z v_2' = \dfrac{Fb}{6l}\left[(3x_2^2 - l^2 + b^2) - \dfrac{3l}{b}(x_2 - a)^2\right]$ （n） |
| $EI_z v_1 = \dfrac{Fbx_1}{6l}(x_1^2 - l^2 + b^2)$ （o） | $EI_z v_2 = \dfrac{Fb}{6l}\left[(x_2^2 - l^2 + b^2)x_2 - \dfrac{l}{b}(x_2 - a)^3\right]$ （p） |

（5）求最大挠度

设 $a > b$，则最大挠度将发生在 AC 段。最大挠度所在截面转角应为零。因此，若用 $x_0$ 表示挠度最大的截面位置，则由 $v_1' = 0$，得

$$\frac{Fb}{6EI_z l}(3x_0^2 - l^2 + b^2) = 0$$

故有

$$x_0 = \sqrt{\frac{l^2 - b^2}{3}} \tag{q}$$

将式（q）代入式（o），得最大挠度

$$v_{\max} = -\frac{Fbl^2}{9\sqrt{3}\,EI_z}\left(1 - \frac{b^2}{l^2}\right)^{\frac{3}{2}} \tag{r}$$

由式（q）及式（r）可见，当 $b = \dfrac{l}{2}$ 时，即力 $F$ 作用于跨度中点时，最大挠度所在截面

位置为

$$x_0 = \frac{l}{2} \tag{s}$$

当 $b \to 0$ 时，即力 $F$ 作用点无限邻近右端支座时

$$x_0 = \frac{\sqrt{3}\,l}{3} = 0.577l \tag{t}$$

比较式（s）与式（t）可见，两种极限情况下发生最大挠度的截面位置相差不大。由于简支梁的挠曲线是光滑曲线，所以可用跨度中点的挠度近似地表示简支梁在任意位置受集中力作用时所产生的最大挠度。

（6）求梁两端的转角 在式（m）及式（n）中，分别令 $x_1 = 0$ 及 $x_2 = l$，化简后得梁两端的转角为

$$\theta_A = v_1'\big|_{x_1=0}$$
$$= -\frac{Fab}{6EI_z l}(l + b)$$
$$\theta_B = v_2'\big|_{x_2=l}$$
$$= \frac{Fab}{6EI_z l}(l + a)$$

## 7.10 叠加原理与叠加法求变形

通过前两例的结果可以看出，转角、挠度都与作用的载荷成正比，这是因为我们在推导挠曲线近似微分方程（7-22）时，是在小变形及材料服从胡克定律的前提下，则式（7-22）

$$\frac{\mathrm{d}^2 v}{\mathrm{d}x^2} = \frac{M_z(x)}{EI_z}$$

是线性方程，而 $M_z(x)$ 是根据初始尺寸计算的，因此 $M_z(x)$ 与外载荷间也是线性关系。所以，梁上同时作用几个载荷产生的内力、变形，等于每一个载荷单独作用产生的内力、变形的代数和（也适用于其他的基本变形），这就是叠加原理。

当梁上同时作用几个载荷，而且只需求出某几个特定截面的转角和挠度（不需要知道挠曲线方程）时，用积分法显得繁琐，用叠加法要方便得多。

工程上为方便起见，将常见梁在简单载荷作用下的变形计算结果制成表格，供随时查用。表 7-3 给出了简单载荷作用下几种梁的挠曲线方程、最大挠度及端截面的转角。

表 7-3 梁在简单载荷作用下的变形

| 序号 | 梁 的 简 图 | 挠曲线方程 | 端截面转角 | 最 大 挠 度 |
|---|---|---|---|---|
| 1 | 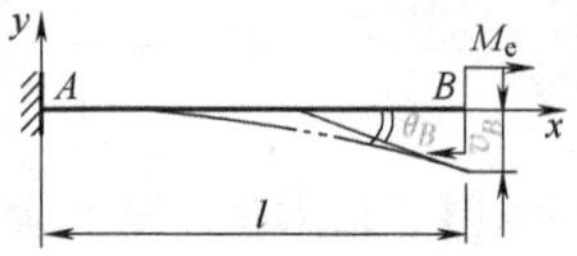 | $v = -\dfrac{M_e x^2}{2EI}$ | $\theta_B = -\dfrac{M_e l}{EI}$ | $v_B = -\dfrac{M_e l^2}{2EI}$ |

（续）

| 序号 | 梁的简图 | 挠曲线方程 | 端截面转角 | 最大挠度 |
|---|---|---|---|---|
| 2 | | $v = -\dfrac{M_e x^2}{2EI}$  $0 \leqslant x \leqslant a$ <br> $v = -\dfrac{M_e a}{EI}\left[(x-a)+\dfrac{a}{2}\right]$ <br> $a \leqslant x \leqslant l$ | $\theta_B = -\dfrac{M_e a}{EI}$ | $v_B = -\dfrac{M_e a}{EI}\left(l-\dfrac{a}{2}\right)$ |
| 3 | | $v = -\dfrac{Fx^2}{6EI}(3l-x)$ | $\theta_B = -\dfrac{Fl^2}{2EI}$ | $v_B = -\dfrac{Fl^3}{3EI}$ |
| 4 | | $y = -\dfrac{Fx^2}{6EI}(3a-x)$ <br> $0 \leqslant x \leqslant a$ <br> $v = -\dfrac{Fa^2}{6EI}(3x-a)$ <br> $a \leqslant x \leqslant l$ | $\theta_B = -\dfrac{Fa^2}{2EI}$ | $v_B = -\dfrac{Fa^2}{6EI}(3l-a)$ |
| 5 | | $v = -\dfrac{qx^2}{24EI}(x^2-4lx+6l^2)$ | $\theta_B = -\dfrac{ql^3}{6EI}$ | $v_B = -\dfrac{ql^4}{8EI}$ |
| 6 | | $v = -\dfrac{M_e x}{6EIl}(l-x)(2l-x)$ | $\theta_A = -\dfrac{M_e l}{3EI}$ <br> $\theta_B = \dfrac{M_e l}{6EI}$ | $x=\left(1-\dfrac{1}{\sqrt{3}}\right)l$ 处, <br> $v_{max} = -\dfrac{M_e l^2}{9\sqrt{3}\,EI}$ <br> $x=\dfrac{l}{2}$ 处, <br> $v_{l/2} = -\dfrac{M_e l^2}{16EI}$ |
| 7 | | $v = -\dfrac{M_e x}{6EIl}(l^2-x^2)$ | $\theta_A = -\dfrac{M_e l}{6EI}$ <br> $\theta_B = \dfrac{M_e l}{3EI}$ | $x=\dfrac{l}{\sqrt{3}}$ 处, <br> $v_{max} = -\dfrac{M_e l^2}{9\sqrt{3}\,EI}$ <br> $x=\dfrac{l}{2}$ 处, <br> $v_{l/2} = -\dfrac{M_e l^2}{16EI}$ |
| 8 | | $v = \dfrac{M_e x}{6EIl}(l^2-3b^2-x^2)$ <br> $0 \leqslant x \leqslant a$ <br> $v = \dfrac{M_e}{6EIl}\big[-x^3+3l(x-a)^2$ <br> $\quad +(l^2-3b^2)x\big]$ <br> $a \leqslant x \leqslant l$ | $\theta_A = \dfrac{M_e}{6EIl}$ <br> $(l^2-3b^2)$ <br> $\theta_B = \dfrac{M_e}{6EIl}$ <br> $(l^2-3a^2)$ | |

（续）

| 序号 | 梁 的 简 图 | 挠曲线方程 | 端截面转角 | 最 大 挠 度 |
|---|---|---|---|---|
| 9 | | $v=-\dfrac{Fx}{48EI}(3l^2-4x^2)$ $0\le x\le\dfrac{l}{2}$ | $\theta_A=-\theta_B=$ $-\dfrac{Fl^2}{16EI}$ | $v_C=-\dfrac{Fl^3}{48EI}$ |
| 10 | | $v=-\dfrac{Fbx}{6EIl}(l^2-x^2-b^2)$ $0\le x\le a$ $v=-\dfrac{Fb}{6EIl}\Big[\dfrac{l}{b}(x-a)^3$ $+(l^2-b^2)x-x^3\Big]$ $a\le x\le l$ | $\theta_A=$ $-\dfrac{Fab(l+b)}{6EIl}$ $\theta_B=\dfrac{Fab(l+a)}{6EIl}$ | 设 $a>b$ 在 $x=\sqrt{\dfrac{l^2-b^2}{3}}$ 处， $v_{\max}=$ $-\dfrac{Fb(l^2-b^2)^{3/2}}{9\sqrt{3}\,EIl}$ 在 $x=\dfrac{l}{2}$ 处， $v_{l/2}=-\dfrac{Fb(3l^2-4b^2)}{48EI}$ |
| 11 | | $v=-\dfrac{qx}{24EI}(l^3-2lx^2+x^3)$ | $\theta_A=-\theta_B$ $-\dfrac{ql^3}{24EI}$ | $v_C=-\dfrac{5ql^4}{384EI}$ |
| 12 | | $v=\dfrac{Fax}{6EIl}(l^2-x^2)$ $0\le x\le l$ $v=-\dfrac{F(x-l)}{6EI}$ $[a(3x-l)-(x-l)^2]$ $l\le x\le(l+a)$ | $\theta_A=-\dfrac{1}{2}\theta_B$ $=\dfrac{Fal}{6EI}$ $\theta_C=-\dfrac{Fa}{6EI}$ $(2l+3a)$ | $v_C=-\dfrac{Fa^2}{3EI}(l+a)$ |

例 7-12  图 7-36a 所示简支梁，求截面 $C$ 处的挠度及截面 $B$ 的转角。梁的抗弯刚度 $EI_z$ 为常量。

解：根据叠加原理，$C$ 截面处的挠度等于均布力 $q$ 和集中力偶 $M_e$ 分别单独作用时 $C$ 截面处挠度的代数和，$B$ 截面的转角等于均布力 $q$ 和集中力偶 $M_e$ 分别单独作用时 $B$ 截面转角的代数和（图 7-36b、c）。

由表 7-3 中的 6 查得

$$v_{CM}=\frac{M_el^2}{16EI_z}=\frac{ql^4}{16EI_z}(\uparrow)$$

126

$$\theta_{BM} = -\frac{M_e l}{6EI_z} = -\frac{ql^3}{6EI_z}(\curvearrowright)$$

再由表 7-3 中的 11 查得

$$v_{cq} = -\frac{5ql^4}{384EI_z}(\downarrow)$$

$$\theta_{Bq} = \frac{ql^3}{24EI_z}(\curvearrowleft)$$

$$v_c = v_{CM} + v_{Cq} = \frac{ql^4}{16EI_z} - \frac{5ql^4}{384EI_z} = \frac{19ql^4}{384EI_z}(\uparrow)$$

$$\theta_B = \theta_{BM} + \theta_{Bq} = -\frac{ql^3}{6EI_z} + \frac{ql^3}{24EI_z} = -\frac{ql^3}{8EI_z}(\curvearrowright)$$

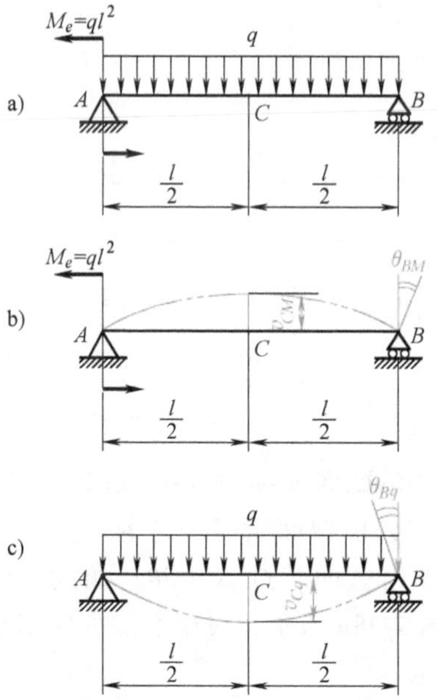

图 7-36

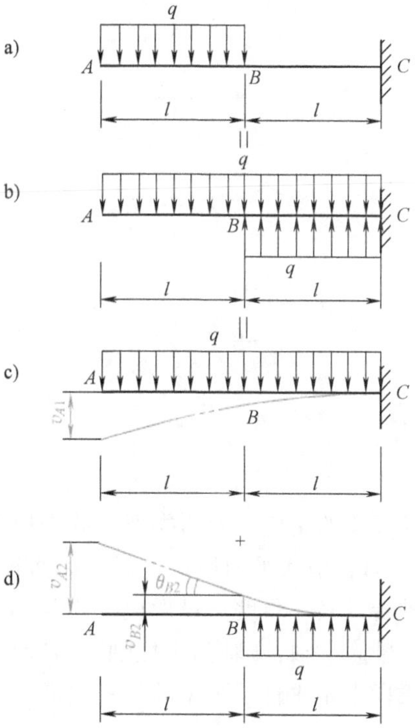

图 7-37

**例 7-13** 图 7-37a 所示悬臂梁，$EI_z$ 为常量，求 $A$ 截面处的挠度。

**解：** 此题虽只有一种载荷作用，但经过适当处理，仍然可以用叠加法求解。

为利用表 7-3 中的结果，先将均布载荷延长到全梁，然后在 $BC$ 段加上集度相同、方向相反的均布力，如图 7-37b 所示。

将图 7-37b 分解为图 7-37c、d，查表有

$$v_{A1} = -\frac{q(2l)^4}{8EI_z} = -\frac{2ql^4}{EI_z}(\downarrow)$$

$$v_{A2} = v_{B2} + \theta_{B2} \times l = \frac{ql^4}{8EI_z} + \frac{ql^3}{6EI_z} \times l = \frac{7ql^4}{24EI_z}(\uparrow)$$

$$v_A = v_{A1} + v_{A2} = -\frac{2ql^4}{EI_z} + \frac{7ql^4}{24EI_z} = -\frac{41ql^4}{24EI_z}(\downarrow)$$

## 7.11 曲杆弯曲

工程中经常遇到一些轴线为曲线的杆件,我们将它们叫作曲杆(如吊钩、链环等)。本节仅对平面大曲率曲杆在纯弯曲变形下的应力作简要讨论。所谓平面曲杆就是具有一对称平面且轴线位于对称平面内的曲杆。

图7-38a所示平面曲杆,其轴线曲率半径为$R_c$,在对称平面内作用一对外力偶$M_e$,发生纯弯曲变形,下面讨论横截面上的正应力分布情况。

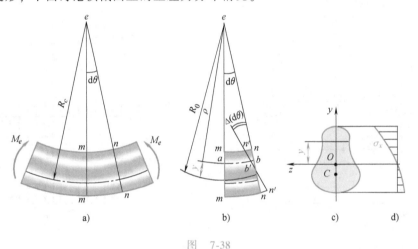

图 7-38

与直梁的正应力分析类似,我们用夹角为$d\theta$的两个横截面$m$-$m$和$n$-$n$截取一微段(图7-38a、b),引入平面假设,即平面曲杆在纯弯曲过程中,横截面始终保持为平面,但要绕中性轴转过某一角度。设微段变形后右边截面相对于左边截面转过$\Delta(d\theta)$角度。取截面的对称轴为$y$轴,$z$轴为中性轴(位置尚未确定),如图7-38c所示。设中性层的曲率半径为$R_0$,微段上距中性层为$y$的任一层面$ab$变形前的弧长为

$$\widehat{ab} = (R_0 - y)d\theta = \rho d\theta$$

式中,$\rho = R_0 - y$为距中性层为$y$处的任一层面变形前的曲率半径。该层面变形后长度的改变量为$\widehat{bb'} = -y\Delta(d\theta)$,因此其线应变为

$$\varepsilon_x = \frac{\widehat{bb'}}{\widehat{ab}} = -\frac{y}{\rho}\frac{\Delta(d\theta)}{d\theta} = -\frac{y}{R_0 - y}\frac{\Delta(d\theta)}{d\theta} \tag{a}$$

因为同一横截面上,$\dfrac{\Delta(d\theta)}{d\theta}$为常量,所以由式(a)看出,应变$\varepsilon_x$的变化规律为双曲线函数。假设曲杆弯曲时胡克定律$\sigma_x = E\varepsilon_x$仍适用,则有

$$\sigma_x = -E\frac{y}{R_0 - y}\frac{\Delta(d\theta)}{d\theta} \tag{b}$$

式（b）表明，曲杆横截面上的弯曲正应力 $\sigma_x$ 随 $y$ 按双曲线规律变化（图7-38d）。

根据式（b）还不能确定 $\sigma_x$ 的大小，因为中性轴 $z$ 的位置未定，$R_0$ 是未知的，而且 $\dfrac{\Delta(\mathrm{d}\theta)}{\mathrm{d}\theta}$ 也是未知的，为解决这些问题，需要进一步考虑静力学方面的平衡条件。

如图 7-39 所示，由平衡条件 $\Sigma F_x = 0$ 得

$$F_{\mathrm{N}} = \iint_A \sigma_x \mathrm{d}A = 0 \qquad\qquad (\text{c})$$

$$F_{\mathrm{N}} = -E\frac{\Delta(\mathrm{d}\theta)}{\mathrm{d}\theta}\iint_A \frac{y}{R_0 - y}\mathrm{d}A = 0$$

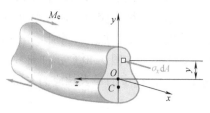

图　7-39

上式中，$E\dfrac{\Delta(\mathrm{d}\theta)}{\mathrm{d}\theta}$ 不为零，故有

$$\iint_A \frac{y}{R_0 - y}\mathrm{d}A = 0 \qquad\qquad (\text{d})$$

$$\iint_A \left(\frac{R_0}{R_0 - y} - 1\right)\mathrm{d}A = 0$$

$$R_0\iint_A \frac{\mathrm{d}A}{\rho} - \int_A \mathrm{d}A = 0$$

于是，中性层的曲率半径为

$$R_0 = \frac{A}{\displaystyle\iint_A \frac{\mathrm{d}A}{\rho}} \qquad\qquad (7\text{-}26)$$

由于曲杆的曲率中心 $e$ 为已知，所以根据式（7-26）求得 $R_0$ 的值后，便可确定中性轴的位置。由式（d）可见，按平衡条件 $\Sigma F_x = 0$ 所得出的结果与直梁不同，并没有得出横截面对中性轴 $z$ 的静矩为零的结论，因此，曲杆弯曲时中性轴不通过形心。

由平衡条件 $\Sigma M_z = 0$，得

$$M_z = \iint_A \sigma_x \mathrm{d}A \cdot y = E\frac{\Delta(\mathrm{d}\theta)}{\mathrm{d}\theta}\iint_A \frac{y}{R_0 - y}y\mathrm{d}A$$

$$= E\frac{\Delta(\mathrm{d}\theta)}{\mathrm{d}\theta}\iint_A \left(\frac{R_0}{R_0 - y} - 1\right)y\mathrm{d}A$$

$$= E\frac{\Delta(\mathrm{d}\theta)}{\mathrm{d}\theta}\left(R_0\iint_A \frac{y}{R_0 - y}\mathrm{d}A - \iint_A y\mathrm{d}A\right)$$

考虑到式（d），上式中第一个积分为零，第二个积分为横截面对中性轴 $z$ 的静矩 $S_z$，上式可写为

$$M_z = -E\frac{\Delta(\mathrm{d}\theta)}{\mathrm{d}\theta}S_z$$

即

$$\frac{\Delta(\mathrm{d}\theta)}{\mathrm{d}\theta} = -\frac{M_z}{ES_z} \qquad\qquad (\text{e})$$

将式（e）代入式（b）得

$$\sigma_x = \frac{M_z}{S_z}\cdot\frac{y}{R_0 - y} = \frac{M_z y}{S_z\rho} \qquad\qquad (7\text{-}27)$$

式（7-27）即为平面大曲率曲杆纯弯曲时横截面上的正应力计算公式。

式中　$M_z$——横截面上的弯矩；

　　　$S_z$——整个截面对中性轴 $z$ 的静矩（由于 $z$ 不过形心，所以 $S_z \neq 0$）；

　　　$y$——欲求应力点到中性轴 $z$ 的距离；

　　　$\rho$——欲求应力点所在层面变形前的曲率半径；

　　　$R_0$——中性层的曲率半径（由式（7-26）确定）。

例 7-14　在图 7-40 所示曲杆中，已知：$R_1 = 50\text{mm}$，$R_2 = 30\text{mm}$，$b = 10\text{mm}$，弯矩 $M = 60$ N·m。求曲杆中的最大拉应力及最大压应力。

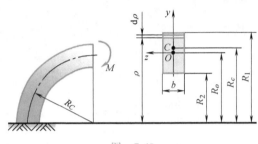

图　7-40

解：（1）求中性层曲率半径 $R_0$

取面积元素 $\mathrm{d}A = b\mathrm{d}\rho$。由式（7-26）得

$$R_0 = \frac{A}{\displaystyle\iint_A \frac{\mathrm{d}A}{\rho}} = \frac{b(R_1 - R_2)}{\displaystyle\int_{R_2}^{R_1} \frac{b\mathrm{d}\rho}{\rho}} = \frac{R_1 - R_2}{\ln \dfrac{R_1}{R_2}} = \frac{(50 - 30)\,\text{mm}}{\ln \dfrac{50}{30}} = 39.2\text{mm}$$

（2）求截面对中性轴的静矩 $S_z$

设截面形心到中性轴的距离为 $y$，则

$$y = R_C - R_0 = \frac{1}{2}(R_1 + R_2) - R_0 = \frac{1}{2}(50 + 30)\,\text{mm} - 39.2\text{mm} = 0.8\text{mm}$$

由此得静矩

$$S_z = Ay = b(R_1 - R_2)y = 10\text{mm} \times (50 - 30)\,\text{mm} \times 0.8\text{mm} = 160\text{mm}^3$$

（3）求最大弯曲应力

由图可知最大拉应力在曲杆的外侧，而最大压应力在曲杆内侧。

$$\sigma_{t_{\max}} = \frac{M(R_1 - R_0)}{S_z R_1} = \frac{60\text{N·m} \times (50 - 39.2) \times 10^{-3}\text{m}}{160 \times 10^{-9} \times 50 \times 10^{-3}\text{m}^4} = 81\text{MPa}$$

$$\sigma_{c_{\max}} = \frac{M(R_0 - R_2)}{S_z R_2} = \frac{60\text{N·m} \times (39.2 - 30) \times 10^{-3}\text{m}}{160 \times 10^{-9} \times 30 \times 10^{-3}\text{m}^4} = 115\text{MPa}$$

　习 题

7-1　试求习题 7-1 图所示各梁中指定截面（标有细线者）上的剪力及弯矩，其中 1-1、2-2、3-3 截面

无限接近于截面 $B$ 或截面 $C$。

7-2　试列习题 7-2 图所示各梁的剪力方程及弯矩方程，并作剪力图和弯矩图。

7-3　利用 $q$、$F_{S_y}$ 及 $M_z$ 间的微分关系，试作习题 7-3 图所示各梁的 $F_{S_y}$、$M_z$ 图。

7-4　已知简支梁的弯矩图如习题 7-4 图所示。试作该梁的剪力图和载荷图。

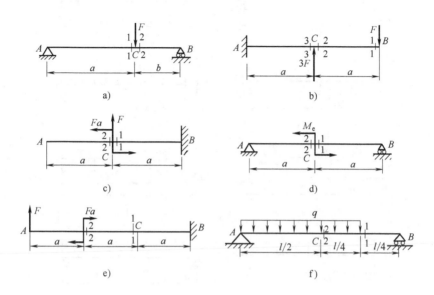

习题　7-1 图

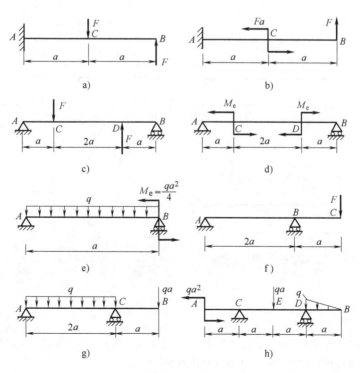

习题　7-2 图

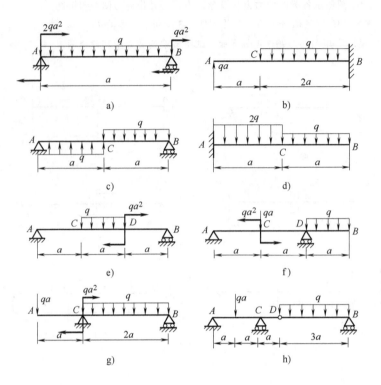

习题 7-3 图

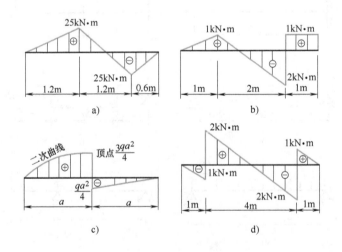

习题 7-4 图

7-5　试利用载荷、剪力和弯矩间的关系检查习题 7-5 图所示剪力图和弯矩图，并将错误处加以改正。

7-6　作习题 7-6 图所示刚架的 $F_S$、$M$ 图（$M$ 图画在受压侧）。

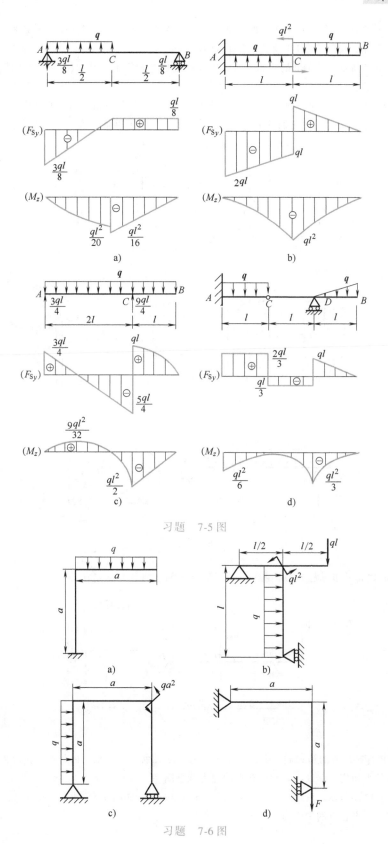

习题 7-5 图

习题 7-6 图

7-7 等截面梁在纵向对称面内受力偶作用发生平面弯曲，试对习题 7-7 图所示各种不同形状的横截面，定性绘出正应力沿截面竖线 1-1 及 2-2 的分布图。

7-8 习题 7-8 图所示直径为 d 的金属丝，绕在直径为 D 的轮缘上，已知材料的弹性模量为 E，试求金属丝内的最大弯曲正应力。

7-9 简支梁受均布载荷如习题 7-9 图所示。若分别采用截面面积相等的实心和空心圆截面，且 $D_1 = 40mm$，$d_2/D_2 = 3/5$。试分别计算它们的最大弯曲正应力。并问空心截面比实心截面的最大弯曲正应力减少百分之几？

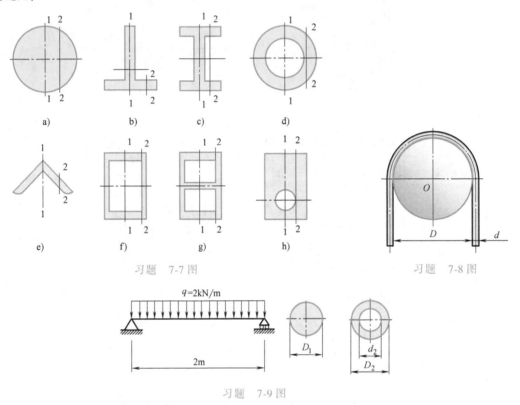

习题 7-7 图　　　　　　　　　　习题 7-8 图

习题 7-9 图

7-10 T 字形截面梁如习题 7-10 图所示，试求梁横截面上的最大拉应力。

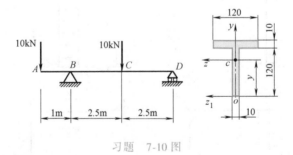

习题 7-10 图

7-11 由钢板焊接组成的箱式截面梁，尺寸如习题 7-11 图所示。试求梁内的最大正应力及最大切应力，并计算焊缝上的最大切应力，画出它们所在点的应力状态图。

7-12 习题 7-12 图所示悬臂梁，已知 $F = 20kN$，$h = 60mm$，$b = 30mm$。要求画出梁上 $A$、$B$、$C$、$D$、$E$ 各点的应力状态图，并求各点的主应力。

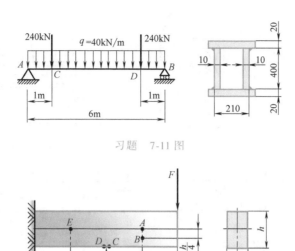

习题　7-11 图

习题　7-12 图

7-13　试绘出习题 7-13 图所示悬臂梁中截出部分的受力图，并说明该部分如何平衡？

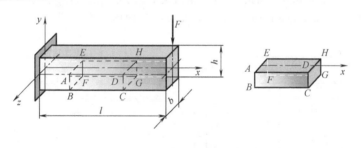

习题　7-13 图

7-14　汽车前桥如习题 7-14 图所示。通过电测试验测得汽车满载时，横梁中间截面上表面压应变 $\varepsilon_x = -360 \times 10^{-6}$。已知材料弹性模量 $E = 210\mathrm{GPa}$。求前桥所受横向载荷 $F$ 的值（已知中间截面 $I_z = 185\mathrm{cm}^4$）。

7-15　箱形截面钢套与矩形截面木杆牢固地粘结成复合材料梁，如习题 7-15 图所示。承受弯矩 $M_z = 2\mathrm{kM \cdot m}$。钢和木材的弹性模量分别为 $E_s = 200\mathrm{GPa}$、$E_w = 10\mathrm{GPa}$。试求钢套与木杆的最大正应力（提示：平面假设仍然成立）。

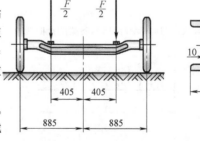

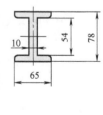

7-16　简支梁中点受 $F = 10\mathrm{kN}$ 的集中力作用。跨度 $l = 4\mathrm{m}$，横截面为矩形，如习题 7-16 图所示，截面下部为松木，上部为加强钢板。钢、木间牢固地黏合在一起。已知 $E_w / E_s = 1/20$。试计算钢板与松木中的最大正应力。

习题　7-14 图

7-17　习题 7-17 图所示简支梁由 No18 工字钢制成，在外载荷作用下，测得横截面 $A$ 底边的纵向正应变 $\varepsilon = 3.0 \times 10^{-4}$，已知钢的弹性模量 $E = 200\mathrm{GPa}$，$a = 1\mathrm{m}$。试计算梁内的最大弯曲正应力。

7-18　习题 7-18 图所示各梁的抗弯刚度均为常数，试分别画出各梁的挠曲线大致形状。

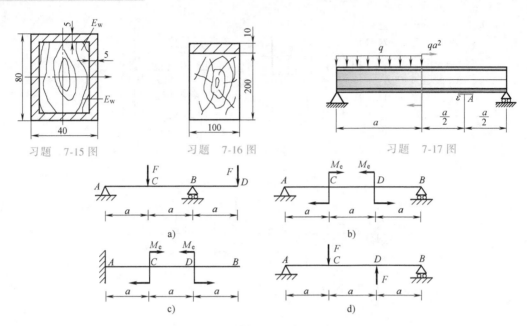

习题 7-15 图　习题 7-16 图　习题 7-17 图

习题 7-18 图

7-19　写出习题 7-19 图所示各梁用积分法求变形时确定积分常数的条件，其中图 c 中 $BC$ 杆的抗拉刚度为 $EA$，图 d 中弹性支座 $B$ 处弹簧的刚度系数为 $k(\text{N/m})$。梁的抗弯刚度均为常量。

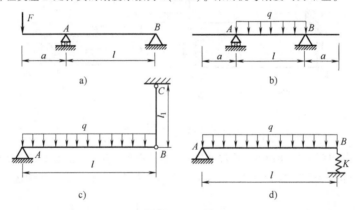

习题 7-19 图

7-20　用积分法求习题 7-20 图所示各梁的挠曲线方程式及自由端的挠度和转角。抗弯刚度 $EI_z$ 均为常量。

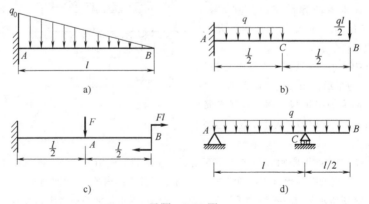

习题 7-20 图

7-21  试用叠加法求习题 7-21 图所示各梁 A 截面处的挠度及 B 截面的转角。抗弯刚度 $EI_z$ 均为常量。

7-22  习题 7-22 图所示重力为 W 的等截面均质直梁放置在水平刚性平面上，若受力后未提起部分保持与平面密合，试求提起部分的长度 $a$。

7-23  习题 7-23 图所示梁的轴线弯成怎样的曲线时才能使载荷在梁上移动，此时左段梁恰好是一条水平线。试写出梁曲线的方程。梁的 $EI_z$ 为已知。

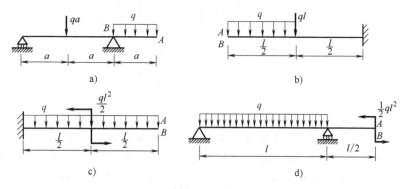

a)                              b)

c)                              d)

习题  7-21 图

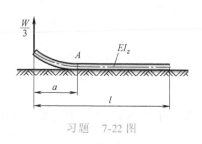

习题  7-22 图

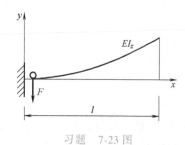

习题  7-23 图

7-24  习题 7-24 图所示曲杆，$M_z = 400\text{N} \cdot \text{m}$，求最大拉应力和压应力。

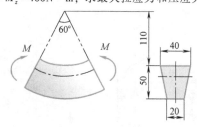

习题  7-24 图

137

# 8 第8章 组合内力时杆件应力计算

第 5、6、7 章分别研究了杆件横截面上只作用有轴力 $F_N$、扭矩 $T$、一个方向弯矩 $M_z$ 等一个内力分量时的应力与变形计算问题。本章将研究截面同时存在两个或两个以上内力分量（即组合内力）时杆件应力计算问题。对于小变形与线性弹性问题，可用叠加原理来解决，即分别计算对应每一内力分量时截面上某点应力，然后叠加起来，即为组合内力时该点的应力。

## 8.1 斜弯曲

### 8.1.1 横截面内力与斜弯曲变形

图 8-1a 所示的杆件，作用于端面形心 $C$ 的外力 $F$ 垂直于轴线 $x$，与主轴 $z$ 夹角为 $\beta$。将 $F$ 向主轴分解成 $F_y$、$F_z$ 两个分量

$$F_y = F\sin\beta \qquad F_z = F\cos\beta \tag{a}$$

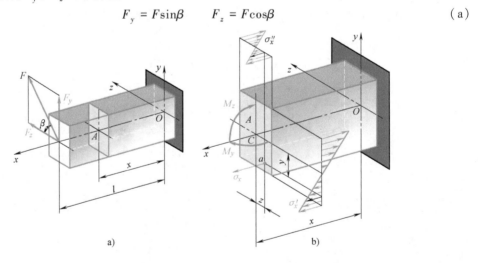

图　8-1

在 $F_y$ 单独作用下杆件将在 $xOy$ 平面内发生平面弯曲变形；在 $F_z$ 单独作用下杆件将在 $xOz$ 平面内发生平面弯曲变形，任一截面 $A$ 有两个内力分量（忽略剪力，如图 8-1b 所示），即

$$M_z = F_y(l - x) \qquad M_y = F_z(l - x) \tag{b}$$

变形后在两个平面内沿 $y$、$z$ 方向的位移分别由表 7-3 序号 3 中查出为

$$v = \frac{F_y x^2}{6EI_z}(x - 3l) = \frac{Fx^2}{6EI_z}(x - 3l)\sin\beta \left.\vphantom{\frac{F_y x^2}{6EI_z}}\right\}$$

$$w = \frac{F_z x^2}{6EI_y}(x - 3l) = \frac{Fx^2}{6EI_y}(x - 3l)\cos\beta$$

(c)

合位移 $\delta = \sqrt{v^2 + w^2}$，与主轴 $z$ 夹角 $\varphi$

$$\tan\varphi = \frac{v}{w} = \frac{I_y}{I_z}\tan\beta$$

(d)

由式（d）可见，当 $I_y = I_z$（正多边形截面或圆形截面）时，$\varphi = \beta$，挠曲线与载荷共面，发生平面弯曲（图 8-2a）；当 $I_y \neq I_z$（矩形或工字型截面等）时，$\varphi \neq \beta$，挠曲线与载荷不共面，这种变形称为斜弯曲（图 8-2b），是两个相垂直平面内弯曲的组合变形。

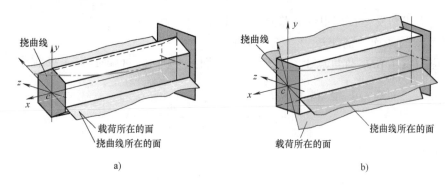

a)                    b)

图 8-2

### 8.1.2 横截面上应力计算

由式（7-5），在 $xOy$ 面内弯曲，截面 $A$ 内任一点 $a(y, z)$（图 8-1b）的应力

$$\sigma_x' = -\frac{M_z}{I_z}y \qquad（拉应力）$$

在 $xOz$ 面内弯曲，点 $a(y, z)$ 的应力

$$\sigma_x'' = -\frac{M_y}{I_y}z \qquad（拉应力）$$

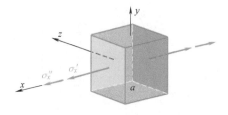

图 8-3

叠加后，围绕点 $a$ 取出单元体如图 8-3 所示，仍为单向应力状态，故点 $a(y, z)$ 的应力为 $\sigma_x = \sigma_x' + \sigma_x''$，即

$$\sigma_x = -\frac{M_z}{I_z}y - \frac{M_y}{I_y}z \qquad（拉应力）$$

(8-1)

式（8-1）（注意：由于图 8-1b 中已标注了弯矩的实际方向，故式中 $M_y$、$M_z$ 应取正值）表明，斜弯曲时杆件某一横截面上正应力 $\sigma_x$ 大小按平面规律分布（图 8-4 中全蓝颜色的面），该应力平面与横截面的交线就是中性轴。中性轴方程为

$$\frac{M_z}{I_z}y + \frac{M_y}{I_y}z = 0$$

(8-2)

是一条通过截面形心的斜直线。中性轴与主轴 $z$ 的夹角 $\alpha$ 可由式(8-2)确定，即

$$\tan\alpha = \frac{y}{z} = -\frac{M_y}{M_z} \cdot \frac{I_z}{I_y} \qquad (8\text{-}3\mathrm{a})$$

将式（a）、式（b）代入式(8-3a)，得到

$$\tan\alpha = -\frac{I_z}{I_y}\cot\beta \qquad (8\text{-}3\mathrm{b})$$

由式（d）和式（8-3b）得 $\tan\alpha \cdot \tan\varphi = -1$，说明中性轴与挠曲方向依然正交（图8-5）。

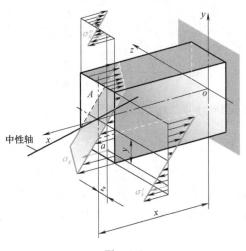

图 8-4

### 8.1.3 横截面上最大应力

最大应力仍然发生在离中性轴最远的点上。对于有凸角点的截面，例如矩形、工字形截面等，最大应力发生在某凸角点上。对于本例如图8-5所示，$A$ 截面上 $e$ 点有最大拉应力，其值

$$\sigma_{x_e} = \sigma_{x_{\mathrm{tmax}}} = \frac{M_y}{W_y} + \frac{M_z}{W_z} \qquad (8\text{-}4\mathrm{a})$$

$f$ 点有最大压应力，其值

$$\sigma_{x_f} = \sigma_{x_{\mathrm{cmax}}} = -\frac{M_y}{W_y} - \frac{M_z}{W_z} \qquad (8\text{-}4\mathrm{b})$$

对于没有凸角点的截面，如图8-6所示，可据式（8-3b）先确定中性轴，然后做

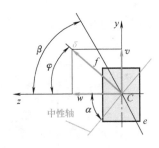

图 8-5

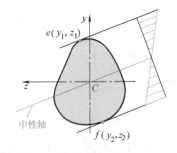

图 8-6

平行于中性轴且与截面边界相切的线段，其切点 $e(y_1,\ z_1)$、$f(y_2,\ z_2)$ 有最大正应力，哪一点是拉应力，哪一点是压应力可由变形来判断。将 $e$、$f$ 两点的坐标值分别代入式（8-1）中，即得最大正应力值。

**例 8-1** 由 22a 工字钢制成的简支梁，如图8-7所示。已知：$l = 1\mathrm{m}$、$F_1 = 8\mathrm{kN}$、$F_2 = 12\mathrm{kN}$、工字钢的 $W_y = 40.9\mathrm{cm}^3$、$W_z = 309\mathrm{cm}^3$，试求梁的最大正应力。

**解**：作用于梁上的外力分别在 $xOy$、$xOz$ 两个形心主轴平面内，梁 $OB$ 发生斜弯曲。分别求出在两个平面内的约束力，并画出弯矩图。

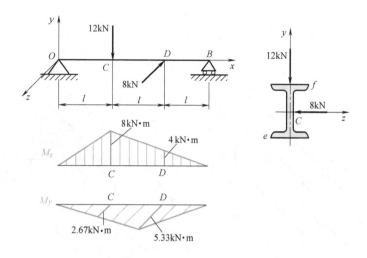

图　8-7

$M_{y_C} = 2.67 \text{kN} \cdot \text{m}$，$M_{z_C} = 8 \text{kN} \cdot \text{m}$，$M_{y_D} = 5.33 \text{kN} \cdot \text{m}$，$M_{z_D} = 4 \text{kN} \cdot \text{m}$

对于 $C$ 截面，$e$、$f$ 两点分别有最大拉应力与最大压应力，其值为

$$\sigma_{x_{C\max}} = \frac{M_{y_C}}{W_y} + \frac{M_{z_C}}{W_z}$$

$$= \left( \frac{2.67 \times 10^3}{40.9 \times 10^{-6}} + \frac{8 \times 10^3}{309 \times 10^{-6}} \right) \text{Pa}$$

$$= 91.2 \times 10^6 \text{Pa} = 91.2 \text{MPa}$$

对于 $D$ 截面，$e$、$f$ 两点分别有最大拉应力与最大压应力，其值为

$$\sigma_{x_{D\max}} = \frac{M_{y_D}}{W_y} + \frac{M_{z_D}}{W_z}$$

$$= \left( \frac{5.33 \times 10^3}{40.9 \times 10^{-6}} + \frac{4 \times 10^3}{309 \times 10^{-6}} \right) \text{Pa}$$

$$= 143.3 \times 10^6 \text{Pa} = 143.3 \text{MPa}$$

故梁的最大正应力在 $D$ 截面的 $e$、$f$ 两点上，其值

$$\sigma_{x_{\max}} = \sigma_{x_{D\max}} = 143.3 \text{MPa}$$

## 8.2 偏心拉伸与压缩

### 8.2.1 横截面上的内力

图 8-8a 所示杆件，作用在点 $A(y_F, z_F)$ 的外力 $F$ 与杆件轴线 $x$ 平行，与端面形心 $C$ 的偏心距离为 $y_F$，$z_F$。将力 $F$ 向端面形心 $C$ 平移，得到一等效力系 $F'$、$m_y$、$m_z$（图 8-8b）

$$F' = F$$

$$m_y = F \cdot z_F$$

$$m_z = F \cdot y_F$$

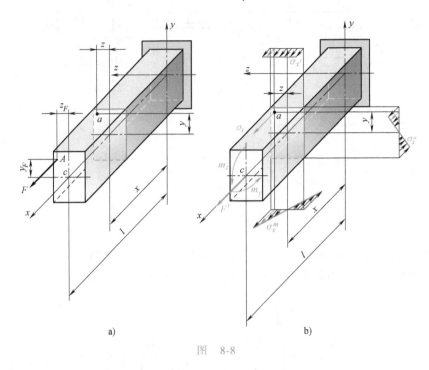

a)                                                                b)

图　8-8

任一横截面上有三个内力分量：

轴力　　　　　　　　　　　　　$F_N = F' = F$

弯矩　　　　　　　　　　　　　$M_y = m_y = F \cdot z_F$

弯矩　　　　　　　　　　　　　$M_z = m_z = F \cdot y_F$

由横截面上内力分量可见，偏心拉伸（压缩）实际上是拉伸（压缩）与弯曲的组合变形。

### 8.2.2　横截面上的应力

分别计算每个内力分量在该横截面上任一点 $a(y, z)$ 的应力

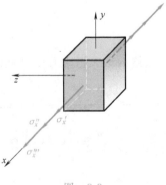

$$\sigma_x' = \frac{F_N}{A} = \frac{F}{A}$$

$$\sigma_x'' = \frac{M_y}{I_y}z = \frac{F \cdot z_F}{I_y}z$$

图　8-9

$$\sigma_x''' = \frac{M_z}{I_z}y = \frac{F \cdot y_F}{I_z}y$$

将上面三个应力（注意：图 8-8b 中，应力与内力分量均标注为实际方向，故均取正值；弯曲公式中的负号也去掉了。）叠加起来，得到在原外力 $F$ 作用下点 $a$ 的应力。围绕点 $a$ 取一

单元体（图 8-9），仍为单向应力状态，点 $a$ 总应力 $\sigma_x = \sigma_x' + \sigma_x'' + \sigma_x'''$，即

$$\sigma_x = \frac{F}{A}\left(1 + \frac{y_F}{i_z^2}y + \frac{z_F}{i_y^2}z\right) \tag{8-5}$$

式中，$i_y$、$i_z$ 分别为横截面对 $y$、$z$ 轴的惯性半径（参见附录 A）。

式（8-5）表明，横截面上应力大小按平面规律分布（图 8-10），该应力平面与横截面交线就是中性轴，其方程为

$$1 + \frac{y_F}{i_z^2}y + \frac{z_F}{i_y^2}z = 0 \tag{8-6}$$

中性轴是一条不过截面形心的斜直线，如图 8-11 所示。中性轴在 $y$、$z$ 轴的截距

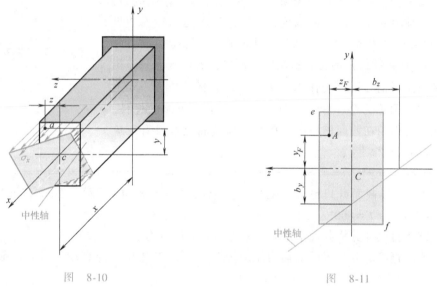

图 8-10　　　　　　　　　　　　　　　图 8-11

$$b_y = y\big|_{z=0} = -\frac{i_z^2}{y_F}$$

$$b_z = z\big|_{y=0} = -\frac{i_y^2}{z_F} \tag{8-7}$$

### 8.2.3 横截面上的最大应力

最大应力仍然发生在离中性轴最远的点上。对于有凸角点的截面，例如矩形、工字形截面等，最大应力发生在某凸角点上。本例中横截面上 $e$ 点有最大拉应力，其值

$$\sigma_{x_e} = \sigma_{x_{tmax}} = \frac{F}{A} + \frac{M_y}{W_y} + \frac{M_z}{W_z} \tag{8-8a}$$

$f$ 点可能有最大压应力（视 $\sigma_x'$ 与 $\sigma_x''$、$\sigma_x'''$ 间绝对值大小而定），其值

$$\sigma_{x_f} = \sigma_{x_{cmax}} = \frac{F}{A} - \frac{M_y}{W_y} - \frac{M_z}{W_z} \tag{8-8b}$$

对于没有凸角点的截面，如图 8-12 所示截面，可据式（8-6）或式（8-7）先确定中性轴，然后做平行于中性轴且与截面边界相切的线段，其切点 $e(y_1、z_1)$、$f(y_2、z_2)$ 有最大正应力，哪一点是拉应力，哪一点是压应力可由变形来判断。将 $e$、$f$ 两点的坐标值分别代入式（8-5）中，即得最大正应力值。

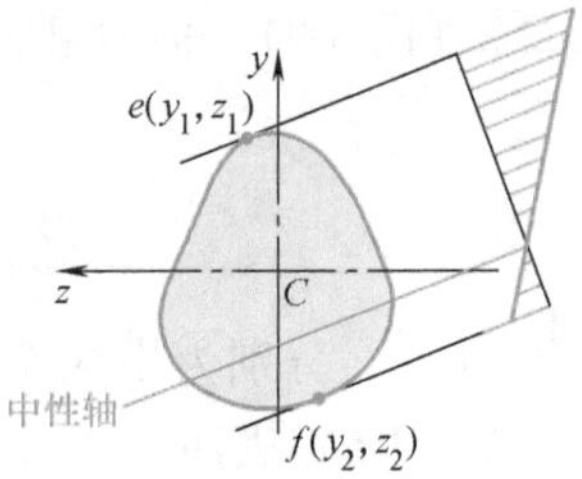

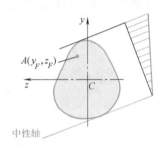

图 8-12

### 8.2.4 截面核心

在图 8-8a 中，若外力 $F$ 是压力，即指向端面，称为偏心压缩。在土建工程中，混凝土以及砖石建筑物的立柱等均是承受偏心压缩的构件。混凝土以及砖石等材料抗拉强度低，抗压强度高，希望在这种立柱中只有压应力而无拉应力。由于中性轴是截面上拉、压应力的分界线，为使截面上只有压应力，必须使中性轴不处在截面的范围内，其极限情况是与截面边界相切（图 8-13）。由式（8-7）知，中性轴的位置完全由偏心外力 $F$ 作用点 $A(y_F，z_F)$ 的位置所决定。所以，若使截面只有压应力，必须控制偏心压力 $F$ 作用点 $A(y_F，z_F)$ 的位置在一定范围之内，该范围称为截面核心。这样，对于偏心压缩的杆件，只要保证压力作用在截面核心内，那么，横截面上就只有压应力，而无拉应力了。

图 8-13

**例 8-2** 矩形截面开口链环，受力与其他尺寸如图 8-14a 所示。已知：$b=10\text{mm}$、$h=14\text{mm}$、$e=15\text{mm}$、$F=800\text{N}$。试求：

（1）链环直段部分横截面上最大拉应力与最大压应力。

（2）若使直段部分横截面上均为压应力时，外力 $F$ 作用线与直段部分截面形心的最大距离。

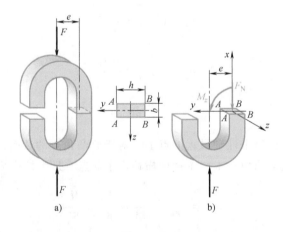

图 8-14

**解**：（1）计算链环直段部分横截面上最大拉、压应力。将连环从直段部分某一截面处截开，截面上将作用轴力 $F_N$、弯矩 $M_z$ 两个内力分量（图 8-14b）。

$$\sum F_x = 0, \quad F_N = 800\text{N}$$

$$\sum M_C = 0, \quad M_z = F \cdot e = 800 \times 15 \times 10^{-3}\text{N} \cdot \text{m} = 12\text{N} \cdot \text{m}$$

横截面上最大拉应力

$$\sigma_{x_{\text{imax}}} = -\frac{F_N}{A} + \frac{M_z}{W_z} = -\frac{F_N}{bh} + \frac{M_z}{\dfrac{bh^2}{6}}$$

$$= \left( \frac{-800}{10 \times 14 \times 10^{-6}} + \frac{6 \times 12}{10 \times 14^2 \times 10^{-9}} \right)\text{Pa}$$

$$= 31 \times 10^6 \text{Pa} = 31\text{MPa}$$

横截面上最大压应力

$$\sigma_{x_{\text{cmax}}} = \frac{F_N}{A} + \frac{M_z}{W_z} = \frac{F_N}{bh} + \frac{M_z}{\dfrac{bh^2}{6}}$$

$$= \left( \frac{800}{10 \times 14 \times 10^{-6}} + \frac{6 \times 12}{10 \times 14^2 \times 10^{-9}} \right)\text{Pa}$$

$$= 42.4 \times 10^6 \text{Pa} = 42.4\text{MPa}$$

（2）最大距离。使中性轴向右平移与截面 $BB$ 边重合，此时截面刚好只有压应力而无拉应力。为此，外力 $F$ 作用线与该截面形心距离的 $y_F$、$z_F$ 可由式（8-7）计算

$$y_F = -\frac{i_z^2}{b_y} = -\frac{\dfrac{h^2}{12}}{-\dfrac{h}{2}} = \frac{h}{6} = \frac{14}{6}\text{mm} = 2.3\text{mm}$$

$$z_F = -\frac{i_y^2}{b_z} = -\frac{\dfrac{b^2}{12}}{\infty} = 0$$

$y_F$ 即为使直段部分截面刚好只有压应力时外力 $F$ 作用线与该截面形心的最大距离。

例 8-3　确定矩形截面的截面核心。

解：由例 8-2 知，对图 8-15 所示矩形截面，若使中性轴与 $BC$ 边相切，则 $y_F = h/6$，$z_F = 0$，即点 1（$h/6$, 0）为外力作用点。同理可确定点 2（$-h/6$, 0）、点 3（0, $b/6$）、点 4（0, $-b/6$）亦为外力作用点。现在考虑用什么曲线将这四点连接起来，从而得到该截面的截面核心。为此，考虑中性轴从 $BC$ 边绕 $C$ 点连续旋转到 $CD$ 边，此时，与中性轴相对应的外力作用点将从点 1 连续移动到点 3，这个运动轨迹就是这两点间的连线。$C$ 点是这些中性轴的共同点，将其坐标（$-h/2$, $-b/2$）代入式（8-6）中，即可得到连线方程式

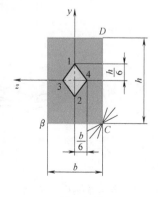

图　8-15

145

$$1 + \frac{y_F}{i_z^2}y + \frac{z_F}{i_y^2}z = 1 + \frac{y_F}{\frac{h^2}{12}} \cdot \frac{-h}{2} + \frac{z_F}{\frac{b^2}{12}} \cdot \frac{-b}{2} = 0$$

即

$$1 - \frac{6}{h}y_F - \frac{6}{b}z_F = 0$$

上式说明点 1 到点 3 间连线是直线。同样，可得到点 3 到点 2、点 2 到点 4、点 4 到点 1 之间连线均为直线。于是得矩形截面的截面核心是个菱形面积，如图8-15所示。

## 8.3 弯曲与扭转

图 8-16a 所示结构，在外力 $F$ 作用下，圆杆 $OO_1$ 段任一横截面 $B$ 上有扭矩 $T = F \cdot b$、弯矩 $M_z = F(l-x)$ 两个内力分量（忽略剪力 $F_{s_y}$），如图 8-16b 所示。扭矩 $T$ 引起沿截面径向方向线性规律分布的切应力，周边各点（包括 $e$、$f$ 两点）切应力最大；弯矩引起沿 $y$ 方向线性规律分布的正应力，只有 $e$、$f$ 两点正应力最大。叠加后，截面上任意一点既有切应力，又有正应力；而 $e$、$f$ 两点的正应力与切应力同时达到最大（图 8-16b）。这两点的应力分量可计算得到

$$\tau_{xz} = \frac{T}{W_t}$$

$$\sigma_x = \frac{M_z}{W_z}$$

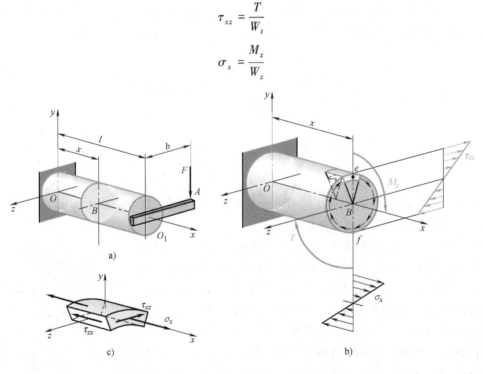

图 8-16

围绕点 $e$ 取出单元体（点 $f$ 的单元体读者自己画出），如图 8-16c 所示，为二向应力状态。点 $e$ 的主应力

$$\left.\begin{array}{l} \sigma' \\ \sigma'' \end{array}\right\} = \frac{\sigma_x + \sigma_z}{2} \pm \sqrt{\left(\frac{\sigma_x - \sigma_z}{2}\right)^2 + \tau_{xz}{}^2} = \frac{\sigma_x}{2} \pm \sqrt{\left(\frac{\sigma_x}{2}\right)^2 + \tau_{xz}{}^2}$$

即

$$\left.\begin{array}{l} \sigma_1 = \sigma' = \dfrac{\sigma_x}{2} + \sqrt{\left(\dfrac{\sigma_x}{2}\right)^2 + \tau_{xz}{}^2} \\[4mm] \sigma_2 = 0 \\[4mm] \sigma_3 = \sigma'' = \dfrac{\sigma_x}{2} - \sqrt{\left(\dfrac{\sigma_x}{2}\right)^2 + \tau_{xz}{}^2} \end{array}\right\} \tag{8-9}$$

**例 8-4**　直径 $d = 50\text{mm}$ 的齿轮传动轴如图 8-17a 所示，大轮直径 $D_1 = 30\text{cm}$，承受铅垂向下外力 $F_1 = 5\text{kN}$；小轮直径 $D_2 = 15\text{cm}$，承受水平外力 $F_2 = 10\text{kN}$；$l = 150\text{mm}$。试确定整个齿轮轴的最大应力点的位置以及该点主应力值。

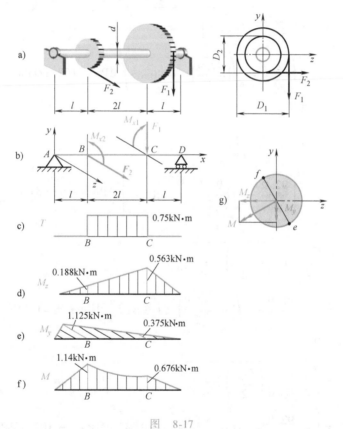

图　8-17

**解：** 将该传动轴简化成一端是固定铰支座，另一端是活动铰支座约束的杆件，将两外力 $F_1$、$F_2$ 分别向杆轴线平移；得计算简图如图 8-17b 所示。其中，

$$M_{x1} = F_1 \cdot \frac{D_1}{2} = 5 \times \frac{30 \times 10^{-2}}{2} \text{kN} \cdot \text{m} = 0.75 \text{kN} \cdot \text{m} = M_{x2}$$

分别作 $M_{x1}$ 与 $M_{x2}$、$F_1$、$F_2$ 单独作用下的内力图，如图 8-17c、d、e 所示。由于轴是圆截面，$I_y = I_z$，故虽然是在 $M_y$、$M_z$ 两个垂直方向弯矩作用下，但并不发生斜弯曲。该传动轴将在

合弯矩作用面内发生平面弯曲，合弯矩图如图 8-17f所示，对于 $BC$ 段同时还要发生扭转。

由合弯矩图知，最大弯矩发生在 $B$ 截面，其值

$$M_{max} = 1.14\text{kN} \cdot \text{m}$$

结合扭矩图判断出整个传动轴的最大应力出现在 $B$ 右截面 $e$、$f$ 两点，如图 8-17g 所示。$e$、$f$ 两点的应力分量为

$$\tau_{max} = \frac{T}{W_t} = \frac{T}{\dfrac{\pi d^3}{16}} = \frac{16 \times 0.75 \times 10^3 \text{N} \cdot \text{m}}{\pi \cdot 50^3 \times 10^{-9} \text{m}^3} = 30.6\text{MPa}$$

$$\sigma_{x_{max}} = \frac{M_{max}}{W} = \frac{M_{max}}{\dfrac{\pi d^3}{32}} = \frac{32 \times 1.14 \times 10^3 \text{N} \cdot \text{m}}{\pi \cdot 50^3 \times 10^{-9} \text{m}^3} = 92.9\text{MPa}$$

$e$ 点的主应力

$$\sigma_1 = \frac{\sigma_{x_{max}}}{2} + \sqrt{\left(\frac{\sigma_{x_{max}}}{2}\right)^2 + \tau_{max}^2}$$

$$= \left(\frac{92.9}{2} + \sqrt{\left(\frac{92.9}{2}\right)^2 + 30.6^2}\right)\text{MPa} = 102.1\text{MPa}$$

$$\sigma_2 = 0$$

$$\sigma_3 = \frac{\sigma_{x_{max}}}{2} - \sqrt{\left(\frac{\sigma_{x_{max}}}{2}\right)^2 + \tau_{max}^2}$$

$$= \left[\frac{92.9}{2} - \sqrt{\left(\frac{92.9}{2}\right)^2 + 30.6^2}\right]\text{MPa} = -9.2\text{MPa}$$

$f$ 点的主应力

$$\sigma_1 = \frac{\sigma_{x_{max}}}{2} + \sqrt{\left(\frac{\sigma_{x_{max}}}{2}\right)^2 + \tau_{max}^2}$$

$$= \left[-\frac{92.9}{2} + \sqrt{\left(-\frac{92.9}{2}\right)^2 + 30.6^2}\right]\text{MPa} = 9.2\text{MPa}$$

$$\sigma_2 = 0$$

$$\sigma_3 = \frac{\sigma_{x_{max}}}{2} - \sqrt{\left(\frac{\sigma_{x_{max}}}{2}\right)^2 + \tau_{max}^2}$$

$$= \left[-\frac{92.9}{2} - \sqrt{\left(-\frac{92.9}{2}\right)^2 + 30.6^2}\right]\text{MPa} = -102.1\text{MPa}$$

习 题

8-1　悬臂梁截面如习题 8-1 图所示，自由端作用一垂直于梁轴线的集中力 $F$，力的作用线在图上以 $n$-$n$ 表示。试分析各梁有哪些内力分量，并发生什么变形。

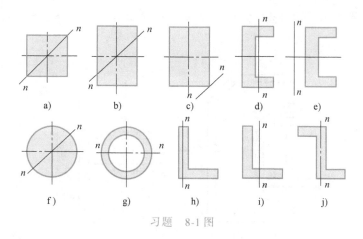

习题　8-1 图

8-2　习题 8-2 图所示一 No 10 工字钢制成的悬臂梁，在端面承受通过截面形心且与 $z$ 轴夹角为 $\alpha$ 的垂直于梁轴线的集中力作用。试问 $\alpha$ 取何值时截面上最大应力点的应力值为最大。

8-3　习题 8-3 图所示简支梁，已知 $F = 10\text{kN}$，试确定：（1）最大内力截面上中性轴的位置；（2）最大正应力。

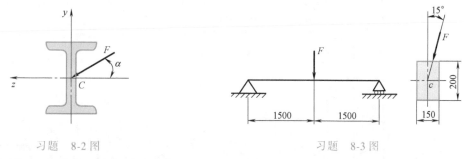

习题　8-2 图　　　　　　　　　　　　　习题　8-3 图

8-4　矩形截面 $b = 30\text{mm}$，$h = 60\text{mm}$ 的悬臂梁如习题 8-4 图所示。已知，$\beta = 30°$，$l_1 = 400\text{mm}$，$l = 600\text{mm}$，材料的弹性模量 $E = 200\text{GPa}$；若已测得梁的上表面距侧面为 $e = 5\text{mm}$ 的点 $A$ 处线应变 $\varepsilon_{x_A} = -4.3 \times 10^{-4}$，试求梁的最大正应力。

8-5　矩形截面（尺寸 $10\text{mm} \times 24\text{mm}$）的简支梁 $AB$ 受力如习题 8-5 图所示，试分别计算 $K$、$H$ 两点的正应力与切应力。

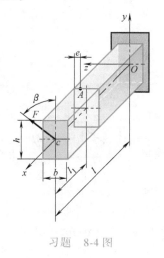

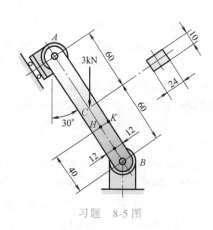

习题　8-4 图　　　　　　　　　　　　　习题　8-5 图

8-6 单臂液压机机架，其立柱的横截面尺寸如习题8-6图所示。若外力 $F = 1600$kN，试计算机架立柱的最大正应力。

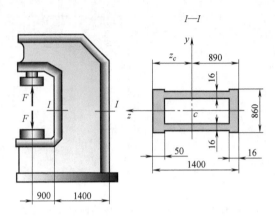

习题 8-6 图

8-7 带有槽孔的板条，尺寸与受力如习题8-7图所示。若力 $F = 100$kN，试计算其最大正应力。

8-8 材料为灰铸铁HT150的压力机框架如习题8-8图所示，若力 $F = 12$kN，试计算框架立柱的最大拉、压应力。

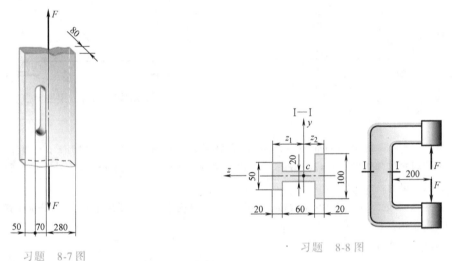

习题 8-7 图

习题 8-8 图

8-9 习题8-9图所示一端固定、另一端自由的正方形截面杆，中间部分开有切槽，自由端承受平行于杆轴线的外力 $F$ 作用。若 $F = 1$kN，杆其他尺寸如图所示，试求杆的最大正应力，并指出作用位置。

8-10 No 25a普通热轧工字钢制成的立柱受力如习题8-10图所示，试求图示横截面上 $a$、$b$、$c$、$d$ 四点处的正应力。

8-11 习题8-11图所示 T 字形截面，$y$、$z$ 为形心主轴，试确定该截面的截面核心。

8-12 直径 $d = 40$mm 的圆截面杆受力如习题8-12图所示，材料的弹性模量 $E = 200$GPa，泊松比 $\nu = 0.3$。若已分别测得圆杆表面上一点 $a$ 沿轴线 $x$ 以及沿与轴线成45°方向的线应变分别为 $\varepsilon_x = 4.0 \times 10^{-4}$、$\varepsilon_{45°} = -2.0 \times 10^{-4}$，试计算：（1）该点的主应力；（2）外力 $F$ 与外力偶 $M_e$。

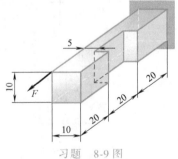

习题 8-9 图

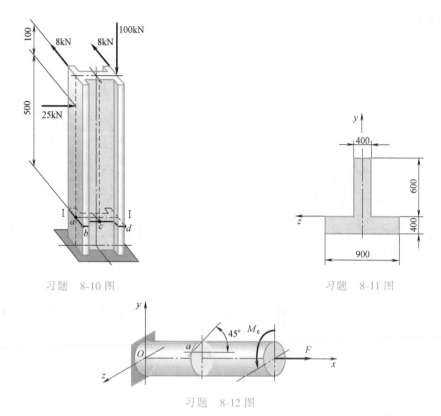

习题 8-10 图

习题 8-11 图

习题 8-12 图

8-13  直杆 $AB$ 与直径 $d = 40\text{mm}$ 的圆杆上端固定在一起，圆杆下端与地面固定在一起，结构及受力如习题 8-13 图所示。试计算 $K$、$H$ 两点的主应力。

8-14  习题 8-14 图所示齿轮传动轴，左端是圆锥齿轮，其上作用有轴向力 $F_3 = 1650\text{N}$，切向力 $F_1 = 4550\text{N}$，径向力 $F_2 = 414\text{N}$；右端是圆柱齿轮，其压力角为 20°。若已知轴的直径 $d = 40\text{mm}$，试确定轴的最大应力点位置及其主应力值。

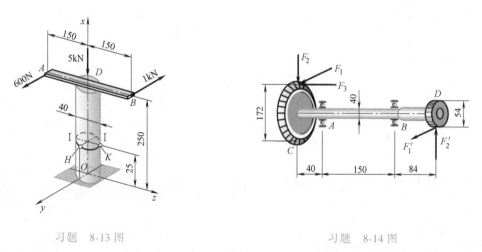

习题 8-13 图

习题 8-14 图

8-15  杆 $AB$ 与直径 $d = 50\text{mm}$ 圆截面杆 $DE$ 焊接在一起，成 T 字形结构，如习题 8-15 图所示。试计算 $H$ 点的正应力与切应力。

8-16  直径 $d = 60\text{mm}$ 的圆截面折杆，受力与其他尺寸如习题 8-16 图所示。试确定点 $a$、$b$ 的应力状态并计算其主应力。

8-17 矩形截面折杆，尺寸及受力如习题8-17图所示，试确定 *H*、*J* 两点的应力（忽略剪切）。

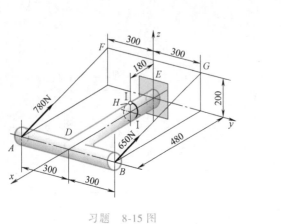

习题 8-15 图

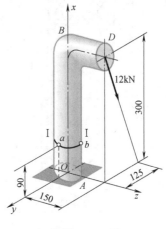

习题 8-16 图

8-18 结构尺寸与受力如习题8-18图所示，试计算固定端截面 *O* 处长边中点 *a* 与短边中点 *c* 的应力（忽略剪切）。

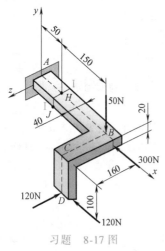

习题 8-17 图

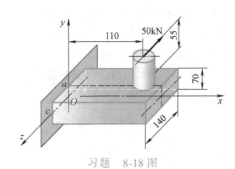

习题 8-18 图

# 第9章
## 能量原理

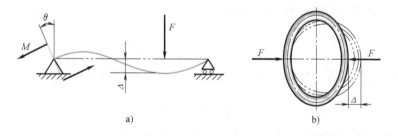

前面各章讲述了从平衡条件（静力平衡方程）、变形条件（几何方程）、物理条件（物理方程）等三方面条件出发，分析求解杆件内力、应力、变形与位移等的理论与方法。本章将从功能原理出发，来分析求解杆件和杆件结构的内力、应力、变形与位移等。能量原理是固体力学的重要原理。

本章主要介绍虚功原理、莫尔定理、功互等定理与位移互等定理等。最后，应用能量原理分析冲击问题。

## 9.1 虚功 杆件内力的虚功

### 9.1.1 虚功

力在实际位移上所做的功即为实功，习惯上简称为功。对于线性弹性体，图 9-1a 所示的外力 $F$ 在 $\Delta$ 上做的功 $\frac{1}{2}F \cdot \Delta$ 和外力偶 $M$ 在角位移 $\theta$ 上做的功，$\frac{1}{2}M \cdot \theta$ 都是实功。图 9-1b 中所示的圆环被压成椭圆环，外力 $F$ 在 $\Delta$ 上做的功 $\frac{1}{2}F \cdot \Delta$，也是实功。

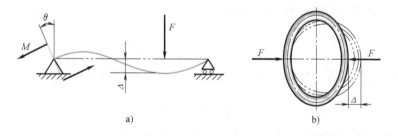

图 9-1

未必发生的、但能满足物体变形连续条件和位移约束条件的变形称为虚变形。虚变形只在物体变形的连续性和位移约束的确定性上是合理的，但不一定是真实变形。

物体发生变形的原因是多种多样的，例如外力、温度、湿度变化、构件尺寸有加工误差而强行装配等原因都会引起变形。由于没有限定虚变形的原因和变形的具体方式，一般来说虚变形是多种多样的。但在某一个原因下所产生的真实变形却是确定的，真实变形只是虚变形中的某一个。例如图 9-2a 所示的简支梁，它的虚变形可以是如图 9-2b 所示的挠度 $v$，如图 9-2c 所示的转角 $\theta$，如图 9-2d、e 所示的位移 $u_t$ 和 $u_F$。如果引起变形的原因（外力或温度）确如图 9-2b、c、d、e 所示，那么各自的变形就是真实变形了。

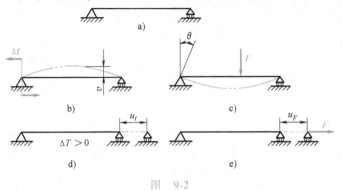

图　9-2

物体各点在虚变形下产生的位移称为虚位移。

如果在计算外力所做的功时，所用的位移不是真实位移，而是虚位移，由于虚位移不是该力作用过程中的位移，因此这样算出的功是没有实际物理意义的。力在虚位移上的功称为虚功。图 9-2b、c 中的 $-M \cdot \theta$ 和 $-F \cdot v$ 都是虚功，图 9-2d、e 中的 $F \cdot u_t$ 也是虚功。

### 9.1.2 杆件内力的虚功

内力虚功用 $W_i$ 表示。本章对虚功的讨论限于小变形，本节只考虑杆件的微段。

#### 1. 轴力的虚功

图 9-3 中所示的拉伸变形 $\Delta(\mathrm{d}x)$ 与轴力 $F_N{}^*$ 无关，即 $\Delta(\mathrm{d}x)$ 不是 $F_N{}^*$ 引起的，那么该轴力的虚功为

$$\mathrm{d}W_i = F_N{}^* \cdot \Delta(\mathrm{d}x)$$

轴力在其他基本变形（扭转、弯曲、剪切）上的虚功为零。

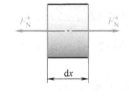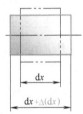

图　9-3

#### 2. 剪力的虚功

图 9-4 中所示的剪切变形 $\mathrm{d}\lambda$ 与剪力 $F_s{}^*$ 无关，那么该剪力的虚功为

$$\mathrm{d}W_i = F_s{}^* \cdot \mathrm{d}\lambda$$

剪力在其他基本变形（拉伸与压缩、扭转、弯曲）上的虚功为零。

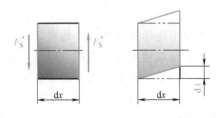

图　9-4

3. 扭矩的虚功

图 9-5 中所示的扭转变形 $\mathrm{d}\varphi$ 与扭矩 $T^*$ 无关，那么该扭矩的虚功为

$$\mathrm{d}W_i = T^* \cdot \mathrm{d}\varphi$$

扭矩在其他基本变形（拉伸与压缩、剪切、弯曲）上的虚功为零。

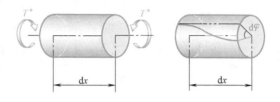

图　9-5

4. 弯矩的虚功

图 9-6 中所示的弯曲变形 $\mathrm{d}\theta$ 与弯矩 $M_z^*$ 无关，那么该弯矩的虚功为

$$\mathrm{d}W_i = M_z^* \mathrm{d}\theta$$

弯矩在其他基本变形（拉伸与压缩、扭转、剪切）上的虚功为零。

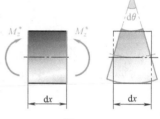

图　9-6

5. 组合内力时的虚功

杆件微段是组合内力时的虚功为

$$\mathrm{d}W_i = F_N^* \Delta(\mathrm{d}x) + F_s^* \mathrm{d}\lambda + T^* \mathrm{d}\varphi + M_z^* \mathrm{d}\theta \tag{9-1}$$

## 9.2 虚功原理及其对杆件的应用

本节介绍力学中的一个普遍原理——虚功原理。

虚功原理：平衡外力系在物体虚位移上所做的功（称为外力虚功），等于该平衡力系所引起的内力在虚变形上所做的功（称为内力虚功）。简单地说就是外力虚功等于内力虚功。

用 $W_e$ 表示平衡外力系的虚功，用 $W_i$ 表示内力虚功，虚功原理的基本方程为

$$W_e = W_i \tag{9-2}$$

对于杆件，如果允许变形是由于某些外力引起的，那么这个允许变形就只和由这些外力引起的轴力 $F_N$、剪力 $F_s$、扭矩 $T$ 和弯矩 $M_z$ 有关，并且

$$\Delta(\mathrm{d}x) = \frac{F_N \mathrm{d}x}{EA}, \qquad \mathrm{d}\varphi = \frac{T \mathrm{d}x}{GI_p}, \qquad \mathrm{d}\theta = \frac{M_z \mathrm{d}x}{EI}$$

由于剪力 $F_s$ 引起的横截面错动不是刚性的错动，横截面上各点之间还有在横截面内的相对位移，这可从形成 $F_s$ 的切应力 $\tau$ 的分布看出（图 9-7a），各点错动的方向和大小是不同的。而 $F_s^*$ 是平衡外力系引起的剪力，切应力 $\tau^*$ 的分布必然也和 $\tau$ 的分布形式相同（图 9-7b），这样在计算 $F_s^*$ 的虚功时就必须逐点计算微内力 $\tau^* \mathrm{d}A$ 的虚功，然后求和得到 $F_s^*$ 的虚功，通过计算（这里从略）可得与剪力 $F_s^*$ 有关的允许变形 $\mathrm{d}\lambda$ 为

$$\mathrm{d}\lambda = k \frac{F_s \mathrm{d}x}{GA}$$

上式中的系数 $k$ 称为剪切形状因数，它与横截面的形状有关。矩形横截面的剪力平行于侧边时，$k = \dfrac{6}{5}$，实心圆形横截面 $k = \dfrac{10}{9}$。

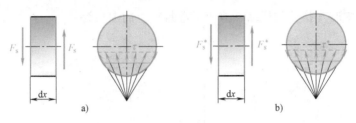

图 9-7

因此，在弹性小变形条件下，杆件组合内力在某些外力引起的变形上所做的内力虚功，据式（9-1）可写成

$$W_i = \int_0^l \left( \frac{F_N^* F_N}{EA} + \frac{k F_s^* F_s}{GA} + \frac{T^* T}{GI_p} + \frac{M_z^* M_z}{EI} \right) dx$$

以 $q_V^*$、$q_S^*$ 分别表示作用于杆件的平衡外力系的体积力分布集度矢量和表面力分布集度矢量（图 9-8），以 $\boldsymbol{\delta}$ 表示与允许变形相对应的位移矢量，则平衡外力系的虚功 $W_e$ 为

$$W_e = \oiint_S \boldsymbol{q}_S^* \cdot \boldsymbol{\delta} dS + \iiint_V \boldsymbol{q}_V^* \cdot \boldsymbol{\delta} dV$$

这里 $S$ 为杆件的表面积域，$V$ 为杆件的体积域。

这样，式（9-2）可写为

$$\oiint_S \boldsymbol{q}_S^* \cdot \boldsymbol{\delta} dS + \iiint_V \boldsymbol{q}_V^* \cdot \boldsymbol{\delta} dV$$

$$= \int_l \left( \frac{F_N^* F_N}{EA} + \frac{k F_s^* F_s}{GA} + \frac{T^* T}{GI_p} + \frac{M_z^* M_z}{EI} \right) dx \qquad (9\text{-}3)$$

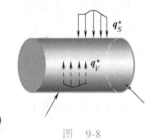

图 9-8

若为杆件结构，这里的积分域 $S$、$V$、$l$ 将遍布整个杆件结构。

下面举例验证虚功原理。

**例 9-1** 从图 9-9a 所示的平衡外力系和图 9-9c 所示的允许变形验证虚功原理。

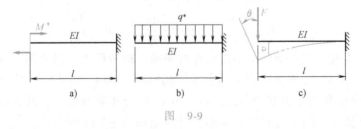

图 9-9

解：（1）计算外力（$M^*$）虚功

查表 7-3，$\theta = \dfrac{Fl^2}{2EI}$，故

$$W_e = - M^* \theta = - M^* \frac{Fl^2}{2EI} = - \frac{M^* Fl^2}{2EI}$$

（2）计算内力虚功

$$M_z^* = M^* , \quad M_z = - Fx$$

$$W_i = \int_0^l \frac{M_z^* M_z}{EI} dx = \int_0^l \frac{M^* (- Fx)}{EI} dx = - \frac{M^* Fl^2}{2EI}$$

$$W_e = W_i$$

虚功原理成立。

例 9-2　从图 9-9b 所示的平衡外力系和图 9-9c 所示的允许变形验证虚功原理。

解：

$$W_e = \int_0^l q^* \left| v \right| dx = \int_0^l \frac{q^* F}{EI} \left( \frac{x^3}{6} - \frac{l^2}{2} x + \frac{l^3}{3} \right) dx = \frac{q^* Fl^4}{8EI}$$

$$M_z^* = - \frac{q^*}{2} x^2 , \qquad M_z = - Fx$$

$$W_i = \int_0^l \frac{M_z^* M_z}{EI} dx = \int_0^l \frac{- \frac{q^*}{2} x^2 (- Fx)}{EI} dx = \frac{q^* Fl^4}{8EI}$$

$$W_e = W_i$$

虚功原理成立。

可以用图 9-9 中的任何种平衡外力系和任何种允许变形来验证虚功原理成立。

例 9-3　对长为 $l$ 的等直杆，以图 9-10a 所示的平衡外力系和图 9-10b 所示的均匀温升时的允许变形验证虚功原理。

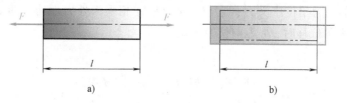

a)　　　　　　　　　　　　b)

图　9-10

解：由于均匀温升，产生均匀的纵向线应变，设这个线应变为 $\varepsilon_t$。则

$$W_e = Fl\varepsilon_t$$

$$\Delta ( dx ) = \varepsilon_t dx$$

$$W_i = \int_0^l F_N \varepsilon_t dx = \int_0^l F \varepsilon_t dx = Fl\varepsilon_t$$

$$W_e = W_i$$

虚功原理成立。

## 9.3 莫尔定理

如果将虚功原理中所说的平衡外力系选定为作用于两点的两个方向相反的单位集中力（简称单位力），则这个平衡力系的外力虚功为

$$W_e = 1 \cdot \Delta$$

式中，$\Delta$ 为两个单位力作用点沿单位力方向的相对线位移（图9-11a）。$\Delta$ 可以与单位力没有因果关系。

如果将虚功原理中所说的平衡外力系选定为作用于两个截面处转向相反的两个单位集中力偶（简称单位力偶），则这个平衡力系的外力虚功为

$$W_e = 1 \cdot \Delta$$

式中，$\Delta$ 为单位力偶所在的两个截面沿单位力偶转向的相对角位移（图9-11b）。$\Delta$ 可以与单位力偶没有因果关系。

如果 $\Delta$ 为由一组力引起的相对广义位移（允许线位移或允许角位移），$F_N$、$F_s$、$T$、$M_z$ 分别为这组力引起的轴力、剪力、扭矩、弯矩；而单位力或单位力偶引起的轴力、剪力、扭矩、弯矩分别表示为 $\overline{F}_N$、$\overline{F}_s$、$\overline{T}$、$\overline{M}_z$。则式（9-3）写成

$$1 \cdot \Delta = \int_l \left( \frac{\overline{F}_N F_N}{EA} + \frac{k\overline{F}_s F_s}{GA} + \frac{\overline{T}T}{GI_p} + \frac{\overline{M}_z M_z}{EI} \right) dx$$

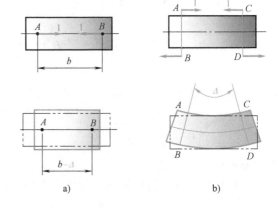

图　9-11

这时，式中的1为单位广义力，它与广义位移 $\Delta$ 相乘为外力虚功。即 $\Delta$ 为线位移时，1为单位力；而 $\Delta$ 为角位移时，1为单位力偶矩。

又可简写为

$$\Delta = \int_l \left( \frac{\overline{F}_N F_N}{EA} + \frac{k\overline{F}_s F_s}{GA} + \frac{\overline{T}T}{GI_p} + \frac{\overline{M}_z M_z}{EI} \right) dx \tag{9-4}$$

式（9-4）表达的关系称为莫尔定理，其中的积分式称为莫尔积分。

需要说明的是，在计算杆件的广义相对位移 $\Delta$ 时，剪力的作用往往可以忽略，这样式（9-4）积分式中的第二项可不计入。

例9-4　图9-12a所示的杆件结构承受两个方向相反，大小为 $F$ 的力作用，$\angle A$ 和 $\angle C$ 都为直角，杆 $BD$ 长为 $l$，其他各杆长度相等，每根杆的抗拉刚度都是 $EA$，试求 $B$、$D$ 两点的相对位移。

解：显然所求的是 $B$、$D$ 两点的相对线位移，为此选定平衡力系为在 $B$、$D$ 两点的单位力，如图9-12b所示。

由单位力引起的轴力

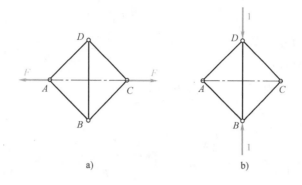

图 9-12

$$\overline{F}_{N_{AB}} = \overline{F}_{N_{BC}} = \overline{F}_{N_{CD}} = \overline{F}_{N_{DA}} = 0, \quad \overline{F}_{N_{BD}} = -1$$

除轴力外，由单位力引起的其他内力皆为零。

由力 $F$ 引起的轴力

$$F_{N_{AB}} = F_{N_{BC}} = F_{N_{CD}} = F_{N_{DA}} = F/\sqrt{2}, \quad F_{N_{BD}} = -F$$

除轴力外，由力 $F$ 引起的其他内力皆为零。

设 $B$、$D$ 两点的相对位移为 $\delta$，由莫尔定理

$$\delta = \int_0^l \frac{\overline{F}_{N_{BD}} F_{N_{BD}}}{EA} \mathrm{d}x = \int_0^l \frac{(-1)(-F)}{EA} \mathrm{d}x = \frac{Fl}{EA}$$

得到的 $\delta$ 为正值，说明单位力的虚功为正值，即 $B$、$D$ 两点分别沿单位力所指的方向移动，相对接近了 $Fl/EA$。

例 9-5 图 9-13a 所示的简支梁受集中力 $F$ 作用，梁的抗弯刚度为 $EI$，试求 $A$、$B$ 两端面的相对转角和相对线位移。

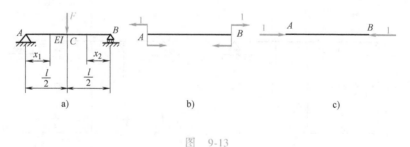

a)             b)             c)

图 9-13

解：（1）求相对转角

在 $A$、$B$ 两端面作用单位力偶而成平衡力系，如图 9-13b 所示。

由单位力偶引起的弯矩

$$\overline{M}_z = -1$$

其他内力皆为零。

在 $F$ 和支座约束力作用下，梁的弯矩

$$M_{z1} = \frac{F}{2}x_1, \qquad M_{z2} = \frac{F}{2}x_2$$

忽略掉剪力，其他内力皆为零。

由莫尔定理，相对转角

$$\theta = \int_0^{\frac{l}{2}} \frac{\overline{M}_z M_{z1}}{EI}\mathrm{d}x_1 + \int_0^{\frac{l}{2}} \frac{\overline{M}_z M_{z2}}{EI}\mathrm{d}x_2$$

$$= \int_0^{\frac{l}{2}} \frac{(-1) \cdot \frac{F}{2}x_1}{EI}\mathrm{d}x_1 + \int_0^{\frac{l}{2}} \frac{(-1) \cdot \frac{F}{2}x_2}{EI}\mathrm{d}x_2 = -\frac{Fl^2}{8EI}$$

$\theta$ 为负值，说明相对转角与单位力偶转向相反。

（2）求相对线位移

在 $A$、$B$ 两端面作用单位轴向力而组成平衡力系，如图 9-13c 所示。

由单位力引起的轴力

$$\overline{F}_N = -1$$

其他内力皆为零。

在力 $F$ 和支座约束力作用下梁的轴力为零，于是由莫尔定理得到相对线位移 $\delta = 0$。

对于放置于刚性支座上的杆件，如果保留支座，只施加一个单位广义力而不是自相平衡的两个单位广义力，那么这个单位广义力和由它引起的支座约束力组成了平衡力系。因为支座约束力的虚功为零，所以这个平衡力系的虚功就等于这个单位广义力的虚功。

因此，对于只有刚性支座的杆件，保留支座，施加一个单位广义力，得到平衡力系，就能利用莫尔定理求出单位广义力处的广义位移。

**例 9-6** 求例 9-5 中简支梁（图 9-13a）的 $A$ 端面转角 $\theta_A$ 和 $C$ 截面挠度 $v_C$。

**解：**（1）求 $\theta_A$

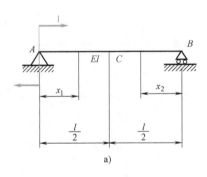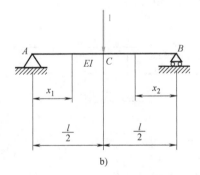

图 9-14

在 $A$ 端面施加单位力偶（图 9-14a），得

$$\overline{M}_{z1} = 1 - \frac{x_1}{l}, \qquad \overline{M}_{z2} = \frac{x_2}{l}$$

由莫尔定理

$$\theta_A = \int_0^{\frac{l}{2}} \frac{\overline{M}_{z1} M_{z1}}{EI} dx_1 + \int_0^{\frac{l}{2}} \frac{\overline{M}_{z2} M_{z2}}{EI} dx_2$$

$$= \int_0^{\frac{l}{2}} \frac{\left(1 - \dfrac{x_1}{l}\right) \cdot \dfrac{F}{2} x_1}{EI} dx_1 + \int_0^{\frac{l}{2}} \frac{\dfrac{x_2}{l} \cdot \dfrac{F}{2} x_2}{EI} dx_2 = \frac{Fl^2}{16EI}$$

积分结果为正，说明 $\theta_A$ 的转向与单位力偶的转向相同，即顺时针转向。

（2）求 $v_C$

在截面 $C$ 施加单位力（图 9-14b），得

$$\overline{M}_{z1} = \frac{x_1}{2}, \qquad \overline{M}_{z2} = \frac{x_2}{2}$$

由莫尔定理

$$v_C = \int_0^{\frac{l}{2}} \frac{\overline{M}_{z1} M_{z1}}{EI} dx_1 + \int_0^{\frac{l}{2}} \frac{\overline{M}_{z2} M_{z2}}{EI} dx_2$$

$$= \int_0^{\frac{l}{2}} \frac{\dfrac{x_1}{2} \cdot \dfrac{F x_1}{2}}{EI} dx_1 + \int_0^{\frac{l}{2}} \frac{\dfrac{x_2}{2} \cdot \dfrac{F x_2}{2}}{EI} dx_2 = \frac{Fl^3}{48EI}$$

挠度向下。

## 9.4　图形互乘法

对于用同一种材料制成的等直杆，由于材料常数、横截面形状和大小沿轴线不变，这样杆件刚度也不变化，于是式（9-4）可改写为

$$\Delta = \frac{\int_0^l F_N \overline{F}_N dx}{EA} + \frac{k \int_0^l F_S \overline{F}_S dx}{GA} + \frac{\int_0^l T \overline{T} dx}{GI_p} + \frac{\int_0^l M_z \overline{M}_z dx}{EI} \tag{9-5}$$

由于单位载荷属于集中载荷，因此对于直杆所引起的内力方程都是直线方程。例如 $\overline{M}_z$ 可写成 $\overline{M}_z = kx + b$。于是

$$\int_0^l M_z \overline{M}_z dx$$

$$= \int_0^l M_z (kx + b) dx = k \int_0^l M_z x dx + b \int_0^l M_z dx$$

$$= kx_C \Omega_M + b \Omega_M = \Omega_M (kx_C + b) = \Omega_M \overline{M}_C$$

这里，$\Omega_M$ 是 $M_z$ 曲线与坐标轴所围图形的面积，$x_C$ 是 $\Omega_M$ 的形心横坐标，$\overline{M}_C$ 是 $\overline{M}_z$ 在 $x_C$ 处的数值。这就是说，$\int_0^l M_z \overline{M}_z dx$ 可用 $M_z$ 图的面积 $\Omega_M$ 和其形心横坐标 $x_C$ 所对应的 $\overline{M}_z$ 的乘积来代替。

式（9-5）中的其他各项积分也可同样处理，于是式（9-5）变为

$$\Delta = \frac{\Omega_{F_N}\overline{F}_{N_C}}{EA} + \frac{k\Omega_{F_S}\overline{F}_{S_C}}{GA} + \frac{\Omega_T\overline{T}_C}{GI_p} + \frac{\Omega_M\overline{M}_C}{EI} \quad (9\text{-}6)$$

式中，$\Omega_{F_N}$ 是 $F_N$ 图的面积；$\overline{F}_{N_C}$ 是 $\Omega_{F_N}$ 形心横坐标所对应的 $\overline{F}_N$；$\Omega_{F_S}$ 是 $F_S$ 图的面积；$\overline{F}_{S_C}$ 是 $\Omega_{F_S}$ 形心横坐标所对应的 $\overline{F}_S$；$\Omega_T$ 是 $T$ 图的面积；$\overline{T}_C$ 是 $\Omega_T$ 形心横坐标所对应的 $\overline{T}$；$\Omega_M$ 与 $\overline{M}_C$ 的意义同上。

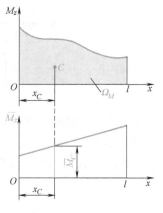

图 9-15

画出载荷的内力图和单位载荷的内力图，用式（9-6）求载荷作用时的变形的方法叫作图形互乘法，简称图乘法。

用图乘法解题时，要计算图形的面积与形心的位置，几种常见图形的面积与形心位置可查阅表 9-1。

表 9-1 几种常见图形的面积与形心位置

| 项目 | 三角形 | 二次抛物线 | | n 次抛物线 | |
|---|---|---|---|---|---|
| 图形 | | | | | |
| 面积 | $A = \dfrac{hl}{2}$ | $A_1 = \dfrac{hl}{3}$ | $A_2 = \dfrac{2hl}{3}$ | $A_1 = \dfrac{hl}{n+1}$ | $A_2 = \dfrac{nhl}{n+1}$ |
| 形心位置 | $x_C = \dfrac{l+a}{3}$ | $x_{C1} = \dfrac{3l}{4}$ | $x_{C2} = \dfrac{3l}{8}$ | $x_{C1} = \dfrac{(n+1)\,l}{n+2}$ | $x_{C2} = \dfrac{(n+1)\,l}{2\,(n+2)}$ |

**例 9-7** 悬臂梁的抗弯刚度 $EI$ 为常量，试求悬臂梁自由端 $B$ 处的挠度和转角（图 9-16）。

**解：** 忽略剪切，只考虑弯曲变形。因此，在式（9-6）中只需考虑最后一项。

$M_z$ 图如图 9-16 所示，其面积为 $\Omega_M = -\dfrac{Fl^2}{2}$，面积 $\Omega_M$ 的形心为点 $C$，其横坐标为 $l/3$。

（1）求挠度

在自由端 $B$ 作用单位力，得弯矩图 $\overline{M}_z$，点 $C$ 横坐标所对应的 $\overline{M}_z$ 为 $-2l/3$。所以

$$v_B = \frac{\Omega_M\overline{M}_C}{EI} = \frac{(-Fl^2/2)(-2l/3)}{EI} = \frac{Fl^3}{3EI} (\downarrow)$$

（2）求转角

在自由端作用单位力偶，得弯矩图 $\overline{M}_z$，点 $C$ 横坐标所对应的 $\overline{M}_z$ 为 $-1$。所以

$$\theta_B = \frac{\Omega_M \overline{M}_C}{EI} = \frac{(-Fl^2/2)(-1)}{EI} = \frac{Fl^2}{2EI}(\curvearrowright)$$

**例 9-8**　图 9-17a 所示桁架各杆长度均为 $l$，刚度均为 $EA$，求 $A$、$B$ 两点的相对位移 $\Delta_{AB}$。

**解：** 画出 $F_N$ 图，如图 9-17b 所示，各段轴力均为常数。画出 $\overline{F}_N$ 图，如图 9-17c 所示，各段轴力也均为常数。

按式（9-6）的第一项，有

$$\Delta_{AB} = \frac{\sum\limits_{i=1}^{5}(\Omega_{F_N}\overline{F}_N)_i}{EA}$$

$$= \frac{1}{EA}[4(Fl/\sqrt{3})(1/\sqrt{3}) + (-Fl/\sqrt{3})(-1/\sqrt{3})]$$

$$= \frac{5Fl}{3EA}(\leftarrow\quad\rightarrow)$$

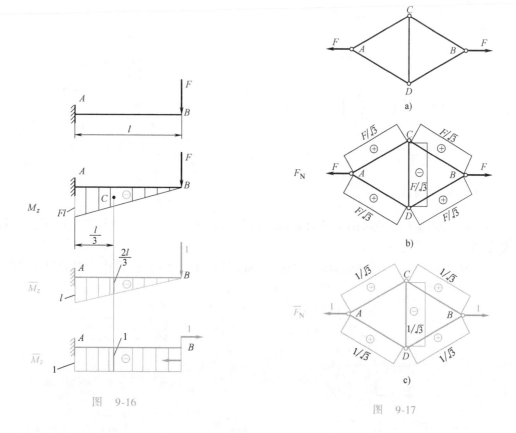

图　9-16

图　9-17

**例 9-9**　图 9-18a 所示的平面刚架，各段长度均为 $a$，刚度均为 $EI$，试求在外力 $F$ 作用下，该刚架 $A$、$C$ 两点距离的改变。

**解：** 在 $A$、$C$ 两点加单位力，如图 9-18c 所示。忽略轴力和剪力，并将弯矩图画在变形

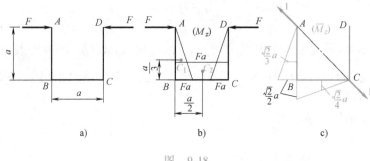

图 9-18

的凹侧。$M_z$ 图如图 9-18b 所示，$\overline{M}_z$ 图如图 9-18c 所示。由于 $CD$ 段 $\overline{M}_z$ 的值为零，因此图乘时不必考虑 $CD$ 段。根据 $AB$ 段 $M_z$ 图形心 $C_1$ 的位置，可得到相对应的 $\overline{M}_z$ 的值为 $\overline{M}_{C_1} = \dfrac{a}{\sqrt{2}} \cdot \dfrac{2}{3} = \dfrac{\sqrt{2}\,a}{3}$。根据 $BC$ 段 $M_z$ 图形心 $C_2$ 的位置，可得到相对应的 $\overline{M}_z$ 的值为 $\overline{M}_{C_2} = \dfrac{a}{\sqrt{2}} \cdot \dfrac{1}{2} = \dfrac{\sqrt{2}}{4}a$。于是

$$
\begin{aligned}
\Delta_{AC} &= \frac{1}{EI}\left( \Omega_{M_1}\overline{M}_{C_1} + \Omega_{M_2}\overline{M}_{C_2} \right) \\
&= \frac{1}{EI}\left[ \frac{1}{2} \cdot Fa \cdot a \cdot \left( -\frac{\sqrt{2}\,a}{3} \right) + Fa \cdot a \cdot \left( -\frac{\sqrt{2}}{4}a \right) \right] \\
&= -\frac{5Fa^3}{6\sqrt{2}\,EI} \quad ( \rightarrow \quad \leftarrow )
\end{aligned}
$$

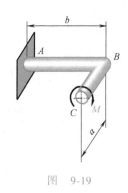

图 9-19

$A$、$C$ 两点距离减小了 $\dfrac{5Fa^3}{6\sqrt{2}\,EI}$。

例 9-10　求图 9-19 所示刚架端面 $C$ 的扭转角和 $B$ 处的挠度。已知抗弯刚度为 $EI$，抗扭刚度为 $GI_p$。

解：画出 $M$ 作用下各段内力图，如图 9-20a 所示，$C_1$、$C_2$ 是各段内力图的形心。

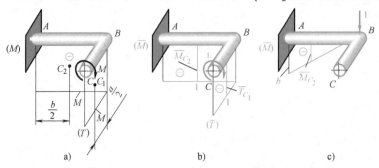

图 9-20

（1）求转角

在 $C$ 端施加单位力偶，其作用时的内力图如图 9-20b 所示，$\overline{T}_{C_1} = -1$，$\overline{M}_{C_2} = -1$。于是

$$\phi_C = \frac{\Omega_{t_1}\overline{T}_{C_1}}{GI_p} + \frac{\Omega_{M_2}\overline{M}_{C_2}}{EI} = \frac{-Ma \cdot (-1)}{GI_p} + \frac{-Mb \cdot (-1)}{EI} = M\left(\frac{a}{GI_p} + \frac{b}{EI}\right)(\,\text{↷}\,)$$

（2）求 $B$ 端挠度

在 $B$ 端施加单位力，其作用时的内力图如图 9-20c 所示，$\overline{M}_{C_2} = -\dfrac{b}{2}$。于是

$$v_B = \frac{\Omega_{M_2}\overline{M}_{C_2}}{EI} = \frac{-Mb \cdot \left(-\dfrac{b}{2}\right)}{EI} = \frac{Mb^2}{2EI}(\downarrow)$$

**例 9-11**　求图 9-21a 所示悬臂梁在组合外力作用时自由端的挠度和转角。

**解**：组合载荷可按叠加原理分解为如图 9-21b、c 所示的两种载荷的叠加；弯矩图分别为 $M_q$、$M_F$；弯矩图的形心分别为 $C_1$、$C_2$。

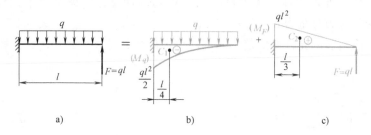

图　9-21

（1）求自由端挠度

在自由端施加单位力，画出弯矩图，如图 9-22a 所示，$\overline{M}_{Cq} = -3l/4$，$\overline{M}_{CF} = -2l/3$。

$$v = \frac{1}{EI}(\Omega_q\overline{M}_{Cq} + \Omega_F\overline{M}_{CF})$$

$$= \frac{1}{EI}\left[-\frac{1}{3} \cdot \frac{ql^2}{2} \cdot l \cdot \left(-\frac{3l}{4}\right) + \frac{1}{2} \cdot ql^2 \cdot l \cdot \left(-\frac{2l}{3}\right)\right]$$

$$= -\frac{5ql^4}{24EI}(\uparrow)$$

（2）求自由端转角

在自由端施加单位力偶，画出弯矩图，如图 9-22b 所示。$\overline{M}_{Cq} = -1$，$\overline{M}_{CF} = -1$。

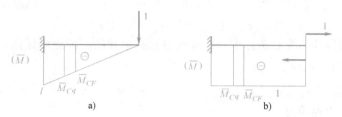

图　9-22

$$\theta = \frac{1}{EI}(\Omega_q \overline{M}_{Cq} + \Omega_F \overline{M}_{CF})$$

$$= \frac{1}{EI}\left[ -\frac{1}{3} \cdot \frac{ql^2}{2} \cdot l \cdot (-1) + \frac{1}{2} \cdot ql^2 \cdot l \cdot (-1) \right]$$

$$= -\frac{ql^3}{3EI}(\searrow)$$

## 9.5 虚功原理应用于小变形固体

### 9.5.1 用应力和应变表达的内力虚功

对于一般形状的变形固体，为了进行内力虚功的计算，考虑某个单元体（图 9-23a），由平衡力系引起的应力分量为 $\sigma_x{}^*$、$\sigma_y{}^*$、$\sigma_z{}^*$、$\tau_{xy}{}^* = \tau_{yx}{}^*$、$\tau_{yz}{}^* = \tau_{zy}{}^*$、$\tau_{zx}{}^* = \tau_{xz}{}^*$。

如果某些原因引起的允许变形使单元体产生了应变分量 $\varepsilon_x$、$\varepsilon_y$、$\varepsilon_z$，如图9-23b 所示。

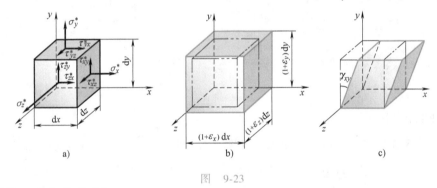

图　9-23

这时单元体上内力的虚功为

$$dW_i' = \sigma_x{}^* dydz \cdot \varepsilon_x dx + \sigma_y{}^* dzdx \cdot \varepsilon_y dy + \sigma_z{}^* dxdy \cdot \varepsilon_z dz$$

$$= (\sigma_x{}^* \varepsilon_x + \sigma_y{}^* \varepsilon_y + \sigma_z{}^* \varepsilon_z) dxdydz$$

如果某些原因引起的允许变形使单元体产生了应变分量 $\gamma_{xy}$，如图 9-23c 所示，这时单元体上内力的虚功为

$$dW_i'' = \tau_{yx}{}^* dxdz \cdot \gamma_{xy} dy = \tau_{xy}{}^* \gamma_{xy} dxdydz$$

如果允许变形使单元体产生了应变分量 $\gamma_{xy}$、$\gamma_{yz}$、$\gamma_{zx}$，在小变形条件下，可以认为在单元体上与 $\gamma_{xy}$、$\gamma_{yz}$、$\gamma_{zx}$ 相对应的三个剪切变形互相独立，这样，内力的虚功可通过合加得到

$$dW_i''' = (\tau_{xy}{}^* \gamma_{xy} + \tau_{yz}{}^* \gamma_{yz} + \tau_{zx}{}^* \gamma_{zx}) dxdydz$$

注意到在各向同性小变形条件下六个应变分量是独立的，因此单元体上内力的虚功为

$$dW_i = dW_i' + dW_i'''$$

$$= (\sigma_x{}^* \varepsilon_x + \sigma_y{}^* \varepsilon_y + \sigma_z{}^* \varepsilon_z + \tau_{xy}{}^* \gamma_{xy} + \tau_{yz}{}^* \gamma_{yz} + \tau_{zx}{}^* \gamma_{zx}) dxdydz$$

变形固体的内力虚功为

$$W_i = \iiint\limits_V (\sigma_x{}^* \varepsilon_x + \sigma_y{}^* \varepsilon_y + \sigma_z{}^* \varepsilon_z + \tau_{xy}{}^* \gamma_{xy} + \tau_{yz}{}^* \gamma_{yz} + \tau_{zx}{}^* \gamma_{zx}) dV \qquad (9-7)$$

### 9.5.2　功互等定理

设想两组平衡力系 $\boldsymbol{q}_S'$、$\boldsymbol{q}_V'$ 和 $\boldsymbol{q}_S''$、$\boldsymbol{q}_V''$ 分别作用于某线弹性物体，产生的应力分量、应变分量、位移矢量分别为 $\sigma_x'$、$\sigma_y'$、$\sigma_z'$、$\tau_{xy}'=\tau_{yx}'$、$\tau_{yz}'=\tau_{zy}'$、$\tau_{zx}'=\tau_{xz}'$、$\varepsilon_x'$、$\varepsilon_y'$、$\varepsilon_z'$、$\gamma_{xy}'\gamma_{yz}'$、$\gamma_{zx}'$、$\boldsymbol{\delta}'$ 和 $\sigma_x''$、$\sigma_y''$、$\sigma_z''$、$\tau_{xy}''=\tau_{yx}''$、$\tau_{yz}''=\tau_{zy}''$、$\tau_{zx}''=\tau_{xz}''$、$\varepsilon_x''$、$\varepsilon_y''$、$\varepsilon_z''$、$\gamma_{xy}''$、$\gamma_{yz}''$、$\gamma_{zx}''$、$\boldsymbol{\delta}''$。

利用虚功原理和广义胡克定律可作如下推导

$$\oiint_S q_S' \cdot \delta'' \mathrm{d}S + \iiint_V q_V' \cdot \delta'' \mathrm{d}V$$

$$= \iiint_V (\sigma_x'\varepsilon_x'' + \sigma_y'\varepsilon_y'' + \sigma_z'\varepsilon_z'' + \tau_{xy}'\gamma_{xy}'' + \tau_{yz}'\gamma_{yz}'' + \tau_{zx}'\gamma_{zx}'') \mathrm{d}V$$

$$= \iiint_V \left[ \sigma_x' \cdot \frac{1}{E}(\sigma_x'' - \nu\sigma_y'' - \nu\sigma_z'') + \sigma_y' \cdot \frac{1}{E}(\sigma_y'' - \nu\sigma_z'' - \nu\sigma_x'') + \right.$$
$$\left. \sigma_z' \cdot \frac{1}{E}(\sigma_z'' - \nu\sigma_x'' - \nu\sigma_y'') + \tau_{xy}' \cdot \frac{\tau_{xy}''}{G} + \tau_{yz}' \cdot \frac{\tau_{yz}''}{G} + \tau_{zx}' \cdot \frac{\tau_{zx}''}{G} \right] \mathrm{d}V$$

$$= \iiint_V \left[ \sigma_x'' \cdot \frac{1}{E}(\sigma_x' - \nu\sigma_y' - \nu\sigma_z') + \sigma_y'' \cdot \frac{1}{E}(\sigma_y' - \nu\sigma_z' - \nu\sigma_x') + \right.$$
$$\left. \sigma_z'' \cdot \frac{1}{E}(\sigma_z' - \nu\sigma_x' - \nu\sigma_y') + \tau_{xy}'' \cdot \frac{\tau_{xy}'}{G} + \tau_{yz}'' \cdot \frac{\tau_{yz}'}{G} + \tau_{zx}'' \cdot \frac{\tau_{zx}'}{G} \right] \mathrm{d}V$$

$$= \iiint_V (\sigma_x''\varepsilon_x' + \sigma_y''\varepsilon_y' + \sigma_z''\varepsilon_z' + \tau_{xy}''\gamma_{xy}' + \tau_{yz}''\gamma_{yz}' + \tau_{zx}''\gamma_{zx}') \mathrm{d}V$$

$$= \oiint_S q_S'' \cdot \delta' \mathrm{d}S + \iiint_V q_V'' \cdot \delta' \mathrm{d}V$$

由此可得**功互等定理**：第一组平衡力系在第二组平衡力系引起的位移上所做的功等于第二组平衡力系在第一组平衡力系引起的位移上所做的功。

它的数学表达式为

$$\oiint_S q_S' \cdot \delta'' \mathrm{d}S + \iiint_V q_V' \cdot \delta'' \mathrm{d}V = \oiint_S q_S'' \cdot \delta' \mathrm{d}S + \iiint_V q_V'' \cdot \delta' \mathrm{d}V \tag{9-8}$$

功互等定理是力学中应用非常广泛的一个定理。

---

**例 9-12**　如图 9-24a 所示，等直杆弹性模量为 $E$，泊松比为 $\nu$，横截面面积为 $A$，长为 $l$，横向尺寸为 $b$。求在一对力 $\boldsymbol{F}$ 作用下杆件长度的变化量 $\Delta l$。

**解：**设另一组平衡力系如图 9-24b 所示，则有

$$\frac{\Delta b}{b} = -\nu \frac{\Delta l}{l} = -\nu \frac{F_1 l/EA}{l}$$

$$\Delta b = -\frac{\nu b F_1}{EA}$$

由功互等定理

$$F \left| \Delta b \right| = F_1 \Delta l$$

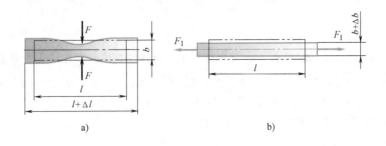

图　9-24

得

$$\Delta l = \frac{\nu F b}{EA}$$

**例 9-13**　悬臂梁在力 $F$ 作用下产生端面转角 $\theta$（图 9-25a），在力偶 $M$ 作用下产生端面挠度 $v$（图 9-25b），求 $\theta$、$v$、$F$、$M$ 之间的关系。

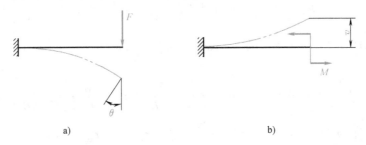

图　9-25

解：由功互等定理

$$- Fv = - M\theta$$

即 $\theta$、$v$、$F$、$M$ 之间的关系可写为

$$Fv = M\theta$$

### 9.5.3　位移互等定理

如果变形固体置于刚性支座上，物体变形时各点的位移就成为相对于支座的位移。施加一个广义力 $F$（力或力偶），这时，这个广义力和支座约束力共同组成平衡力系，这个平衡力系的虚功就等于这个广义力的虚功。

参照图 9-26，如果对同一物体在点 $A$ 作用广义力，大小为 $F$（图 9-26a）或在点 $B$ 作用广义力，大小为 $F$（图 9-26b）。则由功互等定理有（$\Delta_{BA}$ 平行于 $B$ 点的 $F$；$\Delta_{AB}$ 平行于 $A$ 点的 $F$）

$$F\Delta_{BA} = F\Delta_{AB}$$

由此得

$$\Delta_{BA} = \Delta_{AB} \tag{9-9}$$

位移互等定理：对于放置于刚性支座上的小变形线弹性体，将大小相等的广义力作用于位置 $A$

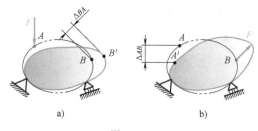

图　9-26

或位置 $B$，则作用于位置 $A$ 时引起的在位置 $B$ 处平行于作用在位置 $B$ 的广义力（作用线或作用面）的广义位移 $\Delta_{BA}$ 等于作用于位置 $B$ 时引起的在位置 $A$ 处平行于作用在位置 $A$ 的广义力（作用线或作用面）的广义位移 $\Delta_{AB}$。

在梁的点 $A$ 施加力 $F$，欲用钟面式百分表测量 $B$、$C$、$D$ 各点的挠度（图9-27a），可改为把钟面式百分表置于点 $A$ 不动，把力 $F$ 分别施加于 $B$、$C$、$D$ 各点（图9-27b）。根据位移互等定理，力 $F$ 作用于某一点时，在点 $A$ 的钟面式百分表的读数就是力 $F$ 作用于点 $A$ 时，该点应有的挠度值。

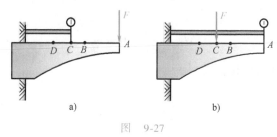

图　9-27

## 9.6　冲击

当变形固体受到急剧变化的外力作用时，应力和应变也将急剧变化，这种现象称为冲击。

引起冲击的载荷称为冲击载荷。冲击载荷及由冲击载荷引起的量常以字母 d 为角标来表示。

对于冲击问题，由于冲击载荷的变化规律难以精确掌握，因此常采用能量守恒原理求得近似解答。

为了研究问题方便，作以下假设：

1）冲击物的变形足够微小，可把冲击物看作刚体。

2）被冲击物的变形为弹性小变形，服从胡克定律，质量可忽略，没有惯性。

3）冲击物失去的机械能完全转变为被冲击物的变形能。

如果用 $U_s$ 表示冲击物的机械能，用 $U_r$ 表示被冲击物的变形能，则有

$$\Delta(U_s + U_r) = 0$$

或

$$\Delta U_s + \Delta U_r = 0 \tag{9-10}$$

式（9-10）是用能量守恒原理解决冲击问题的基本方程。

根据以上假设，任何被冲击的构件，都可以简化为一个弹簧（构件不同，其弹簧刚度系数亦不同）。现在研究弹簧受冲击的问题。

### 9.6.1　受水平运动体冲击

图 9-28a 表示光滑水平面上运动着冲击物 $A$，动能为 $T$，弹簧的刚度系数为 $k$。图 9-28b 表示冲击结束时，弹簧受到的最大冲击力 $F_d$。

图　9-28

对于强度，刚度或稳定性计算，首要的问题是确定最大冲击载荷。

知道了最大冲击载荷，求其他未知量就与静载荷问题的计算方法没有区别了。

这里，$\Delta U_s = 0 - T = -T$，

$$\Delta U_r = \frac{F_d^2}{2k} - 0 = \frac{F_d^2}{2k}$$

将 $\Delta U_s$、$\Delta U_r$ 代入式（9-10）有

$$\frac{F_d^2}{2k} - T = 0$$

得到

$$F_d = \sqrt{2kT}$$

如果冲击物质量为 $m$，速度为 $v$，则

$$T = \frac{1}{2}mv^2$$

而有

$$F_d = v\sqrt{km} \tag{9-11}$$

### 9.6.2　受垂直落体冲击

图 9-29a 表示垂直落体 $A$ 开始冲击弹簧。落体 $A$ 的重量为 $W$，冲击开始时的动能为 $T$，弹簧刚度系数为 $k$。图 9-29b 表示冲击结束时，最大冲击力为 $F_d$。

$$\Delta U_s = -W\delta_d - T = -W\frac{F_d}{k} - T$$

$$\Delta U_r = \frac{F_d^2}{2k} - 0 = \frac{F_d^2}{2k}$$

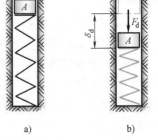

图　9-29

代入式（9-10）有

$$\frac{F_d^2}{2k} - \frac{W}{k}F_d - T = 0$$

得到

$$F_d = W \pm \sqrt{W^2 + 2kT}$$

舍去不合理的负根得

$$F_d = W\left(1 + \sqrt{1 + \frac{2kT}{W^2}}\right)$$

令

$$k_d = 1 + \sqrt{1 + \frac{2kT}{W^2}} \qquad (9\text{-}12)$$

则

$$F_d = k_d W$$

如果把冲击物静置于弹簧冲击点上，弹簧会受到静载荷 $W$，因此，最大冲击力是静载荷的 $k_d$ 倍。

一般，将静载荷用 $F_{st}$ 表示，最大冲击载荷用 $F_d$ 表示，两者的数值关系可写成

$$F_d = k_d F_{st}$$

式中的 $k_d$ 称为动荷因数。

$k_d$ 的值随冲击问题而定。特别，对于自由落体冲击弹簧，如果冲击物自由下落高度为 $h$ 时开始冲击，则有

$$T = Wh$$

代入式（9-12）有

$$k_d = 1 + \sqrt{1 + \frac{2kh}{W}}$$

然而，如果令 $\delta_{st}$ 为落体静置于弹簧上产生的静变形，则有

$$\frac{k}{W} = \frac{1}{\delta_{st}}$$

因此

$$k_d = 1 + \sqrt{1 + \frac{2h}{\delta_{st}}} \qquad (9\text{-}13)$$

一般的弹性物体受冲击，也可当作弹簧受冲击对待，只不过变形不同而已。

对于冲击问题，计算出了动荷因数，由于有关系式

$$F_d = k_d F_{st}$$

则凡是与载荷成正比的量，其在冲击载荷下的最大值和静载荷下的值之比皆为 $k_d$。例如

$$\delta_d = k_d \delta_{st}$$

$$\sigma_d = k_d \sigma_{st}$$

等等。这里 $\delta_d$，$\sigma_d$，$\cdots$ 分别称为动变形，动应力等。

---

例 9-14　图 9-30 所示的重锤重 $W = 40\text{kN}$，从 $h = 800\text{mm}$ 高度自由下落撞击桩柱，桩柱长 $l = 2\text{m}$，横截面面积 $A = 5000\text{mm}^2$，弹性模量 $E = 30\text{GPa}$，求桩柱横截面动应力的上限。

解：忽略能量向基础的传播，可求得动应力的上限。

$$\delta_{st} = \frac{Wl}{EA} = \left( \frac{40 \times 10^3 \times 2}{30 \times 10^9 \times 5000 \times 10^{-6}} \right) m = 0.53 \times 10^{-3} m$$

由式（9-13）得

$$k_d = 1 + \sqrt{1 + \frac{2 \times 800 \times 10^{-3}}{0.53 \times 10^{-3}}} = 56$$

$$\sigma_{st} = \frac{W}{A} = \left( \frac{40 \times 10^3}{5000 \times 10^{-6}} \right) Pa = 8MPa$$

$$\sigma_d = k_d \sigma_{st} = 56 \times 8MPa = 448MPa$$

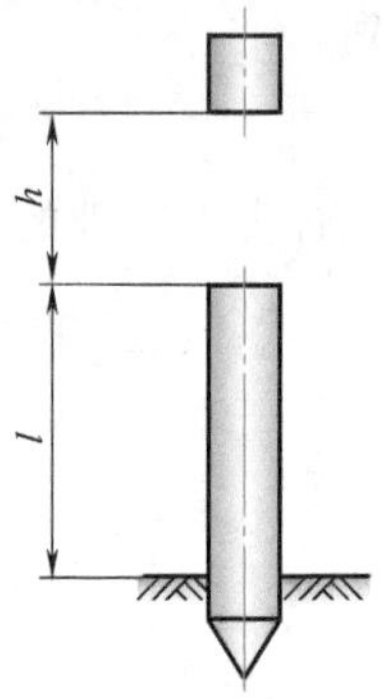

即动应力的上限为448MPa。

图　9-30

例 9-15　图 9-31a 表示悬臂梁受自由落体冲击。悬臂梁的弹性模量 $E = 200GPa$，横截面为边长 20mm 的正方形；落体重 $W = 10N$，自由下落高度 $h = 1m$，求最大弯曲动应力和最大弯曲动挠度。

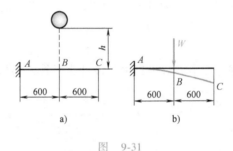

图　9-31

解：静载下的变形如图 9-31b 所示。

$$(\sigma_{st})_{max} = \frac{M_{max}}{W} = \left( \frac{10 \times 0.6}{\frac{1}{6} \times (20 \times 10^{-3})^3} \right) Pa = 4.5MPa$$

这个应力在截面 $A$ 上。

$$(v_{st})_{max} = v_B + \theta_B \cdot l_{BC} = \frac{Wl_{AB}^3}{3EI} + \frac{Wl_{AB}^2}{2EI}l_{BC} = \frac{5}{6}\frac{Wl_{AB}^3}{EI}$$

$$= \left( \frac{5}{6} \times \frac{10 \times 0.6^3}{200 \times 10^9 \times \frac{1}{12} \times (20 \times 10^{-3})^4} \right) m = 6.75 \times 10^{-4} m$$

这个挠度在截面 $C$ 处。

$$\delta_{st} = v_B = \frac{Wl_{AB}^3}{3EI} = \frac{2(v_{st})_{max}}{5} = \left( \frac{2}{5} \times 6.75 \times 10^{-4} \right) m = 2.7 \times 10^{-4} m$$

这个挠度在截面 $B$ 处。

$$k_d = 1 + \sqrt{1 + \frac{2h}{\delta_{st}}} = 1 + \sqrt{1 + \frac{2 \times 1}{2.7 \times 10^{-4}}} = 87.1$$

$$(\sigma_d)_{max} = k_d(\sigma_{st})_{max} = 87.1 \times 4.5MPa = 387MPa（在截面 A 上）$$

$$(v_d)_{max} = k_d(v_{st})_{max} = (87.1 \times 6.75 \times 10^{-4})m$$

$$= 5.88 \times 10^{-2}m = 58.8mm(在截面 C 处)$$

**例 9-16** 图 9-32 表示飞轮 $B$ 的角速度为 $\omega = 1rad/s$，转动惯量 $I = 40kg \cdot m^2$，轴长 $l = 1m$，直径 $d = 6mm$，切变模量 $G = 80GPa$，当轴的 $A$ 端因制动而突然静止，求轴内的最大扭转切应力。

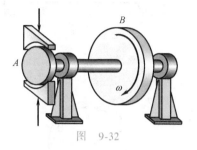

图 9-32

**解**：$\Delta U_s = 0 - \dfrac{I\omega^2}{2} = -\left(\dfrac{1}{2} \times 40 \times 1^2\right)J$

$$= -20J$$

将轴看作扭转弹簧，由 $\phi = \dfrac{Tl}{GI_p}$，可知 $k = \dfrac{GI_p}{l}$，因此

$$\Delta U_r = \frac{M_d^2}{2k} - 0 = \frac{M_d^2}{2k}$$

这里，$M_d$ 为最大冲击力偶矩，忽略轴的质量即忽略轴的动能。

由 $\Delta U_r + \Delta U_s = 0$，有

$$\frac{M_d^2}{2k} = 20$$

$$M_d = \sqrt{40k} = \sqrt{40 \cdot \frac{GI_p}{l}} = \left(\sqrt{40 \times \frac{80 \times 10^9 \times \frac{\pi}{32} \times (6 \times 10^{-3})^4}{1}}\right)N \cdot m$$

$$= 20.17N \cdot m$$

$$T_d = M_d = 20.17N \cdot m$$

$$(\tau_d)_{max} = \frac{T_d}{W_t} = \left(\frac{20.17}{\frac{\pi}{16} \times (6 \times 10^{-3})^3}\right)MPa = 476MPa$$

 **习 题**

9-1 （1）用图 9-9c 的平衡外力系和图 9-9b 的允许变形验证虚功原理；（2）用图 9-9c 的平衡外力系和图 9-9a 的允许变形验证虚功原理；（3）用图 9-9b 的平衡外力系和图 9-9a 的允许变形验证虚功原理；（4）用图 9-9a 的平衡外力系和图 9-9b 的允许变形验证虚功原理。

9-2 求习题 9-2 图所示梁中央截面 $C$ 的挠度和 $A$ 端转角。

9-3 习题 9-3 图所示变截面梁，弹性模量为 $E$，求截面 $B$ 的挠度和截面 $A$ 的转角。

9-4 习题 9-4 图所示开口圆环，$\delta \ll R$，抗弯刚度 $EI$，求截面 $A$、$B$ 的相对转角 $\theta_{AB}$。

9-5 等截面曲杆 $BC$ 的轴线为四分之三的圆周如习题 9-5 图所示，抗弯刚度 $EI$，若将 $AB$ 杆视为刚性杆，试求在 $F$ 力作用下，截面 $B$ 的水平位移和垂直位移。

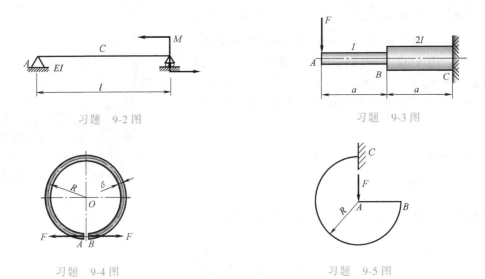

习题　9-2 图　　　　习题　9-3 图

习题　9-4 图　　　　　　习题　9-5 图

9-6　习题 9-6 图所示刚架各段长 $l$，求 $A$ 截面转角和水平位移。

9-7　习题 9-7 图所示简支梁的上、下两表面温度分别为 $t_1$ 和 $t_2$，如果 $t_2 > t_1$，且顶面和底面间的温度按直线规律变化，材料的膨胀系数为 $\alpha$，试求 $A$ 截面的转角和跨中截面 $C$ 的挠度。

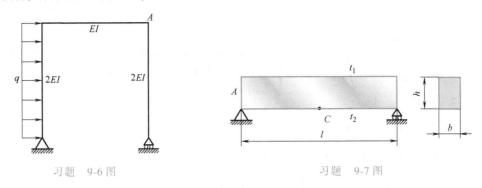

习题　9-6 图　　　　　　　　　　习题　9-7 图

9-8　习题 9-8 图所示简支梁，其 $A$ 端受集中力偶作用时的挠曲线方程为 $v_M = -\dfrac{Mx}{6EIl}(l-x)(2l-x)$，求在简支梁受集中力时 $A$ 端转角 $\theta_A$ 与集中力 $F$ 的作用点坐标 $x$ 的关系。

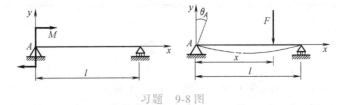

习题　9-8 图

9-9　习题 9-9 图所示桁架每根杆的横截面面积为 $A$，弹性模量为 $E$，试用能量法求力 $F$ 作用点的水平位移。

9-10　对习题 9-10 图所示悬臂梁和载荷，求点 $D$ 处的挠度和转角。

9-11　对习题 9-11 图所示外伸梁和载荷，求点 $D$ 处的挠度和转角。

9-12　对图 9-12 所示简支梁，求：(1) $A$ 端转角；(2) $B$ 端转角；(3) $C$ 截面转角。

9-13　习题 9-13 图所示桁架由七根杆组成，弹性模量 $E = 70\text{GPa}$，杆 $AB$、$AC$、$AD$、$CE$ 的横截面面积均为 $500\text{mm}^2$，其他杆的横截面面积均为 $100\text{mm}^2$，求铰 $D$ 的垂直位移。

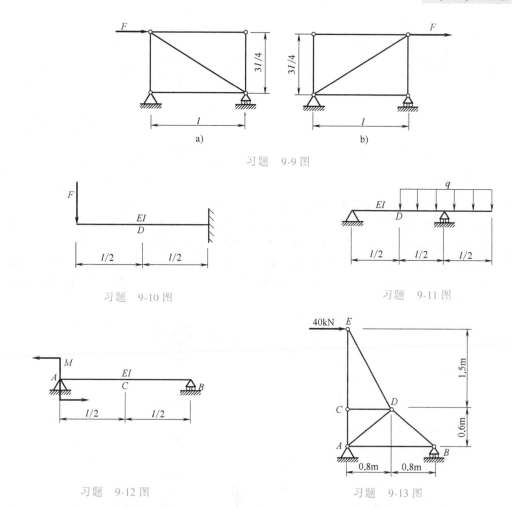

习题 9-9 图

习题 9-10 图

习题 9-11 图

习题 9-12 图

习题 9-13 图

9-14 刚架和载荷如习题 9-14 图所示，各段杆的刚度均为 $EI$，求 $C$ 端的位移和转角。

9-15 质量为 35kg 的套环 $D$ 从高为 $h$ 的静止位置被释放，如习题 9-15 图所示，撞到杆的盘状端 $C$ 而停止，已知 $E=200\text{GPa}$，试确定高度 $h$ 使满足杆内的最大应力为 250MPa。

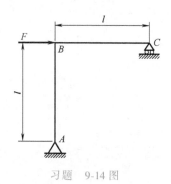

习题 9-14 图

习题 9-15 图

9-16 习题 9-16 图所示空心圆柱 $AB$，下端固定，外径 80mm，壁厚 6mm，$E=200\text{GPa}$。一个质量为 5kg 的水平飞行物体 $C$ 以 $v=2.55\text{m/s}$ 的速度撞击在空心圆柱上端 $A$ 处，求空心圆柱内最大的正应力。

9-17 质量为 10kg 的物体 $D$ 从 $h=450\text{mm}$ 高处自由下落，撞击到梁 $AB$ 上的位置 $E$ 处，如习题 9-17 图所示，梁的弹性模量 $E=70\text{GPa}$，求：（1）$E$ 的最大挠度；（2）梁内的最大正应力。

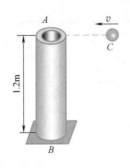

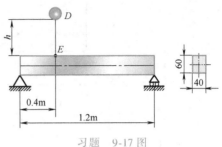

习题　9-16 图 习题　9-17 图

9-18　如习题 9-18 图所示，试求重量为 $W$ 的球滚动到悬臂梁 $A$ 上时，梁的最大挠度。

9-19　重 $W$ 的物体可绕梁 $AB$ 的 $A$ 端转动，当它在最高位置时水平速度为 $v$，如习题 9-19 图所示，若梁长 $l$、抗弯刚度 $EI$、抗弯截面模量 $W_z$ 均已知，试求冲击时梁内最大正应力。

9-20　长为 $l$，抗弯刚度为 $EI$ 的悬臂梁，在自由端安装一起重机，重为 $W$ 的重物以速度 $v$ 匀速下落，如习题 9-20 图所示，现在起重机突然制动，求此时吊索中的动应力。已知吊索长为 $a$，横截面面积为 $A$，弹性模量为 $E$。

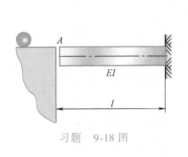

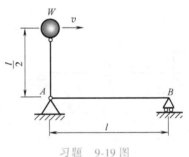

习题　9-18 图 习题　9-19 图

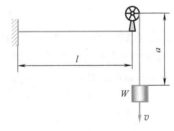

习题　9-20 图

# 10

# 第 10 章

## 超静定结构

第 5 章曾阐述了拉伸与压缩杆件简单超静定问题的概念及其分析方法。但对于一些复杂的超静定结构，例如超静定桁架、刚架等，需要进一步研究分析超静定结构的原理与方法。

由于结构约束情况不同，超静定结构可分为三类：仅在结构外部有多余的约束，即约束力是超静定的，称为外力超静定结构；仅在结构内部存在多余的约束，即内力是超静定的，称为内力超静定结构；在结构外部和内部均有多余的约束，即约束力和内力均是超静定的，称为外力与内力超静定结构。

本章在能量原理基础上，研究解决超静定结构的力法以及建立补充方程的一般形式——力法代数方程。

## 10.1 超静定结构的概念及其分析方法

### 10.1.1 超静定结构的概念

图 10-1a 所示的曲杆，固定端 $A$ 处有三个约束力，而独立的静力平衡方程有三个，故仅用平衡方程就能解出这三个约束力，称为静定结构。由于某些特定的工程需要，例如要提高其强度或刚度，在 $B$ 处增加了一个铰支座，如图 10-1b 所示，现在有四个约束力，平衡方程仍然是三个，这样就出现了一个多余约束、约束力，是外力超静定结构。注意，这里所说的"多余"是指对于保持结构平衡和几何不变性来说是多余的。

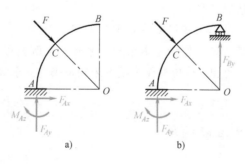

图　10-1

图 10-2a 所示的静定刚架，$A$、$B$ 处的三个约束力可以通过静力平衡方程求出。这样，任一截面（例如图 10-2b 中所示的 $C$ 截面）的三个内力亦完全可以通过静力平衡方程求出。

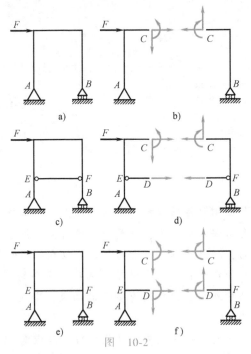

图 10-2

现增加一个二力杆$EF$，如图 10-2c 所示，此时 $D$ 截面又出现一个内力（图 10-2d），总共四个内力，但平衡方程仍然是三个，这样内力就不能全部由静力平衡方程解出。图 10-2e 所示为静定刚架加 $EF$ 杆后形成一封闭刚架结构，这样就有六个内力（图 10-2f），三个静力平方程解不出六个内力。像这种仅用平衡方程不能解出全部内力的结构，称为内力超静定结构。图 10-3 所示的刚架，约束力与内力不能全部由平衡方程解出，称为外力与内力超静定结构。

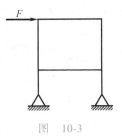

图 10-3

约束力与内力均是未知力，而超过静力平衡方程数目的未知力数目称为超静定次数。例如，图 10-2c 所示结构是一次超静定结构；而图 10-2e 所示结构是三次超静定结构。

### 10.1.2 超静定结构的分析方法

超静定结构的分析方法有三种：
- 力法 以未知力作为基本未知量来建立求解方程。
- 位移法 以结构的某些位移作为基本未知量来建立求解方程。
- 混合法 以部分未知力和部分位移作为基本未知量来建立求解方程。

本书只介绍力法。

## 10.2 用力法分析超静定结构

### 10.2.1 力法代数方程

现在以图 10-4a 所示的一次超静定结构（1/4 圆弧曲杆）为例，阐述力法的解题方法。

首先视 $B$ 处的可动铰支座为多余约束予以解除，得到如图 10-4b 所示的静定结构，为原结构的基本结构；然后以未知约束力 $X_1$（不能通过静力平衡方程求出）代替被解除支座的约束，再加上原来的外力 $F$，得到如图 10-4c 所示的结构，称为原结构的相当结构。之所以称为相当结构，是要求该结构的变形与原结构的变形完全相同。例如，截面 $B$ 的铅垂位移 $\Delta_1$ 应为零，即

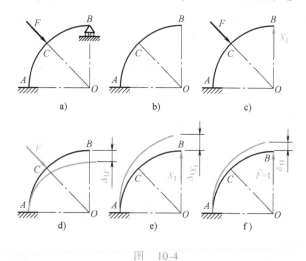

图 10-4

$$\Delta_1 = 0 \tag{a}$$

应用叠加原理，$\Delta_1$ 可视为 $F$ 单独作用引起 $B$ 的铅垂位移 $\Delta_{1F}$（图 10-4d）与 $X_1$ 单独作用引起 $B$ 的铅垂位移 $\Delta_{1X_1}$（图 10-4e）的叠加，即

$$\Delta_1 = \Delta_{1X_1} + \Delta_{1F} = 0 \tag{b}$$

根据莫尔定理，欲求 $\Delta_{1X1}$，可在基本结构的 $B$ 处沿铅垂向上方向加单位力 $\overline{F} = 1$，如图 10-4f 所示。由于变形与力呈线性关系，若单位力引起的位移用 $\delta_{11}$ 表示（图 10-4f），那么有

$$\Delta_{1X_1} = X_1 \delta_{11} \tag{c}$$

将式（c）代入式（b）中，得

$$\delta_{11} X_1 + \Delta_{1F} = 0 \tag{10-1}$$

式中，$X_1$ 为约束力；$\delta_{11}$ 为单位力 $\overline{F}$ 引起 $B$ 处的铅垂位移；$\Delta_{1F}$ 为原外力 $F$ 引起 $B$ 处的铅垂位移。式（10-1）称为力法代数方程，是一次超静定问题补充方程的一般形式。

在式（10-1）中，$\delta_{11}$、$\Delta_{1F}$ 均可应用莫尔定理或其他方法求出。这样，就可通过式（10-1）最终解出 $X_1$。

综上所述，力法分析超静定结构的要点是：①解除多余的约束，并以相应的约束力 $X_1$ 代替其作用，得到原结构的相当结构；②相当结构已经变为静定结构，其变形应与原结构相同，从而建立力法代数方程；③解此方程，可求得未知的约束力 $X_1$ 的值。

**10.2.2　二次超静定结构力法代数方程**

若将图 10-4a 所示结构的 $B$ 处改为固定铰支座，如图 10-5a 所示，则为二次超静定结构，其相当结构如图 10-5b 所示，截面 $B$ 的铅垂与水平位移均为零，即

$$\Delta_1 = 0$$
$$\Delta_2 = 0 \tag{d}$$

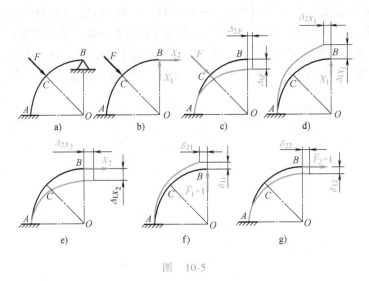

图 10-5

现在只分析 $\Delta_1$，应用叠加原理可知

$$\Delta_1 = \Delta_{1F} + \Delta_{1X_1} + \Delta_{1X_2} = 0 \qquad (\text{e})$$

式中，$\Delta_{1F}$、$\Delta_{1X_1}$、$\Delta_{1X_2}$ 分别是 $F$、$X_1$、$X_2$ 单独作用引起 $B$ 处的铅垂位移（图10-5c、d、e）。为求后两个位移 $\Delta_{1X_1}$、$\Delta_{1X_2}$，可在 $B$ 处加铅垂单位力 $\overline{F}_1 = 1$（图 10-5f）和水平单位力 $\overline{F}_2 = 1$（图10-5g）。单位力 $\overline{F}_1$、$\overline{F}_2$ 引起 $B$ 处的铅垂方向位移分别用 $\delta_{11}$ 和 $\delta_{12}$ 表示，则

$$\Delta_{1X_1} = X_1 \delta_{11}$$

$$\Delta_{1X_2} = X_2 \delta_{12}$$

代入式（e）中，得

$$\Delta_1 = \delta_{11} X_1 + \delta_{12} X_2 + \Delta_{1F} = 0$$

同理可得

$$\Delta_2 = \delta_{21} X_1 + \delta_{22} X_2 + \Delta_{2F} = 0$$

这样，二次超静定结构的力法代数方程写成矩阵形式是

$$\begin{pmatrix} \delta_{11} & \delta_{12} \\ \delta_{21} & \delta_{22} \end{pmatrix} \begin{pmatrix} X_1 \\ X_2 \end{pmatrix} + \begin{pmatrix} \Delta_{1F} \\ \Delta_{2F} \end{pmatrix} = \begin{pmatrix} 0 \\ 0 \end{pmatrix} \qquad (10\text{-}2)$$

### 10.2.3 $n$ 次超静定结构力法代数方程

将式（10-2）推广到 $n$ 次超静定结构，得到力法代数方程的一般形式

$$\begin{pmatrix} \delta_{11} & \delta_{12} & \cdots & \delta_{1n} \\ \delta_{21} & \delta_{22} & \cdots & \delta_{2n} \\ \vdots & \vdots & & \vdots \\ \delta_{n1} & \delta_{n2} & \cdots & \delta_{nn} \end{pmatrix} \begin{pmatrix} X_1 \\ X_2 \\ \vdots \\ X_n \end{pmatrix} + \begin{pmatrix} \Delta_{1F} \\ \Delta_{2F} \\ \vdots \\ \Delta_{nF} \end{pmatrix} = \begin{pmatrix} 0 \\ 0 \\ \vdots \\ 0 \end{pmatrix} \qquad (10\text{-}3)$$

式中，$\begin{pmatrix} \delta_{11} & \delta_{12} & \cdots & \delta_{1n} \\ \delta_{21} & \delta_{22} & \cdots & \delta_{2n} \\ \vdots & \vdots & & \vdots \\ \delta_{n1} & \delta_{n2} & \cdots & \delta_{nn} \end{pmatrix}$ 为单位力引起的位移矩阵（系数矩阵），由位移互等定理 $\delta_{ij} = \delta_{ji}$

可知是一对称矩阵；$[X_1 \quad X_2 \quad \cdots \quad X_n]^{\mathrm{T}}$ 为未知力向量，即解向量；$[\Delta_{1F} \quad \Delta_{2F} \quad \cdots \quad \Delta_{nF}]^{\mathrm{T}}$ 为载荷引起的位移向量（常数项向量）。

式（10-3）为一线性代数方程组，可用计算机求解。

**例 10-1** 图 10-6a 所示的 1/4 圆弧曲杆，若抗弯刚度 $EI$ 为常量，$\alpha = \dfrac{\pi}{4}$，$F$、$R$ 均已知，试作该圆弧曲杆的弯矩图。

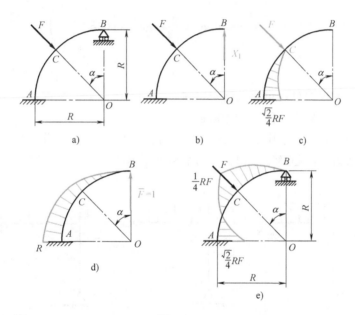

图 10-6

**解：** 题目所给出的为一次超静定结构，取基本结构与相当结构如前所述，相当结构如图 10-6b 所示。

力法代数方程 $\qquad\qquad\qquad \delta_{11}X_1 + \Delta_{1F} = 0$

外力弯矩方程（采用极坐标，并以使曲杆曲率增加的弯矩为正，反之为负。）如下，弯矩图如图 10-6c 所示。

$$M_1(\theta) = 0 \quad (0 \leqslant \theta \leqslant \alpha)$$

$$M_2(\theta) = FR\sin(\theta - \alpha) \quad \left(\alpha \leqslant \theta \leqslant \frac{\pi}{2}\right)$$

沿 $X_1$ 方向加单位力，单位力弯矩方程如下，弯矩图如图 10-6d 所示。

$$\overline{M}(\theta) = -R\sin\theta \quad \left(0 \leqslant \theta \leqslant \frac{\pi}{2}\right)$$

用莫尔积分求 $\Delta_{1F}$ 和 $\delta_{11}$。

$$\Delta_{1F} = \int_S \frac{M(S)\overline{M}(S)}{EI}\mathrm{d}S = \frac{1}{EI}\int_{\frac{\pi}{4}}^{\frac{\pi}{2}} FR\sin(\theta-\alpha)(-R\sin\theta)R\mathrm{d}\theta = -\frac{\sqrt{2}\,\pi R^3}{16EI}F$$

$$\delta_{11} = \int_S \frac{\overline{M}(S)\overline{M}(S)}{EI}\mathrm{d}S = \frac{1}{EI}\int_0^{\frac{\pi}{2}} (-R\sin\theta)^2 R\mathrm{d}\theta = \frac{\pi R^3}{4EI}$$

将 $\Delta_{1F}$ 和 $\delta_{11}$ 代入力法代数方程中，解出

$$X_1 = \frac{\sqrt{2}}{4}F$$

结果为正号，说明所设的 $X_1$ 方向与实际同向。将单位力弯矩方程乘以 $X_1$ 后再与外力弯矩方程叠加，即可得到原结构的弯矩方程

$$M(\theta) = -\frac{\sqrt{2}\,R}{4}F\sin\theta \quad (0\leqslant\theta\leqslant\alpha)$$

$$M(\theta) = FR\left[\sin(\theta-\alpha) - \frac{\sqrt{2}}{4}\sin\theta\right] \quad \left(\alpha\leqslant\theta\leqslant\frac{\pi}{2}\right)$$

式中的 $\alpha = \frac{\pi}{4}$。

由上述的弯矩方程即可作出原结构弯矩图。亦可将单位力弯矩图放大 $X_1$ 倍后再与外力弯矩图叠加，即得原结构弯矩图（图10-6e）。

例 10-2　图 10-7a 所示的刚架，各部分抗弯刚度皆为常量 $EI$，试作其弯矩图。

解：图示刚架为二次超静定结构，相当结构见图10-7b。其力法代数方程为

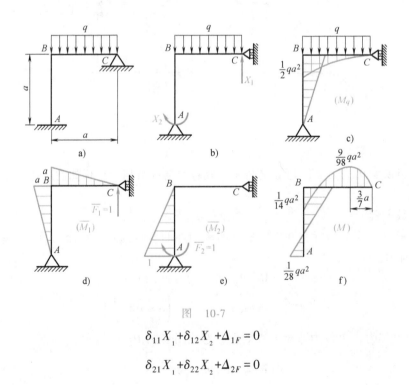

图　10-7

$$\delta_{11}X_1 + \delta_{12}X_2 + \Delta_{1F} = 0$$

$$\delta_{21}X_1 + \delta_{22}X_2 + \Delta_{2F} = 0$$

分别作外力弯矩图 $M_q$、单位力弯矩图 $\overline{M}_1$、$\overline{M}_2$，如图10-7c、d、e所示。应用图乘法求

$\delta_{11}$、$\Delta_{1F}$ 等。

$\overline{M}_1$ 图自乘求出

$$\delta_{11} = 2 \cdot \frac{1}{EI}\left(\frac{1}{2} \cdot a \cdot a \cdot \frac{2}{3}a\right) = \frac{2a^3}{3EI}$$

$\overline{M}_1$ 图与 $\overline{M}_2$ 图互乘得

$$\delta_{12} = \delta_{21} = \frac{1}{EI} \cdot \frac{1}{2} \cdot a \cdot a \cdot \frac{1}{3} = \frac{a^2}{6EI}$$

$\overline{M}_2$ 图自乘得

$$\delta_{22} = \frac{1}{EI} \cdot \frac{1}{2} \cdot 1 \cdot a \cdot \frac{2}{3} = \frac{a}{3EI}$$

$\overline{M}_1$ 图与 $M_q$ 图互乘得

$$\Delta_{1F} = \frac{1}{EI}\left[\frac{1}{3} \cdot \frac{1}{2}qa^2 \cdot a \cdot \left(-\frac{3}{4}a\right) + \frac{1}{2} \cdot \frac{1}{2}qa^2 \cdot a \cdot \left(-\frac{2}{3}a\right)\right] = -\frac{7qa^4}{24EI}$$

$\overline{M}_2$ 图与 $M_q$ 图互乘得

$$\Delta_{2F} = \frac{1}{EI} \cdot \frac{1}{2} \cdot \frac{1}{2}qa^2 \cdot a \cdot \left(-\frac{1}{3}\right) = -\frac{qa^3}{12EI}$$

将上述计算结果代入力法代数方程中，

$$\frac{2a^3}{3EI}X_1 + \frac{a^2}{6EI}X_2 - \frac{7qa^4}{24EI} = 0$$

$$\frac{a^2}{6EI}X_1 + \frac{a}{3EI}X_2 - \frac{qa^3}{12EI} = 0$$

解得

$$X_1 = \frac{3}{7}qa, \quad X_2 = \frac{1}{28}qa^2$$

用叠加法作超静定刚架的弯矩图，即

$$M = X_1 \cdot \overline{M}_1 + X_2 \cdot \overline{M}_2 + M_q$$

刚架的弯矩图见图 10-7f。

例 10-3 图 10-8a 所示的桁架，各杆的材料与横截面面积均相同。试计算各杆件的内力。

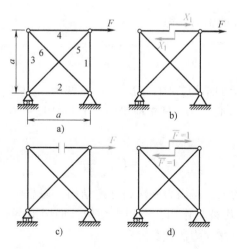

图 10-8

解：该桁架结构支座处的约束力可由平衡方程确定。但是，在桁架内部存在一多余杆件，为一次内力超静定结构。

设杆4为多余杆件，假想将其切开，并以作用在切口两侧横截面上的轴力 $X_1$ 代替其作用，相当结构如图 10-8b 所示。原结构相应于切口处两侧截面的轴向相对位移为零，可列出力法代数方程

$$\delta_{11} X_1 + \Delta_{1F} = 0$$

应用莫尔积分计算 $\delta_{11}$ 和 $\Delta_{1F}$，为此，首先由图 10-8c、d 分别计算外力 $F$、单位力 $\overline{F}$ 所引起的各杆的轴力 $F'_{N_i}$、$\overline{F}_{N_i}$，分别列于表 10-1 中。

表 10-1

| 杆件编号 $i$ | $F'_{N_i}$ | $\overline{F}_{N_i}$ | $l_i$ | $F'_{N_i} \cdot \overline{F}_{N_i} \cdot l_i$ | $\overline{F}_{N_i} \cdot \overline{F}_{N_i} \cdot l_i$ | $F_{N_i} = F'_{N_i} + X_1 \cdot \overline{F}_{N_i}$ |
|---|---|---|---|---|---|---|
| 1 | $-F$ | 1 | $a$ | $-Fa$ | $a$ | $-F/2$ |
| 2 | $-F$ | 1 | $a$ | $-Fa$ | $a$ | $-F/2$ |
| 3 | 0 | 1 | $a$ | 0 | $a$ | $F/2$ |
| 4 | 0 | 1 | $a$ | 0 | $a$ | $F/2$ |
| 5 | $\sqrt{2}F$ | $-\sqrt{2}$ | $\sqrt{2}a$ | $-2\sqrt{2}Fa$ | $2\sqrt{2}a$ | $\sqrt{2}F/2$ |
| 6 | 0 | $-\sqrt{2}$ | $\sqrt{2}a$ | 0 | $2\sqrt{2}a$ | $-\sqrt{2}F/2$ |

由莫尔积分

$$\Delta_{1F} = \sum \int_{l_i} \frac{F'_{N_i} \cdot \overline{F}_{N_i}}{E_i A_i} dx_i = \sum \frac{F'_{N_i} \cdot \overline{F}_{N_i} \cdot l_i}{E_i A_i} = -\frac{2(1+\sqrt{2})Fa}{EA}$$

$$\delta_{11} = \sum \frac{\overline{F}_{N_i} \cdot \overline{F}_{N_i} \cdot l_i}{E_i A_i} = \frac{4(1+\sqrt{2})a}{EA}$$

代入力法代数方程，解出

$$X_1 = \frac{F}{2}$$

由叠加法可求出各杆件的轴力，即

$$F_{N_i} = F'_{N_i} + X_1 \cdot \overline{F}_{N_i}$$

计算结果列于表 10-1 中。

例 10-4　图 10-9a 所示的结构，$AD$、$BD$、$CD$ 三杆为二力杆，其抗拉刚度均为 $EA$，横梁 $AB$ 抗弯刚度为 $EI$，且 $I = Aa^2/10$，试求横梁中点 $C$ 的挠度。

解：$A$ 和 $B$ 端的约束力

$$F_{Ay} = F_{By} = \frac{F}{2}$$

该结构内部有一多余约束，是内力一次超静定结构。假想将 $CD$ 杆切开，并以作用在切口横截面两侧上的轴力 $X_1$ 代替其作用，得相当结构，如图 10-9b 所示。切口横截面两侧的轴向相对位移为零，于是可建立力法代数方程

$$\delta_{11} X_1 + \Delta_{1F} = 0$$

在切口横截面两侧上加单位轴向力，如图 10-9c 所示。计算载荷与单位力引起的相当结构的各杆与梁的内力。

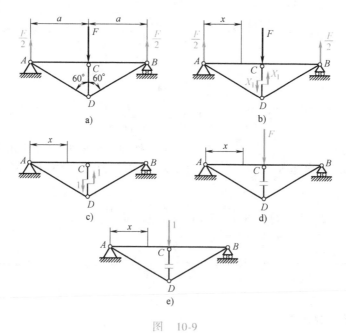

图　10-9

由图 10-9d 知，在载荷 $F$ 作用下，$AD$、$BD$、$CD$ 各杆的轴力均等于零，梁 $AB$ 的弯矩

$$M_1'(x) = \frac{F}{2}x \quad (0 \leqslant x \leqslant a)$$

$$M_2'(x) = \frac{F}{2}(2a-x) \quad (a \leqslant x \leqslant 2a)$$

由图 10-9c 知，在单位力作用下，$AD$、$BD$、$CD$ 各杆的轴力

$$\overline{F}_{N_{AD}} = \overline{F}_{N_{BD}} = -1, \quad \overline{F}_{N_{CD}} = 1$$

而梁 $AB$ 的弯矩

$$\overline{M}_1(x) = \frac{1}{2}x \quad (0 \leqslant x \leqslant a) \tag{a}$$

$$\overline{M}_2(x) = \frac{1}{2}(2a-x) \quad (a \leqslant x \leqslant 2a) \tag{b}$$

$$\delta_{11} = \int_0^a \frac{\overline{M}_1^2(x)}{EI}\mathrm{d}x + \int_a^{2a} \frac{\overline{M}_2^2(x)}{EI}\mathrm{d}x + \frac{\overline{F}_{N_{AD}}^2 l_{AD}}{EA} + \frac{\overline{F}_{N_{BD}}^2 l_{BD}}{EA} + \frac{\overline{F}_{N_{CD}}^2 l_{CD}}{EA} = \frac{5(1+\sqrt{3})a}{3EA}$$

$$\Delta_{1F} = \int_0^a \frac{M_1'(x) \cdot \overline{M}_1(x)}{EI}\mathrm{d}x + \int_a^{2a} \frac{M_2'(x) \cdot \overline{M}_2(x)}{EI}\mathrm{d}x = \frac{5a}{3EA}F$$

代入力法代数方程，解得

$$X_1 = -\frac{F}{1+\sqrt{3}}$$

这样，原结构梁 $AB$ 和 $AD$、$BD$、$CD$ 各杆件的内力分别为

$$M_1(x) = M'_1(x) + X_1 \cdot \overline{M}_1(x) = \frac{\sqrt{3}\,F}{2(1+\sqrt{3})}x \quad (0 \leqslant x \leqslant a)$$

$$M_2(x) = M'_2(x) + X_1 \cdot \overline{M}_2(x) = \frac{\sqrt{3}\,F}{2(1+\sqrt{3})}(2a-x) \quad (a \leqslant x \leqslant 2a)$$

$$F_{N_{AD}} = X_1 \cdot \overline{F}_{N_{AD}} = \frac{F}{1+\sqrt{3}} = F_{N_{BD}}$$

$$F_{N_{CD}} = X_1 \cdot \overline{F}_{N_{CD}} = -\frac{F}{1+\sqrt{3}}$$

现在计算 $C$ 处的挠度。为此，在基本结构的 $C$ 处加一单位力，如图 10-9e 所示。在该单位力作用下，梁 $AB$ 的弯矩如式（a）和式（b）所示；$AD$、$BD$、$CD$ 各杆件的轴力均为零。这样，$C$ 处的挠度

$$\Delta_c = \frac{1}{EI}\left[\int_0^a M_1(x) \cdot \overline{M}_1(x)\,\mathrm{d}x + \int_a^{2a} M_2(x) \cdot \overline{M}_2(x)\,\mathrm{d}x\right]$$

$$= \frac{1}{EI}\left[\int_0^a \frac{\sqrt{3}\,F}{2(1+\sqrt{3})}x \cdot \frac{1}{2}x\,\mathrm{d}x + \int_a^{2a} \frac{\sqrt{3}\,F}{2(1+\sqrt{3})}(2a-x) \cdot \frac{1}{2}(2a-x)\,\mathrm{d}x\right]$$

$$= \frac{a^3}{(6+2\sqrt{3})EI}F$$

## 10.3 具有对称与反对称性的超静定结构

在工程实际中，有些结构在几何形状、约束条件、截面尺寸和弹性模量等方面具有对称条件，称为对称结构。例如，图 10-10a 所示的刚架对称于过 $E$ 的轴，为对称结构。若作用于对称结构的载荷，其大小相等，作用位置、指向均对称，如图 10-10b 所示，称为对称载荷。反之，若作用于对称结构的载荷大小相等，作用位置对称，但指向反对称，如图 10-10c 所示，称为反对称载荷。在对称载荷作用下，对称结构的变形与内力分布将对称于结构的对称轴，称此结构为具有对称性的结构；在反对称载荷作用下，对称结构的变形与内力分布将反对称于结构的对称轴，称此结构为具有反对称性的结构。利用对称性与反对称性规律，在分析具有对称性与反对称性的超静定结构时，可以降低超静定次数，使问题得以简化。

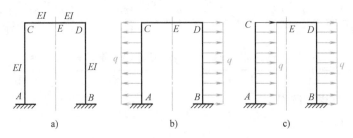

a)　　　　　　　　　b)　　　　　　　　　c)

图 10-10

图 10-11a 所示的是一个三次超静定刚架，在对称轴上的横截面 $E$ 处有轴力 $F_N$、剪力 $F_s$ 和弯矩 $M$。但是，若该刚架承受对称载荷，为一具有对称性的超静定刚架（图 10-11b），则由对称性规律可知，横截面 $E$ 处的反对称剪力 $F_s$ 应为零，故降为二次超静定结构。若如图 10-11c 所示，该刚架承受反对称载荷，由反对称性规律可知，对称轴上的横截面 $E$ 处只有剪力 $F_s$ 不为零，对称内力 $F_N$、$M$ 应为零，故降为一次超静定结构。

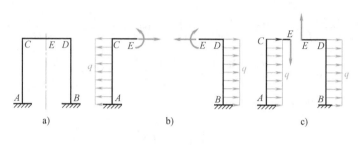

图　10-11

例 10-5　图 10-12a 所示的等截面圆环，沿直径 $AB$ 作用一对方向相反的外力 $F$，若其抗弯刚度为 $EI$，试计算 $A$、$B$ 两点的相对位移。

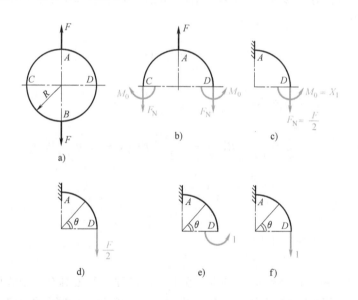

图　10-12

解：此结构为对称结构，所受载荷为对称载荷。沿 $CD$ 将圆环切开，由对称性可知，截面 $C$ 和 $D$ 上内力应相等，且剪力为零，只有轴力 $F_N$ 和弯矩 $M_0$（图 10-12b）。利用平衡条件可求得 $F_N = F/2$，故只有 $M_0$ 为多余约束力，把它记为 $X_1$。由于变形与内力分布均对称于 $AB$ 和 $CD$，$A$、$B$、$C$、$D$ 四个截面处转角为零，故只研究圆环的四分之一，把截面 $A$ 作为固定端（图 10-12c），再根据截面 $D$ 的转角是零的条件，可列出力法代数方程

$$\delta_{11}X_1 + \Delta_{1F} = 0$$

式中，$\Delta_{1F}$ 是 $F_N = F/2$ 单独作用在基本结构上时截面 $D$ 的转角（图 10-12d）；$\delta_{11}$ 是所加的与

$X_1$ 同方向的单位力偶单独作用在基本结构上时截面 $D$ 的转角（图 10-12e）。现在计算 $\Delta_{1F}$ 和 $\delta_{11}$，由图 10-12d、e 求出

$$M'(\theta) = \frac{RF}{2}(1-\cos\theta), \quad \overline{M}(\theta) = -1$$

由莫尔积分

$$\Delta_{1F} = \int_0^{\frac{\pi}{2}} \frac{M'(\theta)\overline{M}(\theta)}{EI}R\mathrm{d}\theta = \frac{R^2F}{2EI}\int_0^{\frac{\pi}{2}}(1-\cos\theta)(-1)\mathrm{d}\theta = -\frac{R^2F}{2EI}\left(\frac{\pi}{2}-1\right)$$

$$\delta_{11} = \int_0^{\frac{\pi}{2}} \frac{\overline{M}(\theta)\overline{M}(\theta)}{EI}R\mathrm{d}\theta = \frac{R}{EI}\int_0^{\frac{\pi}{2}}(-1)^2\mathrm{d}\theta = \frac{\pi R}{2EI}$$

将 $\Delta_{1F}$ 和 $\delta_{11}$ 代入力法代数方程，解得

$$X_1 = \left(\frac{1}{2}-\frac{1}{\pi}\right)RF$$

这样，原结构四分之一圆环的弯矩

$$M(\theta) = M'(\theta) + X_1\overline{M}(\theta) = \left(\frac{1}{\pi} - \frac{\cos\theta}{2}\right)RF \quad \left(0 \leqslant \theta \leqslant \frac{\pi}{2}\right)$$

要计算 $A$、$B$ 的相对位移 $\Delta_{AB}$，在基本结构的截面 $D$ 处加一单位力（图 10-12f），求出 $D$ 相对于 $A$ 的位移 $\Delta_{AD}$，则 $\Delta_{AB} = 2\Delta_{AD}$。

$$\overline{M}_1(\theta) = R(1-\cos\theta) \quad \left(0 \leqslant \theta \leqslant \frac{\pi}{2}\right)$$

$$\Delta_{AB} = 2\Delta_{AD} = 2\int_0^{\frac{\pi}{2}} \frac{M(\theta)\overline{M}_1(\theta)}{EI}R\mathrm{d}\theta$$

$$= \frac{2}{EI}\int_0^{\frac{\pi}{2}}R\left(\frac{1}{\pi}-\frac{\cos\theta}{2}\right)FR(1-\cos\theta)R\mathrm{d}\theta$$

$$= \left(\frac{\pi}{4}-\frac{2}{\pi}\right)\frac{R^3}{EI}F$$

## 10.4 连续梁

在建筑、桥梁、航空以及管道线路等工程中，常遇到一种梁具有三个或更多个支承，可简化为如图 10-13a 所示的超静定结构，称为连续梁。若采用 10.2 所述的解法，即去掉中间多余的可动铰支座，得到一简支梁基本结构，然后施加多余的约束力，得到相当结构，再由每个多余铰支座处挠度为零的变形条件，建立若干个力法代数方程。由于这种解法每个方程中均包含全部的多余约束力和全部外力引起的变形项，而需要大量的计算工作。

可以考虑一种简捷的解法，即在多余的中间铰支座处将梁切开，并代以铰链连接。这样，使梁在支承处失去连续性，从而将支承处的弯矩从结构中暴露出来。此时，相当结构便是一系列简支梁，每个简支梁上只承受作用于该跨的外载荷和两端支承处的未知弯矩（多余的内部约束力偶矩），如图 10-13b 所示。对于每个简支梁，很容易计算其两端面的转角，然后根据支承处相连两截面转角相等这一变形条件建立补充方程，最后解出全部多余支承处

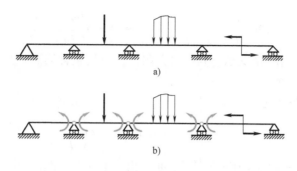

图　10-13

的弯矩。

现在从图 10-13b 所示的相当结构中第 $i$ 个铰支座处取出左右两跨简支梁。作用在左跨，即第 $i$ 跨简支梁上有已知外载荷 $F_i$ 和两端未知弯矩 $M_{i-1}$ 与 $M_i$；作用在右跨，即第 $i+1$ 跨简支梁上有已知外载荷 $F_{i+1}$ 和两端未知弯矩 $M_i$ 与 $M_{i+1}$，如图 10-14a 所示。第 $i$ 跨与第 $i+1$ 跨简支梁上 $F_i$、$F_{i+1}$ 引起的外载荷弯矩图如图 10-14b 所示。由图乘法，若设第 $i$ 跨梁跨度为 $l_i$，外载荷弯矩图面积为 $\omega_i$，其形心 $C_i$ 与第 $i-1$ 支座的距离为 $d_i$，则 $F_i$ 使右端面 $i$ 产生的转角

$$\theta'_{iF_i} = \frac{\omega_i d_i}{EI_i l_i}$$

而 $M_{i-1}$ 与 $M_i$ 使该截面的转角

$$\theta'_{iM} = \frac{M_{i-1} l_i}{6EI_i} + \frac{M_i l_i}{3EI_i}$$

这样，第 $i$ 跨梁右端截面 $i$ 的总转角是

$$\theta'_i = \theta'_{iF_i} + \theta'_{iM} = \frac{1}{EI_i}\left( \frac{\omega_i d_i}{l_i} + \frac{M_{i-1} l_i}{6} + \frac{M_i l_i}{3} \right)$$

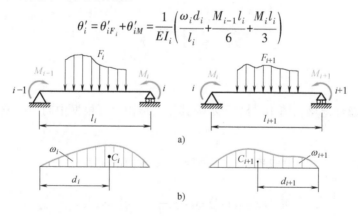

图　10-14

同理，第 $i+1$ 跨简支梁左端截面 $i$ 的总转角是

$$\theta''_i = -\frac{1}{EI_{i+1}}\left( \frac{\omega_{i+1} d_{i+1}}{l_{i+1}} + \frac{M_i l_{i+1}}{3} + \frac{M_{i+1} l_{i+1}}{6} \right)$$

式中各符号代表与第 $i$ 跨梁相对应的第 $i+1$ 跨梁的各个量。再根据第 $i$ 个支承处左、右相连的两截面转角应该相等这一条件，即 $\theta'_i = \theta''_i$，便得到补充方程

$$\frac{M_{i-1}l_i}{I_i} + 2M_i\left(\frac{l_i}{I_i} + \frac{l_{i+1}}{I_{i+1}}\right) + \frac{M_{i+1}l_{i+1}}{I_{i+1}} = -6\left(\frac{\omega_i d_i}{I_i l_i} + \frac{\omega_{i+1} d_{i+1}}{I_{i+1} l_{i+1}}\right) \tag{10-4}$$

式（10-4）是对于第 $i$ 个支承所列出的方程，其中只包含第 $i$ 个支承以及左右相邻两个支承处的未知弯矩，故称为三弯矩方程。

如果连续梁的横截面处处相等，即 $I_i = I_{i+1}$，则三弯矩方程可简化为

$$M_{i-1}l_i + 2M_i(l_i + l_{i+1}) + M_{i+1}l_{i+1} = -6\left(\frac{\omega_i d_i}{l_i} + \frac{\omega_{i+1} d_{i+1}}{l_{i+1}}\right) \tag{10-5}$$

对于具有 $n$ 个多余中间铰支座的连续梁，可列出 $n$ 个方程，解出 $n$ 个支承处的未知弯矩。

**例 10-6** 图 10-15a 所示的三跨连续梁，刚度 $EI$ 为常量，试作其弯矩图。

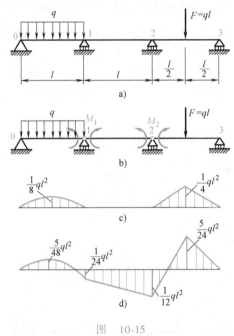

图　10-15

解：为二次超静定梁，图 10-15b 所示为其相当结构。可根据中间两个支承 1、2 列出两个三弯矩方程

$$0 + 2M_1(l+l) + M_2 l = -\frac{6}{l}(\omega_1 d_1 + \omega_2 d_2)$$

$$M_1 l + 2M_2(l+l) + 0 = -\frac{6}{l}(\omega_2 d_2 + \omega_3 d_3)$$

为计算 $\omega_i$ 与 $d_i$，在基本结构上作其外载荷弯矩图，如图 10-15c 所示。于是求得

$$\omega_1 = 2 \times \frac{2}{3} \times \frac{ql^2}{8} \times \frac{l}{2} = \frac{ql^3}{12}, \quad d_1 = \frac{l}{2}$$

$$\omega_2 = 0$$

$$\omega_3 = \frac{1}{2} \times \frac{ql^2}{4} \times l = \frac{ql^3}{8}, \quad d_3 = \frac{l}{2}$$

代入三弯矩方程中，解出

$$M_1 = -\frac{1}{24}ql^2, \quad M_2 = -\frac{1}{12}ql^2$$

结果为负值，说明 $M_1$、$M_2$ 的实际方向与图中所设方向相反。图 10-15d 所示为连续梁的弯矩图。

习 题

10-1 试判断习题 10-1 图所示各平面结构的超静定次数。

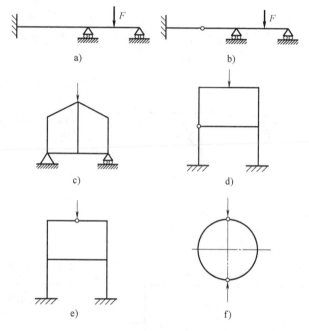

习题 10-1 图

10-2 如习题 10-2 图所示结构，已知梁 AB 的抗弯刚度为 EI，BC 杆的抗拉刚度为 EA，试求 BC 杆所受的拉力及 B 点沿铅垂方向的位移。

10-3 习题 10-3 图所示悬臂梁 AD 和 BE 的抗弯刚度皆为 $EI = 24 \times 10^6 \mathrm{N \cdot m^2}$，连接杆 DC 的横截面面积 $A = 3 \times 10^{-4} \mathrm{m^2}$，材料弹性模量 $E = 200\mathrm{GN/m^2}$。若外力 $F = 50\mathrm{kN}$，试求梁 AD 在 D 点的挠度。

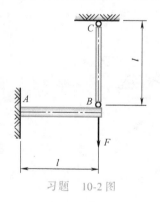

习题 10-2 图

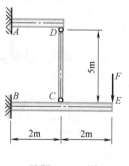

习题 10-3 图

10-4 习题 10-4 图所示木梁 $ACB$ 两端铰支，中点 $C$ 处为弹簧支承。若弹簧刚度系数 $k=500\text{kN/m}$，且已知 $l=4\text{m}$，$b=60\text{mm}$，$h=80\text{mm}$，$E=1.0\times10^4\,\text{MPa}$，均布载荷 $q=10\text{kN/m}$，试求弹簧的约束力。

10-5 抗弯刚度为 $EI$ 的直梁 $ABC$ 在承受载荷前安装在支座 $A$、$C$ 上，梁与支座 $B$ 间有一间隙 $\Delta$，如习题 10-5 图所示。承受均布载荷后，梁发生弯曲变形并与支座 $B$ 接触。若要使三个支座的约束力均相等，则间隙 $\Delta$ 应为多大？

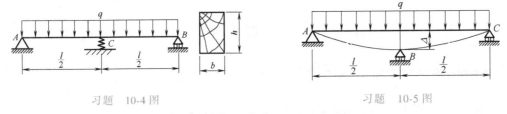

习题 10-4 图　　　　　　　　习题 10-5 图

10-6 各种刚架如习题 10-6 图 a~f 所示，若刚架各部分的抗弯刚度均为常量 $EI$，$M_0=Fa$，试作各刚架的弯矩图。

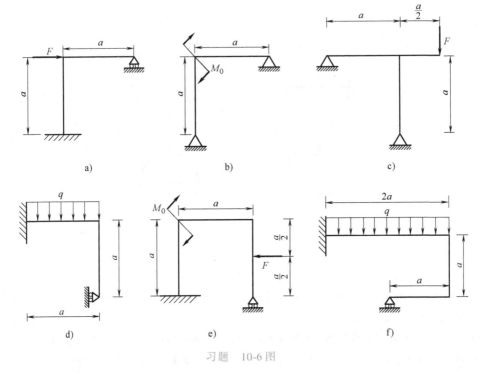

习题 10-6 图

10-7 习题 10-7 图所示圆弧形小曲率杆，抗弯刚度 $EI$ 为常量，试求约束力。并计算习题 10-7 图 b 中 $A$ 的水平位移。

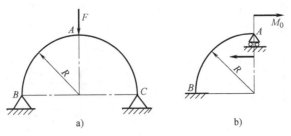

a)　　　　　　　　b)

习题 10-7 图

192

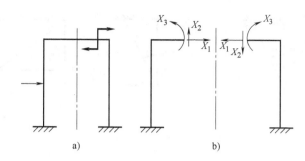

习题 10-8 图

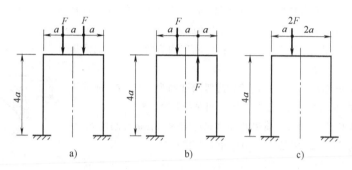

习题 10-9 图

10-8 习题 10-8 图 a 所示为在任意载荷作用下的对称结构，若选用对称的基本结构（习题 10-8 图 b），试证其力法代数方程为

$$\delta_{11}X_1 + \delta_{12}X_2 + \Delta_{1F} = 0$$
$$\delta_{21}X_1 + \delta_{22}X_2 + \Delta_{2F} = 0$$
$$\delta_{33}X_3 + \Delta_{3F} = 0$$

10-9 习题 10-9 图所示刚架各部分的抗弯刚度皆为 $EI$（常量），试作各刚架的弯矩图。

10-10 习题 10-10 图所示正方形桁架，各杆的抗拉刚度均为 $EA$。试求杆 $BC$ 的轴力。

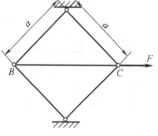

习题 10-10 图

10-11 由习题 10-11 图所示结构，$I = \dfrac{Aa^2}{10}$。试求：（1）杆 $BC$ 的

轴力；（2）求习题 10-11 图 a 中节点 $B$ 的水平位移；求习题 10-11 图 b 中节点 $B$ 的铅垂位移。

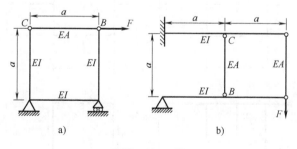

习题 10-11 图

10-12 习题 10-12 图所示杆件结构，各杆的抗拉刚度均为 $EA$。试用力法求各杆的内力。

10-13 习题 10-13 图中所示两梁相互交叉，在中点互相接触。已知两梁截面的形心主惯性矩分别为 $I_1$、$I_2$，材料相同，求两梁各自所承受的载荷大小。

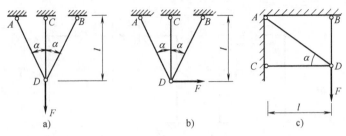

习题　10-12 图

10-14　习题 10-14 图所示平面桁架中，所有杆件材料的弹性模量 $E$ 均相同，$AB$、$BC$、$CD$ 三杆的横截面面积 $A_1 = 30\text{cm}^2$，其余各杆的横截面面积 $A_2 = 15\text{cm}^2$，若 $a = 6\text{m}$，$F = 130\text{kN}$，试求 $BC$ 杆的内力。

10-15　习题 10-15 图所示刚架，各部分抗弯刚度均为常量 $EI$，试作其弯矩图。

10-16　习题 10-16 图所示刚架，各部分抗弯刚度均为常量 $EI$，试作其弯矩图，并计算截面 $A$ 与 $B$ 沿 $AB$ 连线方向的相对线位移。

10-17　习题 10-17 图所示为小曲率圆杆组成的结构，若抗弯刚度 $EI$ 为常量，试计算截面 $A$ 与 $B$ 沿 $AB$ 连线方向的相对线位移。

10-18　横截面为圆形的等截面刚架如习题 10-18 图所示，材料的弹性模量为 $E$，泊松比 $\nu = 0.3$。试作刚架的弯矩图与扭矩图。

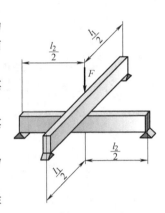

习题　10-13 图

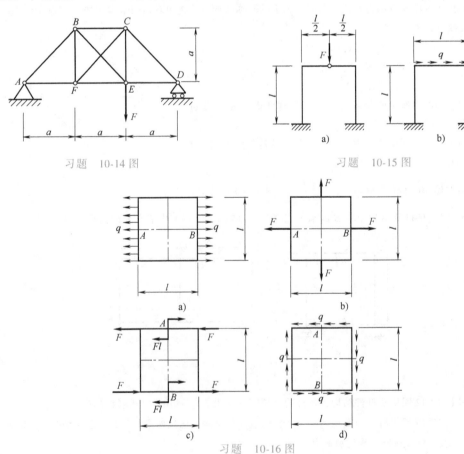

习题　10-14 图　　　　　习题　10-15 图

习题　10-16 图

10-19 抗弯刚度 $EI$ 为常量，试用三弯矩方程求解，作习题 10-19 图所示梁的弯矩图。

10-20 习题 10-20 图所示梁，抗弯刚度 $EI$ 为常量，若支座 $B$ 下沉 $\delta$，试用三弯矩方程求约束力并作梁的弯矩图。

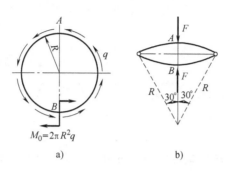

习题 10-17 图

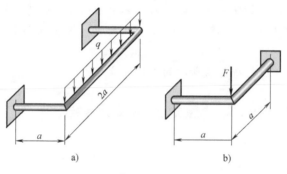

习题 10-18 图

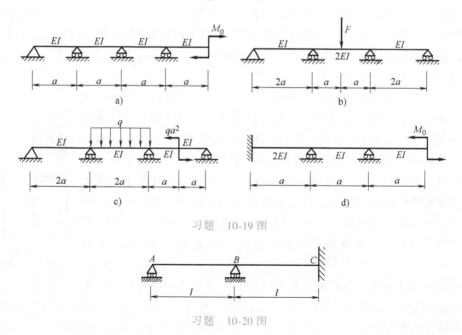

习题 10-19 图

习题 10-20 图

# 第 11 章
# 材料失效及强度理论

由第 4 章材料的拉伸与压缩试验可知，当材料处于极限应力状态时就要屈服或断裂，即材料失效。不同材料失效的现象和规律截然不同，即使是同一种材料处于不同应力状态时，失效的现象和规律也不同。怎样从众多的失效现象中寻找失效规律，如何假设失效的共同原因，从而利用有限的试验资料去建立材料的失效判据，即强度理论，是本章研究的主要内容。

本章主要讨论常用工程材料静载荷时的常用强度理论。

## 11.1 常用工程材料的失效模式及强度理论概念

### 11.1.1 常用工程材料的失效模式

第 4 章我们曾讨论了低碳钢与铸铁拉伸与压缩时的破坏现象，第 6 章我们又讨论了低碳钢与铸铁扭转时的破坏现象。当材料发生断裂时，构件因解体而丧失承载能力；当材料发生屈服时，晶面间相对滑移，构件要产生塑性变形而失去正常的功能。这两种现象称为材料失效，屈服与断裂是材料的两种基本失效模式。

在简单应力状态下，材料发生哪种失效，将取决于材料本身的力学性能。铸铁是脆性材料，其抗拉能力低于抗剪能力，且其抗拉、抗剪能力均低于抗压能力。铸铁试件拉伸时（处于单向应力状态）在横截面处拉断；扭转时（处于纯切应力状态）在与轴线成 45°的螺旋面处拉断；压缩时，在与轴线成 45°的斜面处剪断。这种断裂在其发生之前不产生塑性变形或塑性变形很小，称为脆性断裂。低碳钢是塑性材料，其抗剪能力低于抗拉、抗压能力。低碳钢试件拉伸时，先屈服后拉断，扭转时先屈服后剪断。这种断裂在其发生之前产生塑性变形，称为韧性断裂。

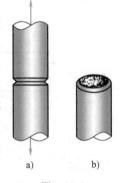

图 11-1

在复杂应力状态下，材料发生哪种失效，还将取决于应力状态。例如，在低碳钢拉伸圆试件上切出一个尖锐的环形切槽（图 11-1a），则结果与铸铁相仿，试件直到拉断时也看不出显著的塑性变形，在切槽根部最小截面处发生脆断（图 11-1b）。这是因为切槽根部材料处于三向拉应力状态，斜截面上切应力值较小，所以，直到脆断也不可能产生塑性变形。又如，大理石是脆性材料，在轴向压缩时将发生脆断，但若圆柱形大理石试件在轴向压缩的同时，在圆柱表面还承受均匀径向压力作用，且保持径向压应力恒小于轴向压应力，则在这样的三向压应力状态下，试件会变成腰鼓形而发生了显著的塑性变形（图 11-2）。

图　11-2

## 11.1.2　强度理论概念

材料发生什么形式的失效？何时发生失效？失效时的应力，即极限应力是多大？怎样建立失效判据？要解决这些问题，对于单向应力状态情况是很容易的，可以模拟实际的单向应力状态进行轴向拉伸试验。

对于脆性材料，当材料发生断裂失效时，抗拉强度 $\sigma_b$ 就是极限应力，失效判据为

$$\sigma = \sigma_b \tag{11-1}$$

对于塑性材料，当材料发生屈服失效时，屈服点 $\sigma_s$ 就是极限应力，失效判据为

$$\sigma = \sigma_s \tag{11-2}$$

但对于复杂应力状态情况，要回答上述问题就不那么容易了。因为实际构件受力是多种多样的，其主应力间比值也因此而异。如果仅用试验的方法去建立失效判据，就需要对每一种材料针对每一种主应力比值的应力状态进行试验，以确定每一种主应力比值下失效时的主应力值，这显然是不现实的。此外，对于某些应力状态，如三向等拉应力状态，进行这样的失效试验，在技术上也是难以实现的。

但是，材料失效的原因是有规律可循的，在有限试验的基础上，可以对材料失效的现象加以归纳、整理，对失效原因做一些假说，即无论何种应力状态、何种材料，只要失效模式相同，便具有同一个失效原因。这样，就可以通过轴向拉伸这一简单试验的结果，去预测材料在不同应力状态下的失效，建立材料在一般应力状态下的失效判据。关于材料失效原因与失效规律的假说或学说，称为强度理论。

显然，强度理论必须经受试验与实践的检验。实际上，也正是在反复试验与实践的基础上，强度理论才得到发展并日趋完善。目前，强度理论有多种，下面介绍工程中常用的几种强度理论。

## 11.2 关于断裂的强度理论

### 11.2.1 最大拉应力理论（第一强度理论）

最大拉应力理论将材料脆断失效的主要原因归结为最大拉应力，认为无论材料处于何种应力状态，只要最大拉应力 $\sigma_1$ 达到材料单向拉伸试验脆断时的极限拉应力值 $\sigma_{1u}$（即强度极限 $\sigma_b$），材料就发生脆断失效。按此理论，材料脆断失效的判据是

$$\sigma_1 = \sigma_{1u} = \sigma_b \tag{11-3}$$

试验表明，脆性材料在二向或三向拉伸断裂时，该理论与试验结果相当吻合。当存在压应力，若材料仍发生脆断失效时，与试验结果也接近；但若发生剪断失效时，该理论与试验结果不符合。这一理论没有考虑另外两个主应力 $\sigma_2$ 和 $\sigma_3$ 对材料失效的影响。此外，对于没有拉应力的三向压应力状态，不能应用此理论。

### 11.2.2 最大拉应变理论（第二强度理论）

最大拉应变理论将材料脆断失效的主要原因归结为最大拉应变，认为无论材料处于何种应力状态，只要最大拉应变 $\varepsilon_1$ 达到材料单向拉伸试验脆断时的极限拉应变值 $\varepsilon_{1u}$，材料就发生脆断失效。按此理论，材料脆断失效的判据是

$$\varepsilon_1 = \varepsilon_{1u} \tag{a}$$

对于铸铁等脆性材料，直到拉断，其应力-应变关系近似服从胡克定律。这样，复杂应力状态下的最大拉应变

$$\varepsilon_1 = \frac{1}{E}\left[\sigma_1 - \nu(\sigma_2 + \sigma_3)\right] \tag{b}$$

而材料在单向拉伸试验断裂时的极限拉应变为

$$\varepsilon_{1u} = \frac{\sigma_b}{E} \tag{c}$$

将式（b）和式（c）代入式（a）中，则材料脆断失效的判据变为

$$\sigma_1 - \nu(\sigma_2 + \sigma_3) = \sigma_b \tag{11-4}$$

试验证明：脆性材料在双向拉伸-压缩应力状态下，且压应力值大于拉应力值时，该理论与试验结果大致吻合。最大拉应变理论能很好地解释大理石在轴向压缩时（试件与试验机夹板间摩擦较小条件下）沿轴向开裂的失效现象。

### 11.2.3 相当应力

式（11-3）和式（11-4）说明，当由强度理论来建立各种应力状态下材料的失效判据时，是将主应力的某一综合值与材料单向拉伸时的极限应力相比较。主应力的这一综合值称为相当应力，用 $\sigma_r$ 表示。

最大拉应力理论的相当应力与失效判据分别为

$$\sigma_{r1} = \sigma_1 \tag{11-5a}$$

$$\sigma_{r1} = \sigma_b \tag{11-5b}$$

最大拉应变理论的相当应力与失效判据分别为

$$\sigma_{r2} = \sigma_1 - \nu(\sigma_2 + \sigma_3) \qquad (11\text{-}6a)$$

$$\sigma_{r2} = \sigma_b \qquad (11\text{-}6b)$$

### 11.2.4　关于脆断强度理论的试验研究

关于强度理论的试验研究通常采用薄壁圆管试件，做拉伸（压缩）与内压、拉伸与扭转等复合加载试验。由于圆管壁厚方向是一个主应力方向，可以认为此主应力值为零，这样，就构造了一个平面应力状态。调整各向载荷，可在相应各种主应力比值的应力状态下达到材料的失效状态。

关于脆断强度理论的试验研究，可以采用灰铸铁薄壁圆管试件，做施加内压与轴向载荷（拉或压）试验。改变内压与轴向载荷的比值，即改变两个主应力的比值，可得相应于某一比值的应力状态下材料脆断时的极限应力（图 11-3）。从图 11-3 可以看出，在二向拉伸以及压应力超过拉应力不多的二向拉、压应力状态下，最大拉应力理论与试验结果很吻合；而在压应力超过拉应力较多的二向拉、压应力状态下，最大拉应变理论与试验结果更接近。

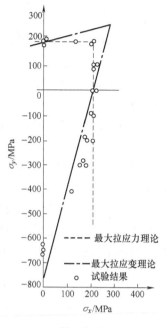

图　11-3

## 11.3　关于屈服的强度理论

### 11.3.1　最大切应力理论（第三强度理论）

最大切应力理论将材料屈服失效的主要原因归结为最大切应力，认为无论材料处于何种应力状态，只要最大切应力 $\tau_{max}$ 达到材料单向拉伸试验屈服时的极限最大切应力值 $\tau_u$，材料就发生屈服失效。按此理论，材料屈服失效的判据是

$$\tau_{max} = \tau_u \qquad (a)$$

复杂应力状态下最大切应力

$$\tau_{max} = \frac{1}{2}(\sigma_1 - \sigma_3) \qquad (b)$$

单向拉伸屈服时的极限切应力值

$$\tau_u = \frac{1}{2}\sigma_s \qquad (c)$$

将式（b）和式（c）代入式（a）中，则材料屈服失效的判据变为

$$\sigma_{r3} = \sigma_1 - \sigma_3 = \sigma_s \qquad (11\text{-}7)$$

式中，$\sigma_{r3}$ 为最大切应力理论的相当应力。

在平面应力状态时，设三个主应力分别是 $\sigma'$、$\sigma''$、$\sigma'''$，且 $\sigma''' = 0$（以 $\sigma'$、$\sigma''$、$\sigma'''$ 表示三个主应力，但没有顺序关系）。这样，式（11-7）变为：

当 $\sigma' > \sigma'' > 0$ 时，即 $\sigma_1 = \sigma'$，$\sigma_2 = \sigma''$，$\sigma_3 = \sigma''' = 0$，则 $\sigma_{r3} = \sigma' = \sigma_s$；

当 $\sigma'' > \sigma' > 0$ 时，即 $\sigma_1 = \sigma''$，$\sigma_2 = \sigma'$，$\sigma_3 = \sigma''' = 0$，则 $\sigma_{r3} = \sigma'' = \sigma_s$；

当 $\sigma' > 0$、$\sigma'' < 0$ 时，即 $\sigma_1 = \sigma'$，$\sigma_2 = \sigma''' = 0$，$\sigma_3 = \sigma''$，则 $\sigma_{r3} = \sigma' - \sigma'' = \sigma_s$；

当 $\sigma' < \sigma'' < 0$ 时，即 $\sigma_1 = \sigma''' = 0$，$\sigma_2 = \sigma''$，$\sigma_3 = \sigma'$，则 $\sigma_{r3} = -\sigma' = \sigma_s$；

当 $\sigma'' < \sigma' < 0$ 时，即 $\sigma_1 = \sigma''' = 0$，$\sigma_2 = \sigma'$，$\sigma_3 = \sigma''$，则 $\sigma_{r3} = -\sigma'' = \sigma_s$；

当 $\sigma' < 0$、$\sigma'' > 0$ 时，即 $\sigma_1 = \sigma''$，$\sigma_2 = \sigma''' = 0$，$\sigma_3 = \sigma'$，则 $\sigma_{r3} = \sigma'' - \sigma' = \sigma_s$。

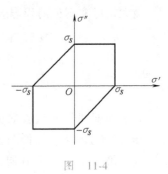

图 11-4

在应力主轴坐标系 $O\sigma'\sigma''$ 中，以上六种情况的屈服判据为六条直线所围成的一个六边形（图 11-4）。这个六边形直观地表示出平面应力状态下材料的屈服判据，当表示实际应力状态的点位于六边形内部时，材料不发生屈服失效；当位于六边形的边上或外部时，材料将发生屈服失效。

### 11.3.2 形变应变能理论（第四强度理论）

形变应变能理论将材料屈服失效的主要原因归结为形变应变能，认为无论材料处于何种应力状态，只要形变应变能 $e_f$ 达到材料单向拉伸试验屈服时的极限形变应变能 $e_{fu}$，材料就发生屈服失效。按此理论，材料屈服失效的判据是

$$e_f = e_{fu} \tag{d}$$

复杂应力状态下的形变应变能

$$e_f = \frac{1 + \nu}{6E} \left[ (\sigma_1 - \sigma_2)^2 + (\sigma_2 - \sigma_3)^2 + (\sigma_3 - \sigma_1)^2 \right] \tag{e}$$

单向拉伸试验屈服时的极限形变应变能

$$e_{fu} = \frac{1 + \nu}{6E} \left[ (\sigma_s - 0)^2 + (0 - 0)^2 + (0 - \sigma_s)^2 \right] = \frac{1 + \nu}{3E} \sigma_s^2 \tag{f}$$

将式（e）和式（f）代入式（d）中，则材料屈服失效的判据变为

$$\sigma_{r4} = \sqrt{\frac{1}{2} \left[ (\sigma_1 - \sigma_2)^2 + (\sigma_2 - \sigma_3)^2 + (\sigma_3 - \sigma_1)^2 \right]} = \sigma_s \tag{11-8}$$

式中，$\sigma_{r4}$ 为形变应变能理论的相当应力。

在平面应力状态下，有一个主应力（假设为 $\sigma'''$）是零。设非零主应力为 $\sigma'$ 与 $\sigma''$，这样式（11-8）变为

$$\sqrt{\sigma'^2 - \sigma'\sigma'' + \sigma''^2} = \sigma_s \tag{11-9}$$

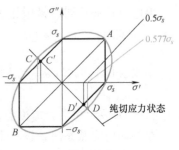

图 11-5

在应力主轴坐标系 $O\sigma'\sigma''$ 中，式（11-9）表示一椭圆，如图 11-5 所示。椭圆的长轴过一、三象限，其端点 $A$、$B$ 的坐标分别为 $(\sigma_s, \sigma_s)$ 和 $(-\sigma_s, -\sigma_s)$；而短轴过二、四象限，其端点 $C$、$D$ 的坐标分别是 $(-0.577\sigma_s, 0.577\sigma_s)$ 和 $(0.577\sigma_s, -0.577\sigma_s)$。图 11-5 中内接六边形就是最大切应力理论的六边形。

### 11.3.3  最大切应力理论与形变应变能理论的试验验证

W. Lode、G. I. Taylor 等几位学者，用软钢、铜、铝、合金钢等材料制成薄壁圆筒试件，做拉伸与扭转、拉伸（压缩）与内压等复合加载试验。由于圆筒壁厚方向是一个主应力方向，可以认为此主应力值为零，这样就将构造一个平面应力状态。调整各向载荷，可在各种主应力比值下求出屈服点，确定应力平面内屈服曲线形状。图 11-6 中汇总了几位学者得到的试验结果，图中符号由表 11-1 说明。由图 11-6 可以看出，两个强度理论都与试验结果偏差不大，而形变应变能理论与实际更接近。

表 11-1  图 11-6 中符号说明表

| 符号 | 材料 | 试验人 |
|---|---|---|
| ⟟ | 合金钢 | 莱色尔及马克格列高尔(Lessels & Mac Gregor) |
| ○ | 钢 | 罗地（Lode） |
| ● | 铜 | 罗地（Lode） |
| △ | 镍 | 罗地（Lode） |
| + | 钢 | 劳斯与艾琴格（Ross & Eichinger） |
| × | 铜 | 泰勒与奎尼（Taylor & Quinney） |
| ■ | 铝 | 泰勒与奎尼（Taylor & Quinney） |
| ⟠ | 软钢 | 泰勒与奎尼（Taylor & Quinney） |
| ⦶ | 碳钢 | 泰勒与奎尼（Taylor & Quinney） |
| □ | 铝合金 3S-H | 马林与斯坦利（Marin & Stanley） |

在纯切应力状态下，屈服时主应力分别为 $\sigma_1 = \tau_s$，$\sigma_2 = 0$，$\sigma_3 = -\tau_s$。按照最大切应力理论，有

$$\sigma_1 - \sigma_3 = 2\tau_s = \sigma_s$$
$$\tau_s = 0.5\sigma_s$$

按照形变应变能理论，有

$$\sqrt{\frac{1}{2}\left[(\sigma_1 - \sigma_2)^2 + (\sigma_2 - \sigma_3)^2 + (\sigma_3 - \sigma_1)^2\right]}$$
$$= \sqrt{3}\,\tau_s = \sigma_s$$
$$\tau_s = \frac{1}{\sqrt{3}}\sigma_s \approx 0.577\sigma_s$$

两个强度理论比较，在纯切应力状态时差别最大，形变应变能理论的屈服应力比最大切应力理论的屈服应力高约 15%，即

$$\frac{0.577\sigma_s - 0.5\sigma_s}{0.5\sigma_s} \approx 15\%$$

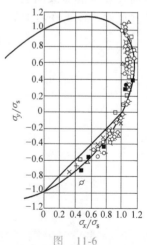

图  11-6

## 11.4  莫尔强度理论

以上介绍的强度理论均是借假设某种失效原因来建立材料失效判据的。然而，莫尔强度

理论却是以材料的失效试验为基础来建立失效判据的。

同一种材料在各种不同应力状态下（包括单向拉伸、单向压缩、纯剪切）失效（屈服或断裂）时，将对应着一系列的应力圆。这些应力圆都是该材料失效时的**极限应力圆**。这些极限应力圆的包络线称为**极限曲线**，用 $AB$、$A'B'$ 表示（图 11-7）。莫尔强度理论认为，当材料所承受的实际应力状态的应力圆与包络线相切或相交时，该材料将发生失效（屈服或断裂），否则，就不会失效。

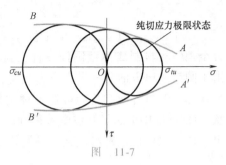

图 11-7

包络线与材料有关，不同材料的包络线也不一样。但是，同一材料包络线是否唯一？理论上，对于单向拉伸与压缩、纯切应力状态下材料，其极限应力圆均各自唯一；但对于复杂应力状态，若两个应力状态的 $\sigma_1$、$\sigma_3$ 对应相等，而 $\sigma_2$ 不等，则极限应力圆是不同的。也就是说，中间主应力 $\sigma_2$ 对材料失效是有影响的。这样，严格说来包络线并不唯一。但是，试验证明，中间主应力 $\sigma_2$ 对材料失效的影响不大，即包络线的波动范围不大。这样可假定极限应力圆只与 $\sigma_1$ 和 $\sigma_3$ 的比值有关，而与 $\sigma_2$ 无关。

极限曲线是条复杂曲线，既无法试验获得，也很难精确描绘，需简化处理，通常用单向拉伸与单向压缩时极限应力圆的公切线代替，如图 11-8 所示。经过这样简化后，便容易建立莫尔强度理论关于材料失效的判据了。

在图 11-8 中，圆 $C_1$ 与圆 $C_2$ 分别是单向拉伸与单向压缩时的极限应力圆，$\sigma_{tu}$ 与 $\sigma_{cu}$ 分别为材料单向拉伸与单向压缩失效（屈服或断裂）时的极限应力（$\sigma_s$ 或 $\sigma_b$）；圆 $C_3$ 是其他某一应力状态下的极限应力圆。由图中几何关系得

$$\frac{C_3P}{C_2Q} = \frac{C_3C_1}{C_2C_1} \qquad (a)$$

而

$$C_3P = C_3L - C_1M = \frac{\sigma_1 - \sigma_3}{2} - \frac{\sigma_{tu}}{2}$$

$$C_2Q = C_2N - C_1M = \frac{\sigma_{cu}}{2} - \frac{\sigma_{tu}}{2}$$

$$C_3C_1 = OC_1 - OC_3 = \frac{\sigma_{tu}}{2} - \frac{\sigma_1 + \sigma_3}{2}$$

$$C_2C_1 = C_2O + OC_1 = \frac{\sigma_{cu}}{2} + \frac{\sigma_{tu}}{2}$$

将上面四个公式代入式（a）中，得莫尔强度理论的失效判据

$$\sigma_1 - \frac{\sigma_{tu}}{\sigma_{cu}}\sigma_3 = \sigma_{tu} \qquad (11\text{-}10a)$$

引入相当应力，则莫尔强度理论的失效判据又可表示为

$$\sigma_{rM} = \sigma_1 - \frac{\sigma_{tu}}{\sigma_{cu}}\sigma_3 = \sigma_{tu} \qquad (11\text{-}10b)$$

式中，$\sigma_{rM}$ 为莫尔强度理论的相当应力。

注意：在式（11-10a、b）中，若材料为屈服失效，则 $\sigma_{tu}$ 为材料单向拉伸屈服极限 $\sigma_{ts}$，$\sigma_{cu}$ 为材料单向压缩屈服极限 $\sigma_{cs}$，并取绝对值；若材料为断裂失效，则 $\sigma_{tu}$ 为材料的单向抗拉强度极限 $\sigma_{tb}$，$\sigma_{cu}$ 为材料的单向抗压强度极限 $\sigma_{cb}$，并取绝对值。

与上述四个强度理论相比，莫尔强度理论能反映材料拉、压性能不同这一特点。若材料的拉、压性能相同，则莫尔强度理论就退化为最大切应力理论。

## 11.5　强度条件与强度计算

上面所述的材料失效判据，是材料的强度达到极限状态的条件。那么，工程构件的强度达到极限状态（即发生强度失效）的条件又是什么？怎样才能保证构件安全可靠地工作？现在以最大切应力理论为例，来回答这个问题。

式（11-7）所描述的曲线是图 11-9 所示的六边形，称为屈服线。屈服线将整个应力平面分为两部分：屈服线所包围的区域是材料处于弹性变形阶段，屈服线以外的区域表明材料已失效，屈服线上各点是极限应力状态。

假定图 11-9 所示的六边形是低碳钢的屈服线。现有四个低碳钢制成的构件，并已计算得到它们各自的危险点（即最大应力的点）的应力状态，如图 11-10 所示。

这四个构件危险点的应力状态在应力平面上分别对应 $A$、$B$、$C$、$D$ 四点（图 11-9）。$A$ 点落在屈服线上，$C$ 点落在屈服线以外区域，相应于这两点的构件要发生强度失效。$B$、$D$ 两点均落在屈服线所包围的区域内，当然不发生强度失效。但是，在实际的强度分析中有许多不确定因素，例如：材料的不均匀性以及内含缺陷，载荷计算的不准确以及计算公式的近似性，工作条件的波动性，再加之无法预计的偶然因素（过载、振动、碰撞等）等等。这样，$B$、$D$ 两点安全可靠的程度是不一样的。$B$ 点远离屈服线，而 $D$ 点接近屈服线，与 $B$ 点相对应的构件比与 $D$ 点相对应的构件更安全。

为了有足够的强度储备以保证构件能安全可靠地工作，将 $\sigma_s$ 等比例缩小 $n$（$n > 1$）倍，式（11-7）变为

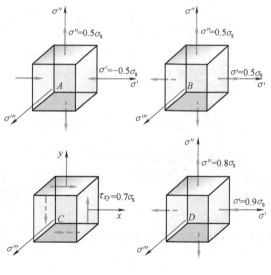

图　11-10

$$\sigma_1 - \sigma_3 = \frac{\sigma_s}{n} \qquad\qquad (a)$$

令

$$[\sigma] = \frac{\sigma_s}{n} \qquad\qquad (11\text{-}11)$$

则

$$\sigma_1 - \sigma_3 = [\sigma] \qquad\qquad (b)$$

$n$ 称为安全因数，$[\sigma]$ 称为许用应力，式（b）所描述的曲线称为许用应力线（图 11-11）。许用应力线和屈服线将整个应力平面分为三个区域：I 为安全区域，II 为强度储备区域，III 为强度失效区域。

对于实际的构件，必须保证构件内每一点的应力所对应的应力平面的点均落在 I 区内，才能使构件安全可靠地工作。为此，应要求整个构件内危险点上的应力满足如下条件

$$\sigma_{r3} = \sigma_1 - \sigma_3 \leqslant [\sigma] \qquad\qquad (c)$$

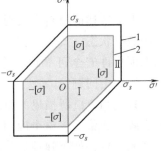

图　11-11
1—屈服曲线　2—许用应力线

称式（c）为最大切应力理论的**强度条件**。

仿照上述分析，可以得到各个强度理论的许用应力线（图略）和强度条件，列举如下：

最大拉应力理论的强度条件为

$$\sigma_{r1} = \sigma_1 \leqslant [\sigma] \qquad\qquad (11\text{-}12)$$

最大拉应变理论的强度条件为

$$\sigma_{r2} = \sigma_1 - \nu(\sigma_2 + \sigma_3) \leqslant [\sigma] \qquad\qquad (11\text{-}13)$$

式（11-12）和式（11-13）中，$[\sigma] = \dfrac{\sigma_b}{n}$。

最大切应力理论的强度条件为

$$\sigma_{r3} = \sigma_1 - \sigma_3 \leqslant [\sigma] \qquad\qquad (11\text{-}14)$$

形变应变能理论的强度条件为

$$\sigma_{r4} = \sqrt{\frac{1}{2}\left[(\sigma_1 - \sigma_2)^2 + (\sigma_2 - \sigma_3)^2 + (\sigma_3 - \sigma_1)^2\right]} \leqslant [\sigma] \qquad (11\text{-}15)$$

式（11-14）和式（11-15）中，$[\sigma] = \dfrac{\sigma_s}{n}$。

莫尔强度理论的强度条件为

$$\sigma_{rM} = \sigma_1 - \frac{[\sigma_t]}{[\sigma_c]}\sigma_3 \leqslant [\sigma_t] \qquad\qquad (11\text{-}16)$$

在式（11-16）中，对于塑性材料，$[\sigma_t] = \dfrac{\sigma_s}{n}$，$[\sigma_c] = \dfrac{\sigma_s}{n}$；对于脆性材料，$[\sigma_t] = \dfrac{\sigma_{tb}}{n}$，

$[\sigma_c] = \dfrac{\sigma_{cb}}{n}$。

建立了强度条件，就可以对构件进行强度计算。通常，杆件构件的强度计算（详见第 12 章）包括如下三方面内容：

1）校核强度。即检查杆件危险点应力是否满足强度条件。

2）设计截面。即根据满足强度条件的要求，计算杆件截面尺寸。

3）计算许可载荷。即根据满足强度条件的要求，计算杆件所能承受的最大载荷。

**例 11-1**　已知铸铁材料制成的构件内危险点的应力状态如图 11-12 所示，若许用应力 $[\sigma]=30\text{MPa}$，试按最大拉应力理论校核其强度。

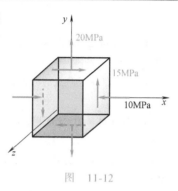

图　11-12

解：由图 11-12 可知

$$\sigma_x = -10\text{MPa}, \quad \sigma_y = 20\text{MPa}, \quad \tau_{xy} = 15\text{MPa}$$

$$\left.\begin{array}{c}\sigma' \\ \sigma''\end{array}\right\} = \frac{\sigma_x + \sigma_y}{2} \pm \sqrt{\left(\frac{\sigma_x - \sigma_y}{2}\right)^2 + (\tau_{xy})^2}$$

$$= \left[\frac{-10+20}{2} \pm \sqrt{\left(\frac{-10-20}{2}\right)^2 + 15^2}\right]\text{MPa}$$

$$\approx \begin{cases} 26.2\text{MPa} \\ -16.2\text{MPa} \end{cases}$$

即主应力

$$\sigma_1 = \sigma' = 26.2\text{MPa}, \quad \sigma_2 = 0, \quad \sigma_3 = \sigma'' = -16.2\text{MPa}$$

$$\sigma_{r1} = \sigma_1 = 26.2\text{MPa} < [\sigma] = 30\text{MPa}$$

故该构件满足强度条件。

**例 11-2**　已知某构件内危险点的应力状态如图 11-13 所示，试分别建立最大切应力和形变应变能理论的强度条件。

解：由图 11-13 可知，该危险点处于平面应力状态，可求得 $x$-$y$ 平面内的主应力

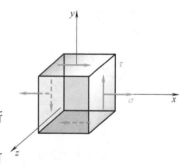

图　11-13

$$\left.\begin{array}{c}\sigma' \\ \sigma''\end{array}\right\} = \frac{\sigma_x + \sigma_y}{2} \pm \sqrt{\left(\frac{\sigma_x - \sigma_y}{2}\right)^2 + (\tau_{xy})^2} = \frac{\sigma}{2} \pm \frac{1}{2}\sqrt{\sigma^2 + 4\tau^2}$$

危险点处三个主应力

$$\sigma_1 = \frac{\sigma}{2} + \frac{1}{2}\sqrt{\sigma^2 + 4\tau^2}$$

$$\sigma_2 = 0$$

$$\sigma_3 = \frac{\sigma}{2} - \frac{1}{2}\sqrt{\sigma^2 + 4\tau^2}$$

按最大切应力理论建立强度条件

$$\sigma_{r3} = \sigma_1 - \sigma_3 = \sqrt{\sigma^2 + 4\tau^2} \leqslant [\sigma] \tag{11-17}$$

按形变应变能理论建立强度条件

$$\sigma_{r4} = \sqrt{\frac{1}{2}\left[(\sigma_1 - \sigma_2)^2 + (\sigma_2 - \sigma_3)^2 + (\sigma_3 - \sigma_1)^2\right]} = \sqrt{\sigma^2 + 3\tau^2} \leqslant [\sigma]$$

$$(11\text{-}18)$$

 习 题

11-1 已知应力状态如习题 11-1 图所示（应力单位为 MPa）。若 $\nu = 0.3$，试分别计算出第一到第四强度理论的相当应力。

11-2 构件中危险点的应力状态如习题 11-2 图所示，试选择合适的强度理论对以下两种情况作强度校核：

（1）构件材料为 Q235 钢，$\nu = 0.28$，$[\sigma] = 160\text{MPa}$；危险点的应力状态为 $\sigma_x = 45\text{MPa}$，$\sigma_y = 135\text{MPa}$，$\sigma_z = \tau_{xy} = 0$。

（2）构件材料为铸铁，$\nu = 0.24$，$[\sigma] = 30\text{MPa}$；危险点的应力状态为 $\sigma_x = 20\text{MPa}$，$\sigma_y = -25\text{MPa}$，$\sigma_z = 30\text{MPa}$，$\tau_{xy} = 0$。

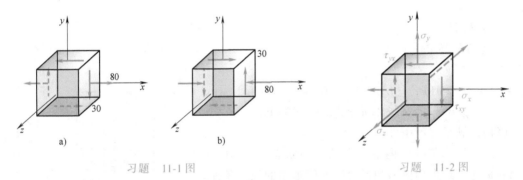

习题 11-1 图  习题 11-2 图

11-3 由单向应力状态和纯切应力状态叠加成的平面应力状态如习题 11-3 图所示，试证明：不论正应力是拉应力还是压应力，不论切应力是正还是负，总有 $\sigma_1 = \sigma_{\max} > 0$，$\sigma_2 = 0$，$\sigma_3 = \sigma_{\min} < 0$，因而

$$\sigma_{r3} = \sqrt{\sigma_x^2 + 4\tau_{xy}^2}$$

$$\sigma_{r4} = \sqrt{\sigma_x^2 + 3\tau_{xy}^2}$$

11-4 已知应力状态如习题 11-4 图所示（应力单位为 MPa），试按第三与第四强度理论计算其相当应力。

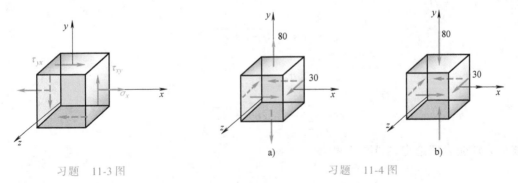

习题 11-3 图  习题 11-4 图

11-5 某结构上危险点处的应力状态如习题 11-5 图所示，其中 $\sigma_x = 116.7\text{MPa}$，$\tau_{xy} = -46.3\text{MPa}$。材料为钢，许用应力 $[\sigma] = 160\text{MPa}$。试校核此结构的强度。

11-6　已知应力状态如习题 11-6 图所示（应力单位为 MPa），按第三、第四强度理论考察，图中三个应力状态是否等价？三个应力状态的平均应力 $\sigma_m$ 彼此是否相等？试分别画出应力圆，并观察它们的特点。

11-7　试说明或证明，第三、第四强度理论与平均应力 $\sigma_m$ 无关。

11-8　钢轨上与车轮接触点处为三向压应力状态，已知，$\sigma_1 = -650\text{MPa}$，$\sigma_2 = -700\text{MPa}$，$\sigma_3 = -900\text{MPa}$。如果钢轨材料的许用应力 $[\sigma] = 300\text{MPa}$，试按第三与第四强度理论校核其强度。

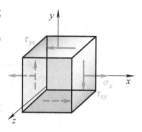

习题　11-5 图

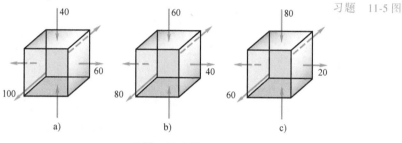

习题　11-6 图

11-9　由 28a 号工字钢制成的外伸梁受力如习题 11-9 图所示，已知，$F = 130\text{kN}$，$[\sigma] = 170\text{MPa}$，试按第三强度理论校核该梁 B 截面上腹板与翼缘交界点处的强度。

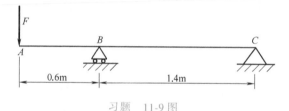

习题　11-9 图

11-10　钢制机械零件中危险点处的应力状态如习题 11-10 图所示（应力单位为 MPa）。已知材料的 $\sigma_s = 250\text{MPa}$，试分别确定采用第三、第四强度理论时该零件的安全因数。

11-11　一正方体形钢块，放在一刚性平面上，上表面承受压强为 $p$ 的均匀压力。若材料的 $E$、$\nu$ 已知，试分别计算下述两种情况时的相当应力 $\sigma_{r3}$ 与 $\sigma_{r4}$：（a）自由受压（习题 11-11 图 a）；（b）放在一刚性槽内，且钢块与槽之间无任何间隙（习题 11-11 图 b）。

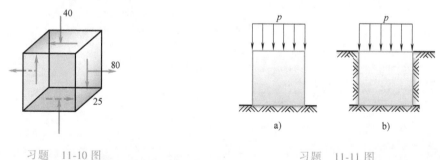

习题　11-10 图　　　　　习题　11-11 图

11-12　某构件由铸铁制成，其拉伸与压缩时的强度极限分别为 $\sigma_{tb} = 100\text{MPa}$，$\sigma_{cb} = 300\text{MPa}$。该构件上有一点处于平面应力状态，按莫尔强度理论发生屈服时，最大切应力为 100MPa。试求该点的主应力值。

11-13　铸铁制成的构件上某些点处可能为习题 11-13 图 a、b、c 所示的三种应力状态。已知铸铁的拉伸与压缩强度极限分别为 $\sigma_{tb} = 152\text{MPa}$，$\sigma_{cb} = 524\text{MPa}$。试按莫尔强度理论确定三种应力状态中 $\sigma_0$ 为何值时材料发生失效。

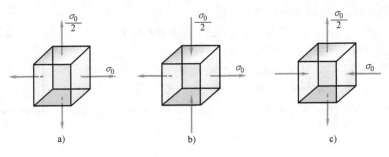

习题 11-13 图

# 第12章
## 杆件的强度与刚度计算

实际的工程构件都具有确定的功能。这些功能是设计者在设计时，依据某种工程要求确定下来的。如果由于某些原因，如过高的温度或过大的载荷，构件失去了原设计的功能，称为构件失效。构件的主要失效形式包括：由于材料的屈服和断裂引起的强度失效；由于构件的弹性变形过大而引起的刚度失效；由于丧失原有平衡形态而产生的稳定失效；由于随时间作周期性变化的交变应力引起的疲劳失效；还有在高温下，虽然应力保持不变，但应变却随时间不断增加而产生的蠕变失效，以及应变保持不变，但应力却随时间不断降低的应力松弛失效，等等。

本章主要讨论杆件的强度、刚度失效与强度、刚度计算。第16章将讨论稳定失效。疲劳失效将在第15章中讨论。关于蠕变失效和应力松弛失效，读者可参阅其他有关书籍。

## 12.1 强度计算与刚度计算

### 12.1.1 强度计算

有关强度条件与强度计算的概念性问题，11.5节中已经阐述，这里主要叙述杆件强度计算的方法。

首先，根据内力分析方法，对受力杆件进行内力分析（画出内力图），确定可能最先发生强度失效的横截面（危险截面）；其次，根据杆件横截面上应力分布情况，确定危险截面上可能最先发生强度失效的点（危险点），并分析危险点的应力状态；最后，再根据材料的力学性能（脆性或塑性）判断强度失效形式（断裂或屈服），选择相应的强度理论，建立强度条件

$$\sigma_{ri} \leqslant [\sigma] \tag{12-1}$$

式中，$i$ 为 1、2、3、4 或 $M$，代表所选用的强度理论。

根据强度条件式（12-1），可以解决三类问题——强度校核、设计截面、计算许可载荷。

### 12.1.2 刚度计算

对大多数杆件，为保证正常工作，除了要求满足强度条件之外，对其刚度也要有一定要求。即要求工作时杆件的变形或某一截面的位移 $\Delta$（最大位移或指定截面处的位移）不能超

过规定的数值 [Δ]，即

$$\Delta \leqslant [\Delta] \tag{12-2}$$

称式 (12-2) 为刚度条件。

式 (12-2) 中，Δ 为计算得到的杆件工作时的实际变形或位移，[Δ] 为许用（即人为规定的）变形或位移，是保证构件能正常工作的最大变形或位移。它们可以是线位移，也可以是角位移，根据构件的具体受力情况而定。对于轴向拉压杆，Δ 是指轴向变形或位移 $u$；对于受扭的轴，Δ 为两指定截面的相对扭转角 $\phi$ 或单位长度扭转角 $\varphi$，即角位移；对于梁，Δ 指挠度 $v$ 或转角 $\theta$。

刚度计算包括刚度校核、设计截面、计算许可载荷三方面内容。

对于不同功能的杆件，有的只要求进行强度计算、有的只要求进行刚度计算、有的两者计算都要进行。

## 12.2 轴向拉压杆件的强度计算

对于轴向拉压的杆件，一般只进行强度计算，只有在对刚度有特殊要求时才进行刚度计算。我们知道，轴向拉压杆横截面上正应力是均匀分布的，各点均处于单向应力状态，因此，无论选用哪个强度理论，强度条件式 (12-1) 均演化为

$$\sigma_{\max} \leqslant [\sigma] \tag{12-3}$$

**例 12-1** 某压力机的立柱如图 12-1 所示。已知：$F = 300\text{kN}$，立柱横截面的最小直径为 42mm，材料许用应力为 $[\sigma] = 140\text{MPa}$，试对立柱进行强度校核。

解：按截面法求得两立柱的轴力为

$$F_{\text{N}} = \frac{F}{2} = 150\text{kN}$$

最大应力发生在横截面面积最小处，即

$$\sigma_{\max} = \frac{F_{\text{N}}}{A_{\min}} = \frac{150 \times 10^3 \text{N}}{\dfrac{\pi \times (42 \times 10^{-3})^2 \text{m}^2}{4}} = 108\text{MPa}$$

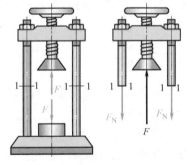

图 12-1

与已知条件中给定的许用应力 $[\sigma] = 140\text{MPa}$ 相比，最大工作应力小于许用应力

$$\sigma_{\max} < [\sigma]$$

所以，立柱满足强度条件。

**例 12-2** 旋臂起重机如图 12-2 所示，最大吊重（包括电葫芦自重）$F = 20\text{kN}$，拉杆 CD 为钢杆，其许用应力 $[\sigma] = 100\text{MPa}$，试确定拉杆的直径。

解：(1) 求 CD 杆所承受的最大内力。因 CD 杆两端铰支，因此为二力杆，承受轴向载荷。取分离体如图 12-2b 所示，载荷 F 在 AB 杆上的位置是变化的，以 x 表示它和铰链 B 的

距离，由平衡方程

$$\Sigma M_B = 0, \quad Fx - F_N \cdot BC\sin30° = 0$$

得

$$F_N = \frac{Fx}{BC\sin30°} = Fx$$

由上式可见，轴力 $F_N$ 为 $x$ 的线性函数，在 $x = 3\text{m}$ 时，即在 $A$ 点起吊时，$CD$ 杆的轴力最大。

$$F_{N_{max}} = 3F = 3 \times 20\text{kN} = 60\text{kN}$$

（2）由强度条件式（12-3）

$$\sigma_{max} = \frac{F_{N_{max}}}{A} \leqslant [\sigma]$$

得

$$\frac{4F_{N_{max}}}{\pi d^2} \leqslant [\sigma]$$

$$d \geqslant \sqrt{\frac{4F_{N_{max}}}{\pi[\sigma]}} = \sqrt{\frac{4 \times 60 \times 10^3\text{N}}{3.14 \times 100 \times 10^6\text{N/m}^2}}$$

$$\approx 2.76 \times 10^{-2}\text{m} = 27.6\text{mm}$$

取 $d = 27.6\text{mm}$。

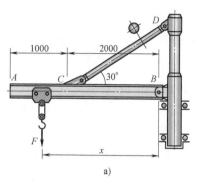

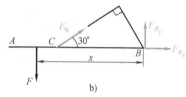

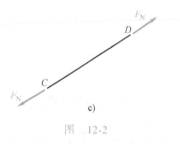

图　12-2

例 12-3　图 12-3a 所示为一吊架，$AB$ 为木杆，其横截面面积 $A_{AB} = 10^4\text{mm}^2$，许用应力 $[\sigma]_{AB} = 7\text{MPa}$；$BC$ 为钢杆，其横截面面积 $A_{BC} = 600\text{mm}^2$，$[\sigma]_{BC} = 160\text{MPa}$。试求 $B$ 处可承受的最大许可载荷。

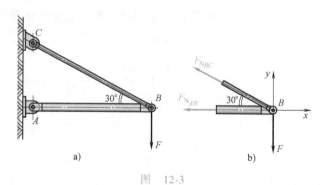

图　12-3

解：求 $AB$ 杆与 $BC$ 杆的轴力。$AB$、$BC$ 均为二力杆，由节点 $B$ 的平衡（图 12-3b）

$$\Sigma F_x = 0, \quad -F_{N_{AB}} - F_{N_{BC}}\cos30° = 0$$
$$\Sigma F_y = 0, \quad F_{N_{BC}}\sin30° - F = 0$$

解得

$$F_{N_{AB}} = -\sqrt{3}F, \quad F_{N_{BC}} = 2F$$

由 $AB$ 杆的强度条件

$$\sigma_{AB} = \frac{F_{N_{AB}}}{A_{AB}} \leqslant [\sigma]_{AB}$$

211

有
$$\frac{\sqrt{3}\,F_1}{A_{AB}} \leqslant [\sigma]_{AB}$$

$$F_1 \leqslant \frac{A_{AB}[\sigma]_{AB}}{\sqrt{3}} = \frac{10^4 \times 10^{-6} \times 7 \times 10^6}{\sqrt{3}}N \approx 40.4\text{kN}$$

同理，由 $BC$ 杆的强度条件

$$\sigma_{BC} = \frac{F_{N_{BC}}}{A_{BC}} \leqslant [\sigma]_{BC}$$

有
$$\frac{2F_2}{A_{BC}} \leqslant [\sigma]_{BC}$$

$$F_2 \leqslant \frac{A_{BC}[\sigma]_{BC}}{2} = \frac{600 \times 10^{-6} \times 160 \times 10^6}{2}N = 48\text{kN}$$

只有 $AB$ 和 $BC$ 两杆均满足强度条件，吊架才安全，因此吊架的最大许可载荷应取较小值，即

$$[F] = \min\{F_1, F_2\} = 40.4\text{kN}$$

## 12.3 扭转杆件的强度与刚度计算

对于扭转变形的杆件，通常除了要求满足强度条件外，还要同时满足刚度条件。

1. 强度条件

由 6.2 节知，受扭杆件的危险点为纯切应力状态，三个主应力分别为 $\sigma_1 = \tau_{max}$、$\sigma_2 = 0$、$\sigma_3 = -\tau_{max}$。于是，与第一、二、三、四强度理论相对应的强度条件分别改写为

$$\tau_{max} \leqslant [\sigma] \tag{12-4}$$

$$\tau_{max} \leqslant \frac{1}{1+\nu}[\sigma] \tag{12-5}$$

$$\tau_{max} \leqslant \frac{1}{2}[\sigma] \tag{12-6}$$

$$\tau_{max} \leqslant \frac{1}{\sqrt{3}}[\sigma] \tag{12-7}$$

上面四个公式也可统一写为

$$\tau_{max} \leqslant [\tau] \tag{12-8}$$

式中，$[\tau]$ 为材料的许用切应力，它与许用正应力之间存在着一定关系。

脆性材料，由式 (12-4)、式 (12-5) 可见，$[\tau]$ 介于 $\frac{1}{1+\nu}[\sigma]$ 和 $[\sigma]$ 之间。对脆性材料通常 $\nu$ 不高于 0.25，因此有

$$[\tau] = (0.8 \sim 1)[\sigma] \tag{12-9}$$

塑性材料，由式 (12-6)、式 (12-7) 可见，$[\tau]$ 介于 $\frac{1}{2}[\sigma]$ 和 $\frac{1}{\sqrt{3}}[\sigma]$ 之间。因此有

$$[\tau] = (0.5 \sim 0.6)[\sigma] \tag{12-9'}$$

**2. 刚度条件**

据式（12-2），杆件各处的单位长度扭转角 $\varphi$ 均不得超过许用的（由工作要求所规定的）单位长度扭转角 $[\varphi]$ [单位为 $(°)/m$]，即

$$\varphi_{max} = \frac{180°}{\pi}\left(\frac{T}{GI_p}\right)_{max} \leqslant [\varphi] \tag{12-10}$$

**例 12-4** 一钢制传动轴如图 12-4a 所示，转速 $n = 208r/min$，主动轮 $B$ 的输入功率 $P_B = 6kW$，两个从动轮 $A$、$C$ 的输出功率分别为 $P_A = 4kW$、$P_C = 2kW$。已知：轴的许用应力 $[\sigma] = 60MPa$，许用单位扭转角 $[\varphi] = 1(°)/m$，切变模量 $G = 80GPa$，试设计轴的直径 $d$。

**解：**（1）计算外力偶矩，绘扭矩图

$$M_B = \frac{3 \times 10^4}{\pi}\frac{P_B}{n} = \frac{3 \times 10^4}{\pi} \times \frac{6kW}{208r/min} \approx 275.4N \cdot m$$

$$M_A = \frac{3 \times 10^4}{\pi}\frac{P_A}{n} = \frac{3 \times 10^4}{\pi} \times \frac{4kW}{208r/min} \approx 183.6N \cdot m$$

$$M_C = \frac{3 \times 10^4}{\pi}\frac{P_C}{n} = \frac{3 \times 10^4}{\pi} \times \frac{2kW}{208r/min} \approx 91.8N \cdot m$$

根据截面法及扭矩符号的规定，得 $AB$、$BC$ 段的扭矩分别为

$$T_{AB} = 183.6N \cdot m$$

$$T_{BC} = -91.8N \cdot m$$

根据以上计算结果，作扭矩图如图 12-4b 所示。

（2）按强度条件设计轴的直径

由扭矩图可见，最大扭矩为 $T_{max} = 183.6N \cdot m$，危险截面为 $AB$ 段各横截面。危险点为危险截面上周边各个点，处于纯切应力状态。选用最大切应力理论，强度条件应为

$$\tau_{max} \leqslant \frac{1}{2}[\sigma]$$

$$\tau_{max} = \frac{T_{max}}{W_t} = \frac{T_{max}}{\dfrac{\pi d_1^3}{16}} \leqslant \frac{1}{2}[\sigma]$$

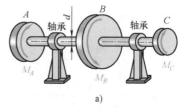

a)

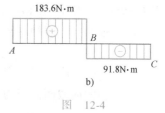

b)

图 12-4

得

$$d_1 \geqslant \sqrt[3]{\frac{2 \times 16T_{max}}{\pi[\sigma]}} = \sqrt[3]{\frac{2 \times 16 \times 183.6N \cdot m}{\pi \times 60 \times 10^6 Pa}} \approx 31.5 \times 10^{-3}m = 31.5mm$$

（3）按刚度条件设计轴的直径

由刚度条件式（12-10）

$$\varphi_{max} = \frac{T_{max}}{GI_p} \times \frac{180°}{\pi} = \frac{T_{max}}{G\dfrac{\pi d_2^4}{32}} \times \frac{180°}{\pi} \leqslant [\varphi]$$

得

$$d_2 \geqslant \sqrt[4]{\frac{32T_{\max} \times 180°}{G\pi^2[\varphi]}} = \sqrt[4]{\frac{32 \times 183.6 \times 180}{80 \times 10^9 \times \pi^2 \times 1}} \text{m} \approx 34 \times 10^{-3}\text{m} = 34\text{mm}$$

为了同时满足强度及刚度要求，应在以上两计算结果中取较大值作为轴的直径，取 $d = \max\{d_1, d_2\} = 34\text{mm}$。

**例 12-5** 实心圆轴横截面上的扭矩 $T = 5\text{kN·m}$。材料的许用应力 $[\sigma] = 87\text{MPa}$，试按强度条件设计轴的直径 $D$。若将轴改为空心圆轴，且内、外直径之比 $d/D = 0.8$，试设计截面尺寸，并比较实心圆轴和空心圆轴所需的材料用量。

解：本题按第四强度理论来设计。

对实心圆轴，由强度条件式（12-7）

$$\tau_{\max} \leqslant \frac{1}{\sqrt{3}}[\sigma]$$

即

$$\tau_{\max} = \frac{16T}{\pi D^3} \leqslant \frac{1}{\sqrt{3}}[\sigma]$$

得

$$D \geqslant \sqrt[3]{\frac{16\sqrt{3}\,T}{\pi[\sigma]}} = \sqrt[3]{\frac{16 \times \sqrt{3} \times 5 \times 10^3\text{N·m}}{\pi \times 87 \times 10^6\text{Pa}}} \approx 0.0798\text{m} = 79.8\text{mm}$$

取 $D = 80\text{mm}$。

对于空心圆轴 $W_t = \frac{\pi D^3}{16}(1 - \alpha^4)$，其中 $\alpha = \frac{d}{D} = 0.8$，故

$$D \geqslant \sqrt[3]{\frac{16\sqrt{3}\,T}{\pi[\sigma](1 - \alpha^4)}} = \sqrt[3]{\frac{16 \times \sqrt{3} \times 5 \times 10^3\text{N·m}}{\pi \times 87 \times 10^6 \times (1 - 0.8^4)\text{Pa}}} \approx 0.0952\text{m} = 95.2\text{mm}$$

选用 $D = 95\text{mm}$，则 $d = 0.8D = 0.8 \times 95\text{mm} = 76\text{mm}$。

实心圆轴和空心圆轴材料用量的比等于两者横截面的面积比。实心圆轴的横截面面积为

$$A_{\text{实}} = \frac{\pi}{4}D^2 = \frac{\pi \times 80^2}{4}\text{mm}^2 \approx 5030\text{mm}^2$$

空心圆轴的横截面面积为

$$A_{\text{空}} = \frac{\pi D^2}{4}(1 - \alpha^2) = \frac{\pi \times 95^2}{4}(1 - 0.8^2)\text{mm}^2 \approx 2550\text{mm}^2$$

因此

$$\frac{A_{\text{空}}}{A_{\text{实}}} = \frac{2550\text{mm}^2}{5030\text{mm}^2} \approx 0.508$$

可见，在强度相同的条件下，采用空心圆轴所需的材料几乎可比实心圆轴减少一半。

## 12.4 弯曲杆件的强度与刚度计算

由第 7 章知道，纯弯曲梁横截面上只有正应力，危险点处于单向应力状态。剪力弯曲梁横截面上既有正应力又有切应力，最大正应力所在点（位于距中性轴最远处）切应力为零，

该点处于单向应力状态；最大切应力所在点位于中性轴上，正应力为零，该点处于纯切应力状态；其余各点既有正应力又有切应力，这些点处于平面应力状态。但对实体梁来说，正应力较大区域的切应力较小，而切应力较大区域的正应力较小，因此，只要保证了最大正应力点的正应力强度和最大切应力点的抗剪强度，其余各点的强度也能保证。对于细长梁，正应力强度为主要设计依据；对于一些开口薄壁截面梁，将会出现正应力和切应力值同时都比较大的点，例如工字形截面梁腹板和翼缘的交界处，正应力值和切应力值都比较大，所以必须全面考虑这些点的强度。

**例 12-6** 图 12-5 所示为一用铸铁制成的 Ⅱ 形截面梁。已知：截面图形对形心轴的惯性矩 $I_z = 4.5 \times 10^7 \mathrm{mm}^4$，$y_1 = 50\mathrm{mm}$，$y_2 = 140\mathrm{mm}$；材料许用拉应力及许用压应力分别为 $[\sigma_t] = 30\mathrm{MPa}$，$[\sigma_c] = 140\mathrm{MPa}$。试按正应力强度条件校核该梁的强度。

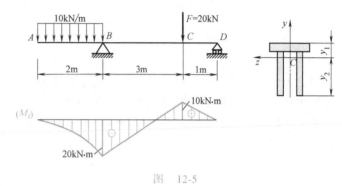

图 12-5

**解：** 画弯矩图，由图可见 $B$、$C$ 两截面弯矩符号不同。注意到截面上的中性轴为非对称轴，且材料的拉、压许用应力数值不等，故 $B$、$C$ 两截面均可能为危险截面。

$B$ 截面

$$\sigma_{t_B} = \frac{M_{z_B}}{I_z}y_1 = \frac{20 \times 10^3 \mathrm{N} \cdot \mathrm{m}}{4.5 \times 10^7 \times (10^{-3})^4 \mathrm{m}^4} \times 50 \times 10^{-3}\mathrm{m} = 22.2\mathrm{MPa}$$

$$\sigma_{c_B} = \frac{M_{z_B}}{I_z}y_2 = \frac{20 \times 10^3 \mathrm{N} \cdot \mathrm{m}}{4.5 \times 10^7 \times (10^{-3})^4 \mathrm{m}^4} \times 140 \times 10^{-3}\mathrm{m} = 62.2\mathrm{MPa}$$

$C$ 截面

$$\sigma_{t_C} = \frac{M_{z_C}}{I_z}y_2 = \frac{10 \times 10^3 \mathrm{N} \cdot \mathrm{m}}{4.5 \times 10^7 \times (10^{-3})^4 \mathrm{m}^4} \times 140 \times 10^{-3}\mathrm{m} = 31.1\mathrm{MPa}$$

最大拉应力在 $C$ 截面，最大压应力在 $B$ 截面。且 $\sigma_{c_{max}} = \sigma_{c_B} < [\sigma_c]$，而 $\sigma_{t_{max}} = \sigma_{t_C}$ 虽略大于 $[\sigma_t]$，但未超过 5%，故可认为弯曲正应力基本上能满足强度要求。

**例 12-7** 一工字形截面悬臂梁，如图 12-6a 所示。已知 $l = 750\mathrm{mm}$，$F = 25.6\mathrm{kN}$，材料的许用应力 $[\sigma] = 140\mathrm{MPa}$。要求按形变应变能理论全面校核梁的强度。

**解：** 为了进行全面校核，需要确定梁内可能的危险点，为此首先画出 $F_{s_y}$、$M_z$ 图（图 12-6b、c），找出可能的危险截面，然后分析应力，找出可能的危险点。

由 $F_{s_y}$、$M_z$ 图可知，各截面的剪力相等，其值为

$$F_{s_y} = F = 25.6\mathrm{kN}$$

弯矩最大值在固定端 $A$ 处，其值为

$$M_{z_{max}} = Fl = 25.6 \times 750 \times 10^{-3}\mathrm{kN} \cdot \mathrm{m} = 19.2\mathrm{kN} \cdot \mathrm{m}$$

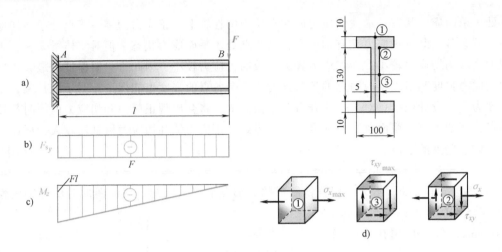

图 12-6

由应力分析知道，梁正应力的最大值发生在 $A$ 截面的上、下边缘各点，如点①；最大切应力发生在梁各个截面的中性轴上各点，如点③。$A$ 截面上腹板与翼缘的交界处，如点②，也可能是危险点，因为此处正应力和切应力的值都较大，也要进行校核。点①、②、③的应力状态示于图 12-6d 中。

（1）按强度条件式（12-3），校核 $A$ 截面最大正应力作用点①

$$\sigma_{x_{\max}} = \frac{M_{z_{\max}}}{I_z} y_{\max}$$

式中

$$M_{z_{\max}} = 19.2\text{kN} \cdot \text{m}$$

$$y_{\max} = 75\text{mm}$$

$$I_z = \frac{100 \times 10^{-3} \times 150^3 \times 10^{-9}}{12}\text{m}^4 -$$

$$\frac{(100 - 5) \times 10^{-3} \times 130^3 \times 10^{-9}}{12}\text{m}^4$$

$$= 1073 \times 10^{-8}\text{m}^4$$

于是

$$\sigma_{x_{\max}} = \frac{19.2 \times 10^3 \times 75 \times 10^{-3}\text{N} \cdot \text{m}^2}{1073 \times 10^{-8}\text{m}^4} \approx 134.2 \times 10^6\text{Pa}$$

$$= 134.2\text{MPa} < [\sigma]$$

因此，$A$ 截面①点满足正应力强度条件。

（2）按强度条件式（12-7），校核最大切应力作用点③

$$\tau_{xy_{\max}} = \frac{F_{s_{y\max}} S^*_{z_{\max}}}{b I_z}$$

式中

$$F_{s_{y\max}} = F = 25.6\text{kN}$$

$$b = 5\text{mm}$$

$$S_{z_{\max}}^{*} = \left( 10 \times 100 \times 70 + 5 \times 65 \times \frac{65}{2} \right) \times 10^{-9} \mathrm{m}^3 \approx 8.056 \times 10^{-5} \mathrm{m}^3$$

于是

$$\tau_{xy_{\max}} = \frac{25.6 \times 10^3 \times 8.056 \times 10^{-5} \mathrm{N} \cdot \mathrm{m}^3}{5 \times 10^{-3} \times 1073 \times 10^{-8} \mathrm{m}^5} \approx 38.4 \times 10^6 \mathrm{Pa}$$

$$= 38.4 \mathrm{MPa} < \frac{1}{\sqrt{3}} [\sigma] \approx 81 \mathrm{MPa}$$

因此，梁最大切应力作用点满足强度条件。

（3）按与形变应变能理论相应的强度条件，校核 $A$ 截面上正应力和切应力都较大的点 ②。由式（11-18）

$$\sigma_{r4} = \sqrt{\sigma_x^2 + 3\tau_{xy}^2} \leqslant [\sigma]$$

$$\sigma_x = \frac{M_{z_{\max}}}{I_z} y = \frac{19.2 \times 10^3 \times 65 \times 10^{-3}}{1073 \times 10^{-8}} \mathrm{Pa} \approx 116.3 \times 10^6 \mathrm{Pa}$$

$$= 116.3 \mathrm{MPa} \quad (y = 65 \mathrm{mm})$$

$$\tau_{xy} = \frac{F_{S_y} S_z^{*}}{b I_z} = \frac{25.6 \times 10^3 \times 10 \times 100 \times 70 \times 10^{-9}}{5 \times 10^{-3} \times 1073 \times 10^{-8}} \mathrm{Pa}$$

$$\approx 33.4 \times 10^6 \mathrm{Pa}$$

$$= 33.4 \mathrm{MPa}$$

$$\sigma_{r4} = \sqrt{\sigma_x^2 + 3\tau_{xy}^2} = \sqrt{116.3^2 + 3 \times 33.4^2} \mathrm{Pa}$$

$$\approx 130 \times 10^6 \mathrm{Pa} = 130 \mathrm{MPa} < [\sigma]$$

综合以上结果，梁的强度条件是满足的。

例 12-8 矩形截面梁受力如图 12-7a 所示。已知 $q = 2\mathrm{kN/m}$，$a = 1\mathrm{m}$，材料的许用应力 $[\sigma] = 110 \mathrm{MPa}$，要求按强度设计截面的尺寸 $b$ 和 $h$。

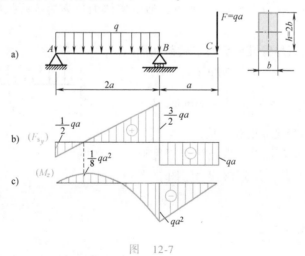

图 12-7

解：作 $F_{S_y}$、$M_z$ 图，找危险截面。

作出梁的剪力图、弯矩图如图 12-7b、c 所示。$B$ 截面弯矩值最大

$$M_{z_{max}} = qa^2$$

而剪力最大值发生在 $B$ 截面的稍左侧截面

$$F_{s_{ymax}} = \frac{3}{2}qa$$

对实体细长梁，正应力强度是主要因素，所以危险点应该是最大正应力所在点（$B$ 截面上、下边缘各点）。由强度条件

$$\sigma_{x_{max}} = \frac{M_{z_{max}}}{W_z} \leqslant [\sigma]$$

式中

$$W_z = \frac{bh^2}{6} = \frac{b(2b)^2}{6} = \frac{2b^3}{3}$$

于是

$$\frac{M_{z_{max}}}{2b^3/3} \leqslant [\sigma]$$

$$b \geqslant \sqrt[3]{\frac{3M_{z_{max}}}{2[\sigma]}} = \sqrt[3]{\frac{3 \times 2 \times 10^3 \times 1^2}{2 \times 110 \times 10^6}} \text{m} \approx 0.03\text{m} = 30\text{mm}$$

取 $b = 30\text{mm}$，$h = 2b = 60\text{mm}$。

下面计算梁的最大切应力。

$$\tau_{xy_{max}} = \frac{3}{2} \times \frac{F_{s_{ymax}}}{A} = \frac{3}{2} \times \frac{\frac{3}{2}qa}{bh} = \frac{9 \times 2 \times 10^3 \times 1}{4 \times 30 \times 60 \times 10^{-6}} \text{Pa}$$

$$= 2.5\text{MPa} \ll \frac{1}{2}[\sigma] \left( \text{或} \frac{1}{\sqrt{3}}[\sigma] \right)$$

切应力值非常小，仅为 2.5MPa。所以，通常实体细长梁的抗剪强度会自然满足，不用计算。

例 12-9　矩形截面悬臂梁承受均布载荷如图 12-8a 所示。已知 $l = 3\text{m}$，$E = 200\text{GPa}$，$[\sigma] = 120\text{MPa}$，许用挠度 $[v] = \dfrac{l}{250}$，$b = 80\text{mm}$，$h = 160\text{mm}$。试确定载荷集度 $q$ 的许可值。

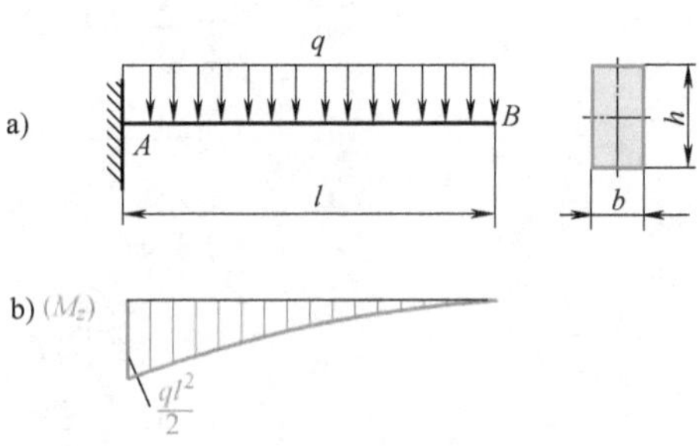

解：本例所涉及的问题是，既要满足强度要求，又要满足刚度要求。首先画出 $M_z$ 图（图 12-8b），最大弯矩

图　12-8

$$M_{z_{max}} = \frac{ql^2}{2}$$

由正应力强度条件

$$\sigma_{x_{max}} = \frac{M_{z_{max}}}{W_z} \leqslant [\sigma]$$

有

$$\frac{\frac{ql^2}{2}}{\frac{bh^2}{6}} \leqslant [\sigma]$$

$$q_1 \leqslant \frac{bh^2[\sigma]}{3l^2} = \frac{80 \times 160^2 \times 10^{-9} \times 120 \times 10^6}{3 \times 3^2} \text{N/m} = 9.1 \text{kN/m}$$

由刚度条件

$$v_{\max} \leqslant [v]$$

由表 7-3 查得，最大挠度

$$v_{\max} = \frac{ql^4}{8EI_z}$$

于是有

$$\frac{ql^4}{8EI_z} \leqslant \frac{l}{250}$$

式中

$$I_z = \frac{bh^3}{12}$$

所以

$$q_2 \leqslant \frac{2Ebh^3}{3l^3 \times 250} = \frac{2 \times 200 \times 10^9 \times 80 \times 160^3 \times 10^{-12}}{3 \times 3^3 \times 250} \text{N/m}$$

$$= 6.47 \times 10^3 \text{N/m} = 6.47 \text{kN/m}$$

综合上述计算结果，取以刚度计算得到的 $q$ 值，作为梁所能承受的许可载荷，即

$$[q] = \min\{q_1, q_2\} = 6.47 \text{kN/m}$$

## 12.5 组合内力时杆件的强度与刚度计算

当杆件横截面上有多种内力分量作用时，杆件的强度、刚度计算步骤同前面的简单内力相同。下面举例说明。

**例 12-10** 矩形截面悬臂梁，如图 12-9a 所示，截面尺寸为 $h = 80 \text{mm}$，$b = 60 \text{mm}$。$l = 1 \text{m}$，自由端作用一集中力 $F = 5 \text{kN}$，$F$ 垂直轴线 $x$，与 $y$ 轴夹角为 $\varphi$（$F$ 沿截面对角线）。要求确定最大正应力点的位置，并校核正应力强度。$[\sigma] = 130 \text{MPa}$。

**解：** 此梁为斜弯曲梁，即两个平面弯曲的组合。

（1）如图 12-9b 所示分解外力

$$F_y = F\cos\varphi = 5 \times \frac{40}{\sqrt{30^2 + 40^2}} \text{kN} = 4 \text{kN}$$

$$F_z = F\sin\varphi = 5 \times \frac{30}{\sqrt{30^2 + 40^2}} \text{kN} = 3 \text{kN}$$

（2）作内力图

$F_y$、$F_z$ 两个力分别作用下的弯矩图，如图 12-9c、d 所示。

最大弯矩都在固定端，其大小为

$$M_{y_{max}} = F_z l$$

$$M_{z_{max}} = F_y l$$

因此，最大正应力必发生在固定端所在的截面上。

（3）应力分析，找出危险点

根据两个平面弯曲在固定端截面上的应力分布（图 12-9e、f）可知，最大拉应力和最大压应力分别在固定端截面的角点 $k_1$ 和 $k_2$ 上，其绝对值相等。$k_1$、$k_2$ 分别处于单向拉、压应力状态（图 12-9g）

$$|\sigma_x|_{max} = \frac{M_{y_{max}}}{W_y} + \frac{M_{z_{max}}}{W_z} = \frac{F_z l}{\dfrac{hb^2}{6}} + \frac{F_y l}{\dfrac{bh^2}{6}}$$

$$= \frac{3 \times 10^3 \times 1 \times 6}{80 \times 60^2 \times 10^{-9}}\mathrm{Pa} + \frac{4 \times 10^3 \times 1 \times 6}{60 \times 80^2 \times 10^{-9}}\mathrm{Pa}$$

$$= 125\mathrm{MPa} < [\sigma]$$

所以，梁满足正应力强度条件。

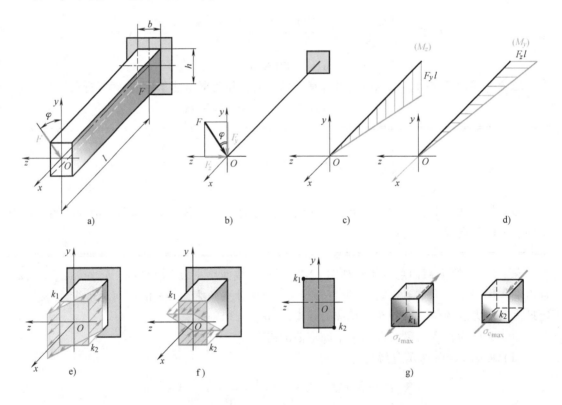

图  12-9

例 12-11   图 12-10 所示为传动轴 $AB$，已知电动机通过联轴器作用在截面 $B$ 上的力偶矩 $M = 1\mathrm{kN \cdot m}$，轴的长度 $l = 200\mathrm{mm}$，传动带轮直径 $D = 300\mathrm{mm}$，轴的材料的许用应力 $[\sigma] = 160\mathrm{MPa}$。试按形变应变能理论设计 $AB$ 轴的直径。

解：（1）外力分析

将传动带张力向轴 $AB$ 的轴线简化，得

$$F = 3F_1, \qquad M_1 = \frac{F_1}{2}D$$

由 $\Sigma M_x = 0$，即

$$M - M_1 = M - \frac{F_1}{2}D = 0$$

得

$$F_1 = \frac{2M}{D} = \frac{2 \times 1 \times 10^3 \mathrm{N \cdot m}}{300 \times 10^{-3}\mathrm{m}} = 6.67\mathrm{kN}$$

（2）内力分析

作轴的弯矩图和扭矩图（忽略剪力），如图 12-10c、d 所示。危险截面 $C$ 的最大弯矩和扭矩为

$$M_z = \frac{3F_1 l}{4} = \frac{3 \times 6.67 \times 10^3 \times 200 \times 10^{-3}}{4}\mathrm{N \cdot m}$$

$$= 1\mathrm{kN \cdot m}$$

$$T = M = 1\mathrm{kN \cdot m}$$

图 12-10

（3）强度计算

危险点为平面应力状态，如图 12-10e 所示。

由式（11-18）知，对于弯曲与扭转，选用形变应变能理论，其强度条件的表达式为

$$\sigma_{r4} = \sqrt{\sigma_{x_{\max}}^2 + 3\tau_{xz_{\max}}^2} = \sqrt{\left(\frac{M_z}{W_z}\right)^2 + 3\left(\frac{T}{W_t}\right)^2} \leqslant [\sigma]$$

考虑圆截面（包括圆环形截面）杆件，$W_t = 2W_z$ 成立，于是形变应变能理论强度条件的表达式可改写为

$$\sigma_{r4} = \frac{1}{W_z}\sqrt{M_z^2 + 0.75T^2} \leqslant [\sigma] \tag{12-11'}$$

式中，$M_z$、$T$ 分别为危险截面的弯矩与扭矩；$W_z$ 是该截面的抗弯截面系数。

于是

$$\frac{32\sqrt{M_z^2 + 0.75T^2}}{\pi d^3} \leqslant [\sigma]$$

所以

$$d \geqslant \sqrt[3]{\frac{32\sqrt{M_z^2 + 0.75T^2}}{\pi [\sigma]}} = \sqrt[3]{\frac{32\sqrt{(1 \times 10^3)^2 + 0.75(1 \times 10^3)^2}}{3.14 \times 160 \times 10^6}}\mathrm{m} \approx 0.0438\mathrm{m}$$

取 $d = 44\mathrm{mm}$。

例 12-12　带传动轴如图 12-11a 所示。$B$ 轮传动带拉力为水平方向，$C$ 轮传动带拉力为铅垂方向。已知 $B$ 轮直径 $D_B = 400\mathrm{mm}$，$C$ 轮直径 $D_C = 320\mathrm{mm}$，轴的直径 $d = 22\mathrm{mm}$。材料的许用应力 $[\sigma] = 80\mathrm{MPa}$，试按最大切应力理论校核轴的强度。

**解**：根据传动轴的受力情况，可绘出如图 12-11b 所示计算简图。在 $B$ 截面处有水平方向的集中力 600N 作用，在 $C$ 截面处有铅垂方向的集中力 750N 作用，此外，在 $B$、$C$ 截面处尚有大小相等、方向相反的一对扭转力偶矩 $M_e = (400 - 200) \times 0.2 = 40\text{N} \cdot \text{m}$。

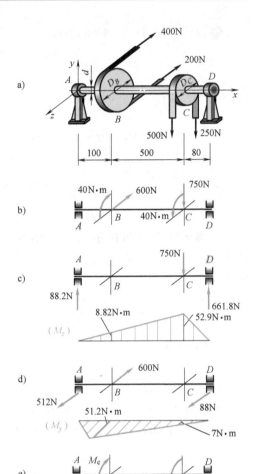

图 12-11

先计算铅垂方向的集中力 750N 引起的约束力及弯矩 $M_z$（图 12-11c）

$$F_A = 88.2\text{N}, \quad F_D = 661.8\text{N}$$

$$M_{z_B} = 88.2\text{N} \times 0.1\text{m} = 8.82\text{N} \cdot \text{m}$$

$$M_{z_C} = 661.8\text{N} \times 0.08\text{m} \approx 52.9\text{N} \cdot \text{m}$$

再计算水平方向的集中力 600N 引起的约束力及弯矩 $M_y$（图 12-11d）

$$F_A = 512\text{N}, \quad F_D = 88\text{N}$$

$$M_{y_B} = 512\text{N} \times 0.1\text{m} = 51.2\text{N} \cdot \text{m}$$

$$M_{y_C} = 88\text{N} \times 0.08\text{m} = 7\text{N} \cdot \text{m}$$

在 $BC$ 段由扭转力偶矩 $M_e$ 引起的扭矩为（图 12-11e）

$$T = M_e = 40\text{N} \cdot \text{m}$$

虽然 $M_y$ 和 $M_z$ 作用在两个互相垂直的平面内，但传动轴的横截面为圆形（$I_y = I_z$，不发生斜弯曲），故可将截面上的 $M_y$ 与 $M_z$ 按矢量合成为一个合弯矩，进行强度计算。

对 $B$ 截面

$$M_B = \sqrt{8.82^2 + 51.2^2}\ \text{N} \cdot \text{m} \approx 52\text{N} \cdot \text{m}$$

对 $C$ 截面

$$M_C = \sqrt{52.9^2 + 7^2}\ \text{N} \cdot \text{m} \approx 53.4\text{N} \cdot \text{m}$$

$C$ 截面为危险截面。

这里暂且抛开本例，考虑更一般的情况：对于圆形（或圆环形）截面的弯曲扭转杆件，若危险截面的弯矩（或合弯矩）$M$、扭矩 $T$ 已知，那么据式（11-17）和例 12-11 的推导方法，可得出最大切应力理论强度条件的表达式

$$\sigma_{r3} = \frac{1}{W}\sqrt{M^2 + T^2} \leqslant [\sigma] \tag{12-12'}$$

今后，对于圆形或圆环形截面并同时发生弯曲与扭转变形的杆件，式（12-11'）和式（12-12'）可作为公式使用，即

$$\sigma_{r4} = \frac{1}{W}\sqrt{M^2 + 0.75T^2} \leqslant [\sigma] \quad \text{（形变应变能理论）} \tag{12-11}$$

$$\sigma_{r3} = \frac{1}{W}\sqrt{M^2 + T^2} \leqslant [\sigma] \quad \text{（最大切应力理论）} \tag{12-12}$$

式中，$W$ 为抗弯截面系数；$M$、$T$ 为同一截面（危险截面）上的弯矩和扭矩。

返回本例，$C$ 截面危险点的相当应力

$$\sigma_{r3} = \frac{1}{W}\sqrt{M_C^2 + T^2} = \frac{32}{\pi \times 0.022^3}\sqrt{53.4^2 + 40^2} \ \text{Pa}$$

$$= 63.8\text{MPa} < [\sigma]$$

所以，该轴符合强度要求。

读者可以考虑，如果在轴的危险截面上除弯矩、扭矩外，还有轴力 $F_N$，应如何进行强度计算？

## 12.6 提高杆件强度与刚度的一些措施

在工程设计中，在保证满足构件强度、刚度要求的前提下，应尽可能地节省材料，达到最经济的效果。我们知道，杆件拉伸、压缩、扭转、弯曲时的强度条件如下：

拉、压 $\qquad\qquad \sigma_{max} = \dfrac{F_{N_{max}}}{A} \leqslant [\sigma]$；

扭转 $\qquad\qquad \tau_{max} = \dfrac{T_{max}}{W_t} \leqslant [\tau]$；

弯曲 $\qquad\qquad \sigma_{max} = \dfrac{M_{z_{max}}}{W_z} \leqslant [\sigma]$。

由此可知，要提高强度，第一个可行措施是尽量减小构件的最大内力，现以弯曲为例说明。图 12-12a 所示简支梁，受均布载荷 $q$ 作用，梁的最大弯矩为 $M_{max} = ql^2/8$。如果将梁两端的铰支座向内各移动 $0.2l$，如图 12-12b 所示，则最大弯矩变为 $M_{max} = ql^2/40$，仅为前者的 $1/5$。除合理安排支座外，在可能的情况下适当分散载荷也可达到降低最大弯矩的目的，例如将简支梁上的一个集中力，分散为两个或更多集中力（图 12-12c、d）。

第二个提高强度的措施是采用合理的截面形状。由弯曲正应力强度条件可知，梁的抗弯能力还取决于抗弯截面系数 $W_z$。$W_z$ 不仅与截面尺寸有关，还与截面形状有关。为了减少材

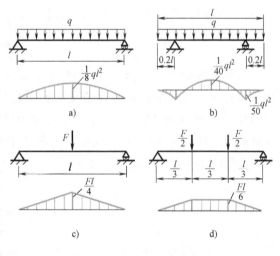

图 12-12

料消耗，减轻自重，应选用抗弯截面系数 $W_z$ 较大而截面面积 $A$ 较小，即 $W_z/A$ 的值较大的截面形状。试分析，在横截面面积不变的情况下，实心圆与空心圆截面哪种更合理？矩形截面与工字形截面哪种更合理？如果材料抗拉、抗压性能不同（$[\sigma_c]>[\sigma_t]$），梁的截面该选用何种形状？

第三个提高强度的措施是采用等强度设计。对拉、压杆和受扭的轴，其内力沿截面位置的

分布大多为常量或分段常量，而梁在剪力弯曲时弯矩是随截面位置而变化的。在前几节的设计中，除最大应力所在截面外，其他各横截面的应力均未达到许用应力，材料的强度得不到充分发挥。为节省材料、减轻自重，可以将杆或轴设计成阶梯状，将剪力弯曲梁设计成横截面随截面位置按某一规律变化的变截面梁。当构件各个横截面上的最大应力都相等（或接近相等），且都等于材料的许用应力值时，才是最理想的设计，当然这要在工程要求允许的情况下。

当变截面梁各横截面上的最大弯曲正应力相同，并与许用应力相等时，即

$$\sigma_{max} = \frac{M_z(x)}{W_z(x)} = [\sigma]$$

时，称为等强度梁。等强度梁的抗弯截面系数随截面位置的变化规律为

$$W_z(x) = \frac{M_z(x)}{[\sigma]} \qquad (12\text{-}13)$$

由式（12-13）可见，确定了弯矩随截面位置的变化规律后就可求得等强度梁横截面的变化规律。下面以等高度矩形截面等强度梁为例来说明。

设图 12-13a 所示受集中力 $F$ 作用的简支梁为矩形截面的等强度梁，若截面高度 $h$ 不变，宽度 $b$ 为截面位置 $x$ 的函数，$b = b(x)$，则矩形截面的抗弯截面系数为

$$W(x) = \frac{b(x)h^2}{6}$$

弯矩方程式为

$$M(x) = \frac{F}{2}x \qquad \left(0 \leq x \leq \frac{l}{2}\right)$$

把以上两式代入式（12-13），化简后得

$$b(x) = \frac{3F}{h^2[\sigma]}x \qquad (a)$$

可见，截面宽度 $b(x)$ 为 $x$ 的线性函数。由于对称性，跨度中点右侧梁的截面形状是与左侧相对称的（图 12-13b）。在左、右两个端点处截面宽度 $b(x) = 0$，这是仅按弯曲正应力进行考虑的结果。为了能够承受切应力，梁两端的截面应不小于某一最小宽度 $b_{min}$。由弯曲切应力强度条件

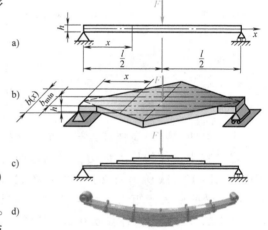

图　12-13

$$\tau_{max} = \frac{3}{2} \times \frac{F_{s_{ymax}}}{A} = \frac{3}{2} \times \frac{\dfrac{F}{2}}{b_{min}h} \leq [\tau]$$

得

$$b_{min} = \frac{3F}{4h[\tau]} \qquad (b)$$

图 12-13b 所示为考虑抗剪能力后等高度矩形截面等强度梁的形状。为便于使用，常将其切分成若干狭长条并叠放在一起制成如图 12-13c 所示的形状。常见的车辆上用的叠板弹簧（图 12-13d）就是这种形式的等强度梁。

对大多数杆件，除强度外，刚度要求也是重要的。提高刚度就是要尽量减小弹性变形。

仍以梁为例，由表 7-3 可见，梁的挠度和转角除与载荷成正比外，还与梁的跨度 $l$ 的 $n$ 次方成正比，与抗弯刚度 $EI$ 成反比。因此，减小弹性变形的一个措施是增大梁的抗弯刚度 $EI$。这一点虽然可通过选择 $E$ 值较大的材料来达到，但由于多数钢材的 $E$ 值是相近的，即使选用高强度钢，也不能有效地提高梁的刚度，因此，最好是设法增大 $I$ 值，在截面面积不变的情况下，尽量使材料离开中性轴远一些，如采用工字形、箱形等截面形状。

此外，梁的变形与跨度 $l$ 的 $n$ 次方成正比。跨长对变形的影响非常明显，因此，必须设法减小梁的跨长或对较长的轴多加支撑。例如，在车床上车削细长工件时，为减小工件在加工过程中的变形，提高加工精度，在工件右端通常都安装顶尖。在加工更长的工件时，还需在工件中间加上中心架，以减小跨长。这些，都是通过增加约束来提高构件的弯曲刚度的例子。

**习　题**

12-1　一桅杆起重机，起重杆 $AB$ 的横截面积如习题 12-1 图所示。钢丝绳 $BC$ 和 $BD$ 的横截面面积均为 $10mm^2$。起重杆与钢丝的许用应力均为 $[\sigma]=120MPa$，试校核 $AB$、$BC$ 和 $BD$ 三者的强度。

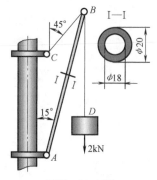

习题　12-1 图

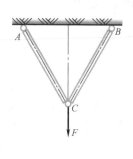

习题　12-2 图

12-2　重物 $F=130kN$ 悬挂在由两根圆杆组成的吊架上，如习题 12-2 图所示。$AC$ 是钢杆，直径 $d_1=30mm$，许用应力 $[\sigma]_{st}=160MPa$。$BC$ 是铝杆，直径 $d_2=40mm$，许用应力 $[\sigma]_{al}=60MPa$。已知 $ABC$ 为正三角形，试校核吊架的强度。

12-3　习题 12-3 图所示结构中，钢索 $BC$ 由一组直径 $d=2mm$ 的钢丝组成。若钢丝的许用应力 $[\sigma]=160MPa$，横梁 $AC$ 单位长度上受均匀分布载荷 $q=30kN/m$ 作用，试求所需钢丝的根数 $n$。若将 $BC$ 改用由两根等边角钢组成的组合杆，角钢的许用应力为 $[\sigma]=160MPa$，试确定所需角钢的型号。

12-4　习题 12-4 图所示结构中 $AC$ 为钢杆，其横截面面积 $A_1=2cm^2$；$BC$ 杆为铜杆，其横截面面积 $A_2=3cm^2$。$[\sigma]_{st}=160MPa$，$[\sigma]_{cop}=100MPa$，试求许用载荷 $[F]$。

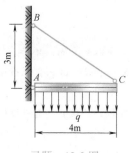

习题　12-3 图

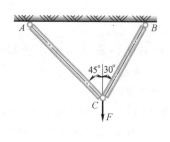

习题　12-4 图

12-5 习题 12-5 图所示结构，杆 $AB$ 为 5 号槽钢，许用应力 $[\sigma]_{st}=160\text{MPa}$，杆 $BC$ 为 $h/b=2$ 的矩形截面木杆，其截面尺寸为 $b=5\text{cm}$，$h=10\text{cm}$，许用应力 $[\sigma]_w=8\text{MPa}$，承受载荷 $F=128\text{kN}$。

（1）试校核该结构的强度； （2）若要求两杆的应力同时达到各自的许用应力，两杆的截面应取多大？

12-6 习题 12-6 图所示螺栓，拧紧时产生 $\Delta l=0.10\text{mm}$ 的轴向变形，试求预紧力 $F$，并校核螺栓强度。已知 $d_1=8\text{mm}$，$d_2=6.8\text{mm}$，$d_3=7\text{mm}$，$l_1=6\text{mm}$，$l_2=29\text{mm}$，$l_3=8\text{mm}$；$E=210\text{GPa}$，$[\sigma]=500\text{MPa}$。

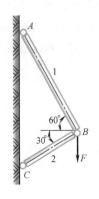
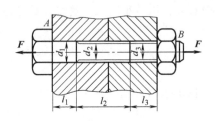

习题 12-5 图          习题 12-6 图

12-7 习题 12-7 图所示传动轴的转速为 $n=500\text{r/min}$，主动轮 1 输入功率 $P_1=368\text{kW}$，从动轮 2 和 3 分别输出功率 $P_2=147\text{kW}$ 和 $P_3=221\text{kW}$。已知 $[\sigma]=212\text{MPa}$，$[\varphi]=1(°)/\text{m}$，$G=80\text{GPa}$。

（1）试按第四强度理论和刚度条件确定 $AB$ 段的直径 $d_1$ 和 $BC$ 段的直径 $d_2$。

（2）若 $AB$ 段和 $BC$ 段选用同一直径，试确定其直径 $d$。

（3）主动轮和从动轮的位置若可以重新安排，试问怎样安排才比较合理？

12-8 习题 12-8 图所示钢轴，$d_1=4d_2/3$，$M=1\text{kN}\cdot\text{m}$，许用应力 $[\sigma]=160\text{MPa}$，$[\varphi]=0.5(°)/\text{m}$，$G=80\text{GPa}$。试按第三强度理论和刚度条件设计轴径 $d_1$ 与 $d_2$。

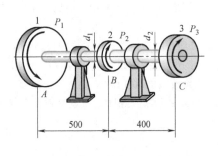
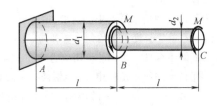

习题 12-7 图          习题 12-8 图

12-9 习题 12-9 图所示钢轴所受扭转力偶矩分别为 $M_1=0.8\text{kN}\cdot\text{m}$、$M_2=1.2\text{kN}\cdot\text{m}$、$M_3=0.4\text{kN}\cdot\text{m}$。已知：$l_1=0.3\text{m}$，$l_2=0.7\text{m}$，$[\sigma]=100\text{MPa}$，$[\varphi]=0.25°/\text{m}$，$G=80\text{GPa}$。试按第三强度理论和刚度条件求轴的直径。

12-10 习题 12-10 图所示组合轴，套筒和心轴依靠两端的刚性平板牢固地连接在一起。设作用在刚性平板上的力偶矩 $M=2\text{kN}\cdot\text{m}$，套筒和心轴的切变模量分别为 $G_1=40\text{GPa}$、$G_2=80\text{GPa}$；许用应力分别为 $[\sigma]_1=85\text{MPa}$、$[\sigma]_2=110\text{MPa}$。试按第三强度理论分别校核该套筒与心轴的强度。

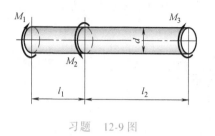

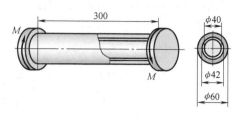

习题 12-9 图                                     习题 12-10 图

**12-11** 习题 12-11 图所示槽形截面悬臂梁，$F = 10$kN，$M = 70$kN·m，$[\sigma_t] = 35$MPa。$[\sigma_c] = 120$MPa。试校核其强度。

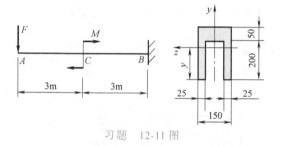

习题 12-11 图

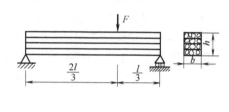

习题 12-12 图

**12-12** 习题 12-12 图所示简支梁，由四块尺寸相同的木板胶合而成，试校核其强度。已知：$F = 4$kN，$l = 400$mm，$b = 50$mm，$h = 80$mm，板的许用应力 $[\sigma] = 7$MPa，胶缝的许用应力 $[\tau] = 5$MPa。

**12-13** 习题 12-13 图所示外伸梁由 25a 工字钢制成，其跨度 $l = 6$m，全梁上受均布载荷 $q$ 作用，为使支座处截面 $A$、$B$ 及跨度中央截面 $C$ 上的最大正应力均为 140MPa，试求外伸部分的长度 $a$ 及载荷集度 $q$。

**12-14** 某四轮起重机的轨道为两根工字形截面梁（习题 12-14 图所示为其中一根梁），设起重机自重 $W = 50$kN，最大起重量 $F = 10$kN，工字钢的许用应力为 $[\sigma] = 160$MPa、$[\tau] = 80$MPa，试选择梁的工字钢型号。

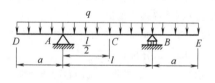

习题 12-13 图

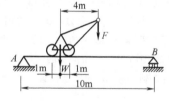

习题 12-14 图

**12-15** 习题 12-15 图所示矩形截面简支梁由圆形木料制成，已知 $F = 5$kN，$a = 1.5$m，$[\sigma] = 10$MPa。若要求在圆木中所截取的梁抗弯截面系数具有最大值，试确定此矩形截面 $h/b$ 的值及所需木料的最小直径 $d$。

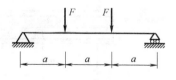

习题 12-15 图

**12-16** 如习题 12-16 图所示支承楼板的木梁，其两端支承可视为铰支，跨度 $l = 6$m，两木梁的间距

227

$a = 1\mathrm{m}$，楼板受均布载荷 $q = 3.5\mathrm{kN/m^2}$ 的作用。若 $[\sigma] = 10\mathrm{MPa}$，$[\tau] = 1\mathrm{MPa}$，木梁截面为矩形，$b/h = 2/3$，试确定其尺寸。

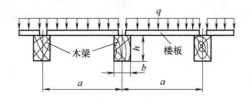

习题 12-16 图

12-17　习题 12-17 图所示为一承受纯弯曲的铸铁梁，其截面为⊥形，材料的拉伸和压缩的许用应力之比 $[\sigma_{\mathrm{t}}]/[\sigma_{\mathrm{c}}] = 1/4$，求水平翼缘的合理宽度 $b$。

12-18　习题 12-18 图所示轧辊轴直径 $D = 280\mathrm{mm}$，$l = 450\mathrm{mm}$，$b = 100\mathrm{mm}$，轧辊材料的许用应力 $[\sigma] = 100\mathrm{MPa}$。试根据轧辊轴的强度，求轧辊能承受的最大轧制力 $F$（$F = qb$）。

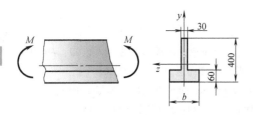

习题 12-17 图

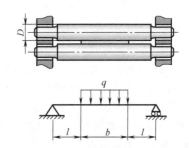

习题 12-18 图

12-19　某操纵系统中的摇臂如习题 12-19 图所示，右端所受的力 $F_1 = 8.5\mathrm{kN}$，截面 1-1 和 2-2 均为高宽比 $h/b = 3$ 的矩形，材料的许用应力 $[\sigma] = 50\mathrm{MPa}$。试确定 1-1 及 2-2 两个横截面的尺寸。

12-20　为了起吊 $W = 300\mathrm{kN}$ 的大型设备，采用一台 150kN 和一台 200kN 的起重机及一根钢制辅助梁 $AB$，如习题 12-20 图所示。已知钢材的许用应力 $[\sigma] = 160\mathrm{MPa}$，$l = 4\mathrm{m}$。试分析和计算：

（1）设备吊在辅助梁 $AB$ 的什么位置（以到 150kN 起重机的间距 $a$ 表示），才能保证两台起重机都不会超载？

（2）若以普通热轧工字型钢作为辅助梁，试确定工字钢型号。

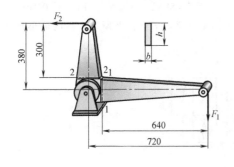

习题 12-19 图

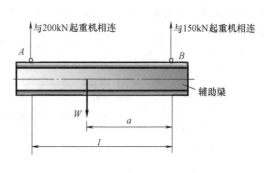

习题 12-20 图

12-21　习题 12-21 图所示结构中，*ABC* 为 No 10 普通热轧工字型钢梁，钢梁在 *A* 处为铰链支承，*B* 处用圆截面钢杆悬吊。已知梁与杆的许用应力均为 $[\sigma] = 160$MPa。试求：

（1）许可分布载荷集度 *q*。

（2）圆杆直径 *d*。

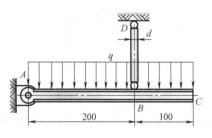

习题　12-21 图

12-22　组合梁如习题 12-22 图所示，已知 $q = 40$kN/m，$F = 48$kN，梁材料的许用应力 $[\sigma] = 160$MPa。试根据形变应变能强度理论对梁的强度作全面校核。

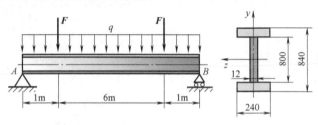

习题　12-22 图

12-23　梁受力如习题 12-23 图所示，已知 $F = 1.6$kN，$d = 32$mm，$E = 200$GPa。若要求加力点的挠度不大于许用挠度 $[v] = 0.05$mm，试校核梁的刚度。

12-24　一端外伸的轴在飞轮重力作用下发生变形，如习题 12-24 图所示，已知飞轮重 $W = 20$kN，轴材料的 $E = 200$GPa，轴承 *B* 处的许用转角 $[\theta] = 0.5°$。试设计轴径 *d*。

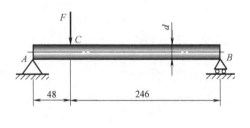

习题　12-23 图

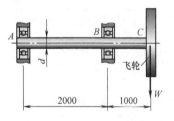

习题　12-24 图

12-25　习题 12-25 图所示简易桥式起重机的最大载荷 $F = 20$kN，起重机梁为 32a 工字钢，$E = 210$GPa，$l = 8.76$m，规定许用挠度 $[v] = l/500$。试校核梁的刚度。

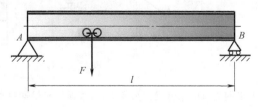

习题　12-25 图

12-26 习题 12-26 图所示承受均布载荷的简支梁，由两根竖向放置的普通槽钢组成。已知 $q = 10\text{kN/m}$，$l = 4\text{m}$，材料的 $[\sigma] = 100\text{MPa}$，许用挠度 $[v] = l/1000$，$E = 200\text{GPa}$。试确定槽钢型号。

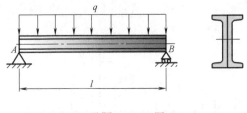

习题 12-26 图

12-27 习题 12-27 图所示三根压杆，它们的最小横截面面积相等，材料相同，许用应力 $[\sigma] = 120\text{MPa}$，试校核三杆的强度。

12-28 习题 12-28 图所示矩形截面杆在自由端承受位于纵向对称面内的纵向载荷 $F$，若已知 $F = 60\text{kN}$。

（1）试求：横截面上点 $A$ 处的正应力为零时的截面高度 $h$。

（2）在上述 $h$ 值下，若材料的许用应力 $[\sigma] = 50\text{MPa}$，试校核该杆的强度。

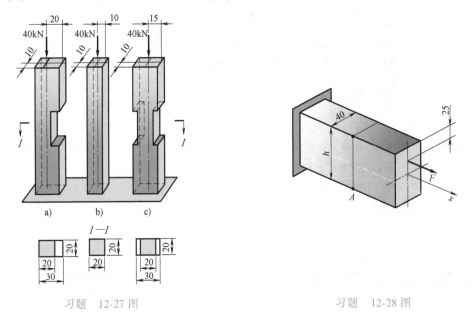

习题 12-27 图

习题 12-28 图

12-29 已知木质简支梁，横截面为矩形，$l = 1\text{m}$，$h = 200\text{mm}$，$b = 100\text{mm}$。受力情况如习题 12-29 图所示，$F = 4\text{kN}$，$[\sigma] = 20\text{MPa}$。试校核其强度。

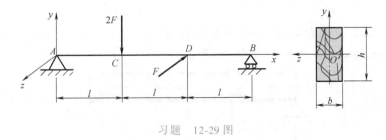

习题 12-29 图

12-30 有一用 No 10 号工字钢制造的悬臂梁，长度为 $l$，端面处承受通过截面形心且与 $z$ 轴夹角为 $\alpha$ 的集中力 $F$ 作用，如习题 12-30 图所示。试求当 $\alpha$ 为何值时，截面上危险点的应力值为最大。

12-31 习题 12-31 图所示两槽钢，一端固定，另一端装一定滑轮，拉力 $F$ 可通过定滑轮与拉力为 40kN 的 $W$ 力平衡，构件的主要尺寸见图，$[\sigma] = 80MPa$，试选择适当的槽钢型号。

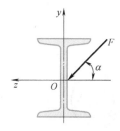

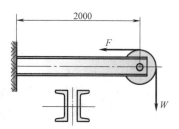

习题 12-30 图                    习题 12-31 图

12-32 由三根木条胶合而成的悬臂梁如习题 12-32 图所示，梁长 $l = 1m$，若胶合面上的许用切应力为 0.34MPa，木材的许用弯曲正应力为 $[\sigma] = 10MPa$，许用切应力 $[\tau] = 1MPa$，试求许可载荷 $[F]$。

12-33 手摇式提升机如习题 12-33 图所示，最大提升力为 $W = 1kN$，提升机轴的许用应力 $[\sigma] = 80MPa$。试按第三及第四强度理论设计轴的直径。

12-34 习题 12-34 图所示一传动轴，轮 $A$ 上作用铅垂力 $F_1 = 5kN$，轮 $B$ 上作用水平方向力 $F_2 = 10kN$。若 $[\sigma] = 100MPa$，轮 $A$ 的直径 $D_A = 300mm$，轮 $B$ 的直径 $D_B = 150mm$，试选用第四强度理论计算轴的直径 $d$。

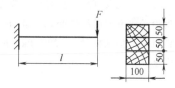

习题 12-32 图

12-35 习题 12-35 图所示电动机功率 $P = 9kW$，转速 $n = 715r/min$，带轮直径 $D = 250mm$，电动机轴外伸长度 $l = 120mm$，轴的直径 $d = 40mm$，轴的材料的许用应力 $[\sigma] = 60MPa$。试按最大切应力理论校核轴的强度。

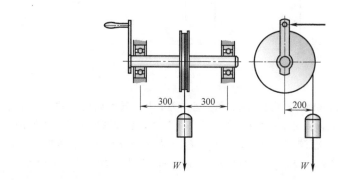

习题 12-33 图

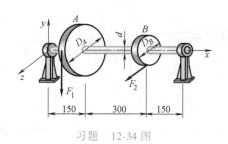

习题 12-34 图

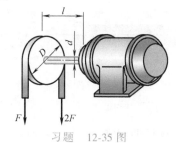

习题 12-35 图

12-36 习题12-36图所示传动轴，传递的功率 $P=7\text{kW}$，转速 $n=200\text{r/min}$。齿轮 $A$ 上作用的力 $F$ 与水平切线夹角为20°（即压力角）。带轮 $B$ 上的拉力 $F_1$ 和 $F_2$ 为水平方向，且 $F_1=2F_2$。若轴的 $[\sigma]=80\text{MPa}$，试对下列两种情况，按最大切应力理论设计轴的直径。

（1）忽略带轮的重力 $W$。

（2）考虑带轮的自重 $W=1.8\text{kN}$。

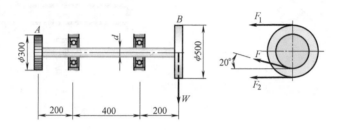

习题 12-36 图

12-37 习题12-37图所示圆截面等直杆受横向力 $F$ 和绕轴线的外力偶 $M$ 作用。由试验测得杆表面 $A$ 点处沿轴线方向的线应变 $\varepsilon_{0°}=4\times10^{-4}$，杆表面 $B$ 点处沿与母线成45°方向的线应变 $\varepsilon_{45°}=3.75\times10^{-4}$。并知杆材料的弹性模量 $E=200\text{GPa}$，泊松比 $\nu=0.25$，许用应力 $[\sigma]=140\text{MPa}$。试按第三强度理论校核杆的强度。

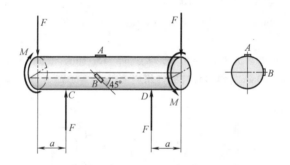

习题 12-37 图

12-38 习题12-38图所示圆截面杆，直径为 $d$，承受轴向力 $F$ 与扭转力偶矩 $M$ 作用，杆用塑性材料制成，许用应力为 $[\sigma]$。试画出危险点处的应力状态图，并根据第四强度理论建立杆的强度条件。

12-39 习题12-39图所示圆截面钢杆，承受载荷 $F_1$、$F_2$ 与力偶矩 $M$ 作用。试根据第三强度理论校核杆的强度。已知载荷 $F_1=500\text{N}$，$F_2=15\text{kN}$，力偶矩 $M=1.2\text{kN}\cdot\text{m}$，许用应力 $[\sigma]=160\text{MPa}$。

习题 12-38 图　　　　　　　　　　习题 12-39 图

12-40 习题12-40图所示直径 $d=25\text{mm}$ 的齿轮轴，由电动机带动。斜齿轮分度圆直径 $D=200\text{mm}$，作用有切向力 $F_t=1.9\text{kN}$、径向力 $F_r=740\text{N}$ 以及平行于轴线的外力 $F=660\text{N}$。若许用应力 $[\sigma]=160\text{MPa}$，试

根据第四强度理论校核轴的强度。

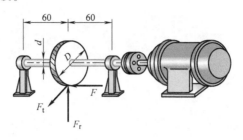

习题　12-40 图

12-41　习题 12-41 图所示简支梁，跨度中点承受集中载荷 $F$ 作用。若横截面的宽度 $b$ 保持不变，试根据等强度观点确定截面高度 $h(x)$ 的变化规律。许用应力 $[\sigma]$ 与许用切应力 $[\tau]$ 均为已知。

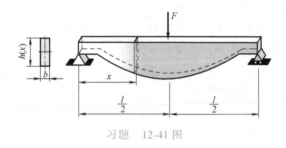

习题　12-41 图

# 13

## 第 13 章
## 联接

为了将一个构件联接到另一个构件上，工程上常采用联接结构。起联接作用的联接件往往是形状不一、长度短小的构件。联接件内应力分布规律复杂，难于用材料力学方法作精确分析。工程中采用实用的计算方法，即从经验出发，认为应力在其作用面上均匀分布，从而对联接结构进行强度估算。实践证明，这种方法行之有效，故称为实用计算。

## 13.1 工程中常见的联接结构

工程中常常采用各式各样的联接结构，将一个构件联接到另一个构件上，如图 13-1 所

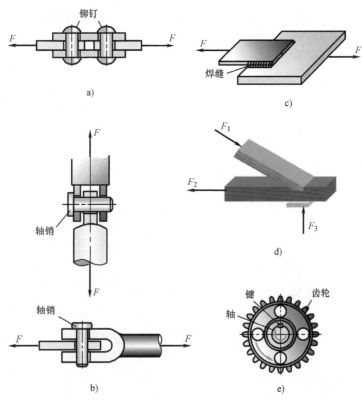

图 13-1

a) 铆钉联接结构　b) 轴销联接结构　c) 焊接结构　d) 木榫联接结构　e) 轮与轴之间的键联接结构

示。另外，还有各种粘接结构等。上述铆钉、轴销和键等起联接作用的构件，在联接处局部区域（力作用处以及附近区域）会有应力存在。由于这些联接件大多为形状不一、长度短小的块体形构件，联接处的局部变形及应力分布规律比较复杂，很难作出精确的理论分析。因此，工程上大都假设应力在其作用面上是均匀分布的，在此基础上进行强度计算，故称实用计算。

## 13.2 剪切实用计算

以图 13-2a 所示剪床剪切钢板为例来说明剪切的概念。钢板在上、下切削刃作用力 $F$ 的推动下，左、右两部分将沿两力间的截面 $m$-$m$ 发生相对错动（图 13-2b）。当力 $F$ 增加到某一极限值时，钢板将沿截面 $m$-$m$ 被剪断。构件（如钢板）在一对相距很近、大小相等、方向相反的外力作用下，被剪截面沿力的作用方向发生相对错动的变形，称为剪切变形。产生相对错动的截面（如 $m$-$m$）称为剪切面。不难看出，剪切破坏是沿剪切面发生的。因此，在进行抗剪强度计算时，只需考虑剪切面上内力及应力的大小。

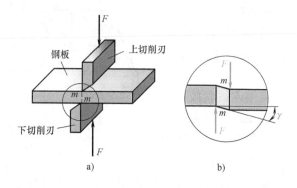

图　13-2

图 13-3a 所示为铆接结构，联接件铆钉受力如图 13-3b 所示。由图 13-3c 所示的受力状态即可建立平衡方程，不难求得剪切面上的剪力 $F_s$

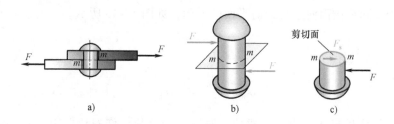

图　13-3

$$F_s = F$$

假设剪力 $F_s$ 在剪切面上均匀分布，则切应力的大小为

$$\tau = \frac{F_s}{A} \tag{13-1}$$

式中，$A$ 为剪切面的面积。

建立剪切强度条件

$$\tau = \frac{F_s}{A} \leq [\tau] \qquad (13\text{-}2)$$

式中，$[\tau]$ 为联接件的许用切应力，是根据联接件的实际受力情况，作模拟剪切试验，记下破坏载荷 $F_b$。由式（13-1）计算出破坏应力 $\tau_b$，再考虑安全因数，得到

$$[\tau] = \frac{\tau_b}{n} \qquad (13\text{-}3)$$

注意，有些联接件的剪切面不止一个，例如图 13-1a 所示的铆钉联接，每个铆钉都有两个剪切面。在实际计算中要据剪切面的个数来分析。

## 13.3 挤压实用计算

大多数联接件在承受剪切的同时，伴随着联接件与被联接件在接触面上的相互挤压，这种发生在构件表面的局部受压现象称为挤压。

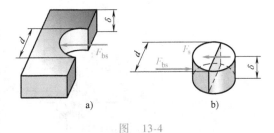

例如，图 13-3a 所示的铆接结构，当钢板受到拉力 $F$ 作用后，在钢板与铆钉的接触面上，作用有大小相等、方向相反的压力 $F_{bs}$，$F_{bs}$ 称为挤压力，如图 13-4 所示。当挤压力超过一定限度时，联接件或被联接件在挤压面附近产生明显的塑性变形，称为挤压破坏。在有些情况下，构件在剪切破坏之前可能首先发生挤压破坏，所以要建立挤压强度条件。

图 13-4

图 13-4 所示铆钉与钢板的实际挤压面为半个圆柱面，其上的挤压应力 $\sigma_{bs}$ 不是均匀分布的。可以假设，挤压力在挤压计算面积 $A_{bs}$ 上均匀分布，即

$$\sigma_{bs} = \frac{F_{bs}}{A_{bs}} \qquad (13\text{-}4)$$

式中，$A_{bs}$ 等于实际挤压面向过直径的平面的投影，如图 13-4b 所示。

$$A_{bs} = \delta d$$

建立挤压强度条件

$$\sigma_{bs} = \frac{F_{bs}}{A_{bs}} \leq [\sigma_{bs}] \qquad (13\text{-}5)$$

式中，$[\sigma_{bs}]$ 为许用挤压应力。一般地，对同一种材料，许用切应力 $[\tau]$ 比许用拉应力 $[\sigma]$ 要小，而许用挤压应力 $[\sigma_{bs}]$ 则比 $[\sigma]$ 大。

例 13-1　图 13-5a 所示为轴销联接结构，已知 $F = 20\text{kN}$，钢板厚度 $\delta = 10\text{mm}$，轴销与钢板的材料相同，许用应力为 $[\tau] = 60\text{MPa}$，$[\sigma_{bs}] = 160\text{MPa}$。试求所需轴销的直径 $d$。

解：轴销受力如图 13-5b 所示，剪切面为 $m$-$m$ 及 $n$-$n$，这种情况称为双剪切。可以认为两个剪切面上的剪力相同，均为

$$F_s = \frac{F}{2}$$

按剪切强度条件

$$\tau = \frac{F_s}{A} \leqslant [\tau]$$

即

$$\frac{F}{2} \bigg/ \frac{\pi d^2}{4} \leqslant [\tau]$$

所以

$$d \geqslant \sqrt{\frac{2F}{\pi[\tau]}} = \sqrt{\frac{2 \times 20 \times 10^3}{3.14 \times 60 \times 10^6}}\,\text{m} \approx 0.0146\,\text{m}$$

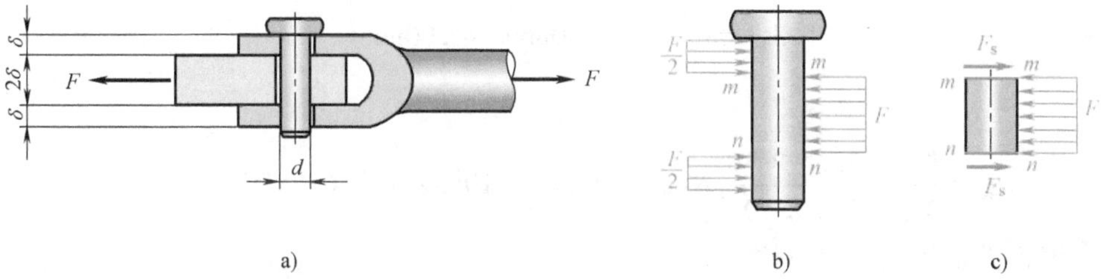

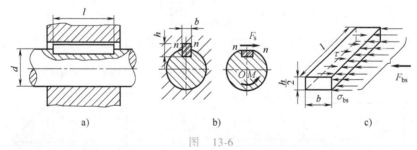

图 13-5

由图 13-5b 可知，轴销中间一段的挤压力为 $F$，而挤压计算面积为 $2\delta d$；两端各段的挤压力为 $F/2$，挤压计算面积为 $\delta d$，所以各处的挤压应力相同。按挤压强度条件

$$\sigma_{bs} = \frac{F_{bs}}{A_{bs}} = \frac{F}{2\delta d} \leqslant [\sigma_{bs}]$$

所以

$$d \geqslant \frac{F}{2\delta[\sigma_{bs}]} = \frac{20 \times 10^3}{2 \times 10^{-2} \times 160 \times 10^6}\,\text{m} = 0.00625\,\text{m}$$

可见，轴销的直径应取 $d = 15\text{mm}$。

**例 13-2**　图 13-6a 所示的键联接结构，其剖视图如图 13-6a 所示。轴所承受的扭转力偶矩 $M = 200\text{N} \cdot \text{m}$，轴径 $d = 32\text{mm}$，键的尺寸为 $b \times h \times l = 10\text{mm} \times 8\text{mm} \times 50\text{mm}$，键的许用应力 $[\tau] = 70\text{MPa}$，$[\sigma_{bs}] = 100\text{MPa}$，试校核键的强度。

图 13-6

**解：**（1）剪切强度校核

首先确定键在剪切面上的剪力，为此假想将键沿剪切面 $n$-$n$ 截开，并把半个键和轴一起作为研究对象，如图 13-6b 所示。根据平衡条件，可求得键在剪切面上的剪力 $F_s$。由 $\Sigma M_O = 0$，得

$$\frac{F_s d}{2} - M = 0$$

所以

$$F_s = \frac{2M}{d} = \frac{2 \times 200}{32 \times 10^{-3}} \text{N} = 12.5 \times 10^3 \text{N}$$

剪切面面积为

$$A = bl = 10 \times 50 \text{mm}^2 = 500 \text{mm}^2$$

因而

$$\tau = \frac{F_s}{A} = \frac{12.5 \times 10^3}{500 \times 10^{-6}} \text{N/m}^2 = 25 \times 10^6 \text{N/m}^2 = 25 \text{MPa} < [\tau]$$

故该键满足剪切强度条件。

（2）挤压强度校核

先确定挤压力，研究半个键的平衡（图 13-6c）。由 $\Sigma F_x = 0$，得

$$F_{bs} = F_s = 12.5 \text{kN}$$

挤压面积为

$$A_{bs} = \frac{hl}{2} = 4 \times 50 \text{mm}^2 = 200 \text{mm}^2$$

因而

$$\sigma_{bs} = \frac{F_{bs}}{A_{bs}} = \frac{12.5 \times 10^3}{200 \times 10^{-6}} \text{N/m}^2 = 62.5 \times 10^6 \text{N/m}^2 = 62.5 \text{MPa} < [\sigma_{bs}]$$

故该键也满足挤压强度条件。

综上，键是安全的。

## 13.4 焊缝与胶粘接缝的实用计算

焊接和胶粘联接也是工程中经常采用的联接方式。对于主要承受剪切的焊缝（图 13-7a），在设计时，假设破坏是在焊缝的最小截面上由剪切而产生，并假设切应力在剪切面上均匀分布。焊缝的横截面一般视为等腰三角形（图 13-7b），焊缝的最小厚度为三角形斜边的高 $AB = \delta\cos45° = 0.707\delta$。剪切面（焊缝的最小截面）的面积为

$$A = AB \cdot l' = 0.707\delta l' \tag{13-6}$$

式中，$l'$ 为焊缝的计算长度。于是焊缝的剪切强度条件为

$$\tau = \frac{F_s}{A} = \frac{F_s}{0.707\delta l'} \leqslant [\tau] \tag{13-7}$$

因焊缝两端的焊接质量较差，故通常将焊缝长度 $l$ 扣除 10mm 后作为计算长度 $l'$。

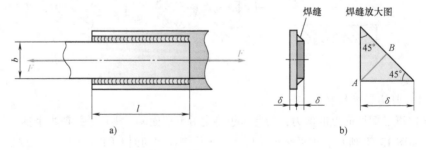

图 13-7

对于胶粘连接，由于粘接构件的受力情况及胶粘接缝方向各不相同，因此，破坏形式是

不同的。在实际计算时，可将胶层视为构件的一部分（其强度与构件的强度不同）。根据构件的受力情况，胶层可能承受切应力，也可能承受正应力，或二者都有。相应胶层的强度条件，可能是正应力强度条件，也可能是切应力强度条件，还可能二者都必须考虑。

**例 13-3** 图 13-7 所示板的许用应力 $[\sigma] = 160\text{MPa}$，焊缝的许用切应力 $[\tau] = 100\text{MPa}$，板宽 $b = 100\text{mm}$，厚度 $\delta = 15\text{mm}$，焊缝的长 $l = 120\text{mm}$。试求许可载荷 $[F]$。

**解**：每条焊缝所受剪力 $F_s = \dfrac{F}{2}$

由剪切强度条件

$$\tau = \frac{F_s}{A} \leqslant [\tau]$$

有

$$\frac{F}{2\delta \times 0.707(l - 10)} \leqslant [\tau]$$

所以

$$
\begin{aligned}
F &\leqslant 2\delta \times 0.707(l - 10)[\tau] \\
&= 2 \times 15 \times 10^{-3} \times 0.707 \times (120 - 10) \times 10^{-3} \times 100 \times 10^6 \text{N} \\
&\approx 233 \times 10^3 \text{N} = 233\text{kN}
\end{aligned}
$$

由钢板的抗拉强度

$$\sigma = \frac{F}{A_{\min}} \leqslant [\sigma]$$

有

$$
\begin{aligned}
F &\leqslant A_{\min}[\sigma] = b\delta[\sigma] \\
&= 100 \times 10^{-3} \times 15 \times 10^{-3} \times 160 \times 10^6 \text{N} \\
&= 240 \times 10^3 \text{N} = 240\text{kN}
\end{aligned}
$$

许可载荷为二者中的较小者，即 $[F] = 233\text{kN}$。

**例 13-4** 两木杆用胶粘在一起，如图 13-8 所示。已知载荷 $F = 35\text{kN}$，胶的许用应力 $[\sigma] = 6\text{MPa}$，$[\tau] = 3\text{MPa}$。要求校核胶粘接缝的强度。

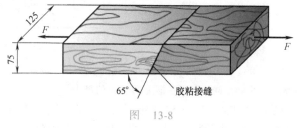

图 13-8

**解**：胶缝斜面法线与 $x$ 轴夹角 $\alpha = -25°$。根据应力状态分析可知，胶粘接缝斜面上既有正应力又有切应力。

$$
\begin{aligned}
\sigma_{x'} &= \sigma_x \cos^2 \alpha = \frac{F}{A} \cos^2(-25°) \\
&= \frac{35 \times 10^3}{125 \times 75 \times 10^{-6}} \times 0.82\text{Pa} = 3.06\text{MPa} < [\sigma]
\end{aligned}
$$

$$
\begin{aligned}
\tau_{x'y'} &= -\frac{\sigma_x}{2} \sin 2\alpha = -\frac{1}{2} \times \frac{F}{A} \sin(-50°) \\
&= -\frac{1}{2} \times \frac{35 \times 10^3}{125 \times 75 \times 10^{-6}} \times (-0.766)\text{Pa} = 1.44\text{MPa} < [\tau]
\end{aligned}
$$

所以胶粘接缝是安全的。

## 习 题

**13-1** 习题 13-1 图所示冲压压力机的最大冲压力为 400kN，被冲剪钢板的剪切极限应力 $\tau_b = 360$MPa，冲头材料的 $[\sigma] = 440$MPa，试求在最大冲压力作用下所能冲剪的圆孔的最小直径和板的最大厚度。

**13-2** 习题 13-2 图所示凸缘联轴器传递扭转力偶矩 $M = 3$kN·m，直径为 $d_1 = 12$mm 的螺栓分布在直径 $D = 150$mm 的圆周上。材料的 $[\tau] = 90$MPa，试校核该螺栓的抗剪强度。

**13-3** 两块钢板用七个铆钉联接，如习题 13-3 图所示。已知钢板的厚度 $\delta = 6$mm、宽度 $b = 200$mm，铆钉直径 $d = 18$mm。材料的许用应力 $[\sigma] = 160$MPa，$[\tau] = 100$MPa，$[\sigma_{bs}] = 240$MPa，载荷 $F = 150$kN，试校核此结构的强度。

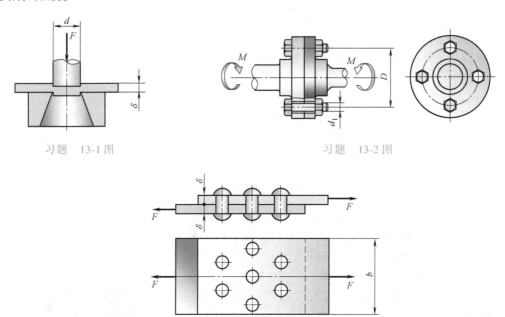

习题 13-1 图 习题 13-2 图

习题 13-3 图

**13-4** 习题 13-4 图所示装置中，键的长度 $l = 35$mm，许用切应力 $[\tau] = 100$MPa，许用挤压应力 $[\sigma_{bs}] = 220$MPa，试求允许作用在手柄上的力 $F$ 的最大值。

**13-5** 夹剪如习题 13-5 图所示，销钉 $C$ 的直径 $d = 5$mm，剪断一根与销钉直径相同的铜丝时，需加力 $F = 0.5$kN，铜丝与销钉横截面上的平均切应力各为多少？

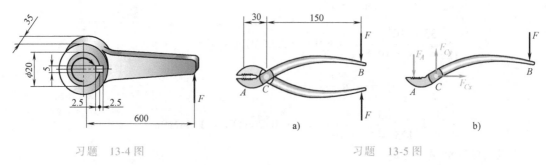

习题 13-4 图 习题 13-5 图

**13-6** 习题 13-6 图所示摇臂，承受载荷 $F_1$ 与 $F_2$ 作用。试确定轴销 $B$ 的直径 $d$。已知载荷 $F_1 = 50$kN，

$F_2 = 35.4\text{kN}$，许用切应力 $[\tau] = 100\text{MPa}$，许用挤压应力 $[\sigma_{bs}] = 240\text{MPa}$。

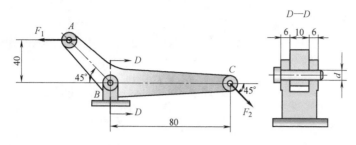

习题　13-6 图

13-7　试校核习题 13-7 图所示铆接结构的强度。铆钉与板件的材料相同，许用拉应力 $[\sigma] = 160\text{MPa}$，许用切应力 $[\tau] = 120\text{MPa}$，许用挤压应力 $[\sigma_{bs}] = 340\text{MPa}$，载荷 $F = 230\text{kN}$。

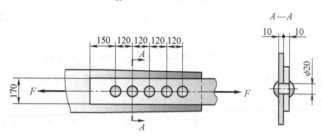

习题　13-7 图

13-8　习题 13-8 图所示两根矩形截面木杆，用两块钢板连接在一起，承受轴向载荷 $F = 45\text{kN}$ 作用。已知木杆的截面宽度 $b = 250\text{mm}$，沿木纹方向的许用拉应力 $[\sigma] = 6\text{MPa}$，许用挤压应力 $[\sigma_{bs}] = 10\text{MPa}$，许用切应力 $[\tau] = 1\text{MPa}$。试确定钢板的尺寸 $\delta$、$l$ 以及木杆的高度 $h$。

13-9　习题 13-9 图所示焊接结构，焊缝的高度为 6mm。已知钢板的许用正应力 $[\sigma] = 160\text{MPa}$，焊缝的许用切应力 $[\tau] = 120\text{MPa}$。试求此联接结构的许用拉力 $[F]$。

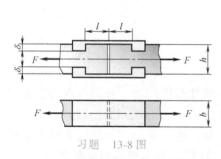

习题　13-8 图

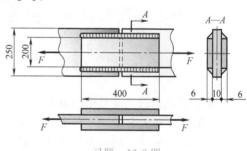

习题　13-9 图

13-10　木杆由 $A$、$B$ 两部分用斜面胶接而成，如习题 13-10 图所示。已知胶粘接缝的许用切应力 $[\tau] = 517\text{kPa}$，许用拉应力 $[\sigma] = 850\text{kPa}$。求许可载荷 $[F]$。

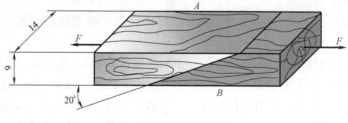

习题　13-10 图

# 第14章
## 弹塑性变形与极限载荷分析

前面各章研究了构件在弹性变形时的强度与刚度问题，即认为材料始终在线弹性范围内，外力与内力、应力、应变、变形、位移等各量间成线性关系，且单值对应。这就是说，构件在一定外力的作用下，必产生确定的内力、应力、应变、变形与位移。如果外力增大 $n$ 倍，其对应的内力、应力、应变、变形与位移也增大 $n$ 倍。若对塑性材料制成的构件或结构进行强度计算时采用极限应力法，则当其危险点处的相当应力达到材料的屈服点 $\sigma_s$ 时，整个构件或结构便处于极限状态。

然而，对塑性材料制成的超静定结构或应力非均匀分布的构件（例如梁与轴等），当其危险点处出现塑性变形时，整个结构或构件同时存在弹性变形与塑性变形，并仍能承受继续增大的载荷。材料进入塑性状态后，应力与应变间将成非线性关系，且非单值对应。

极限载荷法以塑性极限状态作为构件或结构的危险状态，来计算构件或结构发生塑性变形时的强度。

本章主要讨论理想弹塑性材料的超静定桁架、扭转圆轴、弯曲梁的极限载荷问题。

## 14.1 弹塑性变形与极限载荷法概念

### 14.1.1 弹塑性变形

本章以前研究的问题是限制在材料始终保持在线性弹性范围内的，外力与内力、应力、应变、变形、位移等各量间不仅成线性关系，而且还单值对应。因此，构件或结构在一定外力作用下，必产生确定的内力、应力、应变、变形与位移。这就是说，如果外力增大 $n$ 倍，其对应的内力、应力、应变、变形与位移也增大 $n$ 倍。这样，力作用的最终效果（例如产生的应变与变形等）只决定于力的最终值，而与力作用的先后次序无关。在对构件或结构进行强度计算时采用极限应力法，即对塑性材料制成的构件或结构，当其危险点处的相当应力达到材料的屈服点 $\sigma_s$ 时，便认为整个构件或结构已处于极限状态而不能继续承受更大的载荷。

事实上，对塑性材料制成的应力非均匀分布的构件或超静定结构，例如图14-1所示的简支梁，当危险截面 I-I 上危险点 $A$ 或 $B$ 处应力等于材料的屈服点 $\sigma_s$ 时，便出现塑性变形。但是，由于 I-I 截面上应力线性分布，整个截面除 $A$、$B$ 两点外，其他各点的应力并没有达到 $\sigma_s$，仍处于弹形变性状态。此时，可继续增大载荷 $q$，截面上会有更多的点进入塑性变形状态，形成了塑性区域，梁进入弹塑性变形状态。

材料进入塑性变形状态后，应力与应变之间不仅成非线性关系，而且不一一对应；力对构件的作用效果不只取决于力的最终值，而且还与力的作用历史以及作用的先后顺序有关。这样，使得塑性变形问题要比弹性变形问题复杂得多。现以图 14-2a 所示的直杆轴向拉压为例来说明这个问题。在直杆上先加轴向拉力 $F_1$，使杆进入塑性变形状态，达到拉伸图上的 $e$ 点（图 14-2b）；然后施加轴向压力 $F_2$，根据加载卸载规律，设达到图上 $f$ 点。$f$ 点对应的力为 $F = F_1 - F_2$，对应的变形为 $\Delta l^*$。现在把加载次序颠倒过来，先加压力 $F_2$ 达拉伸图上的 $e^*$ 点（图 14-2c），然后加拉力 $F_1$，根据卸载加载规律，设沿 $e^* O$ 曲线上升达到点 $f^*$。$f^*$ 点所对应的力虽然仍为 $F = F_1 - F_2$，但所对应的变形却是不同于 $\Delta l^*$ 的 $\Delta l^{**}$。

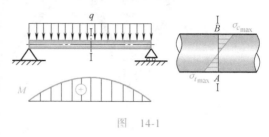

图 14-1

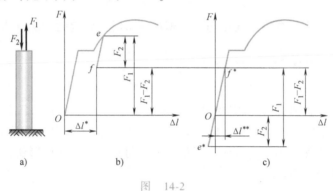

图 14-2

### 14.1.2 极限载荷法

上述分析可知，对塑性材料制成的超静定结构或应力非均匀分布的构件，当其危险点处的相当应力达到材料的屈服点 $\sigma_s$ 时，整个构件或结构仍能继续承受更大的载荷。这样，极限应力法在此已无法分析构件或结构发生弹塑性变形后的承载能力，需要研究新的分析方法。

如图 14-3a 所示的一次超静定结构，各杆的横截面相同并均为同一种理想弹塑性材料，$\alpha > \beta$。设各杆均处于弹形变形状态时，杆 1、杆 2、杆 3 的内力分别为 $F_{N1}$、$F_{N2}$、$F_{N3}$。可以分析得到，在外力一定时，$F_{N3} > F_{N2} > F_{N1}$。当外力增大到使杆 3 屈服时，杆 3 已进入极限状态而失去承载能力。然而，由于杆 2 和杆 1 尚未屈服，它们组成一静定结构，仍可承受继续增大的载荷（图 14-3b），直到杆 2 也屈服时，该结构才失去抵抗变形的能力而成为几何可变"机构"（图 14-3c）。由于塑性变形所形成的几何可变机构，称为塑性机构。使构件或结构变成塑性机构时的载荷称为极限载荷。与塑性机构相应的状态称为塑性极限状态。

如果以塑性极限状态作为构件或结构的危险状态，并用 $F_u$ 表示极限载荷，那么相应的强度条件应为

$$F \leqslant [F_u] \tag{14-1}$$

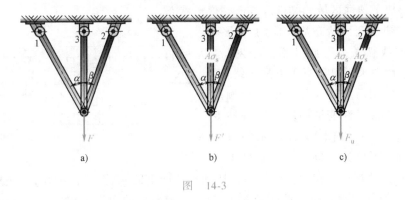

图 14-3

式（14-1）中，$F$ 为实际载荷或工作载荷；$[F_u]$ 为极限载荷 $F_u$ 与安全因数 $n$ 所确定的许用载荷，即

$$[F_u] = \frac{F_u}{n} \tag{14-2}$$

采用式（14-1）来计算构件或结构发生塑性变形时的强度的方法，称为 极限载荷法。

## 14.2 应力-应变关系曲线的简化

材料进入塑性阶段后，应力-应变关系变得复杂起来，很难用一个简单的解析表达式把 $\sigma\text{-}\varepsilon$ 试验曲线精确地描绘出来。在实际的理论分析与工程计算中，总是对应力-应变关系曲线进行某种简化。当然，如何进行简化不仅要考虑材料试验曲线的形状，而且还要考虑所研究问题的范围、性质与方法。

### 14.2.1 理想弹塑性材料

简化后的应力-应变关系曲线如图 14-4a 所示。整个曲线由两段构成：当应变 $\varepsilon$ 不超过屈服时应变 $\varepsilon_s$，即 $\varepsilon \leqslant \varepsilon_s$ 时，材料呈线性弹性，服从胡克定律，$\sigma = E\varepsilon$；当 $\varepsilon \geqslant \varepsilon_s$，即屈服阶段，应力保持为常量 $\sigma_s$ 而不变（$\sigma = \sigma_s$），应变却改变。此阶段应变值已不受应力控制，而受变形来约束，即

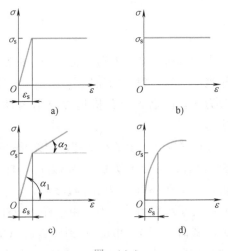

图 14-4

$$\sigma = \begin{cases} E\varepsilon & (\varepsilon < \varepsilon_s) \\ \sigma_s & (\varepsilon \geqslant \varepsilon_s) \end{cases} \tag{14-3}$$

像低碳钢那样有明显屈服阶段的塑性材料，均可简化成理想弹塑性材料。

### 14.2.2 理想刚塑性材料

对于理想弹塑性材料，与塑性变形相比，若弹形变性很小，可以忽略，就可以简化成理想刚塑性材料。简化后的应力-应变关系曲线如图 14-4b 所示。

### 14.2.3　线性强化材料

对于线性强化材料，简化后的应力-应变关系曲线如图 14-4c 所示。整个曲线分两段：在弹性阶段，即 $\varepsilon \leqslant \varepsilon_s$ 时，材料呈线性弹性，服从胡克定律，$\sigma = E\varepsilon$，$E = \tan\alpha_1$；当 $\varepsilon \geqslant \varepsilon_s$ 时，材料进入线性强化阶段，$\sigma - \sigma_s = E^*(\varepsilon - \varepsilon_s)$。其中 $E^* = \tan\alpha_2$，为强化曲线斜率，一般材料的 $E^*$ 比弹性模量 $E$ 小得多。即

$$\sigma = \begin{cases} E\varepsilon & (\varepsilon \leqslant \varepsilon_s) \\ E^*(\varepsilon - \varepsilon_s) + \sigma_s & (\varepsilon \geqslant \varepsilon_s) \end{cases} \tag{14-4}$$

对于没有明显屈服阶段的塑性材料，可简化成线性强化材料。

### 14.2.4　幂函数强化材料

幂函数强化材料简化后的应力-应变关系曲线如图 14-4d 所示。应力-应变关系用一条连续光滑的幂函数曲线表示

$$\sigma = \sigma_s \left(\frac{\varepsilon}{\varepsilon_s}\right)^m \tag{14-5}$$

式中，$m$ 是与材料性质有关的常数，当 $m = 0$，即为理想刚塑性材料；当 $m = 1$，即为线弹性材料。

如上所述，对材料的应力-应变关系曲线采用哪一种简化，不仅要根据实际曲线的形状，而且还要由问题的性质、范围与研究方法等因素决定。本章所涉及的问题均采用理想弹塑性材料简化。

## 14.3　超静定桁架的极限载荷

在图 14-3 所示的一次超静定桁架中，由上述分析可知，当其中一根杆（多余约束的杆）屈服时，便变为静定杆件结构。此时增大载荷，若再有一根杆屈服，结构便成为塑性机构而处于塑性极限状态。以此类推，对于 $n$ 次超静定桁架，如果有 $n+1$ 根杆屈服，该结构便处于塑性极限状态。

$n$ 次超静定结构的求解，需要 $n$ 个补充条件。这里再加上欲求的极限载荷，则共需要 $n+1$ 个补充条件。而当 $n$ 次超静定桁架处于塑性极限状态时，已屈服的 $n+1$ 根杆的内力成为已知（$F_{Ni} = A_i\sigma_i$，$i = 1$，$2$，$\cdots$，$n+1$），这恰好提供了 $n+1$ 个补充条件。这样，超静定桁架的极限载荷可根据塑性极限状态时平衡条件求得。

超静定桁架的极限载荷可采用如下步骤计算：

1）假定某 $n+1$ 根杆屈服为一种可能的塑性极限状态，这样将有与此相适应的屈服内力方向（拉力或压力）。

2）对该极限状态列平衡方程，计算未屈服杆件的内力。

3）如果未屈服杆件确未屈服，则假定的塑性极限状态是真实状态；否则，重新假定另外的塑性极限状态，再重复 2）、3）步。

---

例 14-1　图 14-5a 所示的超静定结构，由刚性梁 $BE$ 与横截面面积分别为 $A_1$、$A_2$、$A_3$ 的杆 1、杆 2、杆 3 组成，且 $A_1 = A_3 = A$，$A_2 = 2A$。各杆的材料相同，其拉、压屈服点均为 $\sigma_s$。

试求该结构的极限载荷 $F_u$。

解：是一次超静定结构，有两根杆屈服才能进入塑性极限状态。由于此结构由三根杆组成，故有三种可能的极限状态。

第一种可能的塑性极限状态是假设杆 1 与杆 2 已屈服，杆 3 未屈服（图 14-5b）。在这种状态下，载荷 $F'_u$ 有使刚性梁 $BE$ 绕点 $E$ 转动的趋势，杆 1 与杆 2 均为拉力，其轴力分别用 $F_{N1s}$、$F_{N2s}$ 表示，可列平衡方程 $\Sigma M_E = 0$ 与 $\Sigma M_D = 0$，解出

$$F'_u = 3F_{N1s} + 2F_{N2s} = 3 \cdot A\sigma_s + 2 \times 2A\sigma_s = 7A\sigma_s$$

$$F_{N3} = 2F_{N1s} + F_{N2s} = 2 \cdot A\sigma_s + 2A\sigma_s = 4A\sigma_s > F_{N3s}$$

杆 3 的轴力 $F_{N3}$ 超过其屈服值 $F_{N3s}(= A\sigma_s)$，故图 14-5b 所示的状态不可能出现。

第二种可能的塑性极限状态是假设杆 1 与杆 3 屈服，杆 2 未屈服（图 14-5c）。此时，$F''_u$ 有使梁绕点 $C$ 转动的趋势，杆 1 受压，杆 3 受拉，可列平衡方程 $\Sigma M_C = 0$ 与 $\Sigma M_D = 0$，解出

$$F''_u = F_{N1s} + 2F_{N3s} = A\sigma_s + 2 \cdot A\sigma_s = 3A\sigma_s$$

$$F_{N2} = 2F_{N1s} + F_{N3s} = 2 \cdot A\sigma_s + A\sigma_s = 3A\sigma_s > F_{N2s}$$

杆 2 的轴力 $F_{N2}$ 超过其屈服值 $F_{N2s}(= 2A\sigma_s)$，故图 14-5c 所示的状态也不可能出现。

最后一种可能的塑性极限状态是设杆 2 与杆 3 屈服，杆 1 未屈服（图 14-5d）。此时，$F_u$ 有使梁绕点 $B$ 转动的趋势，杆 2、杆 3 均受拉，可列平衡方程 $\Sigma M_B = 0$ 与 $\Sigma M_D = 0$，解出

$$F_u = \frac{1}{2}(F_{N2s} + 3F_{N3s}) = \frac{1}{2}(2A\sigma_s + 3 \cdot A\sigma_s) = 2.5A\sigma_s$$

$$F_{N1} = \frac{1}{2}(F_{N3s} - F_{N2s}) = -0.5A\sigma_s < F_{N1s}$$

杆 1 确未屈服，则图 14-5d 所示为真实的极限状态。

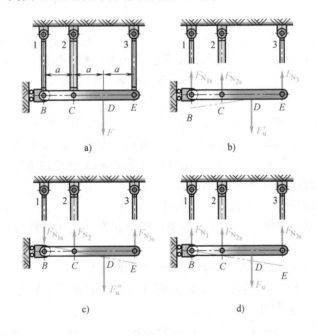

图　14-5

## 14.4　圆轴的弹塑性扭转　残余应力

### 14.4.1　极限扭矩

假如切应力与切应变的关系是理想弹塑性的，即材料的 $\tau$-$\gamma$ 曲线如图 14-4a 所示的那样，则当圆轴的扭矩 $T$ 增加时，横截面上的切应力 $\tau_{x\phi}$ 也在增大。当截面边缘处的最大切应力 $\tau_{x\phi_{\max}}$ 达到材料的剪切屈服点 $\tau_s$ 时，边缘处各点首先进入屈服状态。此刻，截面上应力分布如图 14-6a 所示。若相应的扭矩为 $T_s$，则由圆轴扭转的应力公式(6-3) 有

$$\tau_s = \frac{T_s R}{I_p}$$

即

$$T_s = \frac{\tau_s I_p}{R} = \frac{1}{2}\pi R^3 \tau_s \qquad (14\text{-}6)$$

当扭矩继续增加，截面边缘处应力不再增大，而靠近边缘的各点应力在增大，塑性区域向内延伸，截面就分成了塑性区 $A_p$ 与弹性区 $A_e$ 两个区域（图 14-6b)，称此时的变形为弹塑性扭转。若用 $\rho_s$ 来表示塑性与弹性区域分界圆半径，则有

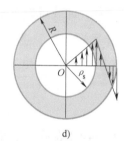

图　14-6

$$\iint_{A_p} \tau_s \rho \, dA + \iint_{A_e} \tau_s \frac{\rho^2}{\rho_s} dA = T$$

完成积分，解得

$$\rho_s = \left(4R^3 - \frac{6T}{\pi \tau_s}\right)^{\frac{1}{3}} \qquad (T > T_s) \qquad (14\text{-}7)$$

单位长度扭转角可由 6.2.2 中几何方程式(b) 得到，即

$$\gamma_{x\phi_s} = \rho_s \frac{d\phi}{dx}$$

故

$$\tau_s = G\gamma_{x\phi_s} = G\rho_s \frac{d\phi}{dx}$$

再考虑式(14-7)，解得

$$\frac{d\phi}{dx} = \frac{\tau_s}{G\left(4R^3 - \frac{6T}{\pi \tau_s}\right)^{\frac{1}{3}}} \qquad (14\text{-}8)$$

式(14-8)就是圆轴弹塑性扭转的变形公式。显然 $d\phi/dx$ 不应该为无穷大，因此，对于理想弹塑性材料的圆轴，扭矩的上限，即极限扭矩 $T_u$ 应为

$$T_{\mathrm{u}} = \frac{2\pi}{3}\tau_{\mathrm{s}}R^3 \tag{14-9}$$

当截面扭矩 $T = T_{\mathrm{u}}$ 时，$\rho_{\mathrm{s}} = 0$，横截面上切应力均匀分布，均等于 $\tau_{\mathrm{s}}$（图 14-6c）。

### 14.4.2 残余应力

卸载时，横截面上各点切应力的减少正比于切应变的减少，即 $\Delta\tau_{x\phi} = G\Delta\gamma_{x\phi}$。根据几何方程，卸载后切应变的减少可写成 $\Delta\gamma_{x\phi} = \rho\Delta\dfrac{\mathrm{d}\phi}{\mathrm{d}x}$，则 $\Delta\tau_{x\phi} = G\rho\Delta\dfrac{\mathrm{d}\phi}{\mathrm{d}x}$，即卸载时横截面上各点应力的减少量 $\Delta\tau_{x\phi}$ 与 $\rho$ 成正比。若设截面上扭矩的减少量为 $\Delta T$，则

$$\Delta\tau_{x\varphi} = \frac{\Delta T\rho}{I_{\mathrm{p}}}$$

如果卸载开始时横截面的扭矩为 $T_0$，完全卸载后扭矩为零，即 $\Delta T = -T_0$，那么

$$\Delta\tau_{x\varphi} = -\frac{T_0\rho}{I_{\mathrm{p}}}$$

这样，卸载后横截面各点切应力为

$$\tau_{x\varphi} = \begin{cases} \tau_{\mathrm{s}}\dfrac{\rho}{\rho_{\mathrm{s}}} - \dfrac{T_0\rho}{I_{\mathrm{p}}} & (0 \leqslant \rho \leqslant \rho_{\mathrm{s}}) \\[3mm] \tau_{\mathrm{s}} - \dfrac{T_0\rho}{I_{\mathrm{p}}} & (\rho_{\mathrm{s}} \leqslant \rho \leqslant R) \end{cases} \tag{14-10}$$

图 14-6d 表示了卸载后横截面切应力的分布情况。由图可见，虽然扭矩已完全卸掉，但仍然存在应力，称此应力为残余切应力。

## 14.5 梁的弹塑性弯曲 塑性铰

### 14.5.1 极限弯矩

以图 14-7a 所示的梁为例，由 7.4 节的分析可知，当弹性弯曲时，横截面上正应力 $\sigma_x = -\dfrac{M_z}{I_z}y$；最大应力在离中性轴最远的点上。当最大应力达到屈服点 $\sigma_{\mathrm{s}}$ 时，该处材料开始屈服，相应的弯矩值为屈服弯矩，用 $M_{z_{\mathrm{s}}}$ 表示

$$M_{z_{\mathrm{s}}} = \frac{\sigma_{\mathrm{s}}I_z}{y_{\max}} = \sigma_{\mathrm{s}}W_z \tag{14-11}$$

应力分布如图 14-7b 所示。此后，弯矩继续增加，由于是理想弹塑性材料，已进入屈服状态的点的应力不再增大；而附近点的应力逐渐增大并最终达到屈服点。这样，横截面出现了塑性区与弹性区，其应力分布如图 14-7c 所示。当截面上各点应力均达到 $\sigma_{\mathrm{s}}$ 时（图 14-7d），梁进入塑性极限状态，此时的弯矩即为极限弯矩，用 $M_{z_{\mathrm{u}}}$ 表示。

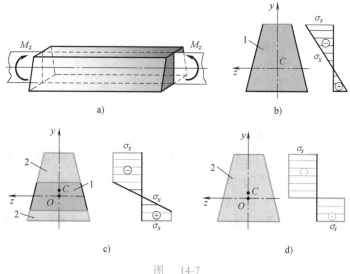

图　14-7

1— 弹性区　2— 塑性区

若截面上拉应力区面积与压应力区面积分别用 $A_{\mathrm{t}}$ 和 $A_{\mathrm{c}}$ 表示，则由截面上轴力 $F_{\mathrm{N}} = 0$ 可知

$$A_{\mathrm{t}} \sigma_{\mathrm{s}} = A_{\mathrm{c}} \sigma_{\mathrm{s}}$$

由此可得

$$A_{\mathrm{t}} = A_{\mathrm{c}}$$

上式表明，横截面上各点应力全部达到 $\sigma_{\mathrm{s}}$ 时，以中性轴 $z$ 为界，横截面受拉区面积与受压区面积相等。因此，如横截面是不对称于中性轴的截面(例如 T 字形或 π 字形截面)时，中性轴将不通过该截面的形心，其位置将随着弯曲变形的进行而发生变化。

中性轴的位置确定后，则根据横截面的弯矩就是截面法向内力元素的合力矩，得到极限弯矩

$$M_{z_{\mathrm{u}}} = \int_{A_{\mathrm{t}}} \left| y \right| \sigma_{\mathrm{s}} \mathrm{d}A + \int_{A_{\mathrm{c}}} \left| y \right| \sigma_{\mathrm{s}} \mathrm{d}A = \sigma_{\mathrm{s}} (S_{\mathrm{t}} + S_{\mathrm{c}}) \tag{14-12}$$

式(14-12)中，$S_{\mathrm{t}}$ 与 $S_{\mathrm{c}}$ 分别代表受拉区与受压区面积对中性轴的静矩，并均取正值。比较式 (14-11) 与式 (14-12)，得

$$\frac{M_{z_{\mathrm{u}}}}{M_{z_{\mathrm{s}}}} = \frac{S_{\mathrm{t}} + S_{\mathrm{c}}}{W_z}$$

令

$$f = \frac{S_{\mathrm{t}} + S_{\mathrm{c}}}{W_z} \tag{14-13}$$

则

$$M_{z_{\mathrm{u}}} = f M_{z_{\mathrm{s}}} = f W_z \sigma_{\mathrm{s}} \tag{14-14}$$

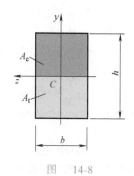

由式(14-14)可见，极限弯矩是屈服弯矩的 $f$ 倍。系数 $f$ 与横截面形状有关，称为形状系数，可用式(14-13)计算得到。

例如，图 14-8 所示的矩形截面，有

图　14-8

$$f = \frac{S_t + S_c}{W_z} = \frac{2S_t}{W_z} = \frac{2 \cdot \frac{bh}{2} \cdot \frac{h}{4}}{\frac{bh^2}{6}} = \frac{3}{2}$$

即对于矩形截面梁，其极限弯矩是屈服弯矩的 1.5 倍。

### 14.5.2 塑性铰

以图 14-9a 所示的简支梁为例，最大弯矩始终在载荷作用的截面处。当该截面的弯矩增加到极限弯矩时，该截面上各点均进入屈服状态，其邻近截面也发生局部塑性变形（图 14-9a 中阴影区）。这时，该截面处的微小梁段虽然仍可承受极限弯矩 $M_{z_u}$，但已如同铰链一样失去抵抗弯曲变形的能力（图 14-9b）。这种由于塑性变形而形成的"铰链"称为塑性铰。

对于一次超静定梁，出现一个塑性铰就变为静定梁，若再出现一个塑性铰，梁便变成了塑性机构。

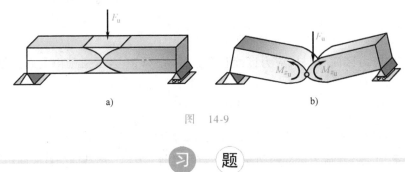

图 14-9

## 习 题

14-1 简易起重机架的结构与尺寸如习题 14-1 图所示。$BD$ 为刚性杆；两斜杆 $AB$、$AC$ 的截面面积均为 $A$，且材料也相同。若材料的屈服点为 $\sigma_s$，试求该起重机架所能承受的极限载荷 $F_u$。

14-2 杆件结构如习题 14-2 图所示，杆 1、杆 2、杆 3 的横截面面积均为 $A$，材料均相同。若材料拉、压时的屈服点均为 $\sigma_s$，试求极限载荷 $F_u$。

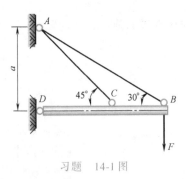

习题 14-1 图

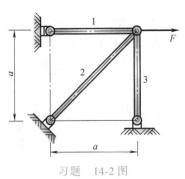

习题 14-2 图

14-3 由三根截面面积为 $A = 1.5 \text{cm}^2$ 的钢杆组成的结构如习题 14-3 图所示。已知三根杆的材料相同，$E = 210 \text{GPa}$，$\sigma_s = 360 \text{MPa}$，$l = 1 \text{m}$，$\alpha = 45°$。试求该结构的极限载荷 $F_u$，并画出点 $B$ 的位移与外力 $F$ 间的关系曲线。

14-4 两端固定横截面面积为 $A$ 的等截面杆 $AC$ 如习题 14-4 图所示，在截面 $B$ 处承受轴向载荷 $F$ 作用。若材料拉、压时的屈服点均为 $\sigma_s$，试求极限载荷 $F_u$，并绘制截面 $B$ 的轴向位移 $\delta$ 与载荷 $F$ 间的关系曲线。

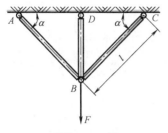

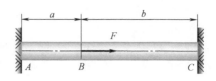

习题 14-3 图　　　　　　　　　　　　　习题 14-4 图

14-5　一刚性水平杆由三根拉杆悬吊，如习题 14-5 图所示。已知拉杆为钢杆，$E = 210$GPa，$\sigma_s = 240$MPa，$l = 0.5$m，$a = 0.3$m，$A = 2$cm²。若取安全因数 $n = 2.0$，试按极限载荷法确定该结构的许可载荷。

14-6　两等长的圆筒套在一起如习题 14-6 图所示。内筒材料为铝镁合金，$\sigma_{s1} = 190$MPa，$E_1 = 68$GPa；外筒为钢，$\sigma_{s2} = 240$MPa，$E_2 = 200$GPa。载荷 $F$ 通过一刚性平板作用在两筒上。若选取的安全因数 $n = 2.0$，试按极限载荷法确定该结构的许可载荷。

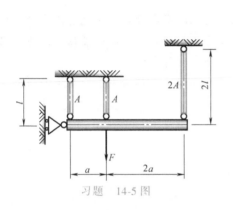

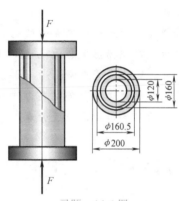

习题 14-5 图　　　　　　　　　　　　　习题 14-6 图

14-7　习题 14-7 图所示变截面杆两端固定，试由极限载荷法计算 $F$ 的允许值。已知各段杆的横截面面积分别为 $A_1 = 200$mm²，$A_2 = 100$mm²，$A_3 = 200$mm²，材料的屈服点 $\sigma_s = 300$MPa，安全因数 $n = 3.0$。

14-8　实心圆轴直径 $d = 60$mm，空心圆轴内、外径分别为 $d_0 = 40$mm、$D_0 = 80$mm。若材料的剪切屈服点 $\tau_s = 160$MPa，试求两轴的极限扭矩。

14-9　推导空心圆轴扭转的极限扭矩公式。设其内、外半径分别为 $r$、$R$，理想弹塑性材料的剪切屈服点为 $\tau_s$。

14-10　试求空心圆截面杆的极限扭矩与屈服扭矩之比。设其内、外直径分别为 $d$、$D$，理想弹塑性材料的剪切屈服点为 $\tau_s$。

14-11　空心圆截面杆扭转。已知，内、外直径分别为 $d = 20$mm、$D = 40$mm，理想弹塑性材料的剪切屈服点 $\tau_s = 100$MPa，切变模量 $G = 80$GPa。试问当扭矩为何值时，最大切应变 $\gamma_{x\varphi} = 0.002$。

14-12　两端固定的圆轴承受扭转力偶矩 $M_0$ 作用，如习题 14-12 图所示，已知轴径 $d = 40$mm，剪切屈服点 $\tau_s = 100$MPa，试求 $M_0$ 的极限值 $M_u$。

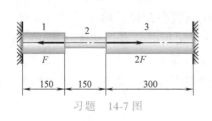

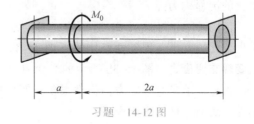

习题 14-7 图　　　　　　　　　　　　　习题 14-12 图

# 15

## 第 15 章
## 疲劳与断裂

除去 5.6 和 9.6 两节外，本章之前讨论的都是构件承受静载荷时的问题。然而，在工程实际中，大量的构件是在交变应力作用下工作的，将发生疲劳破坏。疲劳分析在工程设计中占有重要地位。

疲劳强度分析是一个热点的研究领域，已从经典的无限寿命设计发展到有限寿命设计和可靠性分析。累积损伤观念为现代工程设计注入了新思想和新方法，损伤理论已成为一门新的学科，它为解决疲劳寿命问题提供了重要理论基础与工程计算方法。

本章主要讨论构件在交变应力作用下的强度与强度计算，介绍带有裂纹构件的断裂力学行为、裂纹的扩展与构件的疲劳寿命估算。

## 15.1 交变应力及其描述

### 15.1.1 交变应力

图 15-1a 所示的匀速转动圆轴，虽然承受固定不变的弯矩 $M$ 的作用，但由于表面上任一点 $A$ 在轴转动过程中，将周而复始地依次通过 Ⅰ、Ⅱ、Ⅲ、Ⅳ 各点，因此 $A$ 点的应力也依次由最大压应力、零、最大拉应力、零的次序周而复始地连续变化，如图 15-1b 所示。

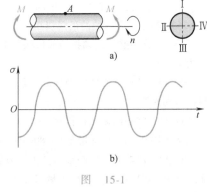

图 15-2a 所示的齿轮副，观察其中一个齿可以发现，该齿参与啮合就承载，否则就不承载。由于该齿承受着随时间循环变化的载荷，因而齿根上任一点 $A$ 的弯曲正应力也随时间作如图 15-2b 所示的循环变化。像这样随时间而循环变化的应力称为交变应力。交变应力随时间变化的历程称为应力谱。

图 15-1

像图 15-1b 与图 15-2b 所示的交变应力，应力变化幅度为常值，称为等幅交变应力。若应力变化幅度也是周期性变化的（图 15-3a），或应力变化幅度具有偶然性（图 15-3b），称为变幅交变应力。图 15-3b 所示的交变应力也称随机交变应力。

工程中承受交变应力的构件很多，例如各类机械中的传动轴、齿轮，飞机与航天器的零部件、运输机械的零部件等。

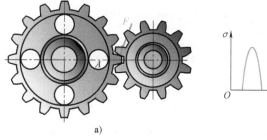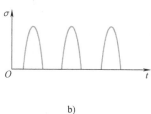

图　15-2

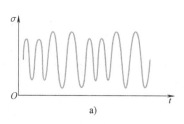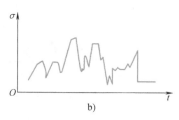

图　15-3

### 15.1.2　交变应力的描述

图 15-4 所示的交变应力，用 $S$ 代表广义应力，即它可以是正应力，也可以是切应力，并用下列名词术语来描述应力随时间变化的特征。

（1）**应力循环**　应力值每重复变化一次成为一个循环。例如，应力从最大值变到最小值，再变到下一个最大值。

（2）**循环次数**　应力重复变化的次数，用 $N$ 表示。

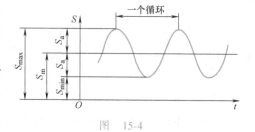

图　15-4

（3）**最大应力**　应力循环中的最大值，用 $S_{max}$ 表示。

（4）**最小应力**　应力循环中的最小值，用 $S_{min}$ 表示。

（5）**平均应力**　最大应力与最小值的平均值，用 $S_m$ 表示，即

$$S_m = \frac{1}{2}(S_{max} + S_{min}) \tag{15-1}$$

（6）**应力幅值**　应力变化幅度的均值，用 $S_a$ 表示，即

$$S_a = \frac{1}{2}(S_{max} - S_{min}) \tag{15-2}$$

这样

$$S_{max} = S_m + S_a \tag{15-3}$$

$$S_{min} = S_m - S_a \tag{15-4}$$

（7）**循环特征**　最小应力与最大应力的比值，用 $r$ 表示，即

$$r = \begin{cases} \dfrac{S_{min}}{S_{max}} & (\text{当} |S_{min}| \leqslant |S_{max}| \text{时}) \\[3mm] \dfrac{S_{max}}{S_{min}} & (\text{当} |S_{min}| \geqslant |S_{max}| \text{时}) \end{cases} \tag{15-5}$$

### 15.1.3　几种典型的交变应力

（1）对称循环的交变应力　图 15-5 所示的交变应力为对称循环的交变应力。其特点是：$r = -1$，$S_{max} = -S_{min}$，$S_m = 0$，$S_a = S_{max}$。

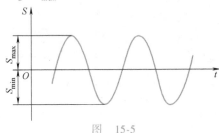

图　15-5

（2）脉动循环的交变应力　图 15-6 所示的交变应力，为脉动循环的交变应力。其特点是：$r = 0$，$S_{min} = 0$，$S_m = S_a = \dfrac{1}{2} S_{max}$。

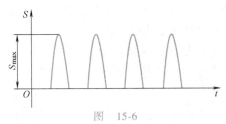

图　15-6

（3）静应力　图 15-7 所示的为静应力，可视为应力幅值为零的特殊交变应力。其特点是：$r = 1$，$S_{max} = S_{min} = S_m$，$S_a = 0$。

除图 15-5 所示的对称循环的交变应力外，其他均为非对称循环交变应力，且其循环特征 $r$ 均在 $-1$ 与 $+1$ 间变化。

图　15-7

## 15.2　疲劳的概念与材料的疲劳极限

### 15.2.1　疲劳

构件在受到交变应力作用时的失效，称为**疲劳失效**，简称**疲劳**。这是构件强度失效的另一种形式。大量工程实践与试验结果表明，构件疲劳与在静应力作用下的失效决然不同，有以下四个明显特征：

1）失效时的名义应力值远小于材料的静强度指标（$\sigma_s$ 或 $\sigma_b$，$\tau_s$ 或 $\tau_b$）。

2）构件需要经历一定次数的应力循环后才发生失效，即失效有一个过程。

3）失效是脆性断裂，没有明显的塑性变形。即使塑性很好的材料，也是如此。

4）构件的同一个失效断面，明显划分成光亮区域与颗粒状的粗糙区域（图15-8）。

最初，人们认为疲劳现象的出现，是因为在交变应力长期作用下，"纤维状结构"的塑性材料变成"颗粒状结构"的脆性材料，因而导致脆断。近代，金相显微镜观察结果表明，疲劳失效构件的金属结构并没有发生变化，因而这种解释是不正确的。

较早的经典理论认为，金属零件表面处的某些晶粒经过一定次数应力循环之后，晶格发生剪切与滑移，逐渐形成滑移带。随着应力循环的继续，滑移带变宽并不断延伸而形成微裂纹源；或滑移带在零件表面堆积成切口状的凸起与凹陷而形成微裂纹源。另外，构件外形突变（如圆角、切口、沟槽等）以及材料中的缺陷（如砂眼、缩孔等）处应力集中，也是微裂纹的发源地。近代，断裂力学的理论认为，微裂纹源是由于位错运动引

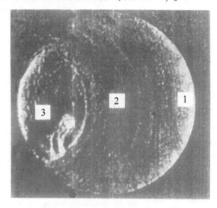

图　15-8
1—微裂纹源　2—光亮区域
3—粗糙区域

起的。金属原子晶格的某些空穴、缺陷或错位，称之为位错。微观尺度的塑性变形就能引起位错在原子晶格间的运动，位错积聚在一起，便形成了微裂纹。微裂纹集结、贯通形成宏观裂纹。宏观裂纹在交变应力作用下继续扩展，致使构件有效截面逐渐减小，最终，经过一定次数应力循环后，在较低的应力水平下脆断，造成断面的颗粒状粗糙区域。由于应力是交变的，裂纹在扩展过程中表面相互挤压与研磨，致使扩展区域成光亮状。图15-8为一典型的疲劳断面照片。

以上的解释是十分粗浅的，若要深入了解疲劳的原因及过程，请参阅有关专著。

### 15.2.2　材料的疲劳极限与应力-寿命曲线

疲劳失效时的最大应力远低于静载下材料的屈服点或强度极限，因而屈服点或强度极限已不能作为交变应力下的强度指标，需专门测定金属的疲劳强度指标。疲劳试验表明，在同一循环特征 $r$ 的交变应力下，循环次数 $N$ 随交变应力的最大应力 $S_{max}$ 的减小而增大，当 $S_{max}$ 减小到某一数值时，$N$ 趋于无限大。材料经历无限次应力循环而不疲劳失效时的交变应力中的最大应力，称为材料的疲劳极限，或称持久极限。

材料的疲劳极限是材料本身所固有的性质，同时又因循环特征 $r$、试件变形的形式、试件的几何形状与尺寸大小，以及材料所处的环境等不同而不同，均需分别根据不同情况进行疲劳试验测定。材料的疲劳极限用 $S_r$ 表示，即意味着对称循环下的 $S_r$ 是 $S_{-1}$，脉动循环下的 $S_r$ 是 $S_0$，依此类推。

进行材料的疲劳试验时，首先要制备若干根光滑小试件（图15-9a），然后装夹到疲劳试验机上进行疲劳试验。图15-9b所示是对称循环弯曲变形疲劳试验机的示意图。将试件分成若干组，调整砝码，使每组试件承受同一载荷，各组承受的载荷由高到低，即应力水平由高到低。计数器会记录下第 $i$ 组第 $j$ 根试件承受某一最大应力 $S_{imax}$ 而发生疲劳失效时的旋转周数，即应力循环次数 $N_{ij}$（又称寿命）。每根试件的试验数据 $S_{imax}$ 与 $N_{ij}$ 在 S-N 坐标系中对

应一个点，将所有的试验点作数据处理后，会得到如图 15-10 所示的曲线，称为应力-寿命曲线，简称 S-N 曲线。

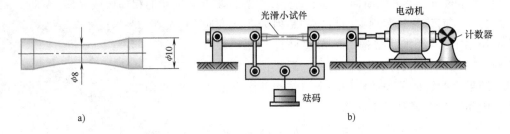

光滑小试件　电动机　计数器

砝码

a)　　　　　　b)

图　15-9

S-N 曲线上任一点 A 的纵、横坐标分别用 $S_{\max,A}$、$N_A$ 表示，这表明在交变应力的最大应力为 $S_{\max,A}$ 时，试件疲劳失效前所经历的应力循环次数为 $N_A$。所以，称 $N_A$ 是最大应力为 $S_{\max,A}$ 时的**有限疲劳寿命**；而称 $S_{\max,A}$ 是有限疲劳寿命为 $N_A$ 时材料的**条件疲劳极限**。

图 15-10 所示的 S-N 曲线有一条水平渐近线，该渐近线的纵坐标用 $S_{-1}$ 表示，即为材料对称循环下的疲劳极限。

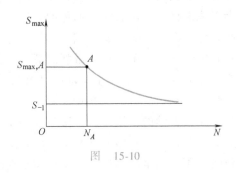

图　15-10

要"经历无限次应力循环"，这个试验是无法实现的。实际上人为地规定一个循环基数 $N_0$，若经历 $N_0$ 次应力循环而不失效，即认为已满足了"经历无限次应力循环"这一条件。对于 S-N 曲线有水平渐近线的材料，如结构钢等，$N_0 = 10^7$；而对于像铝合金等无水平渐近线的材料，$N_0 = 10^8$。

试验发现，钢材的疲劳极限与其强度极限 $\sigma_b$ 之间有如下关系：

弯曲变形：$\sigma_{-1} \approx (0.4 \sim 0.5)\sigma_b$。

拉压变形：$\sigma_{-1} \approx (0.33 \sim 0.59)\sigma_b$。

扭转变形：$\tau_{-1} \approx (0.23 \sim 0.29)\sigma_b$。

## 15.3 影响疲劳极限的主要因素

用光滑小试件测得的疲劳极限是材料的疲劳极限。但由于构件的外形结构、截面尺寸以及加工方式等各式各样，完全不同于光滑小试件，这样，构件的疲劳极限也不同于材料的疲劳极限，它不仅与材料性质有关，而且还与构件的外形结构、截面尺寸以及加工方式等因素有关。

### 15.3.1　应力集中对疲劳极限的影响

在 5.3 节中已知，构件截面尺寸突变处（如切槽、圆孔、尖角等）存在应力集中。应力集中促使裂纹形成与扩展，因而，应力集中将使疲劳极限明显降低。应力集中的程度，可以用理论应力集中因数描述。工程中，已将各种情况下的理论应力集中因数编成手册，图

15-11a～图 15-11k 所示就是从中节选的部分图表。图中，$K_t$ 为理论应力集中因数，对于正应力，$K_t \rightarrow K_{t\sigma}$；对于切应力，$K_t \rightarrow K_{t\tau}$。

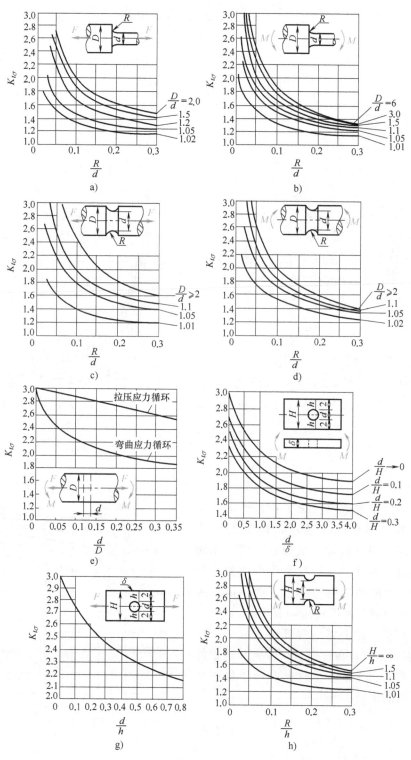

图　15-11

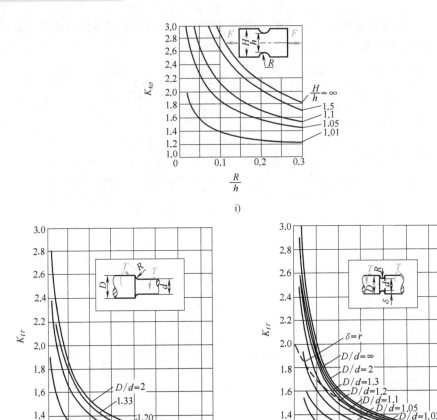

i)

j)                                    k)

图 15-11 （续）

理论应力集中因数只考虑了构件外形结构的影响，没有考虑材料对应力集中的敏感性。这就是说，用不同材料加工成形状、尺寸相同的构件，则这些构件的理论应力集中因数是相同的。因而，根据理论应力集中因数不能直接确定应力集中对疲劳极限的影响程度。工程中，应力集中对疲劳极限的影响程度用 有效应力集中因数 $K_f$ 表示，它是在材料、尺寸、加载条件均相同的前提下，光滑小试件与有应力集中小试件疲劳极限的比值，即

$$K_f = \frac{S_{-1}}{(S_{-1})_K} \qquad (15\text{-}6)$$

式（15-6）中，$S_{-1}$ 是材料的疲劳极限；$(S_{-1})_K$

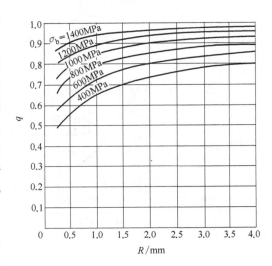

图 15-12

是有应力集中小试件的疲劳极限。可查相应的手册获得有效应力集中因数 $K_f$（从略）。

这里介绍计算有效应力集中因数的一个经验公式，即

$$K_f = 1 + q(K_t - 1) \tag{15-7a}$$

式（15-7a）对于正应力与切应力均成立，对于正应力，可写成

$$K_{f\sigma} = 1 + q(K_{t\sigma} - 1) \tag{15-7b}$$

对于切应力，可写成

$$K_{f\tau} = 1 + q(K_{t\tau} - 1) \tag{15-7c}$$

式（15-7a～c）中，$q$ 为材料对切口的敏感因数，对于钢材可由图 15-12 中的曲线查得。当缺口半径 $R>4.0\text{mm}$ 时，可采用外推法，将 $R=4.0\text{mm}$ 处曲线的切线作为该曲线的延长，求出 $q$ 值。若外推后得到 $q>1.0$ 的结果时，取 $q=1.0$。

### 15.3.2　构件尺寸对疲劳极限的影响

弯曲与扭转试验表明，疲劳极限随试件横截面尺寸增大而减小。引起这一现象的原因，可用图 15-13中所示的两根直径不同的试件来说明。图 15-13 中，

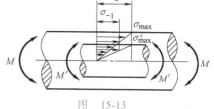

图　15-13

在最大弯曲正应力 $\sigma_a$ 相同的条件下，大试件处于高应力区的材料多于小试件。这样，大试件出现裂纹的可能性要大于小试件，疲劳极限就要低于小试件。

尺寸对疲劳极限的影响程度用尺寸因数 $\varepsilon_s$ 来描述，即

$$\varepsilon_s = \frac{(S_{-1})_d}{S_{-1}} \tag{15-8a}$$

式（15-8a）中，$(S_{-1})_d$ 为光滑大试件的疲劳极限。

对于正应力

$$\varepsilon_\sigma = \frac{(\sigma_{-1})_d}{\sigma_{-1}} \tag{15-8b}$$

对于切应力

$$\varepsilon_\tau = \frac{(\tau_{-1})_d}{\tau_{-1}} \tag{15-8c}$$

钢材的尺寸因数可由图 15-14 查得。

### 15.3.3　表面加工质量对疲劳极限的影响

机械加工会给构件表面留下刀痕、擦伤等各种缺陷，由此造成应力集中。对构件作渗氮、渗碳、淬火等表面处理，会提高表面层材料的强度。一般情况下，最大应力出现在构件表面层，这样，构件表面加工质量将影响疲劳极限。加工质量对疲劳极限影响程度用表面质量因数 $\beta$ 表示，即

$$\beta = \frac{(S_{-1})_\beta}{S_{-1}} \tag{15-9}$$

式中，$(S_{-1})_\beta$ 为有别于光滑小试件加工（磨削加工）的疲劳极限。表面质量因数可查有关手册得到。几种表面加工的表面质量因数如图 15-15 所示。由图可见，表面加工质量越低，对疲劳极限降低得越多；材料的静强度越高，加工质量对疲劳极限影响得越显著。

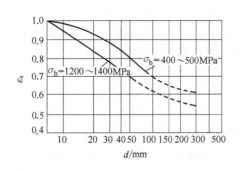

图 15-14

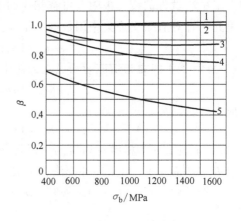

图 15-15

1—抛光 2—磨削 3—精车
4—粗车 5—锻造

### 15.3.4 其他因素对疲劳极限的影响

构件所处的周围环境（如温度、腐蚀性与放射性介质等）、极端环境（如太空）、荷载频率等因素均对疲劳极限有影响。其影响程度亦可通过疲劳试验用相应的影响因数表示。

## 15.4 疲劳强度计算

### 15.4.1 对称循环下构件的疲劳强度条件

将 15.3 节中所述的各种影响因素综合起来，得到构件的疲劳极限，用 $S_{-1}^0$ 表示，即

$$S_{-1}^0 = \frac{\varepsilon_s \beta}{K_f} S_{-1} \tag{15-10}$$

式（15-10）中，$S_{-1}$ 是材料的疲劳极限。构件的疲劳极限是构件在交变应力下的承载能力，为安全起见，选取适当的许用疲劳安全因数 $[n_f]$（$\geqslant 1$），得到许用应力

$$[S_{-1}] = \frac{S_{-1}^0}{[n_f]} = \frac{\varepsilon_s \beta}{[n_f] K_f} S_{-1} \tag{15-11}$$

这样，可建立疲劳强度条件如下

$$S_{\max} \leqslant [S_{-1}] = \frac{\varepsilon_s \beta}{[n_f] K_f} S_{-1} \tag{15-12}$$

式（15-12）中，$S_{\max}$ 是对称循环交变应力的最大应力值。为计算方便起见，将式（15-12）表示为安全因数形式，即

$$n_{s} = \frac{S_{-1}^{0}}{S_{max}} = \frac{\varepsilon_{s}\beta}{K_{f}S_{max}}S_{-1} \geqslant [n_{f}] \tag{15-13a}$$

式（15-13a）中，$n_{s}$ 为安全因数，$S$ 仍为广义应力。

对于交变正应力，式（15-13a）写成

$$n_{\sigma} = \frac{\sigma_{-1}^{0}}{\sigma_{max}} = \frac{\varepsilon_{\sigma}\beta\sigma_{-1}}{K_{f\sigma}\sigma_{max}} \geqslant [n_{f}] \tag{15-13b}$$

对于交变切应力，式（15-13a）写成

$$n_{\tau} = \frac{\tau_{-1}^{0}}{\tau_{max}} = \frac{\varepsilon_{\tau}\beta\tau_{-1}}{K_{f\tau}\tau_{max}} \geqslant [n_{f}] \tag{15-13c}$$

### 15.4.2　非对称循环下构件的疲劳强度条件

非对称循环下材料的疲劳极限 $S_{r}$ 也由疲劳试验测定，根据材料在各种应力循环特征 $r$ 下的疲劳极限，可得到材料的疲劳极限曲线。将疲劳极限曲线简化，再考虑上述的各种影响因素，得到非对称循环交变应力下构件的疲劳强度条件

$$n_{\sigma} = \frac{\sigma_{-1}}{\dfrac{K_{f\sigma}}{\varepsilon_{\sigma}\beta}\sigma_{a} + \sigma_{m}\psi_{\sigma}} \geqslant [n_{f}] \tag{15-14a}$$

$$n_{\tau} = \frac{\tau_{-1}}{\dfrac{K_{f\tau}}{\varepsilon_{\tau}\beta}\tau_{a} + \tau_{m}\psi_{\tau}} \geqslant [n_{f}] \tag{15-14b}$$

式（15-14a）与式（15-14b）中，带下角标"m"、"a"的应力分别代表构件危险点处平均应力与应力幅值。$K$、$\varepsilon$、$\beta$ 分别代表对称循环交变应力下有效应力集中因数、尺寸因数、表面质量因数。由式中可见，应力集中、尺寸、表面质量等因素只对应力幅值有影响。$\psi_{\sigma}$ 与 $\psi_{\tau}$ 反映材料对于应力循环非对称性的敏感程度，是敏感因数，用下式表示

$$\psi_{\sigma} = \frac{2\sigma_{-1} - \sigma_{0}}{\sigma_{0}} \tag{15-15a}$$

$$\psi_{\tau} = \frac{2\tau_{-1} - \tau_{0}}{\tau_{0}} \tag{15-15b}$$

式中，带下角标"0"的应力表示脉动循环下材料的疲劳极限。$\psi_{\sigma}$ 与 $\psi_{\tau}$ 亦可从相关手册中查得。

### 15.4.3　弯扭复合交变应力下构件的疲劳强度条件

对于静强度，按照最大切应力理论，弯扭复合加载时的强度条件为

$$\sigma_{r3} = \sqrt{\sigma^2 + 4\tau^2} \leqslant \frac{\sigma_s}{n} \tag{a}$$

式中，$\sigma$、$\tau$ 为构件同一个危险点处应力，为最大应力。将式（a）两端平方后同除以 $\sigma_s^2$，再注意 $\tau_s = \dfrac{\sigma_s}{2}$，则式（a）变为

$$\frac{1}{\left(\dfrac{\sigma_s}{\sigma}\right)^2} + \frac{1}{\left(\dfrac{\tau_s}{\tau}\right)^2} \leqslant \frac{1}{n^2} \tag{b}$$

式（b）中，比值 $\sigma_s/\sigma$、$\tau_s/\tau$ 可分别相当于弯曲、扭转各自单独加载时的安全因数，现分别用 $n_\sigma$、$n_\tau$ 来表示，则式（b）变为

$$\frac{1}{n_\sigma^2} + \frac{1}{n_\tau^2} \leqslant \frac{1}{n^2} \tag{c}$$

试验表明，式（c）可推广应用到承受弯扭复合交变应力构件的强度计算中。此时，$n_\sigma$、$n_\tau$ 分别是构件单独承受弯曲交变应力或扭转交变应力时的安全因数，可用前面相应的公式计算得到。于是可以得到弯扭复合交变应力下构件的疲劳强度条件

$$n_{\sigma\tau} = \frac{n_\sigma n_\tau}{\sqrt{n_\sigma^2 + n_\tau^2}} \geqslant [n_f] \tag{15-16}$$

式（15-16）中，$n_{\sigma\tau}$ 是弯扭复合交变应力下构件的安全因数。

建立了构件的疲劳强度条件，就可以对构件进行疲劳强度计算，工程中通常是校核疲劳强度。

---

例 15-1　图 15-16 所示的阶梯形传动轴，$D = 75\text{mm}$，$d = 50\text{mm}$，承受弯矩 $M = 314\text{N·m}$ 作用，表面精车加工。材料为钢，强度极限 $\sigma_b = 400\text{MPa}$，疲劳极限 $\sigma_{-1} = 250\text{MPa}$。若 $[n_f] = 1.5$，试校核该轴的疲劳强度。

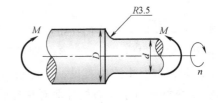

图　15-16

解：轴转动时各点受对称循环交变应力作用，先确定危险点的最大工作应力

$$\sigma_{max} = \frac{M}{W} = \frac{M}{\frac{\pi}{32}d^3} = \left(\frac{314}{\frac{\pi}{32} \times 50^3 \times 10^{-9}}\right)\text{Pa} = 25.6\text{MPa}$$

由 $D/d = 1.5$，$R/d = 0.07$，从图 15-11b 中查得理论应力集中因数 $K_{t\sigma} = 1.9$。

由过渡圆角半径 $R = 3.5\text{mm}$ 和强度极限 $\sigma_b = 400\text{MPa}$，从图 15-12 中查得对缺口敏感因数 $q = 0.79$。得有效应力集中因数

$$K_{f\sigma} = 1 + q(K_{t\sigma} - 1) = 1 + 0.79(1.9 - 1) \approx 1.71。$$

由轴径 $D = 75\text{mm}$，查图 15-14，得尺寸因数 $\varepsilon_\sigma = 0.74$。

查图 15-15，得表面质量因数 $\beta = 0.96$。计算安全因数

$$n_\sigma = \frac{\varepsilon_\sigma \beta \sigma_{-1}}{K_{f\sigma} \sigma_{max}} = \frac{0.74 \times 0.96 \times 250}{1.71 \times 25.6} \approx 4.06 > [n_f] = 1.5$$

故满足疲劳强度条件。

例 15-2　图 15-17 所示为盘式抛光机转轴，精车加工。材料为合金钢，强度极限 $\sigma_b = 1200\text{MPa}$，疲劳极限 $\sigma_{-1} = 360\text{MPa}$，$\sigma_0 = 655\text{MPa}$，$\tau_{-1} = 162\text{MPa}$，$\tau_0 = 308\text{MPa}$。工作时工件作用处到盘心距离 $a = 100\text{mm}$，产生的脉动循环摩擦平衡扭矩 $T = 12\text{N} \cdot \text{m}$，工件对盘面的压力 $F_1 = 200\text{N}$。若 $[n_f] = 2.0$，试校核该轴的疲劳强度。

解：（1）计算转轴承受的外力及应力

轴受到脉动循环扭矩 $T = 12\text{N} \cdot \text{m}$，则 $F_2 = \dfrac{T}{a} = 120\text{N}$。

轴受到弯矩

$$M = \sqrt{(F_2 l)^2 + (F_1 a)^2} = \sqrt{(120 \times 0.05)^2 + (200 \times 0.1)^2} \ \text{N} \cdot \text{m}$$
$$= 20.9\text{N} \cdot \text{m}$$

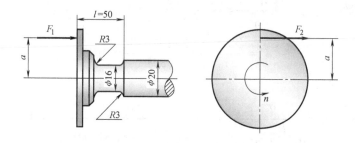

图　15-17

扭转切应力为脉动循环

$$\tau_{max} = \frac{T}{W_t} = \frac{T}{\dfrac{\pi}{16}d^3} = \left(\frac{16 \times 12}{\pi \times 16^3 \times 10^{-9}}\right)\text{Pa} = 14.93\text{MPa}, \quad \tau_{min} = 0$$

故 $r = 0$，$\tau_a = \tau_m = \dfrac{1}{2}\tau_{max} \approx 7.47\text{MPa}$。

弯曲正应力可视为非对称循环

$$\sigma_{max} = \frac{M}{W_z} - \frac{F_1}{A} = \frac{32M}{\pi d^3} - \frac{4F_1}{\pi d^2} = \left(\frac{32 \times 20.9}{\pi \times 16^3 \times 10^{-9}} - \frac{4 \times 200}{\pi \times 16^2 \times 10^{-6}}\right)\text{Pa}$$

$$\approx 51\text{MPa}$$

$$\sigma_{min} = -\frac{M}{W_z} - \frac{F_1}{A} = -\frac{32M}{\pi d^3} - \frac{4F_1}{\pi d^2} = \left(-\frac{32 \times 20.9}{\pi \times 16^3 \times 10^{-9}} - \frac{4 \times 200}{\pi \times 16^2 \times 10^{-6}}\right)\text{Pa}$$

$$\approx -53\text{MPa}$$

因为
$$|\sigma_{min}| > |\sigma_{max}|$$

故
$$r = \frac{\sigma_{\max}}{\sigma_{\min}} = -\frac{51}{53} \approx -0.96$$

$$\sigma_m = \frac{1}{2}(\sigma_{\max} + \sigma_{\min}) = \frac{1}{2}(51-53)\,\mathrm{MPa} = -1\,\mathrm{MPa}$$

$$\sigma_a = \frac{1}{2}(\sigma_{\max} - \sigma_{\min}) = \frac{1}{2}(51+53)\,\mathrm{MPa} = 52\,\mathrm{MPa}$$

（2）确定各影响因数

由 $R/d = 3/16 = 0.19$，$D/d = 20/16 = 1.25$

查图 15-11j，得 $K_{t\tau} = 1.20$；查图 15-11a，得 $K_{t\sigma} = 1.49$；查图 15-12，得 $q = 0.96$。

$$K_{f\tau} = 1 + q(K_{t\tau} - 1) = 1 + 0.96 \times (1.20 - 1) \approx 1.19$$

$$K_{f\sigma} = 1 + q(K_{t\sigma} - 1) = 1 + 0.96 \times (1.49 - 1) \approx 1.47$$

查图 15-14，得尺寸因数 $\varepsilon_\sigma = \varepsilon_\tau = 0.84$

查图 15-15，得表面质量因数 $\beta = 0.87$

确定敏感因数
$$\psi_\sigma = \frac{2\sigma_{-1} - \sigma_0}{\sigma_0} = \frac{2 \times 360 - 655}{655} \approx 0.1$$

$$\psi_\tau = \frac{2\tau_{-1} - \tau_0}{\tau_0} = \frac{2 \times 162 - 308}{308} \approx 0.05$$

（3）计算安全因数

$$n_\sigma = \frac{\sigma_{-1}}{\sigma_a \dfrac{K_{f\sigma}}{\varepsilon_\sigma \beta} + \sigma_m \psi_\sigma} = \frac{360}{52 \times \dfrac{1.47}{0.84 \times 0.87} + (-1) \times 0.1} = 3.44$$

$$n_\tau = \frac{\tau_{-1}}{\tau_a \dfrac{K_{f\tau}}{\varepsilon_\tau \beta} + \tau_m \psi_\tau} = \frac{162}{7.47 \times \dfrac{1.19}{0.84 \times 0.87} + 7.47 \times 0.05} = 12.92$$

$$n_{\sigma\tau} = \frac{n_\sigma n_\tau}{\sqrt{n_\sigma^2 + n_\tau^2}} = \frac{3.44 \times 12.92}{\sqrt{3.44^2 + 12.92^2}} = 3.32 > [n_f] = 2.0$$

满足疲劳强度条件。

## 15.5 变幅交变应力下构件的疲劳强度计算

前面所述的均是等幅交变应力下构件的疲劳强度问题，现在开始研究变幅交变应力下构件的疲劳问题。

### 15.5.1 变幅交变应力

变幅交变应力是指其应力幅值或平均应力不为常值（图 15-3a）。汽车在崎岖路面上行驶、飞机承受不稳定气流作用、轮船承受海浪冲击等，均是变幅交变应力的例子。

变幅交变应力谱可以简化成分级等幅交变应力谱，并可分成两类：图 15-18a 所示的交变应力，其平均应力为零，称为变幅对称循环交变应力；而图 15-18b 所示的交变应力，其平均应力不为零，称为变幅非对称循环交变应力。

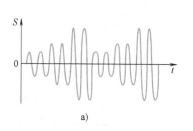
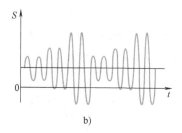

图  15-18

### 15.5.2  无限寿命设计与有限寿命设计

应力循环次数 $N$，也称寿命。在图 15-19 所示的应力-寿命曲线中，$N_0$（$10^7 \sim 10^8$）为循环基数。$N_0$ 将曲线分成两部分，右边部分循环次数 $N$ 大于 $N_0$，称为无限寿命区；左边部分循环次数 $N$ 小于 $N_0$，称为有限寿命区。在有限寿命区，$S$-$N$ 曲线可用如下方程描述

$$S^m N = C \qquad (15\text{-}17)$$

式中，$m$、$C$ 均为与材料有关的常数。由式（15-17）可得

$$S_{-1,A}^m N_A = S_{-1}^m N_0 \qquad (15\text{-}18)$$

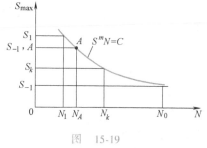

图  15-19

如 15.2.2 小节所述，有限寿命区曲线上 $A$ 点所对应的应力值 $S_{-1,A}$ 称为有限寿命为 $N_A$ 时的条件疲劳极限。像 15.4 节所述的那样，按照疲劳极限进行疲劳强度设计，称为无限寿命设计；若按照条件疲劳极限进行疲劳强度设计，称为有限寿命设计。譬如，设计轴承时，使用时间定为 5000h，固体火箭发动机助推时间定为 3min，均为有限寿命设计。

### 15.5.3  变幅对称循环交变应力的疲劳强度条件

对于变幅交变应力，最大应力有时超过疲劳极限，有时低于疲劳极限，且在多数情况下高幅应力的循环次数小于低幅应力的循环次数。在这种情况下，若仍然采取前面的无限寿命设计思想，即控制构件危险点应力循环中的最大应力不超过疲劳极限，显然是过于保守的，需要采取新的设计思想与方法。

实践证明，当构件危险点处应力循环中的最大应力值超过疲劳极限时，整个构件并没有完全发生疲劳失效，而是产生了一定量的损伤。随着应力循环的继续，这种损伤会累积起来，当累积达到某一临界值时，构件才最终发生疲劳失效。这就是累积损伤观点，构件累积损伤的过程就是构件固有寿命消耗过程。

图 15-20 所示是一被简化后的分级变幅对称循环交变应力，假设高于材料疲劳极限 $S_{-1}$ 的有 $k$ 级，且在此应力作用下，构件最终疲劳失效时总的应力循环周期数为 $\lambda$。假设在一个

周期内，最大应力分别为 $S_1$、$S_2$、$\cdots$、$S_i$、$\cdots$、$S_k$，相应的循环次数为 $n_1$、$n_2$、$\cdots$、$n_i$、$\cdots$、$n_k$。构件最终疲劳失效时，这些最大应力总的循环次数分别为 $\lambda n_1$、$\lambda n_2$、$\cdots$、$\lambda n_i$、$\cdots$、$\lambda n_k$。

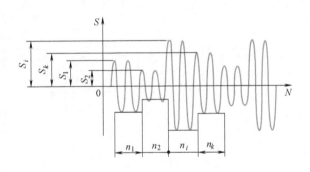

图 15-20

如果构件在等幅交变应力 $S_1$ 单独作用下，有限寿命为 $N_1$，那么应力 $S_1$ 每循环一次对构件的损伤将是 $1/N_1$，循环了 $\lambda n_1$ 次对构件产生总的损伤为 $\lambda n_1/N_1$。同样，$S_2$、$\cdots$、$S_i$、$\cdots$、$S_k$ 分别单独作用对构件产生总的损伤依次为 $\lambda n_2/N_2$、$\cdots$、$\lambda n_i/N_i$、$\cdots$、$\lambda n_k/N_k$。线性累积损伤的理论认为，这些损伤可以叠加，疲劳失效的条件为

$$\frac{\lambda n_1}{N_1}+\frac{\lambda n_2}{N_2}+\cdots+\frac{\lambda n_i}{N_i}+\cdots+\frac{\lambda n_k}{N_k}=1 \tag{a}$$

即

$$\lambda \sum_{i=1}^{k}\frac{n_i}{N_i}=1 \tag{b}$$

由式（15-18）知

$$S_1^m N_1 = S_2^m N_2 = \cdots = S_i^m N_i = \cdots = S_k^m N_k = S_{-1}^m N_0 \tag{c}$$

由式（c）解出 $N_1$、$N_2$、$\cdots$、$N_i$、$\cdots$、$N_k$，代入式（b）中得

$$\frac{\lambda}{N_0}\sum_{i=1}^{k}S_i^m n_i = S_{-1}^m \tag{d}$$

即

$$\sqrt[m]{\frac{\lambda}{N_0}\sum_{i=1}^{k}S_i^m n_i}=S_{-1} \tag{15-19}$$

引入相当应力 $S_e$

$$S_e = \sqrt[m]{\frac{\lambda}{N_0}\sum_{i=1}^{k}S_i^m n_i} \tag{15-20}$$

则疲劳条件为

$$S_e = S_{-1} \tag{15-21}$$

引入疲劳安全因数 $[n_f]$，则疲劳强度条件为

$$S_e \leqslant \frac{S_{-1}}{[n_f]} \tag{e}$$

即

$$n_s = \frac{S_{-1}}{S_e} \geqslant [n_f] \tag{f}$$

考虑到应力集中、尺寸和表面质量对疲劳极限的影响，最终得到变幅对称循环交变应力

的疲劳强度条件

$$n_s = \frac{S_{-1}}{\dfrac{K_f}{\varepsilon_s \beta} S_e} = \frac{S_{-1}}{\dfrac{K_f}{\varepsilon_s \beta} \sqrt[m]{\dfrac{\lambda}{N_0} \sum_{i=1}^{k} S_i^m n_i}} \geqslant \left[ n_f \right] \tag{15-22a}$$

式（15-22a）中，$n_s$ 为工作安全因数，$S$ 为广义应力，$S_{-1}$ 为对称循环下材料的疲劳极限，$N_0$ 为循环基数，$\lambda$ 为疲劳失效时的循环周期数。

对于交变正应力

$$n_\sigma = \frac{\sigma_{-1}}{\dfrac{K_{f\sigma}}{\varepsilon_\sigma \beta} \sigma_e} = \frac{\sigma_{-1}}{\dfrac{K_{f\sigma}}{\varepsilon_\sigma \beta} \sqrt[m]{\dfrac{\lambda}{N_0} \sum_{i=1}^{k} \sigma_i^m n_i}} \geqslant \left[ n_f \right] \tag{15-22b}$$

对于交变切应力

$$n_\tau = \frac{\tau_{-1}}{\dfrac{K_{f\tau}}{\varepsilon_\tau \beta} \tau_e} = \frac{\tau_{-1}}{\dfrac{K_{f\tau}}{\varepsilon_\tau \beta} \sqrt[m]{\dfrac{\lambda}{N_0} \sum_{i=1}^{k} \tau_i^m n_i}} \geqslant \left[ n_f \right] \tag{15-22c}$$

### 15.5.4　变幅非对称循环交变应力的疲劳强度条件

由 15.4.2 小节可知，对于变幅非对称循环交变应力，亦可用平均应力和应力幅值来代替相当应力，应力集中、尺寸、表面质量等因素只影响应力幅值。这样，变幅非对称循环交变应力的疲劳强度条件

$$n_\sigma = \frac{\sigma_{-1}}{\sqrt[m]{\dfrac{\lambda}{N_0} \sum_{i=1}^{k} \left( \dfrac{K_{f\sigma}}{\varepsilon_\sigma \beta} \sigma_{ia} + \psi_\sigma \sigma_{im} \right)^m n_i}} \geqslant \left[ n_f \right] \tag{15-23a}$$

$$n_\tau = \frac{\tau_{-1}}{\sqrt[m]{\dfrac{\lambda}{N_0} \sum_{i=1}^{k} \left( \dfrac{K_{f\tau}}{\varepsilon_\tau \beta} \tau_{ia} + \psi_\tau \tau_{im} \right)^m n_i}} \geqslant \left[ n_f \right] \tag{15-23b}$$

在弯扭复合变幅交变应力下，工作安全因数的计算见式（15-16）。

## 15.6　疲劳裂纹扩展与构件的疲劳寿命

在传统的强度计算中，将构件理想化为没有初始裂纹的连续体，并取工作应力与许用应力相比较来作为强度的判据。实际上，由于材料的冶炼、加工与使用等原因，构件内部总存在着裂纹，甚至是宏观裂纹，尤其是高强度材料或大型构件（大型铸件、锻件、焊接件等）存在裂纹更是不可避免的。实践证明，由于裂纹的存在，这些构件往往在工作应力小于许用应力的情况下就发生了脆性断裂破坏，即所谓低应力脆断。因此，需要研究有裂纹体的应力、裂纹扩展规律以及材料的抗裂性能等。所有这些都是"断裂力学"的研究范畴。

### 15.6.1　应力强度因子

考虑图 15-21 所示无限大平板，中心有一长为 $2a$ 的穿透板厚的裂纹，承受垂直于裂纹

面的均匀拉应力作用。应用弹性理论的研究结果，得到在裂纹尖端邻域（$\rho \ll a$）任一点 $A$ 处应力分量为

$$\left.\begin{aligned}\sigma_x &\approx \frac{\sqrt{\pi a}\,\sigma}{\sqrt{2\pi\rho}}\cos\frac{\varphi}{2}\left(1-\sin\frac{\varphi}{2}\sin\frac{3\varphi}{2}\right) \\ \sigma_y &\approx \frac{\sqrt{\pi a}\,\sigma}{\sqrt{2\pi\rho}}\cos\frac{\varphi}{2}\left(1+\sin\frac{\varphi}{2}\sin\frac{3\varphi}{2}\right) \\ \tau_{xy} &\approx \frac{\sqrt{\pi a}\,\sigma}{\sqrt{2\pi\rho}}\sin\frac{\varphi}{2}\cos\frac{\varphi}{2}\cos\frac{3\varphi}{2}\end{aligned}\right\} \tag{15-24}$$

式中，$\rho$ 与 $\varphi$ 为点 $A$ 的极坐标。

由式（15-24）可知，当 $\rho$ 与 $\varphi$ 一定时，即对于板内某一点来说，各应力分量与 $\sqrt{\pi a}\,\sigma$ 有关。这说明，参量 $\sqrt{\pi a}\,\sigma$ 的大小描述了裂纹尖端应力场的强弱程度，称为应力强度因子，用 $K_{\mathrm{I}}$ 表示，即

$$K_{\mathrm{I}} = \sqrt{\pi a}\,\sigma \tag{15-25}$$

应力强度因子的单位为 $\mathrm{MPa \cdot m^{\frac{1}{2}}}$。

对于有限大板，裂纹可能位于板的中央处，也可能位于板的边缘处，其应力强度因子可作如下修正

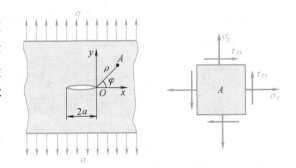

图 15-21

$$K_{\mathrm{I}} = Y\sqrt{\pi a}\,\sigma \tag{15-26}$$

式中，$Y$ 为修正因数，可查有关手册得到。表 15-1 中为部分修正因数。

构件中的裂纹，按照受力与变形形式分类，可分成三种基本类型：张开型或 $\mathrm{I}$ 型（图 15-22a）；滑移型或 $\mathrm{II}$ 型（图 15-22b）；撕裂型或 $\mathrm{III}$ 型（图 15-22c）。下面介绍的均为张开型裂纹。

### 15.6.2 断裂韧度与断裂判据

实验证明，对于一定厚度的平板，不管所施加的应力 $\sigma$ 与裂纹长度 $a$ 各为何值，只要应力强度因子 $K_{\mathrm{I}}$ 达到某一数值时，裂纹就开始扩展，并可能使平板断裂。使裂纹开始扩展的应力强度因子值，称为材料的断裂韧度，用 $K_{\mathrm{c}}$ 表示。断裂韧度的大小是衡量含裂纹材料抵抗断裂失效能力的强度指标，通过

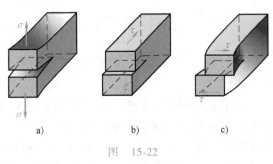

图 15-22

断裂实验得到。对于 $\mathrm{I}$ 型裂纹，断裂韧度用 $K_{\mathrm{Ic}}$ 表示。几种材料的 $K_{\mathrm{Ic}}$ 列于表 15-2 中。

当张开型裂纹尖端的应力强度因子值达到材料的断裂韧度时，裂纹就要扩展，即断裂失效的判据是

$$K_{\mathrm{I}} = K_{\mathrm{Ic}} \tag{15-27}$$

表 15-1  修正因数

| 类 型 | 修 正 因 数 $Y$ |
|---|---|
| 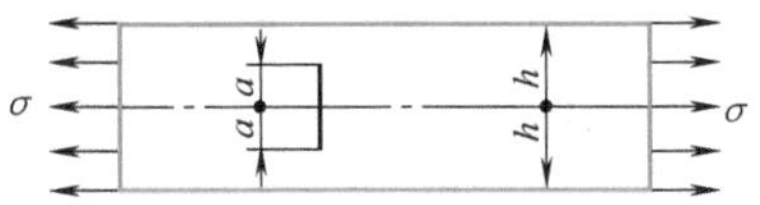 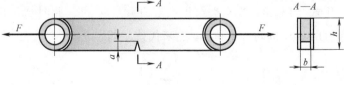 | $Y = \dfrac{1}{\sqrt{\pi}}\left[1.77 + 0.277\left(\dfrac{a}{h}\right) - 0.51\left(\dfrac{a}{h}\right)^2 + 2.7\left(\dfrac{a}{h}\right)^3\right]$ <br><br> $Y = 1.0\,(a \ll h)$ |
| 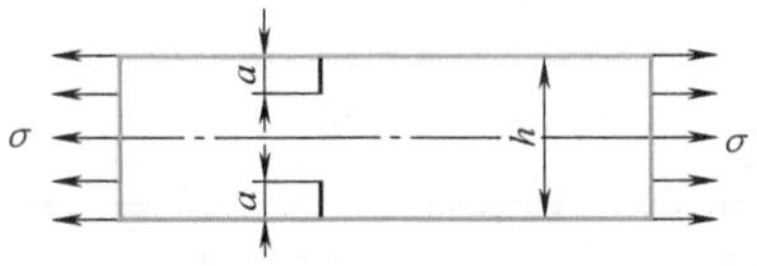  | $Y = \dfrac{1}{\sqrt{\pi}}\left[1.99 + 0.38\left(\dfrac{2a}{h}\right) - 2.12\left(\dfrac{2a}{h}\right)^2 + 3.42\left(\dfrac{2a}{h}\right)^3\right]$ <br><br> $Y = 1.12\,(a \ll h)$ |
| 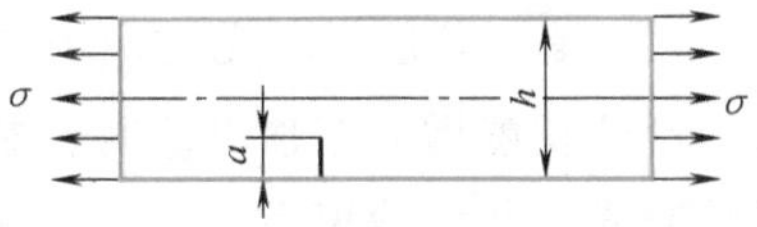  | $Y = \dfrac{1}{\sqrt{\pi}}\left[1.99 - 0.41\left(\dfrac{a}{h}\right) + 18.7\left(\dfrac{a}{h}\right)^2 - 38.48\left(\dfrac{a}{h}\right)^3 + 53.85\left(\dfrac{a}{h}\right)^4\right]$ <br><br> $Y = 1.12\,(a \ll h)$ |
| 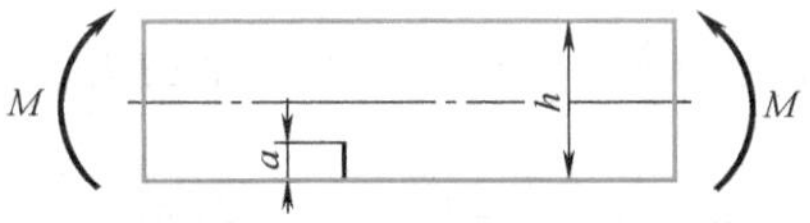  | $Y = \dfrac{1}{\sqrt{\pi}}\left[1.99 - 2.47\left(\dfrac{a}{h}\right) + 12.97\left(\dfrac{a}{h}\right)^2 - 23.17\left(\dfrac{a}{h}\right)^3 + 24.80\left(\dfrac{a}{h}\right)^4\right]$ <br><br> $Y = 1.12\,(a \ll h)$ |

表 15-2  几种材料的 $K_{\mathrm{I}c}$ 值

| 材 料 | $\sigma_s/\mathrm{MPa}$ | $\sigma_b/\mathrm{MPa}$ | $K_{\mathrm{I}c}/\mathrm{MPa}\cdot\mathrm{m}^{\frac{1}{2}}$ |
|---|---|---|---|
| 30CrMnSiNiA | 1470 | 1780 | 84 |
| 300 马氏体钢 | 1730 | 1850 | 90 |
| 7075-T6 铝合金 | 500 | 560 | 32 |

例 15-3  图 15-23 所示矩形截面板件，板边缘有一穿透裂纹，其长度 $a = 7\mathrm{mm}$，板承受拉力作用，$F = 100\mathrm{kN}$。若材料的断裂韧度 $K_{\mathrm{I}c} = 23\mathrm{MPa}\cdot\mathrm{m}^{\frac{1}{2}}$，$h = 100\mathrm{mm}$，$b = 8\mathrm{mm}$，试问板是否会断裂。

图  15-23

解：由表 15-1，得修正因数为

$$Y = \frac{1}{\sqrt{\pi}} \left[ 1.99 - 0.41 \left( \frac{0.007\text{m}}{0.1\text{m}} \right) + 18.70 \left( \frac{0.007\text{m}}{0.1\text{m}} \right)^2 \right.$$

$$\left. - 38.48 \left( \frac{0.007\text{m}}{0.1\text{m}} \right)^3 + 53.85 \left( \frac{0.007\text{m}}{0.1\text{m}} \right)^4 \right] \approx 1.152$$

裂纹尖端应力强度因子

$$K_{\mathrm{I}} = Y\sigma\sqrt{\pi a} = 1.152 \times \frac{100 \times 10^3 \text{N}}{(0.1\text{m}) \times (0.008\text{m})} \sqrt{\pi \ (0.007\text{m})}$$

$$\approx 2.13 \times 10^7 \text{Pa} \cdot \text{m}^{\frac{1}{2}} = 21.3\text{MPa} \cdot \text{m}^{\frac{1}{2}}$$

因为 $K_{\mathrm{I}} < K_{\mathrm{I}c}$，故板不会断裂。

### 15.6.3 疲劳裂纹的扩展寿命

在静应力作用下，若应力强度因子 $K_{\mathrm{I}} < K_{\mathrm{I}c}$，裂纹不会扩展。但是，在交变应力作用下，虽然 $K_{\mathrm{I}} < K_{\mathrm{I}c}$，裂纹却可能仍要缓慢地稳定地扩展。当裂纹长度增大至临界值时，裂纹即产生失稳扩展而导致整个构件断裂。一般，通过试验可得到裂纹扩展速率

$$\frac{\mathrm{d}a}{\mathrm{d}N} = C(Y\Delta\sigma a^{1/2})^m \tag{15-28}$$

式中，$a$ 为裂纹长度；$N$ 为循环次数；$C$ 与 $m$ 均为材料常数，试验测得，通常 $m$ 约为 3；$Y$ 为修正系数；$\Delta\sigma$ 为交变应力变化范围。

在交变应力作用下，裂纹从某一初始长度 $a_i$ 扩展到临界长度 $a_c$ 所经历的应力循环次数 $N_c$，即为疲劳裂纹的扩展寿命。

1. 等幅交变应力

将式（15-28）积分，得到裂纹扩展寿命 $N_c$

$$N_c = \frac{\dfrac{1}{a_i^{\left(\frac{m}{2}-1\right)}} - \dfrac{1}{a_c^{\left(\frac{m}{2}-1\right)}}}{CY^m\Delta\sigma^m\left(\dfrac{m}{2}-1\right)} \tag{15-29}$$

一般情况下，$a_c \gg a_i$，因此式（15-29）可简化为

$$N_c = \frac{1}{CY^m\Delta\sigma^m\left(\dfrac{m}{2}-1\right)a_i^{\left(\frac{m}{2}-1\right)}} \tag{15-30}$$

2. 变幅交变应力

这时仍然可利用式（15-28）来求裂纹扩展寿命 $N_c$。不过，此时 $\Delta\sigma$ 不像等幅那样保持恒定不变，需用所有的 $\Delta\sigma_i$ 的均方根值 $\Delta\sigma_{\text{rms}}$ 来代替，即

$$\Delta\sigma_{\text{rms}} = \sqrt{\frac{\sum\limits_{i=1}^{K}(\Delta\sigma_i)^2}{K}} \tag{15-31}$$

式中，$\Delta\sigma_i$ 为第 $i$ 级交变应力的变化范围；$K$ 为 $\Delta\sigma_i$ 的总数。

这样，在变幅交变应力下，裂纹从初始长度 $a_i$ 扩展到临界长度 $a_c$ 的扩展寿命 $N_c$ 为

$$N_c = \frac{1}{CY^m \Delta\sigma_{\mathrm{rms}}^m \left(\frac{m}{2}-1\right) a_i^{\left(\frac{m}{2}-1\right)}} \tag{15-32}$$

由式（15-31）与式（15-32），只要知道初始裂纹尺寸、交变应力谱以及修正因数，就可以计算出疲劳裂纹扩展寿命。

需要指出的是，对疲劳问题的研究要考虑从裂纹萌生、裂纹扩展直至疲劳断裂的全过程。这里讨论的疲劳裂纹扩展寿命只是全过程中的一个阶段。关于疲劳裂纹问题更深入的研究，已超出本书范围。

## 15.7 提高构件疲劳强度的措施

### 15.7.1 减缓构件的应力集中

应力集中的地方是疲劳裂纹萌生的策源地，影响疲劳极限的各种因素也和应力集中有关。因而，要提高构件的疲劳极限，主要的措施是尽可能地消除或减缓应力集中。表 15-3 给出了工程中通过合理设计结构来减缓应力集中、提高构件疲劳强度的几个例子。

表 15-3 提高构件疲劳强度的合理结构

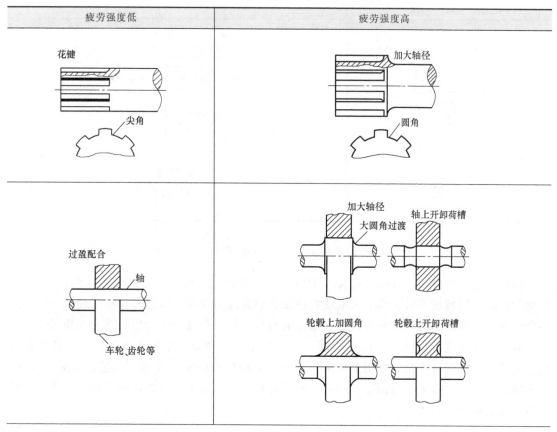

271

（续）

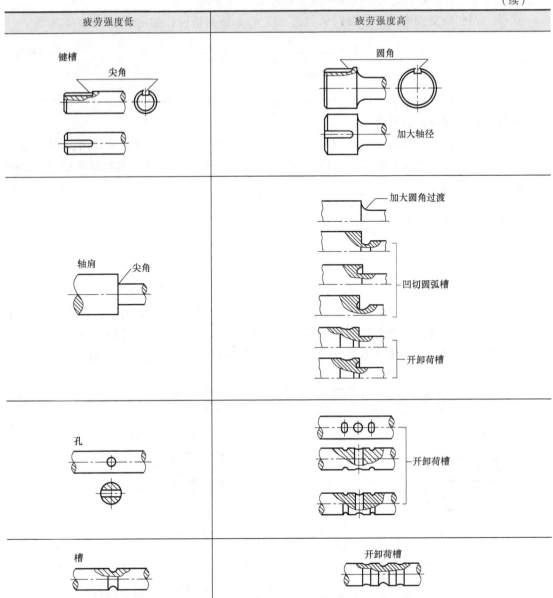

| 疲劳强度低 | 疲劳强度高 |
|---|---|

## 15.7.2 提高构件表面加工质量和采取必要的表面处理

构件表面层的应力一般都比较大，例如弯曲与扭转时，最大应力都发生在构件表面处。而对构件进行机械加工时表面上刀痕或损伤又会引起应力集中，极易形成疲劳裂纹。因而对疲劳强度要求较高的构件或对应力集中敏感的材料，都应精细加工，以提高表面质量。

对构件表面进行热处理或化学处理，如高频淬火、渗碳、碳氮共渗等，均能使表面强化，对提高构件抗疲劳性能有明显效果。另外，对构件表面实施冷加工工艺，如表面滚压、喷丸等，可使表面形成一层预压应力层，从而降低了容易萌生疲劳裂纹的表面拉应力，可使疲劳强度大幅度提高。

15-1　如习题 15-1 图所示交变应力，试求其平均应力、应力幅值、循环特征。

15-2　如习题 15-2 图所示滑轮与轴，确定下列两种情况下轴上点 $B$ 的应力循环特征。

（1）轴固定不动，滑轮绕轴转动，滑轮上作用着不变载荷 $F$（图 a）。

（2）轴与滑轮固结成一体而转动，滑轮上作用着不变载荷 $F$（图 b）。

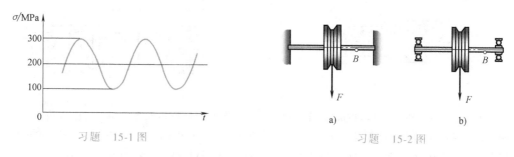

习题　15-1 图　　　　　　　　习题　15-2 图

15-3　习题 15-3 图所示旋转轴，同时承受横向载荷 $F_y = 500\text{N}$ 和轴向拉力 $F_x = 2\text{kN}$ 作用，试求危险截面边缘任一点处的最大应力、最小应力、平均应力、应力幅值、应力循环特征。已知，轴径 $d = 10\text{mm}$，轴长 $l = 100\text{mm}$。

15-4　火车轮轴受力情况如习题 15-4 图所示。$a = 500\text{mm}$，$l = 1435\text{mm}$，轮轴中段直径 $d = 15\text{cm}$。若 $F = 50\text{kN}$，试求轮轴中段截面边缘任一点处的最大应力、最小应力、平均应力、应力幅值、应力循环特征，并作出 $\sigma\text{-}t$ 曲线。

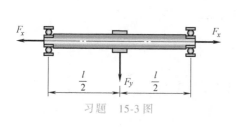

习题　15-3 图

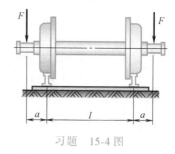

习题　15-4 图

15-5　阶梯轴如习题 15-5 图所示。材料为铬镍合金钢，$\sigma_b = 920\text{MPa}$，$\sigma_{-1} = 420\text{MPa}$，$\tau_{-1} = 250\text{MPa}$。轴的尺寸是：$d = 40\text{mm}$，$D = 50\text{mm}$，$R = 5\text{mm}$。分别确定在交变弯矩与交变扭矩作用时的有效应力集中因数与尺寸因数。

15-6　习题 15-6 图所示阶梯形旋转轴上，作用有不变弯矩 $M = 1\text{kN} \cdot \text{m}$。已知材料为碳素钢，$\sigma_b = 600\text{MPa}$，$\sigma_{-1} = 250\text{MPa}$，轴表面精车加工，试求轴的工作安全因数。

15-7　习题 15-7 图所示传动轴上作用交变扭矩 $T_x$，变化范围为（$-800 \sim 800$）$\text{N} \cdot \text{m}$。材料为碳素钢，$\sigma_b = 500\text{MPa}$，$\tau_{-1} = 110\text{MPa}$。轴表面磨削加工。若规定安全因数 $[n_f] = 1.8$，试校核该轴的疲劳强度。

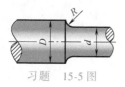

习题　15-5 图

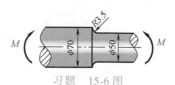

习题　15-6 图

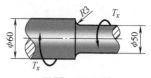

习题　15-7 图

15-8 习题15-8图所示圆截面钢杆，承受非对称循环轴向拉力 $F$ 作用，其最大与最小值分别为 $F_{max}$ = 100kN 和 $F_{min}$ = 10kN。若已知：$D$ = 50mm，$d$ = 40mm，$R$ = 5mm，$\sigma_b$ = 600MPa，$\sigma_{t_{-1}} = \sigma_{c_{-1}}$ = 170MPa，$\psi_\sigma$ = 0.05，杆表面精车加工，$[n_f]$ = 2，试校核杆的疲劳强度。

15-9 精车加工的钢制转轴如习题15-9图所示，在50mm直径处承受交变应力作用。材料的 $\sigma_b$ = 500MPa，$\tau_s$ = 450MPa，$\sigma_{-1}$ = 345MPa，$\tau_{-1}$ = 154MPa，$\psi_\sigma$ = 0.1，$\psi_\tau$ = 0.05。

（a）对弯曲正应力计算工作安全因数。

（b）对扭转切应力（与正应力数值相同）计算工作安全因数。

习题 15-8 图　　　　　习题 15-9 图

15-10 直径 $D$ = 50mm、$d$ = 40mm 的阶梯轴，承受交变弯矩与扭矩联合作用。正应力从50MPa变到 -50MPa；切应力从40MPa变到20MPa。轴的材料为碳钢，$\sigma_b$ = 550MPa，$\sigma_{-1}$ = 220MPa，$\sigma_s$ = 300MPa，$\tau_{-1}$ = 120MPa，$\tau_s$ = 180MPa。若 $R$ = 2mm，选取 $\psi_\tau$ = 0.1，设 $\beta$ = 1，试计算工作安全因数。

15-11 一构件承受变幅对称循环交变正应力作用，以1s为一周期，习题15-11图所示为一个周期内的应力谱。已知材料的 $\sigma_{-1}$ = 400MPa，$m$ = 9，循环基数 $N_0$ = $3\times10^6$ 次。若每一周期内应力循环了15次，构件累积工作时间为50h，$K_{f\sigma}$ = 1.2，$\varepsilon = \beta$ = 1.0，试计算工作安全因数。

15-12 习题15-12图所示平板，宽度 $2h$ = 100mm，厚度 $b$ = 10mm，板中心存在一穿透裂纹，其长度 $2a$ = 20mm，在远离裂纹处承受拉应力 $\sigma$ = 700MPa，板的材料为30CrMnSiNi2A，$\sigma_s$ = 1500MPa，断裂韧度 $K_{Ic}$ = 85.1MPa·m$^{\frac{1}{2}}$，试问板是否会断裂。

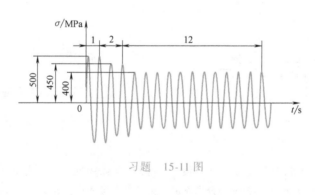

习题 15-11 图

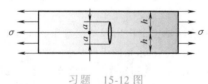

习题 15-12 图

# 第 16 章
## 压杆稳定

与刚体的平衡形态存在着稳定平衡与不稳定平衡一样，弹性体的平衡形态也存在着稳定平衡与不稳定平衡问题。当压杆所承受的外力达到或超过临界力时，就要丧失原有直线形态下的平衡而发生失稳失效，这是构件不同于强度失效的又一种失效形式。可见，研究压杆稳定问题的关键是寻求其临界力。本章主要介绍计算压杆临界力的静力法、超过比例极限时压杆的临界力以及压杆的稳定性计算等。

## 16.1 压杆稳定性概念

工程中有许多细长的轴向压缩杆件，例如，气缸或液压缸中的活塞杆、内燃机连杆、建筑结构中的立柱等。这类杆件在材料力学中统称为压杆或柱。在第 5 章研究直杆轴向压缩时，认为杆是在直线形态下维持平衡，杆的失效是由于强度不足而引起的。事实上，这样考虑只对短粗的压杆才有意义，而对细长的压杆，当它们所受到的轴向外力远未达到使其发生强度失效的数值时，可能会突然变弯，即丧失了原有直线形态下的平衡而引起失效。它是构件不同于强度失效的又一种失效形式。

为说明这种失效形式，先考虑如下试验：取如图 16-1a 所示两端铰支均质等直细长杆，

加轴向压力 $F$，压杆呈直线形态平衡。现在，若此压杆受到一不大的横向干扰力（例如，轻轻地推一下），则压杆会弯曲，如图 16-1b 中双点画线所示。当横向干扰力解除后，会出现下述两种情况：

1）当轴向压力 $F$ 小于某一数值时，压杆又会恢复到原来的直线平衡形态，如图 16-1b 所示。

2）当轴向压力 $F$ 增加到某一数值时，虽然干扰力已解除，但压杆不再恢复到原来的直线平衡形态，而是在微弯曲的形态下平衡，如图 16-1c所示。

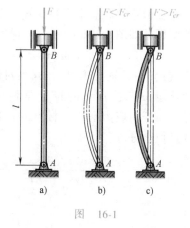

图　16-1

第一种情况表明压杆的直线平衡形态是稳定的；而第二种情况表明压杆的直线平衡形态是不稳定的。可见，压杆原来的直线形态平衡是否稳定，与所受轴向压力 $F$ 的大小有关。当轴向压力 $F$ 逐渐增加到某一数值时，压杆的直线形态平衡由稳定过渡到不稳定。压杆的直线形态平衡由稳定过渡到不稳定时所受的轴向压力的界限值，称为压杆的临界力，

用 $F_{cr}$ 表示。当压杆所受的轴向压力 $F$ 达到临界力 $F_{cr}$ 时，其直线形态的平衡已然丧失，我们称压杆丧失了稳定性，简称失稳。研究压杆稳定性的关键是寻求其临界力的值。

除压杆外，还有许多薄壁构件同样存在着稳定性问题。图 16-2a、b、c 中左边各图分别表示狭长矩形截面悬臂梁、受均匀外压作用的薄壁圆环以及轴向受压的薄壁圆筒，它们会分别发生右边各图所示的失稳失效。

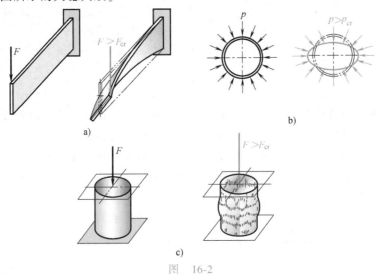

图 16-2

## 16.2 确定临界力的静力法 欧拉公式

现以两端球形铰支的等直细长压杆为例，说明由静力平衡求临界力的方法——静力法。

### 16.2.1 两端铰支细长压杆的临界力

假设两端球形铰支的等直细长压杆所受的轴向压力刚好等于其临界力 $F_{cr}$，并且已经失稳而在微弯曲状态下保持平衡，如图 16-3a 所示。假想沿任意 $x$ 截面将已挠曲的压杆截开，保留部分如图 16-3b 所示。由保留部分的平衡得

$$M(x) = -F_{cr}v \qquad (a)$$

式（a）中，轴向压力 $F_{cr}$ 取绝对值，这样在图示坐标系中弯矩 $M$ 与挠度 $v$ 的符号总相反，故式中加了一个负号。当杆内应力不超过材料的比例极限时，根据挠曲线的近似微分方程［见式（7-22）］得

$$\frac{d^2v}{dx^2} = \frac{M(x)}{EI} = -\frac{F_{cr}v}{EI} \qquad (b)$$

令

$$K^2 = \frac{F_{cr}}{EI} \qquad (c)$$

则式（b）改写为

$$\frac{d^2v}{dx^2} + K^2v = 0 \qquad (d)$$

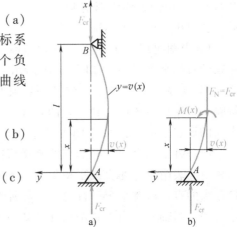

图 16-3

此微分方程的通解为

$$v = C_1 \sin Kx + C_2 \cos Kx \qquad \text{(e)}$$

式中，$C_1$、$C_2$ 为积分常数，由压杆的边界条件确定。

此压杆两端铰支，边界条件为

$$x = 0 \text{ 时}, \quad v = 0 \qquad \text{(f)}$$

$$x = l \text{ 时}, \quad v = 0 \qquad \text{(g)}$$

由式（f）、式（g）得

$$C_2 = 0, \quad C_1 \sin Kl = 0$$

积分常数 $C_1$ 不能等于零，否则挠曲线方程 $v \equiv 0$，这意味着压杆可稳定地保持着直线平衡形态，与假定压杆已失稳相矛盾。因此只有

$$\sin Kl = 0 \qquad \text{(h)}$$

式（h）的解为

$$Kl = n\pi \ (n = 0, 1, 2, 3\cdots)$$

$$K = \frac{n\pi}{l}$$

由式（c）

$$K^2 = \frac{n^2 \pi^2}{l^2} = \frac{F_{cr}}{EI}$$

得

$$F_{cr} = \frac{n^2 \pi^2 EI}{l^2} \quad (n = 0, 1, 2, 3\cdots) \qquad \text{(i)}$$

因为 $n$ 可取 0，1，2，3…中的任一整数，所以式（i）表明，使压杆保持曲线形态平衡的轴向压力，在理论上是多值的。而在这些轴向压力中，使压杆保持微弯曲的最小轴向压力才是其临界力。故取 $n = 1$，得两端铰支细长压杆的临界力公式

$$F_{cr} = \frac{\pi^2 EI}{l^2} \qquad (16-1)$$

式（16-1）又称为欧拉公式。

在此临界力作用下，$K = \dfrac{\pi}{l}$，则式（e）可写成

$$v = C_1 \sin \frac{\pi x}{l} \qquad \text{(j)}$$

可见，两端铰支细长压杆失稳后，挠曲线是条半波正弦曲线。将 $x = l/2$ 代入式（j），得压杆跨长中点处挠度

$$v_{x=\frac{l}{2}} = C_1 \sin\left(\frac{\pi}{l} \times \frac{l}{2}\right) = C_1 = v_{max}$$

$C_1$ 是任意微小的位移值。$C_1$ 之所以没有一个确定的值，是因为式（b）中采用了挠曲线近似微分方程式。如果在式（b）中采用挠曲线精确微分方程式，即采用大挠度非线性理论，那么 $C_1$ 值便可确定，此时可以得到最大挠度 $v_{max}$ 与轴向压力 $F$ 间的理论关系曲线，即压杆的平衡路径，如图 16-4 中的 $OAB$ 曲线所示。该曲线表明，当轴向压力 $F$ 小于临界力 $F_{cr}$ 时，$v_{max}$ 的数值均为零，$F$ 与 $v_{max}$ 间关系为直线 $OA$，说明压杆只有直线这一种平衡形态，直线平

衡形态是稳定的。当轴向压力 $F$ 等于临界力 $F_{cr}$ 时，压杆既可在直线形态下保持平衡，也可在曲线形态下保持平衡，但前者是不稳定的，后者是稳定的。直线 $OA$ 与曲线 $AB$ 的交点 $A$ 称为**平衡路径的分叉点**。当轴向压力大于临界力 $F_{cr}$ 后，其较小的增加就要使压杆弯曲变形 $v_{max}$ 急剧增大，压杆在很短时间内便会承受不了轴向压力作用而发生稳定失效。

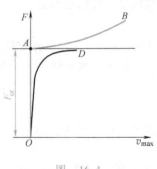

图 16-4

在以上讨论中，假设压杆轴线是理想直线，压力 $F$ 是不打折扣的轴向压力，压杆材料均匀连续。这是一种理想情况，称为**理想压杆**。但实际中的压杆并非如此，这些与理想压杆不相符合的因素，可相当于作用在压杆上的压力与压杆轴线有一个微小的偏心距。试验结果表明，实际压杆的 $F$ 与 $v_{max}$ 间关系如图 16-4 中的曲线 $OD$ 所示。偏心距越小，曲线 $OD$ 越接近 $OAB$。

**例 16-1**  等直杆一端为一弹簧支座，另一端固定，如图 16-5a 所示。若弹簧的刚度系数为 $k$，试求此压杆的临界力。

**解**：设压杆所受的轴向压力刚好等于其临界力 $F_{cr}$，并且已经失稳而在微弯曲状态下保持平衡，如图 16-5b 所示。在图示坐标系下弯矩方程为（图 16-5c）

$$M(x) = -F_{cr}v + k\delta x$$

挠曲线近似微分方程为

$$\frac{\mathrm{d}^2 v}{\mathrm{d}x^2} = \frac{M(x)}{EI} = \frac{1}{EI}(-F_{cr}v + k\delta x)$$

即

$$\frac{\mathrm{d}^2 v}{\mathrm{d}x^2} + K^2 v = \frac{k\delta}{EI}x \qquad (\text{a})$$

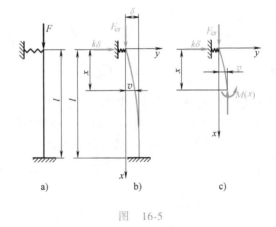

图 16-5

式中，$K^2 = \dfrac{F_{cr}}{EI}$。式（a）的通解为

$$v = A\sin Kx + B\cos Kx + \frac{k\delta}{EIK^2}x$$

边界条件

$$x = 0 \text{ 时，} \quad v = 0 \qquad (\text{b})$$
$$x = l \text{ 时，} \quad v = \delta \qquad (\text{c})$$
$$x = l \text{ 时，} \quad v' = 0 \qquad (\text{d})$$

由式（b）得 $B = 0$。由式（c）得

$$A\sin Kl + \delta\left(\frac{kl}{EIK^2} - 1\right) = 0 \qquad (\text{e})$$

由式（d）得

$$AK\cos Kl + \delta\frac{k}{EIK^2} = 0 \tag{f}$$

式（e）、式（f）中 $A$、$\delta$ 是未知量，且不能全为零。因此

$$\begin{vmatrix} \sin Kl & \dfrac{kl}{EIK^2} - 1 \\[2mm] K\cos Kl & \dfrac{k}{EIK^2} \end{vmatrix} = 0$$

整理得

$$\tan Kl = Kl - \frac{EI(Kl)^3}{kl^3} \tag{g}$$

此超越方程可用试算法求解。

如令弹簧刚度系数 $k\to\infty$，则杆相当于一端铰支，另一端固定。此时方程式（g）为

$$\tan Kl = Kl$$

用试算法求得临界力为

$$F_{cr} \approx \frac{\pi^2 EI}{(0.7l)^2}$$

令弹簧刚度系数 $k\to 0$，则杆相当于一端自由，另一端固定。此时式（g）为

$$\tan Kl - Kl = -\infty$$

$Kl$ 的最小正根是 $Kl = \pi/2$，临界力为

$$F_{cr} = \frac{\pi^2 EI}{(2l)^2}$$

从上例看出，对较复杂约束的压杆，由静力法求临界力在数学求解上较为困难。因此，工程中常用能量法求临界力。

### 16.2.2　不同杆端约束细长压杆的临界力

工程中的压杆，两端会有各种不同的约束形式。从上述求解临界力的过程可看出，约束条件不同，压杆的临界力也不相同，即杆端约束形式对临界力有较大的影响。

在不同于两端铰支的其他约束情况下，可用上述静力法求临界力，也可用如下简捷的方法求临界力。

图 16-6a 是一端固定、另一端自由、长为 $l$ 的压杆。根据约束情况，失稳后挠曲线形状如图 16-6b 中曲线 $AB$ 所示。由于 $B$ 点处是固定约束，因而压杆失稳后此处挠度与转角都为零。利用这一变形条件，可将 $B$ 设为对称点，把挠曲线 $AB$ 反映至 $B$ 点下方，即得 $BA'$ 线（图 16-6b）。延长后的挠曲线 $AA'$ 是一条半波正弦曲线，可看成与两端铰支压杆失稳后的挠曲线形状相同。这样就比拟得到，一端固定、另一端自由、长为 $l$ 的压杆的临界力与两端铰支、长为 $2l$ 的压杆（图 16-6c）的临界力相同，即

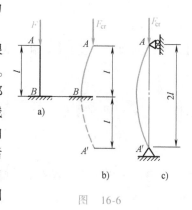

图　16-6

$$F_{cr} = \frac{\pi^2 EI}{(2l)^2}$$

用这种比较失稳后挠曲线形状的方法，同样会得到其他约束情况下压杆的临界力公式，这些公式可统一写成

$$F_{cr} = \frac{\pi^2 EI}{(\mu l)^2} \tag{16-2}$$

式（16-2）称为欧拉公式的一般形式。由式（16-2）可见，杆端约束对临界力的影响表现在系数 $\mu$ 上，称 $\mu$ 为长度因数；$\mu l$ 为压杆的相当长度，表示长为 $l$ 的压杆折算成两端铰支杆后的长度。几种常见约束情况下压杆的长度因数 $\mu$ 列于表 16-1 中。

表 16-1 压杆的长度因数

| 杆端约束情况 | 两端铰支 | 一端固定、一端铰支 | 一端固定、一端滑动 | 一端固定、一端自由 | 一端固定、一端双向滑动 |
|---|---|---|---|---|---|
| 失稳后挠曲线形状 |  | 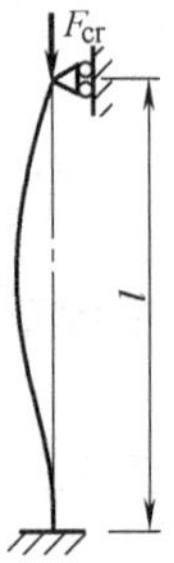 |  |  | 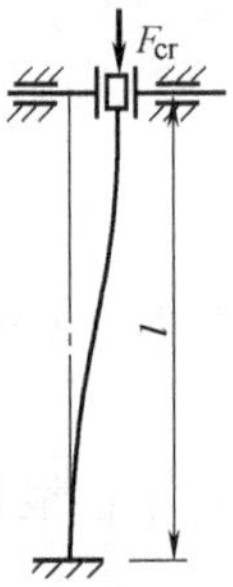 |
| 长度因数 | $\mu = 1$ | $\mu = 0.7$ | $\mu = 0.5$ | $\mu = 2$ | $\mu = 1$ |

表 16-1 中所列的只是几种较典型情况，压杆的实际约束情况可能更复杂。对于那些复杂约束压杆的长度因数，可从有关设计手册或规范中查找。

## 16.3 超过比例极限压杆临界力的计算

将式（16-2）的两端同时除以压杆的横截面面积 $A$，得到压杆的临界应力

$$\sigma_{cr} = \frac{F_{cr}}{A} = \frac{\pi^2 EI}{(\mu l)^2 A} \tag{*}$$

引入截面的惯性半径 $i$（见附录 A 中式 A-9）

$$i^2 = \frac{I}{A} \tag{16-3}$$

这样式（*）可改写为

$$\sigma_{cr} = \frac{\pi^2 E}{\lambda^2} \tag{16-4}$$

式（16-4）是用应力形式表示的欧拉公式。式中

$$\lambda = \frac{\mu l}{i} \tag{16-5}$$

$\lambda$ 称为压杆的**柔度**，是一个量纲为 1 的量。

由式（16-4）可知，相同材料压杆的临界应力取决于压杆的柔度 $\lambda$。而压杆的柔度与压杆的长度、约束条件以及截面的形状、尺寸有关。

在推导欧拉公式时，使用了挠曲线的近似微分方程式 $\dfrac{\mathrm{d}^2 v}{\mathrm{d}x^2} = \dfrac{M(x)}{EI}$。这个方程式是建立在材料服从胡克定律基础上的。试验已证实，当临界应力不超过材料的比例极限 $\sigma_\mathrm{p}$ 时，由欧拉公式得到的理论曲线与试验曲线十分相符；而当临界应力超过 $\sigma_\mathrm{p}$ 时，两条曲线随着柔度减小相差越来越大（图 16-7）。这说明欧拉公式只有在临界应力不超过材料的比例极限时才适用，即

$$\sigma_\mathrm{cr} = \frac{\pi^2 E}{\lambda^2} \leqslant \sigma_\mathrm{p}$$

或

$$\lambda \geqslant \pi \sqrt{\frac{E}{\sigma_\mathrm{p}}}$$

使欧拉公式成立时，压杆柔度 $\lambda$ 的最小值用 $\lambda_\mathrm{p}$ 表示，即

$$\lambda_\mathrm{p} = \pi \sqrt{\frac{E}{\sigma_\mathrm{p}}} \tag{16-6}$$

式（16-6）说明，极限值 $\lambda_\mathrm{p}$ 只与压杆的材料有关。只有 $\lambda \geqslant \lambda_\mathrm{p}$ 时，才能用欧拉公式计算压杆的临界力或临界应力。满足 $\lambda \geqslant \lambda_\mathrm{p}$ 这一条件的压杆称为**细长杆**或**大柔度杆**。

如图 16-7 所示，当压杆的柔度 $\lambda < \lambda_\mathrm{p}$ 时，临界应力 $\sigma_\mathrm{cr} > \sigma_\mathrm{p}$，欧拉公式已不适用，这是超过材料比例极限压杆的稳定性问题。对于这类问题，曾进行过许多理论和试验研究工作，得出了较多的分析结果。但目前工程中普遍采用的是一些以试验为基础的经验公式。常用的经验公式有直线公式和抛物线公式等。

### 1. 直线公式

对于由合金钢、铝合金、铸铁与松木等材料制作的非细长压杆，可采用直线型经验公式计算临界应力，该公式的一般形式为

$$\sigma_\mathrm{cr} = a - b\lambda \tag{16-7}$$

式中，$a$、$b$ 为与材料性质有关的常数。在使用上述直线公式时，柔度 $\lambda$ 存在一最低界限值 $\lambda_\mathrm{s}$，其值与材料的压缩极限应力 $\sigma_\mathrm{cu}$ 有关。因为对于柔度很小的短压杆，当它所受到的压应力达到压缩极限应力 $\sigma_\mathrm{cu}$ 时，压杆已因强度不足而失效。例如，塑性材料的压缩极限应力为屈服点 $\sigma_\mathrm{s}$，于是，在式（16-7）中，令 $\sigma_\mathrm{cr} = \sigma_\mathrm{s}$ 得

$$\lambda_\mathrm{s} = \frac{a - \sigma_\mathrm{s}}{b} \tag{16-8}$$

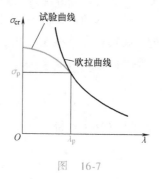

图　16-7

$\lambda_\mathrm{s}$ 与 $\lambda_\mathrm{p}$ 一样，也是只与材料性质有关的常数。几种常用材料的 $a$、$b$ 和 $\lambda_\mathrm{s}$、$\lambda_\mathrm{p}$ 值见表 16-2。

当压杆的柔度 $\lambda$ 满足 $\lambda_\mathrm{s} \leqslant \lambda \leqslant \lambda_\mathrm{p}$ 时，临界应力用直线公式计算。这种压杆称为**中长杆**或**中等柔度杆**。

表 16-2 几种常用材料的 $a$、$b$、$\lambda_p$、$\lambda_s$

| 材料名称 | $a/MPa$ | $b/MPa$ | $\lambda_p$ | $\lambda_s$ |
|---|---|---|---|---|
| 硅钢，$\sigma_s=353MPa$，$\sigma_b \geq 510 MPa$ | 578 | 3.744 | 100 | 60 |
| 铬钼钢 | 980 | 5.29 | 55 | 0 |
| Q235 钢 | 304 | 1.12 | 100 | 57 |
| 优质碳钢，$\sigma_s=306MPa$，$\sigma_b \geq 471MPa$ | 461 | 2.568 | 86 | 60 |
| 铝合金 | 372 | 2.14 | 50 | 0 |
| 铸铁 | 331.9 | 1.453 | | |
| 松木 | 29 | 0.19 | 59 | 0 |

综上所述，当中长杆的临界应力用直线公式表示时（图 16-8 中的 $AB$ 段），各类压杆的临界应力随着压杆的柔度变化情况可用图 16-8 的曲线表示，此曲线称为临界应力总图。由图 16-8 可看出

1）当 $\lambda \geq \lambda_p$ 时，是细长杆，是在材料比例极限内的稳定性问题，临界应力用欧拉公式计算。

2）当 $\lambda_s \leq \lambda \leq \lambda_p$ 时，是中长杆，是超过材料比例极限压杆的稳定性问题，临界应力用直线公式计算。

3）当 $\lambda \leq \lambda_s$ 时，是短粗杆，不存在稳定性问题，是强度问题，临界应力就是屈服点 $\sigma_s$ 或强度极限 $\sigma_b$。

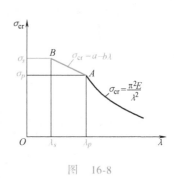

图 16-8

2. 抛物线公式

对于结构钢与低合金结构钢等材料制成的非细长压杆，可采用抛物线型经验公式计算临界应力，该公式的一般表达式为

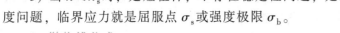

$$\sigma_{cr} = a_1 - b_1 \lambda^2 \tag{16-9}$$

式中，$a_1$、$b_1$ 为与材料性质有关的常数。

几种常用材料的 $a_1$、$b_1$ 和 $\lambda_c$ 的值见表 16-3，临界应力总图如图 16-9 所示。由图 16-9 可看出：

1）当 $\lambda \geq \lambda_c$ 时，是在材料比例极限内的稳定性问题，是细长杆，临界应力用欧拉公式计算。

2）当 $\lambda \leq \lambda_c$ 时，是超过材料比例极限的稳定性问题，是非细长杆，临界应力用抛物线型经验公式计算。

低碳钢的比例极限 $\sigma_p$ 约等于其屈服点 $\sigma_s$，但由于轧制的结构钢存在着残余应力，且残余应力可能达到屈服点的一半，因此，可取

$$\sigma_p \approx \frac{\sigma_s}{2}$$

代入式（16-6）得

$$\lambda_c = \pi \sqrt{\frac{2E}{\sigma_s}} \tag{16-10}$$

图 16-9

于是，由式（16-9），并考虑到：当 $\lambda = 0$ 时，$\sigma_{cr} = \sigma_s$；当 $\lambda = \lambda_c$ 时，$\sigma_{cr} = \dfrac{\sigma_s}{2}$。得

$$\sigma_{cr} = \sigma_s \left(1 - \frac{\lambda^2}{2\lambda_c^2}\right)$$

表 16-3 几种常用材料的 $a_1$、$b_1$、$\lambda_c$

| 材料名称 | $a_1/\text{MPa}$ | $b_1/\text{MPa}$ | $\lambda_c$ |
|---|---|---|---|
| Q235 钢 | 235 | 0.00668 | 123 |
| Q275 钢 | 275 | 0.00853 | 96 |
| 16 锰钢 | 343 | 0.0142 | 102 |

例 16-2  图 16-10 所示为一用 No20a 工字钢制成的压杆，材料为 Q235 钢，弹性模量 $E = 200\text{GPa}$，比例极限 $\sigma_p = 200\text{MPa}$，压杆的长度 $l = 5\text{m}$。求此压杆的临界力。

解：（1）求压杆的柔度

由附录 B 中的型钢表查得 $i_y = 8.51\text{cm}$，$i_z = 2.12\text{cm}$，$A = 35.5\text{cm}^2$。

压杆在 $i$ 最小的纵向平面内柔度最大，临界力最小。因而，压杆若失稳，一定发生在压杆柔度最大的纵向平面内。最大的柔度

$$\lambda_{max} = \frac{\mu l}{i_z} = \frac{0.5 \times 5}{2.12 \times 10^{-2}} \approx 117.9$$

（2）计算 $\lambda_p$

$$\lambda_p = \pi \sqrt{\frac{E}{\sigma_p}} = \pi \sqrt{\frac{200 \times 10^9}{200 \times 10^6}} \approx 99.3$$

（3）求临界力

因为 $\lambda_{max} > \lambda_p$，此压杆是细长杆，用欧拉公式计算临界应力

$$\sigma_{cr} = \frac{\pi^2 E}{\lambda_{max}^2} = \frac{\pi^2 \times 200 \times 10^9}{117.9^2}\text{Pa} \approx 142 \times 10^6\text{Pa} = 142\text{MPa}$$

临界力 $F_{cr} = A\sigma_{cr} = 35.5 \times 10^{-4} \times 142 \times 10^6\text{N} = 504.1 \times 10^3\text{N} = 504.1\text{kN}$

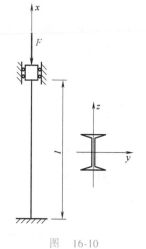

图 16-10

## 16.4 关于压杆稳定性的进一步讨论

以上讨论的都是理想压杆，即材质均匀、压力与轴线无偏心、压杆无初弯曲等理想情况。但实际压杆却不同于理想压杆，难免存在各种缺陷。例如，压杆有初弯曲、压力与轴线有偏心、不完善的端部约束条件，以及材料不均匀等。一般情况下，缺陷的存在使得压杆既受压缩载荷作用，又受弯曲载荷作用，可用具有小偏心距 $e$ 的理想压杆来代替有缺陷的压杆。

### 16.4.1　大柔度杆在小偏心距下偏心压缩时的稳定性

图 16-11a 所示为两端球形铰支的等直细长压杆受偏心距为 $e$ 的偏心压力 $F$ 作用下的挠曲线。$xy$ 平面是杆的纵向对称面，轴向偏心压力就在此平面内，杆在该平面内的抗弯刚度为 $EI$。设任意横截面 $x$ 处的挠度为 $v$，则弯矩为（图 16-11b）

$$M(x) = -F(e + v)$$

挠曲线的近似微分方程为

$$EIv'' = -F(e + v)$$

或

$$v'' + K^2 v = -K^2 e$$

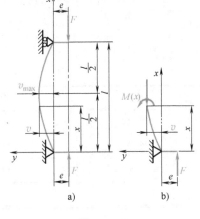

图　16-11

式中

$$K^2 = \frac{F}{EI}$$

此微分方程的通解为

$$v = C_1 \sin Kx + C_2 \cos Kx - e \qquad (a)$$

式中，$C_1$、$C_2$ 为积分常数。

压杆为两端铰支，边界条件为

$$当\ x = 0, \quad v = 0 \qquad (b)$$

$$当\ x = l, \quad v = 0 \qquad (c)$$

由式（b）、式（c）得

$$C_2 = e, \quad C_1 = e\tan\frac{Kl}{2} \qquad (d)$$

将式（d）代入式（a），得挠曲线的方程

$$v = e\left(\tan\frac{Kl}{2}\sin Kx + \cos Kx - 1\right) \qquad (e)$$

最大挠度 $v_{\max}$ 在杆的中点，即 $x = l/2$ 处。将 $x = l/2$ 代入式（e），得最大挠度

$$v_{\max} = e\left(\sec\frac{Kl}{2} - 1\right) \qquad (16\text{-}11)$$

当给定偏心距 $e = e_1$、$e = e_2$、…以后，由式（16-11）可计算出一系列最大挠度 $v_{\max}$ 与载荷 $F$ 的对应值，从而绘出一组不同偏心距下的 $F$-$v_{\max}$ 曲线，如图16-12所示。

将式（16-11）改写为

$$\sec\frac{Kl}{2} = \frac{v_{\max}}{e} + 1 \qquad (f)$$

现在讨论 $e \to 0$ 情况。由式（f）可见，当 $e \to 0$ 时，若 $\sec\dfrac{Kl}{2}$ 不趋于无限大，则必有 $v_{\max} = 0$；若 $\sec\dfrac{Kl}{2}$ 趋于无限大，$v_{\max}$ 将为任意值。而 $\sec\dfrac{Kl}{2}$ 趋于无限

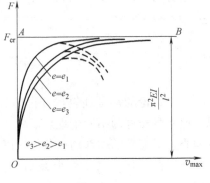

图　16-12

大时，$\dfrac{Kl}{2}$ 的最小值为

$$\frac{Kl}{2} = \frac{\pi}{2}$$

由此得到

$$K = \sqrt{\frac{F}{EI}} = \frac{\pi}{l}$$

即

$$F = \frac{\pi^2 EI}{l^2} \tag{g}$$

由以上分析，给出的 $e \to 0$ 时的 $F\text{-}v_{max}$ 关系曲线为图 16-12 中的折线 $OAB$。

在 $e \neq 0$ 情况下，由式（f）可见，当 $v_{max} \to \infty$ 时，$\sec \dfrac{Kl}{2} \to \infty$，即 $F \to \dfrac{\pi^2 EI}{l^2}$。这表明图 16-12 中偏心距不等于零的一组 $F\text{-}v_{max}$ 关系曲线，均以式（g）所表示的水平直线为渐近线，而式（g）正是两端铰支细长压杆临界力的表达式。这说明中心受压杆件的临界力，只能看成是实际压杆承载能力的一个理论上的上限值。

### 16.4.2　大柔度杆在小偏心距下偏心压缩时的应力

图 16-11 所示压杆的最大弯矩 $M_{max}$ 发生在杆的中点横截面处，其值为

$$M_{max} = F(e + v_{max}) = Fe\sec\frac{Kl}{2} \tag{h}$$

最大压应力在该截面的凹侧边缘处，其值为

$$\sigma_{max} = \frac{F}{A} + \frac{M_{max}}{W} = \frac{F}{A} + \frac{Fe}{W}\sec\frac{Kl}{2} \tag{i}$$

从式（16-11）、式（h）、式（i）可以看出，杆的最大挠度、最大弯矩、最大压应力均与压缩载荷 $F$ 呈非线性关系，所以，在计算这些量时不能用叠加法。

当抗弯刚度很大以及杆较短时，由 $\dfrac{Kl}{2} = \dfrac{l}{2}\sqrt{\dfrac{F}{EI_z}}$ 知，$\dfrac{Kl}{2} \to 0$，则 $\sec\dfrac{Kl}{2} \to 1$，此时，可用叠加法计算其应力、内力与变形。所以对于偏心压缩杆件，只有当抗弯刚度很大以及长度较小的短粗杆时，才能使用叠加法。由于

$$W = \frac{I}{y_2} = \frac{i^2 A}{y_2} \qquad \left(i = \sqrt{\frac{I}{A}}\right) \tag{j}$$

式中，$y_2$ 是中性轴到截面凹侧边缘的距离。

将式（j）代入式（i），得

$$\sigma_{max} = \frac{F}{A}\left[1 + \frac{ey_2}{i^2}\sec\left(\frac{l}{2i}\sqrt{\frac{F}{EA}}\right)\right] \tag{16-12}$$

式（16-12）被称为偏心受压杆的正割公式。从此式可以看出，压杆的最大应力是平均应力 $F/A$、偏心比 $ey_2/i^2$ 及长细比 $l/i$ 的函数。如果我们规定一个最大应力 $\sigma_{max}$ 的极限，那

么，由式（16-12）就可计算出相应的平均应力 $F/A$。对结构钢，我们可以取屈服点 $\sigma_s$ 作为极限应力，于是式（16-12）可重新整理为

$$\frac{F}{A} = \frac{\sigma_s}{1 + \dfrac{ey_2}{i^2}\sec\left(\dfrac{l}{2i}\sqrt{\dfrac{F_s}{EA}}\right)} \tag{16-13}$$

式中，$F$ 是使杆在最大应力点处屈服时所需的偏心压力。

必须指出，以上的全部理论分析和图示的结果，都是以材料在线弹性范围内为基础，且以挠曲线近似微分方程为依据。事实上，在压杆中点处的挠度 $v_{max}$ 增大到一定数值时，该截面上绝大部分压应力均达到材料的屈服点，压杆已不能再承受更大的压力。试验时将看到在压杆中点处发生弯折的压溃现象，相应的 $F$-$v_{max}$ 曲线将如图 16-12 中的虚线所示。

以上讨论只限于小偏心距下的偏心压缩问题，当偏心距很大时，将归结为弯曲变形问题来计算。

---

**例 16-3**　两端铰支压杆，由外径 $d = 52\text{mm}$、壁厚 $t = 2\text{mm}$ 的钢管制成。压力 $F$ 作用于环边的中间处，即偏心距 $e = 25\text{mm}$。压杆长度 $l = 2\text{m}$，$\sigma_s = 280\text{MPa}$，$E = 200\text{GPa}$。求使压杆最大应力点屈服时所需的压力 $F$。

**解：** 由各已知条件，得 $y_2 = 26\text{mm}$

$$A = \frac{\pi(52^2 - 48^2)}{4}\text{mm}^2 = 314\text{mm}^2$$

$$EA = (200 \times 10^9 \times 314 \times 10^{-6})\text{N} = 62.8\text{MN}$$

$$i = \sqrt{\frac{I}{A}} = \sqrt{\frac{\dfrac{\pi(52^4 - 48^4)}{64}}{\dfrac{\pi}{4}(52^2 - 48^2)}}\text{mm} = \frac{1}{4}\sqrt{52^2 + 48^2}\text{mm} = 17.7\text{mm}$$

将以上各量代入式（16-13）中，用试算法可得

$$F \approx 28.58\text{kN}$$

---

## 16.5　中心加载压杆稳定性计算

### 16.5.1　稳定性条件

压杆的临界力 $F_{cr}$ 与压杆实际承受轴向压力 $F$ 的比值，称为压杆的工作安全因数，用 $n_{st}$ 表示。压杆在工作压力 $F$ 作用下不失稳的条件是：压杆的工作安全因数 $n_{st}$ 应不小于规定的许用稳定安全因数 $[n_{st}]$，即

$$n_{st} = \frac{F_{cr}}{F} \geqslant [n_{st}] \tag{16-14}$$

式（16-14）称为压杆的稳定性条件。由式（16-14）便可对压杆进行稳定性计算，在工

程中主要是稳定性校核。通常，规定许用稳定安全因数 $[n_{st}]$ 比强度安全因数要高。其原因是，受压杆件存在着一些难以避免的因素（例如，压杆的初弯曲、压杆的偏心、不完善的端部条件以及材料不均匀等），这些因素对压杆稳定性的影响远远超过对强度的影响。

式（16-14）是用安全因数形式表示的稳定性条件。工程中还常用应力形式来表示稳定性条件，即

$$\sigma = \frac{F}{A} \leqslant [\sigma]_{st} \tag{16-15}$$

式中，$[\sigma]_{st} = \dfrac{\sigma_{cr}}{[n_{st}]}$，称为稳定许用应力。因为临界应力 $\sigma_{cr}$ 随柔度 $\lambda$ 而变化，且不同柔度的压杆规定有不同的工作安全因数 $[n_{st}]$，因而，稳定许用应力 $[\sigma]_{st}$ 与强度许用应力 $[\sigma]$ 有不同之处。

### 16.5.2　折减因数法

工程实际中，压杆设计常用的方法是，将压杆的稳定许用应力 $[\sigma]_{st}$，用材料的许用压应力 $[\sigma]$ 乘以一个随压杆柔度 $\lambda$ 变化的因数 $\varphi$ 来表示，即

$$[\sigma]_{st} = \varphi [\sigma] \tag{16-16}$$

这样，就可以将压杆柔度 $\lambda$ 对 $\sigma_{cr}$ 和 $n_{st}$ 的影响，用一个因数 $\varphi = \varphi(\lambda)$ 来表示。$\lambda$ 越大 $\varphi$ 越小，且 $\varphi$ 总是小于 1，所以 $\varphi$ 称为折减因数。

用折减因数表示的稳定性条件为

$$\sigma = \frac{F}{A} \leqslant \varphi [\sigma] \tag{16-17}$$

材料性质、截面形状、尺寸以及残余应力等对折减因数都有影响。在一些工程设计规范中，已将考虑了这些影响的压杆的折减因数随压杆柔度 $\lambda$ 变化情况绘成曲线或表格，供工程设计时使用。各种轧制与焊接钢构件的折减因数可查阅《钢结构设计规范》（GBJ 17—1988），木制构件的折减因数可查阅《木结构设计规范》（GB 50005—2003）。图 16-13 列出了根据这些规范绘制成的几种常用材料的 $\varphi$-$\lambda$ 曲线。

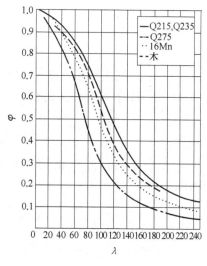

图　16-13

---

例 16-4　一连杆的结构如图 16-14a 所示，材料为 Q235 钢。已知 $E = 200\text{GPa}$，$\sigma_p = 200\text{MPa}$，$\sigma_s = 240\text{MPa}$，受轴向压力 $F = 110\text{kN}$ 作用。若 $[n]_{st} = 3$，试校核连杆的稳定性。

解：（1）分析连杆在 $x$-$y$ 平面和 $x$-$z$ 平面内的约束情况

根据连杆两端与其他零件连接的情况，在 $x$-$y$ 纵向平面内可简化为两端铰支约束；在 $x$-$z$ 纵向平面内可简化为两端固定约束（图 16-14b）。

（2）分别计算连杆在这两个纵向平面内的柔度

在 $x$-$y$ 纵向平面内失稳，查表 16-1，得 $\mu = 1$，$z$ 轴为中性轴

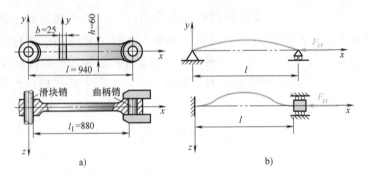

图　16-14

$$i_z = \sqrt{\frac{I_z}{A}} = \frac{h}{2\sqrt{3}} = \frac{6}{2\sqrt{3}}\text{cm} \approx 1.732\text{cm}$$

$$\lambda_z = \frac{\mu l}{i_z} = \frac{1 \times 94}{1.732} \approx 54.3$$

在 $x$-$z$ 纵向平面内失稳，查表 16-1，得 $\mu = 0.5$，$y$ 轴为中性轴

$$i_y = \sqrt{\frac{I_y}{A}} = \frac{b}{2\sqrt{3}} = \frac{2.5}{2\sqrt{3}}\text{cm} = 0.722\text{cm}$$

$$\lambda_y = \frac{\mu l_1}{i_y} = \frac{0.5 \times 88}{0.722} \approx 61$$

因 $\lambda_y > \lambda_z$，则连杆若失稳必发生在 $x$-$z$ 纵向平面内，在此平面 $\lambda = \lambda_{\max} = \lambda_y = 61$。

（3）选用计算临界应力的公式

$$\lambda_p = \pi\sqrt{\frac{E}{\sigma_p}} = \pi\sqrt{\frac{200 \times 10^9}{200 \times 10^6}} \approx 99.3$$

查表 16-2，得 Q235 钢的材料常数 $a = 304\text{MPa}$，$b = 1.12\text{MPa}$，又知 Q235 钢的 $\sigma_s = 240\text{MPa}$，则

$$\lambda_s = \frac{a - \sigma_s}{b} = \frac{304 - 240}{1.12} \approx 57.1$$

由于 $\lambda_s < \lambda < \lambda_p$，所以该连杆为中长杆，应选用经验公式计算其临界应力。若选用直线公式，则

$$\sigma_{cr} = a - b\lambda = (304 - 1.12 \times 61)\text{MPa} = 235.7\text{MPa}$$

（4）计算临界力并校核其稳定性

$$F_{cr} = A \times \sigma_{cr} = (60 \times 25 \times 10^{-6} \times 235.7 \times 10^6)\text{N} = 353.55\text{kN}$$

$$n_{st} = \frac{F_{cr}}{F} = \frac{353.55}{110} \approx 3.2 > [n]_{st}$$

该连杆不会发生稳定失效。

例 16-5　简易起重机摇臂如图 16-15a 所示。两端铰支的 $AB$ 杆由钢管制成，材料为 Q235 钢，其强度许用应力 $[\sigma] = 140\text{MPa}$，已知载荷 $F_q = 20\text{kN}$，试校核 $AB$ 杆的稳定性。

解：（1）求 $AB$ 杆所受的轴向压力

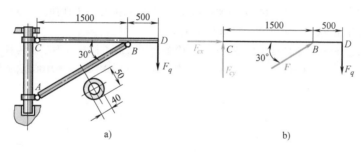

图 16-15

取 CD 杆为研究对象，如图 16-15b 所示。

由 $\qquad \Sigma M_c = 0, \ 1.5 \times F \times \sin 30° - 2 \times F_q = 0$

得 $\qquad F = \dfrac{2 \times F_q}{1.5 \times \sin 30°} = \dfrac{2 \times 20}{1.5 \times 0.5} \text{kN} \approx 53.3 \text{kN}$

（2）求 AB 杆横截面的惯性半径

$$i = \sqrt{\frac{I}{A}} = \frac{1}{4}\sqrt{50^2 + 40^2} \text{mm} \approx 16 \text{mm}$$

（3）求 AB 杆的柔度

由表 16-1 查得，$\mu = 1$

$$\lambda = \frac{\mu l}{i} = \frac{1 \times \dfrac{1.5}{\cos 30°}}{16 \times 10^{-3}} \approx 108$$

（4）稳定性校核

查图 16-13 得折减因数 $\varphi = 0.55$，则稳定许用应力

$$[\sigma]_{st} = \varphi \ [\sigma] = 0.55 \times 140 \text{MPa} = 77 \text{MPa}$$

AB 杆的工作应力

$$\sigma = \frac{F}{A} = \frac{53.3 \times 10^3}{\dfrac{1}{4}\pi \times (50^2 - 40^2) \times 10^{-6}} \text{Pa} = 75.4 \text{MPa}$$

$$\sigma < [\sigma]_{st}$$

AB 杆稳定。

 习 题

16-1 两端固定，长为 l 的等截面中心受压直杆。试用静力法推导其临界力 $F_{cr}$ 的欧拉公式。

16-2 压杆具有如习题 16-2 图所示的不同截面形状。各截面面积相同，各杆长度以及约束亦均相同，试按欧拉公式判断各杆稳定性的好坏。

16-3 一端固定、另一端自由的圆截面中心受压铸铁杆件，直径 $d = 50 \text{mm}$，长度 $l = 1 \text{m}$。若材料的弹性模量 $E = 117 \text{GPa}$，试按欧拉公式计算其临界力。

16-4 长 $l = 1.2$m，由等边角钢 100mm×100mm×10mm 制成的中心受压杆件，一端固定、另一端自由，材料为 Q235 钢。若弹性模量 $E = 200$GPa，试求其临界力。

16-5 习题 16-5 图所示为某型号飞机起落架中承受轴向压力的斜撑杆（两端视为铰支）。杆为空心圆杆，外径 $D = 52$mm，内径 $d = 44$mm，长 $l = 950$mm。材料的 $\sigma_p = 1200$MPa、$E = 210$GPa。试求斜撑杆的临界应力和临界力。

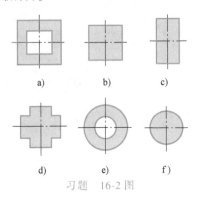

a) b) c)

d) e) f)

习题 16-2 图

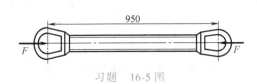

950

习题 16-5 图

16-6 在习题 16-6 图所示铰接杆系 $ABC$ 中，$AB$ 和 $BC$ 皆为细长杆，且截面、材料均相同。若因在 $ABC$ 平面内失稳而失效，并规定 $0 < \theta < \pi/2$，试确定 $F$ 为最大值时的 $\theta$ 角。

16-7 铸造用砂箱推送机气缸如习题 16-7 图所示。气体压强 $p = 1.6$MPa，气缸内径 $D_1 = 100$mm；活塞杆为空心圆管，外径 $D = 50$mm，内径 $d = 40$mm，长 $l = 1$m。活塞杆材料为 Q275 钢，$\sigma_p = 240$MPa，$E = 210$GPa。若 $[n]_{st} = 4.5$，试校核活塞杆的稳定性。

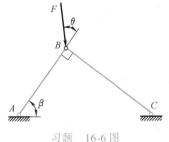

习题 16-6 图

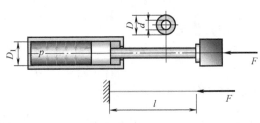

习题 16-7 图

16-8 习题 16-8 图所示支架，斜杆 $BC$ 为圆截面杆，直径 $d = 45$mm，长度 $l = 703$mm，材料为优质碳钢，$\sigma_s = 350$MPa，$\sigma_p = 280$MPa，$E = 210$GPa。若 $[n]_{st} = 4$，试按 $BC$ 杆的稳定性确定支架的许可载荷。

16-9 某液压缸活塞杆承受轴向压力作用。已知活塞直径 $D = 65$mm，油压 $p = 1.2$MPa，活塞杆长 $l = 1.25$m，两端视为铰支，材料的 $\sigma_p = 220$MPa，$E = 210$GPa。若 $[n]_{st} = 6$，试设计活塞杆的直径。

16-10 螺旋千斤顶如习题 16-10 图所示。丝杠内径 $d = 52$mm，长度 $l = 0.5$m。材料为 Q235 钢，千斤顶起重量 $F = 100$kN。若 $[n]_{st} = 3.5$，试校核丝杠的稳定性（按抛物线公式）。

16-11 长 $l = 1.06$m 的硬铝圆管，一端固定、另一端铰支，承受的轴向压力 $F = 7.6$kN。材料的 $\sigma_p = 270$MPa，$E = 70$GPa。若 $[n]_{st} = 2$，试按外径 $D$ 与壁厚 $\delta$ 之比 $D/\delta = 25$ 设计铝圆管的外径。

16-12 习题 16-12 图所示横梁 $CD$ 由支杆 $AB$ 支承。$AB$ 杆的横截面为矩形，材料为 Q235 钢。若 $F = 15$kN、$[n]_{st} = 6$，试校核支杆 $AB$ 的稳

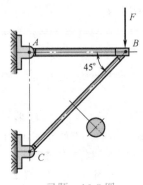

习题 16-8 图

定性（按抛物线公式）。

16-13　两端铰支的圆截面中心受压杆，直径 $d = 60\text{mm}$，长度 $l = 1.5\text{m}$。材料为 16Mn 钢，其强度许用应力 $[\sigma] = 200$ MPa。若压杆所承受的轴向压力 $F = 160\text{kN}$，试校核该压杆的稳定性。

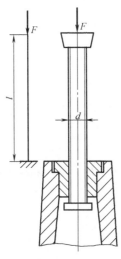

习题　16-10 图

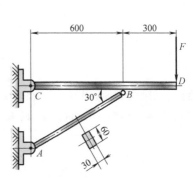

习题　16-12 图

16-14　中心受压杆一端固定、另一端铰支，横截面为空心圆截面，外径 $D = 200\text{mm}$，内径 $d = 100\text{mm}$，长 $l = 9\text{m}$。材料为 Q235 钢，其强度许用应力 $[\sigma] = 160$ MPa。试求该压杆的许可载荷。

16-15　两端铰支的圆截面中心受压杆，长度 $l = 2.2\text{m}$，直径 $d = 80\text{mm}$，压力 $F = 200\text{kN}$，材料为 Q235 钢，其强度许用应力 $[\sigma] = 160$ MPa。试求该压杆的工作安全因数。

16-16　习题 16-16 图所示结构，$A$ 为固定端，$B$、$C$ 均为铰接。$AB$ 杆和 $BC$ 杆可以各自独立发生弯曲变形（互不影响），两杆材料均为 Q235 钢，$\sigma_s = 240\text{MPa}$，$\sigma_p = 200\text{MPa}$，$E = 200\text{GPa}$。已知：$d = 80\text{mm}$，$a = 70\text{mm}$，$l = 3\text{m}$。若 $[n]_{st} = 2.5$，试求该结构的最大许可轴向压力。

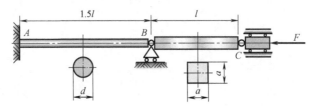

习题　16-16 图

16-17　习题 16-17 图所示结构，$AB$ 是 No16 工字钢梁，立柱 $CD$ 是由三根连成一体的空心钢管组成，外径 $D = 50\text{mm}$，内径 $d = 40\text{mm}$，梁和钢管材料均为 Q235 钢，其强度许用应力 $[\sigma] = 160$ MPa。均布载荷 $q = 48\text{kN/m}$，试校核该结构是否安全。

16-18　两端固定的管道，长 $l = 2\text{m}$，外径 $D = 40\text{mm}$，内径 $d = 30\text{mm}$，材料为 Q235 钢，$E = 210\text{GPa}$。线膨胀系数 $\alpha = 12.5 \times 10^{-6} \text{℃}^{-1}$，若安装管道时温度为 10℃，此时管道不受力。试问当温度升高到多少度时管道将失稳。

16-19　习题 16-19 图所示结构，$AB$ 是 No10 工字钢梁，$B$

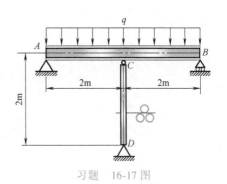

习题　16-17 图

端铰支于钢管 $BC$ 上。钢管的外径 $D=40mm$，内径 $d=30mm$，$C$ 端亦为铰支。梁和钢管材料均为 Q235 钢，$E=200GPa$。当重为 300N 的重物自由落于梁的 $B$ 端时，若 $[n]_{st}=2.5$，试校核 $BC$ 杆的稳定性。

习题 16-19 图

16-20 两端铰支的圆截面压杆，直径 $d=40mm$，偏心压力 $F$ 作用在圆周上，即偏心距 $e=20mm$，压杆的长度 $l=2m$，$\sigma_s=280MPa$，$E=200GPa$。问 $F$ 为何值时压杆屈服。

## 附录 A 截面的几何性质

在分析和求解杆件的应力、变形时，均涉及与杆件横截面形状、大小有关的量，例如静矩、惯性矩、惯性积等。附录 A 将对静矩、惯性矩及惯性积等常用截面几何量的定义、性质及计算方法等进行讨论。

### 一、静矩与形心

在图 A-1 中，设某已知截面图形的面积为 $A$，$yOz$ 为任意选定的直角坐标系，并定义用 $S_y$ 及 $S_z$ 表示的以下两个积分

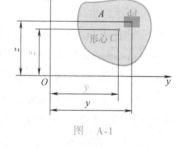

图　A-1

$$\left.\begin{aligned} S_y &= \int_A z\mathrm{d}A \\ S_z &= \int_A y\mathrm{d}A \end{aligned}\right\} \tag{A-1}$$

分别为截面图形对 $y$ 轴及 $z$ 轴的静矩。

式（A-1）中的积分都是对截面图形的整个面积 $A$ 进行的。由定义式（A-1）可见，随着选取的坐标轴 $y$、$z$ 位置的不同，静矩 $S_y$ 及 $S_z$ 之值可为正、负或零。静矩的量纲为 [长度]$^3$，常用单位为 $mm^3$ 或 $cm^3$。

将静矩 $S_y$ 及 $S_z$ 分别除以截面图形的面积 $A$，得

$$\left.\begin{aligned} \bar{y} &= \frac{S_z}{A} \\ \bar{z} &= \frac{S_y}{A} \end{aligned}\right\} \tag{A-2}$$

式（A-2）中，坐标 $\bar{y}$ 及 $\bar{z}$ 所确定的点 $C$（$\bar{y}$，$\bar{z}$），称为截面图形的形心（图 A-1）。

由式（A-1）及式（A-2）可见，静矩与形心的计算同静力学中计算力矩与重心时的数学形式完全相同。如果把所讨论的截面比作是等厚度均质薄板，则面积元素将与该点处的重力成比例，对选定坐标轴的静矩与薄板对该轴的重力矩成比例，所以截面图形形心的位置与薄板重心的位置是相互重合的。因此，对于简单图形可根据已知的几何学上的重心，直接判定其形心位置。

当截面的形心位置已知时，可由形心坐标与面积的乘积求得静矩，即

$$\left.\begin{aligned} S_y &= \bar{z}A \\ S_z &= \bar{y}A \end{aligned}\right\} \tag{A-3}$$

在图形平面内过形心的轴线称为**形心轴**。由式（A-3）可见，截面图形对形心轴的静矩必为零。与此相反，若截面图形对某一坐标轴的静矩为零，则该坐标轴必通过截面的形心，即必为形心轴。

对于由简单图形（矩形、圆形等）组合而成的截面图形，进行静矩计算时，可先分别计算各简单图形对所选定坐标轴的静矩，然后求其代数和。组合图形的形心位置可按下式计算

$$\left.\begin{aligned} \bar{y} &= \frac{S_z}{A} = \frac{\displaystyle\sum_{i=1}^{n} \bar{y}_i A_i}{\displaystyle\sum_{i=1}^{n} A_i} \\[4mm] \bar{z} &= \frac{S_y}{A} = \frac{\displaystyle\sum_{i=1}^{n} \bar{z}_i A_i}{\displaystyle\sum_{i=1}^{n} A_i} \end{aligned}\right\} \tag{A-4}$$

式中，$\bar{y}_i$、$\bar{z}_i$ 及 $A_i$ 分别表示各简单图形的形心坐标及面积。

**例 A-1** 试确定图 A-2 所示截面图形的形心位置。

**解法一：** 将截面图形分为 Ⅰ、Ⅱ 两个矩形。取 $y$、$z$ 轴分别与截面图形底边及右边的边缘线重合（图 A-2）。两个矩形的形心坐标及面积分别为

矩形 Ⅰ  形心 $C_1$ ($\bar{y}_1$，$\bar{z}_1$)        $\bar{y}_1 = -60\text{mm}$

$$\bar{z}_1 = 5\text{mm}$$

$$A_1 = 10\text{mm} \times 120\text{mm} = 1200\text{mm}^2$$

矩形 Ⅱ  形心 $C_2$ ($\bar{y}_2$，$\bar{z}_2$)        $\bar{y}_2 = -5\text{mm}$

$$\bar{z}_2 = 45\text{mm}$$

$$A_2 = 10\text{mm} \times 70\text{mm} = 700\text{mm}^2$$

由式（A-4），得形心 $C$ 点的坐标（$\bar{y}$，$\bar{z}$）为

$$\bar{y} = \frac{\bar{y}_1 A_1 + \bar{y}_2 A_2}{A_1 + A_2} = \frac{-60 \times 1200 + (-5) \times 700}{1200 + 700}\text{mm} \approx -39.7\text{mm}$$

$$\bar{z} = \frac{\bar{z}_1 A_1 + \bar{z}_2 A_2}{A_1 + A_2} = \frac{5 \times 1200 + 45 \times 700}{1200 + 700}\text{mm} \approx 19.7\text{mm}$$

形心 $C$ ($\bar{y}$，$\bar{z}$) 的位置，如图 A-2 所示。

**解法二：** 本例题的图形也可看作是从矩形 $OABC$ 中除去矩形 $BDEF$ 而成的（图 A-3）。点 $C_1$ 是矩形 $OABC$ 的形心，点 $C_2$ 是矩形 $BDEF$ 的形心。

$$\bar{y}_1 = -60\text{mm} \qquad \bar{z}_1 = 40\text{mm}$$

$$A_1 = 80\text{mm} \times 120\text{mm} = 9600\text{mm}^2$$

$$\bar{y}_2 = -65\text{mm} \qquad \bar{z}_2 = 45\text{mm}$$

$$A_2 = 70\text{mm} \times 110\text{mm} = 7700\text{mm}^2$$

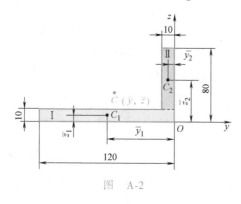

图　A-2

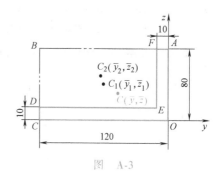

图　A-3

$$\bar{y} = \frac{S_z}{A} = \frac{\bar{y}_1 A_1 - \bar{y}_2 A_2}{A_1 - A_2} = \frac{-60 \times 9600 - (-65) \times 7700}{9600 - 7700}\text{mm} \approx -39.7\text{mm}$$

$$\bar{z} = \frac{S_y}{A} = \frac{\bar{z}_1 A_1 - \bar{z}_2 A_2}{A_1 - A_2} = \frac{40 \times 9600 - 45 \times 7700}{9600 - 7700}\text{mm} \approx 19.7\text{mm}$$

### 二、惯性矩　极惯性矩　惯性积　惯性半径

对截面图形，定义用 $I_y$ 及 $I_z$ 表示的如下积分

$$\left.\begin{array}{l} I_y = \displaystyle\int_A z^2\,\mathrm{d}A \\[2mm] I_z = \displaystyle\int_A y^2\,\mathrm{d}A \end{array}\right\} \qquad (\text{A-5})$$

分别为截面图形对 $y$ 轴及 $z$ 轴的惯性矩（图 A-4）。上述积分对整个图形面积 $A$ 进行。

对截面图形，定义用 $I_\mathrm{p}$ 表示的如下积分

$$I_\mathrm{p} = \int_A \rho^2\,\mathrm{d}A \qquad (\text{A-6})$$

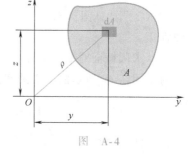

图　A-4

称为截面图形对任意点的极惯性矩。式中，$\rho$ 为微面积 $\mathrm{d}A$ 到求极惯性矩那个点的距离。

如果求截面图形对坐标原点 $O$ 的极惯性矩，由图 A-4 可知

$$I_\mathrm{p} = \int_A \rho^2\,\mathrm{d}A = \int_A (y^2 + z^2)\,\mathrm{d}A = I_z + I_y \qquad (\text{A-6}')$$

上式表明，在直角坐标系 $yOz$ 中，截面图形对于 $y$ 轴及 $z$ 轴的惯性矩之和，等于图形对于坐标原点的极惯性矩（求极惯性矩的点如果不是坐标原点，式（A-6'）不成立）。

定义用 $I_{yz}$ 表示的如下积分

$$I_{yz} = \int_A yz\,\mathrm{d}A \qquad (\text{A-7})$$

为截面图形对于 $z$ 轴及 $y$ 轴的惯性积。

惯性矩和惯性积的量纲为 [长度]$^4$，常用单位为 mm$^4$ 和 cm$^4$。

由式（A-7）可知，当 $y$、$z$ 轴之一为截面图形的对称轴时，截面图形的惯性积必为零。随截面图形与坐标轴相对位置不同，惯性积可正、可负，亦可为零，但惯性矩、极惯性矩恒为正值。

**例 A-2**　试计算图 A-5 所示矩形截面对于过其形心的 $y$ 轴及 $z$ 轴的惯性矩。

**解：** 取面积元素 $dA = b\,dz$（图 A-5），由式（A-5）的第一式得

$$I_y = \int_A z^2 dA = \int_{-\frac{h}{2}}^{\frac{h}{2}} z^2 b\,dz = \frac{bh^3}{12}$$

同理可得

$$I_z = \frac{hb^3}{12}$$

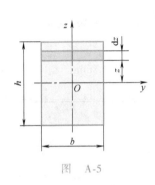

图　A-5

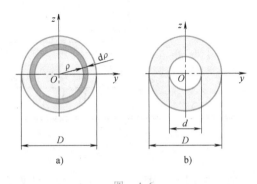

a)　　　　　　　b)

图　A-6

**例 A-3**　计算图 A-6a、b 所示实心圆和空心圆截面对于形心 $O$ 的极惯性矩及对 $y$、$z$ 轴的惯性矩。

**解：** 求圆截面对形心的极惯性矩及对 $y$、$z$ 轴的惯性矩

对于图 A-6a 所示的实心圆截面，取图示圆环做为微面积 $dA$。其极惯性矩

$$I_p = \int_A \rho^2 dA = \int_0^{\frac{D}{2}} \rho^2 \times 2\pi\rho\,d\rho = 2\pi \int_0^{\frac{D}{2}} \rho^3 d\rho = \frac{\pi D^4}{32}$$

由于图形对称

$$I_y = I_z$$

根据式（A-6'），得惯性矩

$$I_y = I_z = \frac{I_p}{2} = \frac{\pi D^4}{64}$$

同理，对于图 A-6b 所示的空心圆截面，其极惯性矩为

$$I_p = \int_A \rho^2 dA = \int_{\frac{d}{2}}^{\frac{D}{2}} \rho^2 \times 2\pi\rho\,d\rho = \frac{\pi}{32}(D^4 - d^4)$$

或

$$I_p = \frac{\pi D^4}{32}(1 - \alpha^4)$$

空心圆截面对 $y$、$z$ 轴的惯性矩为

$$I_y = I_z = \frac{I_p}{2} = \frac{\pi D^4}{64}\ (1 - \alpha^4)$$

各式中，$\alpha = \dfrac{d}{D}$。

以上两例中的 $y$、$z$ 轴均为截面图形的对称轴，故惯性积 $I_{yz}$ 均为零。

例 A-4　求图 A-7 所示直角三角形对两直角边 $OA$ 及 $OB$ 的惯性矩 $I_y$、$I_z$ 及惯性积 $I_{yz}$。

解：（1）求对 $OA$ 边的惯性矩 $I_y$

取面积元素

$$dA = edz = \frac{b}{h}(h - z)\,dz$$

由定义式（A-5）得

$$I_y = \int_A z^2 \, dA = \int_0^h z^2 \frac{b}{h}(h - z)\,dz = \frac{bh^3}{12}$$

同理，得到对 $OB$ 边的惯性矩 $I_z$ 为

$$I_z = \int_A y^2 \, dA = \frac{hb^3}{12}$$

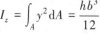

图　A-7

（2）求对两直角边的惯性积 $I_{yz}$

取面积元素 $dA = dzdy$，如图 A-7 所示。据定义

$$I_{yz} = \int_A yz\,dA = \int_0^h \int_0^e yz\,dydz = \int_0^h z \frac{e^2}{2}\,dz = \int_0^h z \frac{1}{2}\left[\frac{b}{h}(h - z)\right]^2 \, dz = \frac{b^2 h^2}{24}$$

工程上为方便起见，有时将惯性矩表示为截面图形的面积 $A$ 与某一长度平方的乘积，即

$$\left.\begin{array}{c} I_y = i_y^2 A \\ I_z = i_z^2 A \end{array}\right\} \tag{A-8}$$

或改写为

$$\left.\begin{array}{c} i_y = \sqrt{\dfrac{I_y}{A}} \\[2mm] i_z = \sqrt{\dfrac{I_z}{A}} \end{array}\right\} \tag{A-9}$$

式中，$i_y$ 及 $i_z$ 分别称为截面图形对于 $y$ 轴及 $z$ 轴的惯性半径。惯性半径的量纲为 [L]，常用单位为 mm 和 cm。

### 三、平行移轴公式

截面图形对于形心轴及与形心轴相平行的坐标轴的惯性矩之间，存在着简单的代数关系式。

在图 A-8 中，设已知截面图形的面积为 $A$，截面形心 $C$ 在任一坐标系 $yOz$ 上的坐标为 $(\bar{y}, \bar{z})$，$y_C$、$z_C$ 轴为截面图形的形心轴并分别与 $y$、$z$ 轴相平行。现在讨论截面图形对于形心轴的

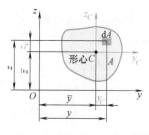

图　A-8

惯性矩 $I_{y_C}$、$I_{z_C}$ 及惯性积 $I_{y_C z_C}$，与对于 $y$、$z$ 轴的惯性矩 $I_y$、$I_z$ 及惯性积 $I_{yz}$ 之间的关系。

取面积元素 $dA$，其在两坐标系上的坐标分别为 $(y, z)$ 及 $(y_C, z_C)$，由图可见

$$y = y_C + \overline{y}$$

$$z = z_C + \overline{z}$$

据惯性矩及惯性积的定义，并利用上式得

$$I_y = \int_A z^2 dA = \int_A (z_C + \overline{z})^2 dA = \int_A z_C^2 dA + 2\overline{z}\int_A z_C dA + \overline{z}^2\int_A dA$$

$$I_z = \int_A y^2 dA = \int_A (y_C + \overline{y})^2 dA = \int_A y_C^2 dA + 2\overline{y}\int_A y_C dA + \overline{y}^2\int_A dA$$

$$I_{yz} = \int_A yz\,dA = \int_A (y_C + \overline{y})(z_C + \overline{z})dA$$

$$= \int_A y_C z_C dA + \overline{z}\int_A y_C dA + \overline{y}\int_A z_C dA + \overline{yz}\int_A dA$$

式中，$\int_A z_C dA$ 及 $\int_A y_C dA$ 为图形对形心轴 $y_C$ 及 $z_C$ 的静矩，应为零，而 $\int_A z_C^2 dA$、$\int_A y_C^2 dA$ 及 $\int_A y_C z_C dA$ 分别为图形对形心轴 $y_C$、$z_C$ 的惯性矩及惯性积，故以上三式化为

$$\left. \begin{array}{l} I_y = I_{y_C} + \overline{z}^2 A \\[2mm] I_z = I_{z_C} + \overline{y}^2 A \\[2mm] I_{yz} = I_{y_C z_C} + \overline{yz}A \end{array} \right\} \tag{A-10}$$

式（A-10）即为平行移轴公式。由式（A-10）可见，$\overline{y}^2 A$ 及 $\overline{z}^2 A$ 项恒为正值。故在图形对于一切相互平行的轴的惯性矩之中，对于形心轴的惯性矩，其值最小。但当坐标 $\overline{y}$、$\overline{z}$ 符号相反时，式（A-10）第三式中的 $\overline{yz}A$ 项可为负值，计算时需加注意。

---

**例 A-5**　求图 A-9 所示矩形对 $y$、$z$ 轴的惯性矩和惯性积。

**解**：矩形对形心轴 $y_C$、$z_C$ 的惯性矩和惯性积，由例 A-2 知为

$$I_{y_C} = \frac{11 \times 4^3}{12} mm^4 \approx 58.67 mm^4$$

$$I_{z_C} = \frac{4 \times 11^3}{12} mm^4 \approx 443.7 mm^4$$

$$I_{y_C z_C} = 0$$

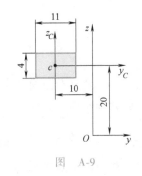

图　A-9

利用式（A-10），由 $\overline{y} = -10mm$，$\overline{z} = 20mm$，$A = 11 \times 4 = 44mm^2$，得

$$I_y = I_{y_C} + \overline{z}^2 A = (58.67 + 20^2 \times 44)mm^4 \approx 17659 mm^4$$

$$I_z = I_{z_C} + \overline{y}^2 A = [443.7 + (-10)^2 \times 44]mm^4 = 4843.7 mm^4$$

$$I_{yz} = I_{y_C z_C} + \overline{yz}A = [0 + (-10) \times 20 \times 44]mm^4 = -8800 mm^4$$

## 四、转轴公式

当坐标轴绕原点旋转时，截面图形对于具有不同转角的各坐标轴的惯性矩或惯性积之间也存在着确定的关系式。

在图 A-10 中，设截面图形对于通过其上任意点 $O$ 的 $y$、$z$ 轴的惯性矩 $I_y$、$I_z$ 以及惯性积 $I_{yz}$ 均为已知，$y$、$z$ 轴绕 $O$ 点转动 $\alpha$ 角（逆时针转向为正角）后的坐标轴用 $y_\alpha$、$z_\alpha$ 表示。现在讨论截面图形对 $y_\alpha$、$z_\alpha$ 轴的惯性矩 $I_{y_\alpha}$、$I_{z_\alpha}$ 及惯性积 $I_{y_\alpha z_\alpha}$ 与已知的 $I_y$、$I_z$ 及 $I_{yz}$ 之间的关系。

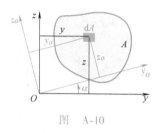

图 A-10

在截面图形中任取一面积元素 $\mathrm{d}A$，其在 $yOz$ 及 $y_\alpha O z_\alpha$ 两坐标系上的坐标分别为 $(y, z)$ 及 $(y_\alpha, z_\alpha)$。由图 A-10 所示的几何关系可得

$$\left.\begin{aligned} y_\alpha &= y\cos\alpha + z\sin\alpha \\ z_\alpha &= z\cos\alpha - y\sin\alpha \end{aligned}\right\} \tag{a}$$

据定义，截面图形对 $y_\alpha$ 轴的惯性矩为

$$I_{y_\alpha} = \int_A z_\alpha^2 \mathrm{d}A = \int_A (z\cos\alpha - y\sin\alpha)^2 \mathrm{d}A$$

$$= \cos^2\alpha \int_A z^2 \mathrm{d}A + \sin^2\alpha \int_A y^2 \mathrm{d}A - 2\sin\alpha\cos\alpha \int_A yz\mathrm{d}A \tag{b}$$

注意等号右侧三项中的积分分别为

$$\int_A z^2 \mathrm{d}A = I_y, \qquad \int_A y^2 \mathrm{d}A = I_z, \qquad \int_A yz\mathrm{d}A = I_{yz}$$

将以上三式代入式（b），并利用倍角三角函数改写后得

同理得

$$\left.\begin{aligned} I_{y_\alpha} &= \frac{I_y + I_z}{2} + \frac{I_y - I_z}{2}\cos2\alpha - I_{yz}\sin2\alpha \\ I_{z_\alpha} &= \frac{I_y + I_z}{2} - \frac{I_y - I_z}{2}\cos2\alpha + I_{yz}\sin2\alpha \\ I_{y_\alpha z_\alpha} &= \frac{I_y - I_z}{2}\sin2\alpha + I_{yz}\cos2\alpha \end{aligned}\right\} \tag{A-11}$$

式（A-11）即为惯性矩及惯性积的**转轴公式**。由转轴公式可见，当坐标轴旋转时，惯性矩 $I_{y_\alpha}$、$I_{z_\alpha}$ 及惯性积 $I_{y_\alpha z_\alpha}$ 随转角 $\alpha$ 作周期性的变化。

将式（A-11）的第一、二两式相加，得

$$I_{y_\alpha} + I_{z_\alpha} = I_y + I_z \tag{A-12}$$

式（A-12）表明，当 $\alpha$ 角改变时，截面图形对于互相垂直的一对坐标轴的惯性矩之和始终保持为一常量。由式（A-6）可见，这一常量就是截面图形对于坐标原点的极惯性矩 $I_\mathrm{p}$。

---

**例 A-6** 求如图 A-11 所示矩形对 $y_{\alpha_0}$、$z_{\alpha_0}$ 轴的惯性矩和惯性积，形心在原点 $O$。

**解**：矩形对 $y$、$z$ 轴的惯性矩和惯性积分别为

$$I_y = \frac{ab^3}{12}, \quad I_z = \frac{ba^3}{12}, \quad I_{yz} = 0。$$

由转轴公式（A-11），得

$$I_{y_{\alpha_0}} = \frac{I_y + I_z}{2} + \frac{I_y - I_z}{2}\cos 2\alpha_0 - I_{yz}\sin 2\alpha_0$$

$$= \frac{\frac{ab^3}{12} + \frac{ba^3}{12}}{2} + \frac{\frac{ab^3}{12} - \frac{ba^3}{12}}{2}\cos 2\alpha_0 - 0 \cdot \sin 2\alpha_0$$

$$= \frac{ab(b^2 + a^2)}{24} + \frac{ab(b^2 - a^2)}{24}\cos 2\alpha_0$$

$$I_{z_{\alpha_0}} = \frac{I_y + I_z}{2} - \frac{I_y - I_z}{2}\cos 2\alpha_0 + I_{yz}\sin 2\alpha_0$$

$$= \frac{ab(b^2 + a^2)}{24} - \frac{ab(b^2 - a^2)}{24}\cos 2\alpha_0$$

$$I_{y_{\alpha_0} z_{\alpha_0}} = \frac{I_y - I_z}{2}\sin 2\alpha_0 + I_{yz}\cos 2\alpha_0$$

$$= \frac{\frac{ab^3}{12} - \frac{ba^3}{12}}{2}\sin 2\alpha_0 + 0 \cdot \cos 2\alpha_0$$

$$= \frac{ab(b^2 - a^2)}{24}\sin 2\alpha_0$$

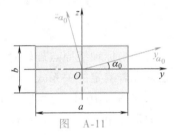

图 A-11

从例 A-6 的结果可知，当这个矩形变为正方形时，即 $a = b$ 时，惯性矩与角 $\alpha_0$ 无关，其值为常量，其惯性积为零。这个结果可推广到一般的正多边形，即正多边形对形心轴的惯性矩的数值为常量，与形心轴的方向无关，并且对以形心为原点的坐标轴的惯性积为零。

**五、主轴　主惯性矩　形心主轴及形心主惯性矩**

前已述及，当坐标轴绕原点旋转，$\alpha$ 角改变时，$I_{y_\alpha}$ 及 $I_{z_\alpha}$ 亦相应随之变化，但其和不变。因此，当 $I_{y_\alpha}$ 变至极大值时，$I_{z_\alpha}$ 必达极小值，反之亦然。

将式（A-11）的第一式对 $\alpha$ 求导，令其为零，并用 $\alpha_0$ 表示 $I_{y_\alpha}$ 及 $I_{z_\alpha}$ 有极值时的 $\alpha$ 角，得

$$\tan 2\alpha_0 = -\frac{2I_{yz}}{I_y - I_z} \qquad\qquad (\text{A-13})$$

满足上式的 $\alpha_0$ 有两个值，即 $\alpha_0$ 和 $\alpha_0 + 90°$。它们分别对应着惯性矩取极大值及极小值的两个坐标轴的位置。由式（A-11）的第三式容易看出，图形对于这样两个轴的惯性积为零。

惯性矩有极值、惯性积为零的轴，称为**主轴**，对主轴的惯性矩称**主惯性矩**。把式（A-13）用余弦函数及正弦函数表示，即

$$\cos 2\alpha_0 = \pm\frac{1}{\sqrt{1 + \tan^2 2\alpha_0}}$$

$$\sin 2\alpha_0 = \pm \frac{1}{\sqrt{1+\cot^2 2\alpha_0}}$$

将上述正弦、余弦函数代入式（A-11）的第一及第二式，得最大及最小两个主惯性矩的计算公式为

$$I_{\min}^{\max} = \frac{I_y+I_z}{2} \pm \sqrt{\left(\frac{I_y-I_z}{2}\right)^2 + I_{yz}^{\ 2}} \qquad\qquad (\text{A-14})$$

式中，根式左侧的加号对应于计算惯性矩的极大值，减号用于计算极小值。

通过形心的主轴称为**形心主轴**，对形心主轴的惯性矩称为**形心主惯性矩**。当式（A-13）及式（A-14）中的 $I_y$、$I_z$ 及 $I_{yz}$ 为形心轴的惯性矩及惯性积时，所求得的即为形心主轴的位置及形心主惯性矩。

---

**例 A-7** 求图 A-12 所示截面图形的形心主轴的位置及形心主惯性矩。

**解：** 将截面图形视为由 Ⅰ、Ⅱ 两个矩形组合而成。

（1）选坐标系

过两矩形的边缘线取 $yOz$ 坐标系，如图 A-12 所示。

（2）求形心 $C$（$\bar y$、$\bar z$）

$$\bar y = \frac{\bar y_1 A_1 + \bar y_2 A_2}{A_1+A_2} = \frac{45\times700+5\times1200}{700+1200}\mathrm{mm} \approx 20\mathrm{mm}$$

$$\bar z = \frac{\bar z_1 A_1 + \bar z_2 A_2}{A_1+A_2} = \frac{5\times700+60\times1200}{700+1200}\mathrm{mm} \approx 40\mathrm{mm}$$

（3）求截面图形对形心轴的惯性矩及惯性积

过形心 $C$ 取 $y_C C z_C$ 坐标系与 $yOz$ 平行，并过两矩形的形心 $C_1$、$C_2$ 平行于 $yOz$ 分别取 $y_{C_1} C_1 z_{C_1}$ 及 $y_{C_2} C_2 z_{C_2}$ 两个坐标系。首先求矩形 Ⅰ、Ⅱ 对 $y_C$、$z_C$ 轴的惯性矩 $I_{y_C}^{\rm I}$、$I_{y_C}^{\rm II}$、$I_{z_C}^{\rm I}$、$I_{z_C}^{\rm II}$ 及惯性积 $I_{y_C z_C}^{\rm I}$、$I_{y_C z_C}^{\rm II}$。矩形 Ⅰ、Ⅱ 的形心 $C_1$、$C_2$ 在 $y_C C z_C$ 坐标系上的坐标分别为

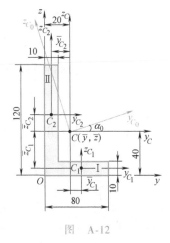

图 A-12

$$\bar y_{C_1} = 25\mathrm{mm}, \quad \bar z_{C_1} = -35\mathrm{mm};$$

$$\bar y_{C_2} = -15\mathrm{mm}, \quad \bar z_{C_2} = 20\mathrm{mm}。$$

矩形 Ⅰ $\quad I_{y_C}^{\rm I} = I_{y_{C_1}}^{\rm I} + \bar z_{C_1}^2 A_1 = \left[\frac{70\times10^3}{12} + (-35)^2\times700\right]\mathrm{mm}^4 = 863000\mathrm{mm}^4$

$$I_{z_C}^{\rm I} = I_{z_{C_1}}^{\rm I} + \bar y_{C_1}^2 A_1 = \left(\frac{10\times70^3}{12} + 25^2\times700\right)\mathrm{mm}^4 = 723000\mathrm{mm}^4$$

$$I_{y_C z_C}^{\rm I} = I_{y_{C_1} z_{C_1}}^{\rm I} + \bar y_{C_1}\bar z_{C_1} A_1 = \left[0 + 25\times(-35)\times700\right]\mathrm{mm}^4 = -613000\mathrm{mm}^4$$

矩形 Ⅱ $\quad I_{y_C}^{\rm II} = I_{y_{C_2}}^{\rm II} + \bar z_{C_2}^2 A_2 = \left(\frac{10\times120^3}{12} + 20^2\times1200\right)\mathrm{mm}^4 = 1920000\mathrm{mm}^4$

$$I_{z_C}^{\rm II} = I_{z_{C_2}}^{\rm II} + \bar y_{C_2}^2 A_2 = \left[\frac{120\times10^3}{12} + (-15)^2\times1200\right]\mathrm{mm}^4 = 280000\mathrm{mm}^4$$

$$I_{y_C z_C}^{\rm II} = I_{y_{C_2} z_{C_2}}^{\rm II} + \bar y_{C_2}\bar z_{C_2} A_2 = \left[0 + (-15)\times20\times1200\right]\mathrm{mm}^4 = -360000\mathrm{mm}^4$$

截面图形由矩形Ⅰ、Ⅱ组合而成，其对 $y_C$、$z_C$ 轴的惯性矩 $I_{y_C}$、$I_{z_C}$ 及惯性积 $I_{y_C z_C}$ 分别等于矩形Ⅰ、Ⅱ相应的惯性矩及惯性积之和。

$$I_{y_C} = I_{y_C}^{Ⅰ} + I_{y_C}^{Ⅱ} = (863000 + 1920000)\,\text{mm}^4 = 2783000\,\text{mm}^4$$

$$I_{z_C} = I_{z_C}^{Ⅰ} + I_{z_C}^{Ⅱ} = (723000 + 280000)\,\text{mm}^4 = 1003000\,\text{mm}^4$$

$$I_{y_C z_C} = I_{y_C z_C}^{Ⅰ} + I_{y_C z_C}^{Ⅱ} = (-613000 - 360000)\,\text{mm}^4 = -973000\,\text{mm}^4$$

（4）求形心主轴位置及形心主惯性矩

$$\tan 2\alpha_0 = -\frac{2I_{y_C z_C}}{I_{y_C} - I_{z_C}} = -\frac{2 \times (-973000)}{2783000 - 1003000} \approx 1.093$$

由此得

$$\alpha_0 = 23.8° \text{ 或 } \alpha_0 = 113.8°$$

即形心主轴 $y_{C_0}$ 及 $z_{C_0}$ 与 $y_C$ 轴的夹角分别为 23.8° 及 113.8°，如图 A-12 所示。

形心主惯性矩为

$$I_{\substack{\max \\ \min}} = \frac{I_{y_C} + I_{z_C}}{2} \pm \sqrt{\left(\frac{I_{y_C} - I_{z_C}}{2}\right)^2 + I_{y_C z_C}^2}$$

$$= \left[\frac{2783000 + 1003000}{2} \pm \sqrt{\left(\frac{2783000 - 1003000}{2}\right)^2 + (-973000)^2}\right]\text{mm}^4$$

即 $I_{\max} \approx 3210000\,\text{mm}^4$，$I_{\min} = 574000\,\text{mm}^4$。

表 A-1 中给出了几种常用截面图形的几何性质。另外，附录 B 中列有几种型钢截面的几何量。

表 A-1 几种常用截面图形的几何性质

| 序号 | 名称 | 图 形 | 面 积 | 形心坐标 $C\ (\bar{y},\ \bar{z})$ | 惯 性 矩 |
|---|---|---|---|---|---|
| 1 | 矩形 | 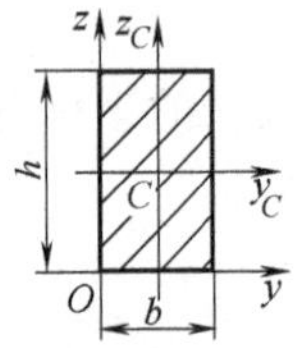 | $bh$ | $\bar{y} = \dfrac{b}{2}$ <br> $\bar{z} = \dfrac{h}{2}$ | $I_{y_C} = \dfrac{bh^3}{12}$ <br> $I_{z_C} = \dfrac{hb^3}{12}$ |
| 2 | 圆形 | 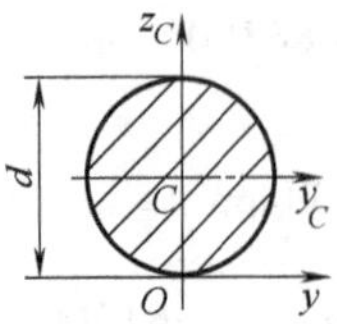 | $\dfrac{\pi d^2}{4}$ | $\bar{z} = \dfrac{d}{2}$ | $I_{y_C} = \dfrac{\pi d^4}{64} = I_{z_C}$ |
| 3 | 三角形 | 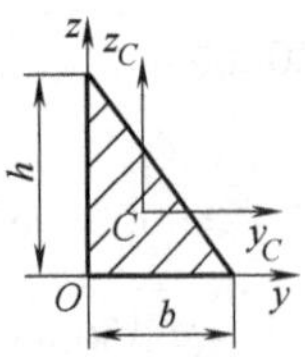 | $\dfrac{1}{2}bh$ | $\bar{y} = \dfrac{b}{3}$ <br> $\bar{z} = \dfrac{h}{3}$ | $I_{y_C} = \dfrac{bh^3}{36}$ <br> $I_{z_C} = \dfrac{hb^3}{36}$ |

（续）

| 序号 | 名称 | 图　形 | 面　积 | 形心坐标<br>$C\ (\bar{y},\ \bar{z})$ | 惯　性　矩 |
|---|---|---|---|---|---|
| 4 | 梯形 | 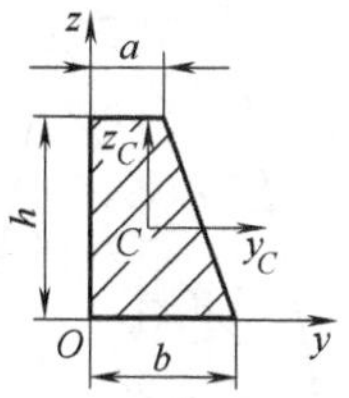  | $\dfrac{1}{2}\ (a+b)\ h$ | $\bar{y}=\dfrac{a^2+ab+b^2}{3\ (a+b)}$<br><br>$\bar{z}=\dfrac{b+2a}{3\ (a+b)}h$ | $I_{y_C}=\dfrac{h^3\ (b^2+4ab-a^2)}{36\ (a+b)}$ |
| 5 | 半圆形 | 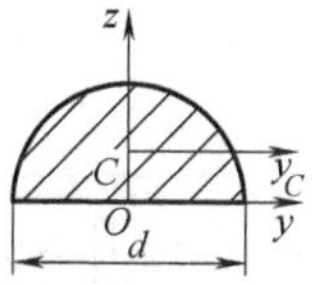 | $\dfrac{\pi d^2}{8}$ | $\bar{z}=\dfrac{2}{3}\dfrac{d}{\pi}=0.2122d$ | $I_{y_C}\approx0.00686d^4$ |
| 6 | 椭圆形 | 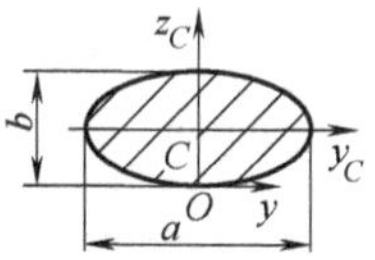 | $\dfrac{\pi}{4}ab$ | $\bar{z}=\dfrac{b}{2}$ | $I_{y_C}=\dfrac{\pi ab^3}{64}$ |
| 7 | 扇形 | 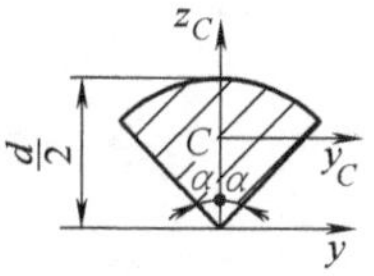 | $\alpha\dfrac{d^2}{4}$ | $\bar{z}=d\dfrac{\sin\alpha}{3\alpha}$ | $I_{y_C}=\dfrac{d^4}{64}\left[\alpha+\sin\alpha\cos\alpha-\dfrac{16\sin^2\alpha}{9\alpha}\right]$ |

 习 题

A-1　试求习题 A-1 图所示各图形的形心坐标。

A-2　求习题 A-2 图所示各图形的惯性矩。

A-3　求习题 A-3 图所示各组合图形对形心轴 $y_c$ 的惯性矩。

A-4　画出习题 A-4 图所示各图形主形心惯性轴的大概位置，并在每个图形中区别两个主形心惯性矩的大小。

A-5　求习题 A-5 图中过点 $O$ 的主轴及主惯性矩。

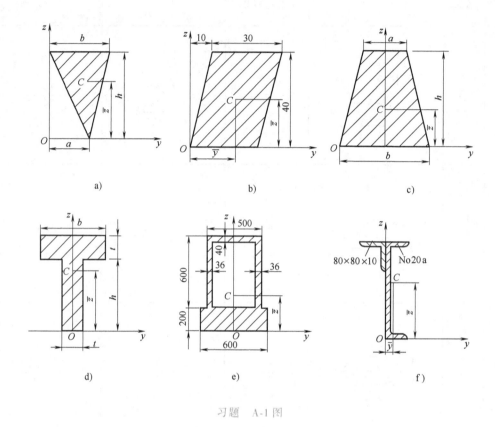

习题 A-1 图

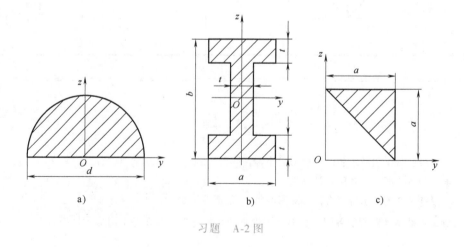

习题 A-2 图

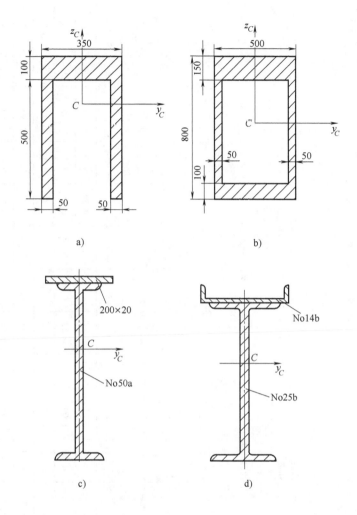

c)

d)

习题　A-3 图

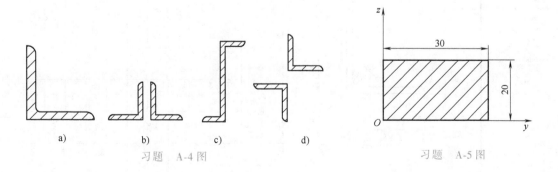

a)　　　b)　　c)　　　d)

习题　A-4 图

习题　A-5 图

# 附录 B 型钢表（GB/T 706—2008）

表 B-1 热轧等边角钢

符号意义：

$b$——边宽

$d$——边厚

$r$——内圆弧半径

$r_1$——边端内弧半径

$I$——惯性矩

$i$——惯性半径

$W$——截面模数

$Z_0$——重心距离

| 型号 | 截面尺寸/mm | | | 截面面积 /cm² | 理论重量 / (kg/m) | 外表面积 / (m²/m) | 惯性矩/cm⁴ | | | | 惯性半径/cm | | | 截面模数/cm³ | | | 重心距离/cm |
|---|---|---|---|---|---|---|---|---|---|---|---|---|---|---|---|---|---|
| | $b$ | $d$ | $r$ | | | | $I_x$ | $I_{x1}$ | $I_{x0}$ | $I_{y0}$ | $i_x$ | $i_{x0}$ | $i_{y0}$ | $W_x$ | $W_{x0}$ | $W_{y0}$ | $Z_0$ |
| 2 | 20 | 3 | 3.5 | 1.132 | 0.889 | 0.078 | 0.40 | 0.81 | 0.63 | 0.17 | 0.59 | 0.75 | 0.39 | 0.29 | 0.45 | 0.20 | 0.60 |
| | | 4 | | 1.459 | 1.145 | 0.077 | 0.50 | 1.09 | 0.78 | 0.22 | 0.58 | 0.73 | 0.38 | 0.36 | 0.55 | 0.24 | 0.64 |
| 2.5 | 25 | 3 | | 1.432 | 1.124 | 0.098 | 0.82 | 1.57 | 1.29 | 0.34 | 0.76 | 0.95 | 0.49 | 0.46 | 0.73 | 0.33 | 0.73 |
| | | 4 | | 1.859 | 1.459 | 0.097 | 1.03 | 2.11 | 1.62 | 0.43 | 0.74 | 0.93 | 0.48 | 0.59 | 0.92 | 0.40 | 0.76 |
| 3.0 | 30 | 3 | | 1.749 | 1.373 | 0.117 | 1.46 | 2.71 | 2.31 | 0.61 | 0.91 | 1.15 | 0.59 | 0.68 | 1.09 | 0.51 | 0.85 |
| | | 4 | | 2.276 | 1.786 | 0.117 | 1.84 | 3.63 | 2.92 | 0.77 | 0.90 | 1.13 | 0.58 | 0.87 | 1.37 | 0.62 | 0.89 |
| 3.6 | 36 | 3 | 4.5 | 2.109 | 1.656 | 0.141 | 2.58 | 4.68 | 4.09 | 1.07 | 1.11 | 1.39 | 0.71 | 0.99 | 1.61 | 0.76 | 1.00 |
| | | 4 | | 2.756 | 2.163 | 0.141 | 3.29 | 6.25 | 5.22 | 1.37 | 1.09 | 1.38 | 0.70 | 1.28 | 2.05 | 0.93 | 1.04 |
| | | 5 | | 3.382 | 2.654 | 0.141 | 3.95 | 7.84 | 6.24 | 1.65 | 1.08 | 1.36 | 0.70 | 1.56 | 2.45 | 1.00 | 1.07 |

（续）

| 型号 | 截面尺寸/mm | | | 截面面积/cm² | 理论重量/(kg/m) | 外表面积/(m²/m) | 惯性矩/cm⁴ | | | | 惯性半径/cm | | | 截面模数/cm³ | | | 重心距离/cm |
|---|---|---|---|---|---|---|---|---|---|---|---|---|---|---|---|---|---|
| | $b$ | $d$ | $r$ | | | | $I_x$ | $I_{x1}$ | $I_{x0}$ | $I_{y0}$ | $i_x$ | $i_{x0}$ | $i_{y0}$ | $W_x$ | $W_{x0}$ | $W_{y0}$ | $Z_0$ |
| 4 | 40 | 3 | 5 | 2.359 | 1.852 | 0.157 | 3.59 | 6.41 | 5.69 | 1.49 | 1.23 | 1.55 | 0.79 | 1.23 | 2.01 | 0.96 | 1.09 |
| | | 4 | | 3.086 | 2.422 | 0.157 | 4.60 | 8.56 | 7.29 | 1.91 | 1.22 | 1.54 | 0.79 | 1.60 | 2.58 | 1.19 | 1.13 |
| | | 5 | | 3.791 | 2.976 | 0.156 | 5.53 | 10.74 | 8.76 | 2.30 | 1.21 | 1.52 | 0.78 | 1.96 | 3.10 | 1.39 | 1.17 |
| 4.5 | 45 | 3 | 5 | 2.659 | 2.088 | 0.177 | 5.17 | 9.12 | 8.20 | 2.14 | 1.40 | 1.76 | 0.89 | 1.58 | 2.58 | 1.24 | 1.22 |
| | | 4 | | 3.486 | 2.736 | 0.177 | 6.65 | 12.18 | 10.56 | 2.75 | 1.38 | 1.74 | 0.89 | 2.05 | 3.32 | 1.54 | 1.26 |
| | | 5 | | 4.292 | 3.369 | 0.176 | 8.04 | 15.2 | 12.74 | 3.33 | 1.37 | 1.72 | 0.88 | 2.51 | 4.00 | 1.81 | 1.30 |
| | | 6 | | 5.076 | 3.985 | 0.176 | 9.33 | 18.36 | 14.76 | 3.89 | 1.36 | 1.70 | 0.8 | 2.95 | 4.64 | 2.06 | 1.33 |
| 5 | 50 | 3 | 5.5 | 2.971 | 2.332 | 0.197 | 7.18 | -12.5 | 11.37 | 2.98 | 1.55 | 1.96 | 1.00 | 1.96 | 3.22 | 1.57 | 1.34 |
| | | 4 | | 3.897 | 3.059 | 0.197 | 9.26 | 16.69 | 14.70 | 3.82 | 1.54 | 1.94 | 0.99 | 2.56 | 4.16 | 1.96 | 1.38 |
| | | 5 | | 4.803 | 3.770 | 0.196 | 11.21 | 20.90 | 17.79 | 4.64 | 1.53 | 1.92 | 0.98 | 3.13 | 5.03 | 2.31 | 1.42 |
| | | 6 | | 5.688 | 4.465 | 0.196 | 13.05 | 25.14 | 20.68 | 5.42 | 1.52 | 1.91 | 0.98 | 3.68 | 5.85 | 2.63 | 1.46 |
| 5.6 | 56 | 3 | 6 | 3.343 | 2.624 | 0.221 | 10.19 | 17.56 | 16.14 | 4.24 | 1.75 | 2.20 | 1.13 | 2.48 | 4.08 | 2.02 | 1.48 |
| | | 4 | | 4.390 | 3.446 | 0.220 | 13.18 | 23.43 | 20.92 | 5.46 | 1.73 | 2.18 | 1.11 | 3.24 | 5.28 | 2.52 | 1.53 |
| | | 5 | | 5.415 | 4.251 | 0.220 | 16.02 | 29.33 | 25.42 | 6.61 | 1.72 | 2.17 | 1.10 | 3.97 | 6.42 | 2.98 | 1.57 |
| | | 6 | | 6.420 | 5.040 | 0.220 | 18.69 | 35.26 | 29.66 | 7.73 | 1.71 | 2.15 | 1.10 | 4.68 | 7.49 | 3.40 | 1.61 |
| | | 7 | | 7.404 | 5.812 | 0.219 | 21.23 | 41.23 | 33.63 | 8.82 | 1.69 | 2.13 | 1.09 | 5.36 | 8.49 | 3.80 | 1.64 |
| | | 8 | | 8.367 | 6.568 | 0.219 | 23.63 | 47.24 | 37.37 | 9.89 | 1.68 | 2.11 | 1.09 | 6.03 | 9.44 | 4.16 | 1.68 |
| 6 | 60 | 5 | 6.5 | 5.829 | 4.576 | 0.236 | 19.89 | 36.05 | 31.57 | 8.21 | 1.85 | 2.33 | 1.19 | 4.59 | 7.44 | 3.48 | 1.67 |
| | | 6 | | 6.914 | 5.427 | 0.235 | 23.25 | 43.33 | 36.89 | 9.60 | 1.83 | 2.31 | 1.18 | 5.41 | 8.70 | 3.98 | 1.70 |
| | | 7 | | 7.977 | 6.262 | 0.235 | 26.44 | 50.65 | 41.92 | 10.96 | 1.82 | 2.29 | 1.17 | 6.21 | 9.88 | 4.45 | 1.74 |
| | | 8 | | 9.020 | 7.081 | 0.235 | 29.47 | 58.02 | 46.66 | 12.28 | 1.81 | 2.27 | 1.17 | 6.98 | 11.00 | 4.88 | 1.78 |

（续）

| 型号 | 截面尺寸/mm | | | 截面面积/cm² | 理论重量/(kg/m) | 外表面积/(m²/m) | 惯性矩/cm⁴ | | | | 惯性半径/cm | | | 截面模数/cm³ | | | 重心距离/cm |
|---|---|---|---|---|---|---|---|---|---|---|---|---|---|---|---|---|---|
| | $b$ | $d$ | $r$ | | | | $I_x$ | $I_{x1}$ | $I_{x0}$ | $I_{y0}$ | $i_x$ | $i_{x0}$ | $i_{y0}$ | $W_x$ | $W_{x0}$ | $W_{y0}$ | $Z_0$ |
| 6.3 | 63 | 4 | 7 | 4.978 | 3.907 | 0.248 | 19.03 | 33.35 | 30.17 | 7.89 | 1.96 | 2.46 | 1.26 | 4.13 | 6.78 | 3.29 | 1.70 |
| | | 5 | | 6.143 | 4.822 | 0.248 | 23.17 | 41.73 | 36.77 | 9.57 | 1.94 | 2.45 | 1.25 | 5.08 | 8.25 | 3.90 | 1.74 |
| | | 6 | | 7.288 | 5.721 | 0.247 | 27.12 | 50.14 | 43.03 | 11.20 | 1.93 | 2.43 | 1.24 | 6.00 | 9.66 | 4.46 | 1.78 |
| | | 7 | | 8.412 | 6.603 | 0.247 | 30.87 | 58.60 | 48.96 | 12.79 | 1.92 | 2.41 | 1.23 | 6.88 | 10.99 | 4.98 | 1.82 |
| | | 8 | | 9.515 | 7.469 | 0.247 | 34.46 | 67.11 | 54.56 | 14.33 | 1.90 | 2.40 | 1.23 | 7.75 | 12.25 | 5.47 | 1.85 |
| | | 10 | | 11.657 | 9.151 | 0.246 | 41.09 | 84.31 | 64.85 | 17.33 | 1.88 | 2.36 | 1.22 | 9.39 | 14.56 | 6.36 | 1.93 |
| 7 | 70 | 4 | 8 | 5.570 | 4.372 | 0.275 | 26.39 | 45.74 | 41.80 | 10.99 | 2.18 | 2.74 | 1.40 | 5.14 | 8.44 | 4.17 | 1.86 |
| | | 5 | | 6.875 | 5.397 | 0.275 | 32.21 | 57.21 | 51.08 | 13.31 | 2.16 | 2.73 | 1.39 | 6.32 | 10.32 | 4.95 | 1.91 |
| | | 6 | | 8.160 | 6.406 | 0.275 | 37.77 | 68.73 | 59.93 | 15.61 | 2.15 | 2.71 | 1.38 | 7.48 | 12.11 | 5.67 | 1.95 |
| | | 7 | | 9.424 | 7.398 | 0.275 | 43.09 | 80.29 | 68.35 | 17.82 | 2.14 | 2.69 | 1.38 | 8.59 | 13.81 | 6.34 | 1.99 |
| | | 8 | | 10.667 | 8.373 | 0.274 | 48.17 | 91.92 | 76.37 | 19.98 | 2.12 | 2.68 | 1.37 | 9.68 | 15.43 | 6.98 | 2.03 |
| 7.5 | 75 | 5 | 9 | 7.412 | 5.818 | 0.295 | 39.97 | 70.56 | 63.30 | 16.63 | 2.33 | 2.92 | 1.50 | 7.32 | 11.94 | 5.77 | 2.04 |
| | | 6 | | 8.797 | 6.905 | 0.294 | 46.95 | 84.55 | 74.38 | 19.51 | 2.31 | 2.90 | 1.49 | 8.64 | 14.02 | 6.67 | 2.07 |
| | | 7 | | 10.160 | 7.976 | 0.294 | 53.57 | 98.71 | 84.96 | 22.18 | 2.30 | 2.89 | 1.48 | 9.93 | 16.02 | 7.44 | 2.11 |
| | | 8 | | 11.503 | 9.030 | 0.294 | 59.96 | 112.97 | 95.07 | 24.86 | 2.28 | 2.88 | 1.47 | 11.20 | 17.93 | 8.19 | 2.15 |
| | | 9 | | 12.825 | 10.068 | 0.294 | 66.10 | 127.30 | 104.71 | 27.48 | 2.27 | 2.86 | 1.46 | 12.43 | 19.75 | 8.89 | 2.18 |
| | | 10 | | 14.126 | 11.089 | 0.293 | 71.98 | 141.71 | 113.92 | 30.05 | 2.26 | 2.84 | 1.46 | 13.64 | 21.48 | 9.56 | 2.22 |
| 8 | 80 | 5 | 9 | 7.912 | 6.211 | 0.315 | 48.79 | 85.36 | 77.33 | 20.25 | 2.48 | 3.13 | 1.60 | 8.34 | 13.67 | 6.66 | 2.15 |
| | | 6 | | 9.397 | 7.376 | 0.314 | 57.35 | 102.50 | 90.98 | 23.72 | 2.47 | 3.11 | 1.59 | 9.87 | 16.08 | 7.65 | 2.19 |
| | | 7 | | 10.860 | 8.525 | 0.314 | 65.58 | 119.70 | 104.07 | 27.09 | 2.46 | 3.10 | 1.58 | 11.37 | 18.40 | 8.58 | 2.23 |
| | | 8 | | 12.303 | 9.658 | 0.314 | 73.49 | 136.97 | 116.60 | 30.39 | 2.44 | 3.08 | 1.57 | 12.83 | 20.61 | 9.46 | 2.27 |
| | | 9 | | 13.725 | 10.774 | 0.314 | 81.11 | 154.31 | 128.60 | 33.61 | 2.43 | 3.06 | 1.56 | 14.25 | 22.73 | 10.29 | 2.31 |
| | | 10 | | 15.126 | 11.874 | 0.313 | 88.43 | 171.74 | 140.09 | 36.77 | 2.42 | 3.04 | 1.56 | 15.64 | 24.76 | 11.08 | 2.35 |

（续）

| 型号 | 截面尺寸/mm b | d | r | 截面面积/cm² | 理论重量/(kg/m) | 外表面积/(m²/m) | $I_x$ | $I_{x1}$ | $I_{x0}$ | $I_{y0}$ | $i_x$ | $i_{x0}$ | $i_{y0}$ | $W_x$ | $W_{x0}$ | $W_{y0}$ | $Z_0$ |
|---|---|---|---|---|---|---|---|---|---|---|---|---|---|---|---|---|---|
| 9 | 90 | 6 | 10 | 10.637 | 8.350 | 0.354 | 82.77 | 145.87 | 131.26 | 34.28 | 2.79 | 3.51 | 1.80 | 12.61 | 20.63 | 9.95 | 2.44 |
|  |  | 7 |  | 12.301 | 9.656 | 0.354 | 94.83 | 170.30 | 150.47 | 39.18 | 2.78 | 3.50 | 1.78 | 14.54 | 23.64 | 11.19 | 2.48 |
|  |  | 8 |  | 13.944 | 10.946 | 0.353 | 106.47 | 194.80 | 168.97 | 43.97 | 2.76 | 3.48 | 1.78 | 16.42 | 26.55 | 12.35 | 2.52 |
|  |  | 9 |  | 15.566 | 12.219 | 0.353 | 117.72 | 219.39 | 186.77 | 48.66 | 2.75 | 3.46 | 1.77 | 18.27 | 29.35 | 13.46 | 2.56 |
|  |  | 10 |  | 17.167 | 13.476 | 0.353 | 128.58 | 244.07 | 203.90 | 53.26 | 2.74 | 3.45 | 1.76 | 20.07 | 32.04 | 14.52 | 2.59 |
|  |  | 12 |  | 20.306 | 15.940 | 0.352 | 149.22 | 293.76 | 236.21 | 62.22 | 2.71 | 3.41 | 1.75 | 23.57 | 37.12 | 16.49 | 2.67 |
| 10 | 100 | 6 | 12 | 11.932 | 9.366 | 0.393 | 114.95 | 200.07 | 181.98 | 47.92 | 3.10 | 3.90 | 2.00 | 15.68 | 25.74 | 12.69 | 2.67 |
|  |  | 7 |  | 13.796 | 10.830 | 0.393 | 131.86 | 233.54 | 208.97 | 54.74 | 3.09 | 3.89 | 1.99 | 18.10 | 29.55 | 14.26 | 2.71 |
|  |  | 8 |  | 15.638 | 12.276 | 0.393 | 148.24 | 267.09 | 235.07 | 61.41 | 3.08 | 3.88 | 1.98 | 20.47 | 33.24 | 15.75 | 2.76 |
|  |  | 9 |  | 17.462 | 13.708 | 0.392 | 164.12 | 300.73 | 260.30 | 67.95 | 3.07 | 3.86 | 1.97 | 22.79 | 36.81 | 17.18 | 2.80 |
|  |  | 10 |  | 19.261 | 15.120 | 0.392 | 179.51 | 334.48 | 284.68 | 74.35 | 3.05 | 3.84 | 1.96 | 25.06 | 40.26 | 18.54 | 2.84 |
|  |  | 12 |  | 22.800 | 17.898 | 0.391 | 208.90 | 402.34 | 330.95 | 86.84 | 3.03 | 3.81 | 1.95 | 29.48 | 46.80 | 21.08 | 2.91 |
|  |  | 14 |  | 26.256 | 20.611 | 0.391 | 236.53 | 470.75 | 374.06 | 99.00 | 3.00 | 3.77 | 1.94 | 33.73 | 52.90 | 23.44 | 2.99 |
|  |  | 16 |  | 29.627 | 23.257 | 0.390 | 262.53 | 539.80 | 414.16 | 110.89 | 2.98 | 3.74 | 1.94 | 37.82 | 58.57 | 25.63 | 3.06 |
| 11 | 110 | 7 | 12 | 15.196 | 11.928 | 0.433 | 177.16 | 310.64 | 280.94 | 73.38 | 3.41 | 4.30 | 2.20 | 22.05 | 36.12 | 17.51 | 2.96 |
|  |  | 8 |  | 17.238 | 13.535 | 0.433 | 199.46 | 355.20 | 316.49 | 82.42 | 3.40 | 4.28 | 2.19 | 24.95 | 40.69 | 19.39 | 3.01 |
|  |  | 10 |  | 21.261 | 16.690 | 0.432 | 242.19 | 444.65 | 384.39 | 99.98 | 3.38 | 4.25 | 2.17 | 30.68 | 49.42 | 22.91 | 3.09 |
|  |  | 12 |  | 25.200 | 19.782 | 0.431 | 282.55 | 534.60 | 448.17 | 116.93 | 3.35 | 4.22 | 2.15 | 36.05 | 57.62 | 26.15 | 3.16 |
|  |  | 14 |  | 29.056 | 22.809 | 0.431 | 320.71 | 625.16 | 508.01 | 133.40 | 3.32 | 4.18 | 2.14 | 41.31 | 65.31 | 29.14 | 3.24 |
| 12.5 | 125 | 8 | 14 | 19.750 | 15.504 | 0.492 | 297.03 | 521.01 | 470.89 | 123.16 | 3.88 | 4.88 | 2.50 | 32.52 | 53.28 | 25.86 | 3.37 |
|  |  | 10 |  | 24.373 | 19.133 | 0.491 | 361.67 | 651.93 | 573.89 | 149.46 | 3.85 | 4.85 | 2.48 | 39.97 | 64.93 | 30.62 | 3.45 |
|  |  | 12 |  | 28.912 | 22.696 | 0.491 | 423.16 | 783.42 | 671.44 | 174.88 | 3.83 | 4.82 | 2.46 | 41.17 | 75.96 | 35.03 | 3.53 |
|  |  | 14 |  | 33.367 | 26.193 | 0.490 | 481.65 | 915.61 | 763.73 | 199.57 | 3.80 | 4.78 | 2.45 | 54.16 | 86.41 | 39.13 | 3.61 |
|  |  | 16 |  | 37.739 | 29.625 | 0.489 | 537.31 | 1048.62 | 850.98 | 223.65 | 3.77 | 4.75 | 2.43 | 60.93 | 96.28 | 42.96 | 3.68 |

附 录

309

（续）

| 型号 | 截面尺寸/mm | | | 截面面积/cm² | 理论重量/(kg/m) | 外表面积/(m²/m) | 惯性矩/cm⁴ | | | | 惯性半径/cm | | | 截面模数/cm³ | | | 重心距离/cm |
|---|---|---|---|---|---|---|---|---|---|---|---|---|---|---|---|---|---|
| | $b$ | $d$ | $r$ | | | | $I_x$ | $I_{x1}$ | $I_{x0}$ | $I_{y0}$ | $i_x$ | $i_{x0}$ | $i_{y0}$ | $W_x$ | $W_{x0}$ | $W_{y0}$ | $Z_0$ |
| 14 | 140 | 10 | 14 | 27.373 | 21.488 | 0.551 | 514.65 | 915.11 | 817.27 | 212.04 | 4.34 | 5.46 | 2.78 | 50.58 | 82.56 | 39.20 | 3.82 |
| | | 12 | | 32.512 | 25.522 | 0.551 | 603.68 | 1099.28 | 958.79 | 248.57 | 4.31 | 5.43 | 2.76 | 59.80 | 96.85 | 45.02 | 3.90 |
| | | 14 | | 37.567 | 29.490 | 0.550 | 688.81 | 1284.22 | 1093.56 | 284.06 | 4.28 | 5.40 | 2.75 | 68.75 | 110.47 | 50.45 | 3.98 |
| | | 16 | | 42.539 | 33.393 | 0.549 | 770.24 | 1470.07 | 1221.81 | 318.67 | 4.26 | 5.36 | 2.74 | 77.46 | 123.42 | 55.55 | 4.06 |
| 15 | 150 | 8 | | 23.750 | 18.644 | 0.592 | 521.37 | 899.55 | 827.49 | 215.25 | 4.69 | 5.90 | 3.01 | 47.36 | 78.02 | 38.14 | 3.99 |
| | | 10 | | 29.373 | 23.058 | 0.591 | 637.50 | 1125.09 | 1012.79 | 262.21 | 4.66 | 5.87 | 2.99 | 58.35 | 95.49 | 45.51 | 4.08 |
| | | 12 | | 34.912 | 27.406 | 0.591 | 748.85 | 1351.26 | 1189.97 | 307.73 | 4.63 | 5.84 | 2.97 | 69.04 | 112.19 | 52.38 | 4.15 |
| | | 14 | | 40.367 | 31.688 | 0.590 | 855.64 | 1578.25 | 1359.30 | 351.98 | 4.60 | 5.80 | 2.95 | 79.45 | 128.16 | 58.83 | 4.23 |
| | | 15 | | 43.063 | 33.804 | 0.590 | 907.39 | 1692.10 | 1441.09 | 373.69 | 4.59 | 5.78 | 2.95 | 84.56 | 135.87 | 61.90 | 4.27 |
| | | 16 | | 45.739 | 35.905 | 0.589 | 958.08 | 1806.21 | 1521.02 | 395.14 | 4.58 | 5.77 | 2.94 | 89.59 | 143.40 | 64.89 | 4.31 |
| 16 | 160 | 10 | 16 | 31.502 | 24.729 | 0.630 | 779.53 | 1365.33 | 1237.30 | 321.76 | 4.98 | 6.27 | 3.20 | 66.70 | 109.36 | 52.76 | 4.31 |
| | | 12 | | 37.441 | 29.391 | 0.630 | 916.58 | 1639.57 | 1455.68 | 377.49 | 4.95 | 6.24 | 3.18 | 78.98 | 128.67 | 60.74 | 4.39 |
| | | 14 | | 43.296 | 33.987 | 0.629 | 1048.36 | 1914.68 | 1665.02 | 431.70 | 4.92 | 6.20 | 3.16 | 90.95 | 147.17 | 68.24 | 4.47 |
| | | 16 | | 49.067 | 38.518 | 0.629 | 1175.08 | 2190.82 | 1865.57 | 484.59 | 4.89 | 6.17 | 3.14 | 102.63 | 164.89 | 75.31 | 4.55 |
| 18 | 180 | 12 | | 42.241 | 33.159 | 0.710 | 1321.35 | 2332.80 | 2100.10 | 542.61 | 5.59 | 7.05 | 3.58 | 100.82 | 165.00 | 78.41 | 4.89 |
| | | 14 | | 48.896 | 38.383 | 0.709 | 1514.48 | 2723.48 | 2407.42 | 621.53 | 5.56 | 7.02 | 3.56 | 116.25 | 189.14 | 88.38 | 4.97 |
| | | 16 | | 55.467 | 43.542 | 0.709 | 1700.99 | 3115.29 | 2703.37 | 698.60 | 5.54 | 6.98 | 3.55 | 131.13 | 212.40 | 97.83 | 5.05 |
| | | 18 | | 61.055 | 48.634 | 0.708 | 1875.12 | 3502.43 | 2988.24 | 762.01 | 5.50 | 6.94 | 3.51 | 145.64 | 234.78 | 105.14 | 5.13 |

（续）

| 型号 | 截面尺寸/mm | | | 截面面积/cm² | 理论重量/(kg/m) | 外表面积/(m²/m) | 惯性矩/cm⁴ | | | | 惯性半径/cm | | | 截面模数/cm³ | | | 重心距离/cm |
|---|---|---|---|---|---|---|---|---|---|---|---|---|---|---|---|---|---|
| | $b$ | $d$ | $r$ | | | | $I_x$ | $I_{x1}$ | $I_{x0}$ | $I_{y0}$ | $i_x$ | $i_{x0}$ | $i_{y0}$ | $W_x$ | $W_{x0}$ | $W_{y0}$ | $Z_0$ |
| 20 | 200 | 14 | 18 | 54.642 | 42.894 | 0.788 | 2103.55 | 3734.10 | 3343.26 | 863.83 | 6.20 | 7.82 | 3.98 | 144.70 | 236.40 | 111.82 | 5.46 |
| | | 16 | | 62.013 | 48.680 | 0.788 | 2366.15 | 4270.39 | 3760.89 | 971.41 | 6.18 | 7.79 | 3.96 | 163.65 | 265.93 | 123.96 | 5.54 |
| | | 18 | | 69.301 | 54.401 | 0.787 | 2620.64 | 4808.13 | 4164.54 | 1076.74 | 6.15 | 7.75 | 3.94 | 182.22 | 294.48 | 135.52 | 5.62 |
| | | 20 | | 76.505 | 60.056 | 0.787 | 2867.30 | 5347.51 | 4554.55 | 1180.04 | 6.12 | 7.72 | 3.93 | 200.42 | 322.06 | 146.55 | 5.69 |
| | | 24 | | 90.661 | 71.168 | 0.785 | 3338.25 | 6457.16 | 5294.97 | 1381.53 | 6.07 | 7.64 | 3.90 | 236.17 | 374.41 | 166.65 | 5.87 |
| 22 | 220 | 16 | 21 | 68.664 | 53.901 | 0.866 | 3187.36 | 5681.62 | 5063.73 | 1310.99 | 6.81 | 8.59 | 4.37 | 199.55 | 325.51 | 153.81 | 6.03 |
| | | 18 | | 76.752 | 60.250 | 0.866 | 3534.30 | 6395.93 | 5615.32 | 1453.27 | 6.79 | 8.55 | 4.35 | 222.37 | 360.97 | 168.29 | 6.11 |
| | | 20 | | 84.756 | 66.533 | 0.865 | 3871.49 | 7112.04 | 6150.08 | 1592.90 | 6.76 | 8.52 | 4.34 | 244.77 | 395.34 | 182.16 | 6.18 |
| | | 22 | | 92.676 | 72.751 | 0.865 | 4199.23 | 7830.19 | 6668.37 | 1730.10 | 6.78 | 8.48 | 4.32 | 266.78 | 428.66 | 195.45 | 6.26 |
| | | 24 | | 100.512 | 78.902 | 0.864 | 4517.83 | 8550.57 | 7170.55 | 1865.11 | 6.70 | 8.45 | 4.31 | 288.39 | 460.94 | 208.21 | 6.33 |
| | | 26 | | 108.264 | 84.987 | 0.864 | 4827.58 | 9273.39 | 7656.98 | 1998.17 | 6.68 | 8.41 | 4.30 | 309.62 | 492.21 | 220.49 | 6.41 |
| 25 | 250 | 18 | 24 | 87.842 | 68.956 | 0.985 | 5268.22 | 9379.11 | 8369.04 | 2167.41 | 7.74 | 9.76 | 4.97 | 290.12 | 473.42 | 224.03 | 6.84 |
| | | 20 | | 97.045 | 76.180 | 0.984 | 5779.34 | 10426.97 | 9181.94 | 2376.74 | 7.72 | 9.73 | 4.95 | 319.66 | 519.41 | 242.85 | 6.92 |
| | | 24 | | 115.201 | 90.433 | 0.983 | 6763.93 | 12529.74 | 10742.67 | 2785.19 | 7.66 | 9.66 | 4.92 | 377.34 | 607.70 | 278.38 | 7.07 |
| | | 26 | | 124.154 | 97.461 | 0.982 | 7238.08 | 13585.18 | 11491.33 | 2984.84 | 7.63 | 9.62 | 4.90 | 405.50 | 650.05 | 295.19 | 7.15 |
| | | 28 | | 133.022 | 104.422 | 0.982 | 7709.60 | 14643.62 | 12219.39 | 3181.81 | 7.61 | 9.58 | 4.89 | 433.22 | 691.23 | 311.42 | 7.22 |
| | | 30 | | 141.807 | 111.318 | 0.981 | 8151.80 | 15705.30 | 12927.26 | 3376.34 | 7.58 | 9.55 | 4.88 | 460.51 | 731.28 | 327.12 | 7.30 |
| | | 32 | | 150.508 | 118.149 | 0.981 | 8592.01 | 16770.41 | 13615.32 | 3568.71 | 7.56 | 9.51 | 4.87 | 487.39 | 770.20 | 342.33 | 7.37 |
| | | 35 | | 163.402 | 128.271 | 0.980 | 9232.44 | 18374.95 | 14611.16 | 3853.72 | 7.52 | 9.46 | 4.86 | 526.97 | 826.53 | 364.30 | 7.48 |

注：截面图中的 $r_1=1/3d$ 及表中 $r$ 的数据用于孔型设计，不做交货条件。

表 B-2 热轧不等边角钢

符号意义：

$B$——长边宽度
$b$——短边宽度
$d$——边厚
$r$——内圆弧半径
$r_1$——边端内弧半径
$I$——惯性矩
$i$——惯性半径
$W$——截面模数
$X_0$——重心距离
$Y_0$——重心距离

| 型号 | 截面尺寸/mm | | | | 截面面积 /cm² | 理论重量 /(kg/m) | 外表面积 /(m²/m) | 惯性矩/cm⁴ | | | | | 惯性半径/cm | | | 截面模数/cm³ | | | tgα | 重心距离 /cm | |
|---|---|---|---|---|---|---|---|---|---|---|---|---|---|---|---|---|---|---|---|---|---|
| | $B$ | $b$ | $d$ | $r$ | | | | $I_x$ | $I_{x1}$ | $I_y$ | $I_{y1}$ | $I_u$ | $i_x$ | $i_y$ | $i_u$ | $W_x$ | $W_y$ | $W_u$ | | $X_0$ | $Y_0$ |
| 2.5/1.6 | 25 | 16 | 3 | 3.5 | 1.162 | 0.912 | 0.080 | 0.70 | 1.56 | 0.22 | 0.43 | 0.14 | 0.78 | 0.44 | 0.34 | 0.43 | 0.19 | 0.16 | 0.392 | 0.42 | 0.86 |
| | | | 4 | | 1.499 | 1.176 | 0.079 | 0.88 | 2.09 | 0.27 | 0.59 | 0.17 | 0.77 | 0.43 | 0.34 | 0.55 | 0.24 | 0.20 | 0.381 | 0.46 | 1.86 |
| 3.2/2 | 32 | 20 | 3 | | 1.492 | 1.171 | 0.102 | 1.53 | 3.27 | 0.46 | 0.82 | 0.28 | 1.01 | 0.55 | 0.43 | 0.72 | 0.30 | 0.25 | 0.382 | 0.49 | 0.90 |
| | | | 4 | 4 | 1.939 | 1.522 | 0.101 | 1.93 | 4.37 | 0.57 | 1.12 | 0.35 | 1.00 | 0.54 | 0.42 | 0.93 | 0.39 | 0.32 | 0.374 | 0.53 | 1.08 |
| 4/2.5 | 40 | 25 | 3 | | 1.890 | 1.484 | 0.127 | 3.08 | 5.39 | 0.93 | 1.59 | 0.56 | 1.28 | 0.70 | 0.54 | 1.15 | 0.49 | 0.40 | 0.385 | 0.59 | 1.12 |
| | | | 4 | | 2.467 | 1.936 | 0.127 | 3.93 | 8.53 | 1.18 | 2.14 | 0.71 | 1.36 | 0.69 | 0.54 | 1.49 | 0.63 | 0.52 | 0.381 | 0.63 | 1.32 |
| 4.5/2.8 | 45 | 28 | 3 | 5 | 2.149 | 1.687 | 0.143 | 445 | 9.10 | 1.34 | 2.23 | 0.80 | 1.44 | 0.79 | 0.61 | 1.47 | 0.62 | 0.51 | 0.383 | 0.64 | 1.37 |
| | | | 4 | | 2.806 | 2.203 | 0.143 | 5.69 | 12.13 | 1.70 | 3.00 | 1.02 | 1.42 | 0.78 | 0.60 | 1.91 | 0.80 | 0.66 | 0.380 | 0.68 | 1.47 |
| 5/3.2 | 50 | 32 | 3 | 5.5 | 2.431 | 1.908 | 0.161 | 6.24 | 12.49 | 2.02 | 3.31 | 1.20 | 1.60 | 0.91 | 0.70 | 1.84 | 0.82 | 0.68 | 0.404 | 0.73 | 1.51 |
| | | | 4 | | 3.177 | 2.494 | 0.160 | 8.02 | 16.65 | 2.58 | 4.45 | 1.53 | 1.59 | 0.90 | 0.69 | 2.39 | 1.06 | 0.87 | 0.402 | 0.77 | 1.60 |
| 5.6/3.6 | 56 | 36 | 3 | 6 | 2.743 | 2.153 | 0.181 | 8.88 | 17.54 | 2.92 | 4.70 | 1.73 | 1.80 | 1.03 | 0.79 | 2.32 | 1.05 | 0.87 | 0.408 | 0.80 | 1.65 |
| | | | 4 | | 3.590 | 2.818 | 0.180 | 11.45 | 23.39 | 3.76 | 6.33 | 2.23 | 1.79 | 1.02 | 0.79 | 3.03 | 1.37 | 1.13 | 0.408 | 0.85 | 1.78 |
| | | | 5 | | 4.415 | 3.466 | 0.180 | 13.86 | 29.25 | 4.49 | 7.94 | 2.67 | 1.77 | 1.01 | 0.78 | 3.71 | 1.65 | 1.36 | 0.404 | 0.88 | 1.82 |

（续）

| 型号 | B | b | d | r | 截面面积/cm² | 理论重量/(kg/m) | 外表面积/(m²/m) | $I_x$ | $I_{x1}$ | $I_y$ | $I_{y1}$ | $I_u$ | $i_x$ | $i_y$ | $i_u$ | $W_x$ | $W_y$ | $W_u$ | $tg\alpha$ | $X_0$ | $Y_0$ |
|---|---|---|---|---|---|---|---|---|---|---|---|---|---|---|---|---|---|---|---|---|---|
| 6.3/4 | 63 | 40 | 4 | 7 | 4.058 | 3.185 | 0.202 | 16.49 | 33.30 | 5.23 | 8.63 | 3.12 | 2.20 | 1.14 | 0.88 | 3.87 | 1.70 | 1.40 | 0.398 | 0.92 | 1.87 |
| | | | 5 | | 4.993 | 3.920 | 0.202 | 20.02 | 41.63 | 6.31 | 10.86 | 3.76 | 2.00 | 1.12 | 0.87 | 4.74 | 2.07 | 1.71 | 0.396 | 0.95 | 2.04 |
| | | | 6 | | 5.908 | 4.638 | 0.201 | 23.36 | 49.98 | 7.29 | 13.12 | 4.34 | 1.96 | 1.11 | 0.86 | 5.59 | 2.43 | 1.99 | 0.393 | 0.99 | 2.08 |
| | | | 7 | | 6.802 | 5.339 | 0.201 | 26.53 | 58.07 | 8.24 | 15.47 | 4.97 | 1.98 | 1.10 | 0.86 | 6.40 | 2.78 | 2.29 | 0.389 | 1.03 | 2.12 |
| 7/4.5 | 70 | 45 | 4 | 7.5 | 4.547 | 3.570 | 0.226 | 23.17 | 45.92 | 7.55 | 12.26 | 4.40 | 2.26 | 1.29 | 0.98 | 4.86 | 2.17 | 1.77 | 0.410 | 1.02 | 2.15 |
| | | | 5 | | 5.609 | 4.403 | 0.225 | 27.95 | 57.10 | 9.13 | 15.39 | 5.40 | 2.23 | 1.28 | 0.98 | 5.92 | 2.65 | 2.19 | 0.407 | 1.06 | 2.24 |
| | | | 6 | | 6.647 | 5.218 | 0.225 | 32.54 | 68.35 | 10.62 | 18.58 | 6.35 | 2.21 | 1.26 | 0.98 | 6.95 | 3.12 | 2.59 | 0.404 | 1.09 | 2.28 |
| | | | 7 | | 7.657 | 6.011 | 0.225 | 37.22 | 79.99 | 12.01 | 21.84 | 7.16 | 2.20 | 1.25 | 0.97 | 8.03 | 3.57 | 2.94 | 0.402 | 1.13 | 2.32 |
| 7.5/5 | 75 | 50 | 5 | 8 | 6.125 | 4.808 | 0.245 | 34.86 | 70.00 | 12.61 | 21.04 | 7.41 | 2.39 | 1.44 | 1.10 | 6.83 | 3.30 | 2.74 | 0.435 | 1.17 | 2.36 |
| | | | 6 | | 7.260 | 5.699 | 0.245 | 41.12 | 84.30 | 14.70 | 25.87 | 8.54 | 2.38 | 1.42 | 1.08 | 8.12 | 3.88 | 3.19 | 0.435 | 1.21 | 2.40 |
| | | | 8 | | 9.467 | 7.431 | 0.244 | 52.39 | 112.50 | 18.53 | 34.23 | 10.87 | 2.35 | 1.40 | 1.07 | 10.52 | 4.99 | 4.10 | 0.429 | 1.29 | 2.44 |
| | | | 10 | | 11.590 | 9.098 | 0.244 | 62.71 | 140.80 | 21.96 | 43.43 | 13.10 | 2.33 | 1.38 | 1.06 | 12.79 | 6.04 | 4.99 | 0.423 | 1.36 | 2.52 |
| 8/5 | 80 | 50 | 5 | 8 | 6.375 | 5.005 | 0.255 | 41.96 | 85.21 | 12.82 | 21.06 | 7.66 | 2.56 | 1.42 | 1.10 | 7.78 | 3.32 | 2.74 | 0.388 | 1.14 | 2.60 |
| | | | 6 | | 7.560 | 5.935 | 0.255 | 49.49 | 102.53 | 14.95 | 25.41 | 8.85 | 2.56 | 1.41 | 1.08 | 9.25 | 3.91 | 3.20 | 0.387 | 1.18 | 2.65 |
| | | | 7 | | 8.724 | 6.848 | 0.255 | 56.46 | 119.33 | 16.96 | 29.82 | 10.18 | 2.54 | 1.39 | 1.08 | 10.58 | 4.48 | 3.70 | 0.384 | 1.21 | 2.69 |
| | | | 8 | | 9.867 | 7.745 | 0.254 | 62.83 | 136.41 | 18.85 | 34.32 | 11.38 | 2.52 | 1.38 | 1.07 | 11.92 | 5.03 | 4.16 | 0.381 | 1.25 | 2.73 |
| 9/5.6 | 90 | 56 | 5 | 9 | 7.212 | 5.661 | 0.287 | 60.45 | 121.32 | 18.32 | 29.53 | 10.98 | 2.90 | 1.59 | 1.23 | 9.92 | 4.21 | 3.49 | 0.385 | 1.25 | 2.91 |
| | | | 6 | | 8.557 | 6.717 | 0.286 | 71.03 | 145.59 | 21.42 | 35.58 | 12.90 | 2.88 | 1.58 | 1.23 | 11.74 | 4.96 | 4.13 | 0.384 | 1.29 | 2.95 |
| | | | 7 | | 9.880 | 7.756 | 0.286 | 81.01 | 169.60 | 24.36 | 41.71 | 14.67 | 2.86 | 1.57 | 1.22 | 13.49 | 5.70 | 4.72 | 0.382 | 1.33 | 3.00 |
| | | | 8 | | 11.183 | 8.779 | 0.286 | 91.03 | 194.14 | 27.15 | 47.98 | 16.34 | 2.85 | 1.56 | 1.21 | 15.27 | 6.41 | 5.29 | 0.380 | 1.36 | 3.04 |

（续）

| 型号 | 截面尺寸/mm | | | | 截面面积/cm² | 理论重量/(kg/m) | 外表面积/(m²/m) | 惯性矩/cm⁴ | | | | | 惯性半径/cm | | | 截面模数/cm³ | | | tgα | 重心距离/cm | |
|---|---|---|---|---|---|---|---|---|---|---|---|---|---|---|---|---|---|---|---|---|---|
| | $B$ | $b$ | $d$ | $r$ | | | | $I_x$ | $I_{x1}$ | $I_y$ | $I_{y1}$ | $I_u$ | $i_x$ | $i_y$ | $i_u$ | $W_x$ | $W_y$ | $W_u$ | | $X_0$ | $Y_0$ |
| 10/6.3 | 100 | 63 | 6 | 10 | 9.617 | 7.550 | 0.320 | 99.06 | 199.71 | 30.94 | 50.50 | 18.42 | 3.21 | 1.79 | 1.38 | 14.64 | 6.35 | 5.25 | 0.394 | 1.43 | 3.24 |
| | | | 7 | | 11.111 | 8.722 | 0.320 | 113.45 | 233.00 | 35.26 | 59.14 | 21.00 | 3.20 | 1.78 | 1.38 | 16.88 | 7.29 | 6.02 | 0.394 | 1.47 | 3.28 |
| | | | 8 | | 12.534 | 9.878 | 0.319 | 127.37 | 266.32 | 39.39 | 67.88 | 23.50 | 3.18 | 1.77 | 1.37 | 19.08 | 8.21 | 6.78 | 0.391 | 1.50 | 3.32 |
| | | | 10 | | 15.467 | 12.142 | 0.319 | 153.81 | 333.06 | 47.12 | 85.73 | 28.33 | 3.15 | 1.74 | 1.35 | 23.32 | 9.98 | 8.24 | 0.387 | 1.58 | 3.40 |
| 10/8 | 100 | 80 | 6 | 10 | 10.637 | 8.350 | 0.354 | 107.04 | 199.83 | 61.24 | 102.68 | 31.65 | 3.17 | 2.40 | 1.72 | 15.19 | 10.16 | 8.37 | 0.627 | 1.97 | 2.95 |
| | | | 7 | | 12.301 | 9.656 | 0.354 | 122.73 | 233.20 | 70.08 | 119.98 | 36.17 | 3.16 | 2.39 | 1.72 | 17.52 | 11.71 | 9.60 | 0.626 | 2.01 | 3.0 |
| | | | 8 | | 13.944 | 10.946 | 0.353 | 137.92 | 266.61 | 78.58 | 137.37 | 40.58 | 3.14 | 2.37 | 1.71 | 19.81 | 13.21 | 10.80 | 0.625 | 2.05 | 3.04 |
| | | | 10 | | 17.167 | 13.476 | 0.353 | 166.87 | 333.63 | 94.65 | 172.48 | 49.10 | 3.12 | 2.35 | 1.69 | 24.24 | 16.12 | 13.12 | 0.622 | 2.13 | 3.12 |
| 11/7 | 110 | 70 | 6 | 10 | 10.637 | 8.350 | 0.354 | 133.37 | 265.78 | 42.92 | 69.08 | 25.36 | 3.54 | 2.01 | 1.54 | 17.85 | 7.90 | 6.53 | 0.403 | 1.57 | 3.53 |
| | | | 7 | | 12.301 | 9.656 | 0.354 | 153.00 | 310.07 | 49.01 | 80.82 | 28.95 | 3.53 | 2.00 | 1.53 | 20.60 | 9.09 | 7.50 | 0.402 | 1.61 | 3.57 |
| | | | 8 | | 13.944 | 10.946 | 0.353 | 172.04 | 354.39 | 54.87 | 92.70 | 32.45 | 3.51 | 1.98 | 1.53 | 23.30 | 10.25 | 8.45 | 0.401 | 1.65 | 3.62 |
| | | | 10 | | 17.167 | 13.476 | 0.353 | 208.39 | 443.13 | 65.88 | 116.83 | 39.20 | 3.48 | 1.96 | 1.51 | 28.54 | 12.48 | 10.29 | 0.397 | 1.72 | 3.70 |
| 12.5/8 | 125 | 80 | 7 | 11 | 14.096 | 11.066 | 0.403 | 227.98 | 454.99 | 74.42 | 120.32 | 43.81 | 4.02 | 2.30 | 1.76 | 26.86 | 12.01 | 9.92 | 0.408 | 1.80 | 4.01 |
| | | | 8 | | 15.989 | 12.551 | 0.403 | 256.77 | 519.99 | 83.49 | 137.85 | 49.15 | 4.01 | 2.28 | 1.75 | 30.41 | 13.56 | 11.18 | 0.407 | 1.84 | 4.06 |
| | | | 10 | | 19.712 | 15.474 | 0.402 | 312.04 | 650.09 | 100.67 | 173.40 | 59.45 | 3.98 | 2.26 | 1.47 | 37.33 | 16.56 | 13.64 | 0.404 | 1.92 | 4.14 |
| | | | 12 | | 23.351 | 18.330 | 0.402 | 364.41 | 780.39 | 116.67 | 209.67 | 69.35 | 3.95 | 2.24 | 1.72 | 44.01 | 19.43 | 16.01 | 0.400 | 2.00 | 4.22 |
| 14/9 | 140 | 90 | 8 | 12 | 18.038 | 14.160 | 0.453 | 365.64 | 730.53 | 120.69 | 195.79 | 70.83 | 4.50 | 2.59 | 1.98 | 38.48 | 17.34 | 14.31 | 0.411 | 2.04 | 4.50 |
| | | | 10 | | 22.261 | 17.475 | 0.452 | 445.50 | 913.20 | 140.03 | 245.92 | 85.82 | 4.47 | 2.56 | 1.96 | 47.31 | 21.22 | 17.48 | 0.409 | 2.12 | 4.58 |
| | | | 12 | | 26.400 | 20.724 | 0.451 | 521.59 | 1 096.09 | 169.79 | 296.89 | 100.21 | 4.44 | 2.54 | 1.95 | 55.87 | 24.95 | 20.54 | 0.406 | 2.19 | 4.66 |
| | | | 14 | | 30.456 | 23.908 | 0.451 | 594.10 | 1 279.26 | 192.10 | 348.82 | 114.13 | 4.42 | 2.51 | 1.94 | 64.18 | 28.54 | 23.52 | 0.403 | 2.27 | 4.74 |

（续）

| 型号 | 截面尺寸/mm B | b | d | r | 截面面积/cm² | 理论重量/(kg/m) | 外表面积/(m²/m) | 惯性矩/cm⁴ $I_x$ | $I_{x1}$ | $I_y$ | $I_{y1}$ | $I_u$ | 惯性半径/cm $i_x$ | $i_y$ | $i_u$ | 截面模数/cm³ $W_x$ | $W_y$ | $W_u$ | tgα | 重心距离/cm $X_0$ | $Y_0$ |
|---|---|---|---|---|---|---|---|---|---|---|---|---|---|---|---|---|---|---|---|---|---|
| 15/9 | 150 | 90 | 8 | 12 | 18.839 | 14.788 | 0.473 | 442.05 | 898.35 | 122.80 | 195.96 | 74.14 | 4.84 | 2.55 | 1.98 | 43.86 | 17.47 | 14.48 | 0.364 | 1.97 | 4.92 |
| | | | 10 | | 23.261 | 18.260 | 0.472 | 539.24 | 1 122.85 | 148.62 | 246.26 | 89.86 | 4.81 | 2.53 | 1.97 | 53.97 | 21.38 | 17.69 | 0.362 | 2.05 | 5.01 |
| | | | 12 | | 27.600 | 21.666 | 0.471 | 632.08 | 1 347.50 | 172.85 | 297.46 | 104.95 | 4.79 | 2.50 | 1.95 | 63.79 | 25.14 | 20.80 | 0.359 | 2.12 | 5.09 |
| | | | 14 | | 31.856 | 25.007 | 0.471 | 720.77 | 1 572.38 | 195.62 | 349.74 | 119.53 | 4.76 | 2.48 | 1.94 | 73.33 | 28.77 | 23.84 | 0.356 | 2.20 | 5.17 |
| | | | 15 | | 33.952 | 26.652 | 0.471 | 763.62 | 1 684.93 | 206.50 | 376.33 | 126.67 | 4.74 | 2.47 | 1.93 | 77.99 | 30.53 | 25.33 | 0.354 | 2.24 | 5.21 |
| | | | 16 | | 36.027 | 28.281 | 0.470 | 805.51 | 1 797.55 | 217.07 | 403.24 | 133.72 | 4.73 | 2.45 | 1.93 | 82.60 | 32.27 | 26.82 | 0.352 | 2.27 | 5.25 |
| 16/10 | 160 | 100 | 10 | 13 | 25.315 | 19.872 | 0.512 | 668.69 | 1 362.89 | 205.03 | 336.59 | 121.74 | 5.14 | 2.85 | 2.19 | 62.13 | 26.56 | 21.92 | 0.390 | 2.28 | 5.24 |
| | | | 12 | | 30.054 | 23.592 | 0.511 | 784.91 | 1 635.56 | 239.06 | 405.94 | 142.33 | 5.11 | 2.82 | 2.17 | 73.49 | 31.28 | 25.79 | 0.388 | 2.36 | 5.32 |
| | | | 14 | | 34.709 | 27.247 | 0.510 | 896.30 | 1 908.50 | 271.20 | 476.42 | 162.23 | 5.08 | 2.80 | 2.16 | 84.56 | 35.83 | 29.56 | 0.385 | 2.43 | 5.40 |
| | | | 16 | | 39.281 | 30.835 | 0.510 | 1 003.04 | 2 181.79 | 301.60 | 548.22 | 182.57 | 5.05 | 2.77 | 2.16 | 95.33 | 40.24 | 33.44 | 0.382 | 2.51 | 5.48 |
| 18/11 | 180 | 110 | 10 | 14 | 28.373 | 22.273 | 0.571 | 956.25 | 1 940.40 | 278.11 | 447.22 | 166.50 | 5.80 | 3.13 | 2.42 | 78.96 | 32.49 | 26.88 | 0.376 | 2.44 | 5.89 |
| | | | 12 | | 33.712 | 26.440 | 0.571 | 1 124.72 | 2 328.38 | 325.03 | 538.94 | 194.87 | 5.78 | 3.10 | 2.40 | 93.53 | 38.32 | 31.66 | 0.374 | 2.52 | 5.98 |
| | | | 14 | | 38.967 | 30.589 | 0.570 | 1 286.91 | 2 716.60 | 369.55 | 631.95 | 222.30 | 5.75 | 3.08 | 2.39 | 107.76 | 43.97 | 36.32 | 0.372 | 2.59 | 6.06 |
| | | | 16 | | 44.139 | 34.649 | 0.569 | 1 443.06 | 3 105.15 | 411.85 | 726.46 | 248.94 | 5.72 | 3.06 | 2.38 | 121.64 | 49.44 | 40.87 | 0.369 | 2.67 | 6.14 |
| 20/12.5 | 200 | 125 | 12 | 14 | 37.912 | 29.761 | 0.641 | 1 570.90 | 3 193.85 | 483.16 | 787.74 | 285.79 | 6.44 | 3.57 | 2.74 | 116.73 | 49.99 | 41.23 | 0.392 | 2.83 | 6.54 |
| | | | 14 | | 43.687 | 34.436 | 0.640 | 1 800.97 | 3 726.17 | 550.83 | 922.47 | 326.58 | 6.41 | 3.54 | 2.73 | 134.65 | 57.44 | 47.34 | 0.390 | 2.91 | 6.62 |
| | | | 16 | | 49.739 | 39.045 | 0.639 | 2 023.35 | 4 258.86 | 615.44 | 1 058.86 | 366.21 | 6.38 | 3.52 | 2.71 | 152.18 | 64.89 | 53.32 | 0.388 | 2.99 | 6.70 |
| | | | 18 | | 55.526 | 43.588 | 0.639 | 2 238.30 | 4 792.00 | 677.19 | 1 197.13 | 404.83 | 6.35 | 3.49 | 2.70 | 169.33 | 71.74 | 59.18 | 0.385 | 3.06 | 6.78 |

注：截面图中的 $r_1=1/3d$ 及表中 $r$ 的数据用于孔型设计，不做交货条件。

表 B-3 热轧普通槽钢

符号意义：

h——高度
b——腿宽
d——腰厚
t——平均腿厚
r——内圆弧半径
$r_1$——腿端圆弧半径
$I$——惯性矩
$W$——截面模数
$Z_0$——$Y$-$Y$与$Y_1$-$Y_1$轴线间距离

斜度1:10

| 型号 | 截面尺寸/mm | | | | | | 截面面积/cm² | 理论重量/(kg/m) | 惯性矩/cm⁴ | | | 惯性半径/cm | | 截面模数/cm³ | | 重心距离/cm |
| | $h$ | $b$ | $d$ | $t$ | $r$ | $r_1$ | | | $I_x$ | $I_y$ | $I_{y1}$ | $i_x$ | $i_y$ | $W_x$ | $W_y$ | $Z_0$ |
|---|---|---|---|---|---|---|---|---|---|---|---|---|---|---|---|---|
| 5 | 50 | 37 | 4.5 | 7.0 | 7.0 | 3.5 | 6.928 | 5.438 | 26.0 | 8.30 | 20.9 | 1.94 | 1.10 | 10.4 | 3.55 | 1.35 |
| 6.3 | 63 | 40 | 4.8 | 7.5 | 7.5 | 3.8 | 8.451 | 6.634 | 50.8 | 11.9 | 28.4 | 2.45 | 1.19 | 16.1 | 4.50 | 1.36 |
| 6.5 | 65 | 40 | 4.3 | 7.5 | 7.5 | 3.8 | 8.547 | 6.709 | 55.2 | 12.0 | 28.3 | 2.54 | 1.19 | 17.0 | 4.59 | 1.38 |
| 8 | 80 | 43 | 5.0 | 8.0 | 8.0 | 4.0 | 10.248 | 8.045 | 101 | 16.6 | 37.4 | 3.15 | 1.27 | 25.3 | 5.79 | 1.43 |
| 10 | 100 | 48 | 5.3 | 8.5 | 8.5 | 4.2 | 12.748 | 10.007 | 198 | 25.6 | 54.9 | 3.95 | 1.41 | 39.7 | 7.80 | 1.52 |
| 12 | 120 | 53 | 5.5 | 9.0 | 9.0 | 4.5 | 15.362 | 12.059 | 346 | 37.4 | 77.7 | 4.75 | 1.56 | 57.7 | 10.2 | 1.62 |
| 12.6 | 126 | 53 | 5.5 | 9.0 | 9.0 | 4.5 | 15.692 | 12.318 | 391 | 38.0 | 77.1 | 4.95 | 1.57 | 62.1 | 10.2 | 1.59 |
| 14a | 140 | 58 | 6.0 | 9.5 | 9.5 | 4.8 | 18.516 | 14.535 | 564 | 53.2 | 107 | 5.52 | 1.70 | 80.5 | 13.0 | 1.71 |
| 14b | 140 | 60 | 8.0 | 9.5 | 9.5 | 4.8 | 21.316 | 16.733 | 609 | 61.1 | 121 | 5.35 | 1.69 | 87.1 | 14.1 | 1.67 |
| 16a | 160 | 63 | 6.5 | 10.0 | 10.0 | 5.0 | 21.962 | 17.24 | 866 | 73.3 | 144 | 6.28 | 1.83 | 108 | 16.3 | 1.80 |
| 16b | 160 | 65 | 8.5 | 10.0 | 10.0 | 5.0 | 25.162 | 19.752 | 935 | 83.4 | 161 | 6.10 | 1.82 | 117 | 17.6 | 1.75 |
| 18a | 180 | 68 | 7.0 | 10.5 | 10.5 | 5.2 | 25.699 | 20.174 | 1270 | 98.6 | 190 | 7.04 | 1.96 | 141 | 20.0 | 1.88 |
| 18b | 180 | 70 | 9.0 | 10.5 | 10.5 | 5.2 | 29.299 | 23.000 | 1370 | 111 | 210 | 6.84 | 1.95 | 152 | 21.5 | 1.84 |
| 20a | 200 | 73 | 7.0 | 11.0 | 11.0 | 5.5 | 28.837 | 22.637 | 1780 | 128 | 244 | 7.86 | 2.11 | 178 | 24.2 | 2.01 |
| 20b | 200 | 75 | 9.0 | 11.0 | 11.0 | 5.5 | 32.837 | 25.777 | 1910 | 144 | 268 | 7.64 | 2.09 | 191 | 25.9 | 1.95 |
| 22a | 220 | 77 | 7.0 | 11.5 | 11.5 | 5.8 | 31.846 | 24.999 | 2390 | 158 | 298 | 8.67 | 2.23 | 218 | 28.2 | 2.10 |
| 22b | 220 | 79 | 9.0 | 11.5 | 11.5 | 5.8 | 36.246 | 28.453 | 2570 | 176 | 326 | 8.42 | 2.21 | 234 | 30.1 | 2.03 |

（续）

| 型号 | 截面尺寸/mm | | | | | | 截面面积/cm² | 理论重量/(kg/m) | 惯性矩/cm⁴ | | | 惯性半径/cm | | 截面模数/cm³ | | 重心距离/cm |
| | $h$ | $b$ | $d$ | $t$ | $r$ | $r_1$ | | | $I_x$ | $I_y$ | $I_{y1}$ | $i_x$ | $i_y$ | $W_x$ | $W_y$ | $Z_0$ |
|---|---|---|---|---|---|---|---|---|---|---|---|---|---|---|---|---|
| 24a | 240 | 78 | 7.0 | 12.0 | 12.0 | 6.0 | 34.217 | 26.860 | 3050 | 174 | 325 | 9.45 | 2.25 | 254 | 30.5 | 2.10 |
| 24b | | 80 | 9.0 | | | | 39.017 | 30.628 | 3280 | 194 | 355 | 9.17 | 2.23 | 274 | 32.5 | 2.03 |
| 24c | | 82 | 11.0 | | | | 43.817 | 34.396 | 3510 | 213 | 388 | 8.96 | 2.21 | 293 | 34.4 | 2.00 |
| 25a | 250 | 78 | 7.0 | | | | 34.917 | 27.410 | 3370 | 176 | 322 | 9.82 | 2.24 | 270 | 30.6 | 2.07 |
| 25b | | 80 | 9.0 | | | | 39.917 | 31.335 | 3530 | 196 | 353 | 9.41 | 2.22 | 282 | 32.7 | 1.98 |
| 25c | | 82 | 11.0 | | | | 44.917 | 35.260 | 3690 | 218 | 384 | 9.07 | 2.21 | 295 | 35.9 | 1.92 |
| 27a | 270 | 82 | 7.5 | 12.5 | 12.5 | 6.2 | 39.284 | 30.838 | 4360 | 216 | 393 | 10.5 | 2.34 | 323 | 35.5 | 2.13 |
| 27b | | 84 | 9.5 | | | | 44.684 | 35.077 | 4690 | 239 | 428 | 10.3 | 2.31 | 347 | 37.7 | 2.06 |
| 27c | | 86 | 11.5 | | | | 50.084 | 39.316 | 5020 | 261 | 467 | 10.1 | 2.28 | 372 | 39.8 | 2.03 |
| 28a | 280 | 82 | 7.5 | | | | 40.034 | 31.427 | 4760 | 218 | 388 | 10.9 | 2.33 | 340 | 35.7 | 2.10 |
| 28b | | 84 | 9.5 | | | | 45.634 | 35.823 | 5130 | 242 | 428 | 10.6 | 2.30 | 366 | 37.9 | 2.02 |
| 28c | | 86 | 11.5 | | | | 51.234 | 40.219 | 5500 | 268 | 463 | 10.4 | 2.29 | 393 | 40.3 | 1.95 |
| 30a | 300 | 85 | 7.5 | 13.5 | 13.5 | 6.8 | 43.902 | 34.463 | 6050 | 260 | 467 | 11.7 | 2.43 | 403 | 41.1 | 2.17 |
| 30b | | 87 | 9.5 | | | | 49.902 | 39.173 | 6500 | 289 | 515 | 11.4 | 2.41 | 433 | 44.0 | 2.13 |
| 30c | | 89 | 11.5 | | | | 55.902 | 43.883 | 6950 | 316 | 560 | 11.2 | 2.38 | 463 | 46.4 | 2.09 |
| 32a | 320 | 88 | 8.0 | 14.0 | 14.0 | 7.0 | 48.513 | 38.083 | 7600 | 305 | 552 | 12.5 | 2.50 | 475 | 46.5 | 2.24 |
| 32b | | 90 | 10.0 | | | | 54.913 | 43.107 | 8140 | 336 | 593 | 12.2 | 2.47 | 509 | 49.2 | 2.16 |
| 32c | | 92 | 12.0 | | | | 61.313 | 48.131 | 8690 | 374 | 643 | 11.9 | 2.47 | 543 | 52.6 | 2.09 |
| 36a | 360 | 96 | 9.0 | 16.0 | 16.0 | 8.0 | 60.910 | 47.814 | 11900 | 455 | 818 | 14.0 | 2.73 | 660 | 63.5 | 2.44 |
| 36b | | 98 | 11.0 | | | | 68.110 | 53.466 | 12700 | 497 | 880 | 13.6 | 2.70 | 703 | 66.9 | 2.37 |
| 36c | | 100 | 13.0 | | | | 75.310 | 59.118 | 13400 | 536 | 948 | 13.4 | 2.67 | 746 | 70.0 | 2.34 |
| 40a | 400 | 100 | 10.5 | 18.0 | 18.0 | 9.0 | 75.068 | 58.928 | 17600 | 592 | 1070 | 15.3 | 2.81 | 879 | 78.8 | 2.49 |
| 40b | | 102 | 12.5 | | | | 83.068 | 65.208 | 18600 | 640 | 1140 | 15.0 | 2.78 | 932 | 82.5 | 2.44 |
| 40c | | 104 | 14.5 | | | | 91.068 | 71.488 | 19700 | 688 | 1220 | 14.7 | 2.75 | 986 | 86.2 | 2.42 |

注：表中 $r$、$r_1$ 的数据用于孔型设计，不做交货条件。

表 B-4 热轧普通工字钢

符号意义：
$h$——高度
$b$——腿宽
$d$——腰厚
$t$——平均腿厚
$r$——内圆弧半径
$r_1$——腿端圆弧半径
$I$——惯性矩
$W$——截面模数
$i$——惯性半径

| 型号 | 截面尺寸/mm | | | | | | 截面面积/cm² | 理论重量/(kg/m) | 惯性矩/cm⁴ | | 惯性半径/cm | | 截面模数/cm³ | |
|---|---|---|---|---|---|---|---|---|---|---|---|---|---|---|
| | $h$ | $b$ | $d$ | $t$ | $r$ | $r_1$ | | | $I_x$ | $I_y$ | $i_x$ | $i_y$ | $W_x$ | $W_y$ |
| 10 | 100 | 68 | 4.5 | 7.6 | 6.5 | 3.3 | 14.345 | 11.261 | 245 | 33.0 | 4.14 | 1.52 | 49.0 | 9.72 |
| 12 | 120 | 74 | 5.0 | 8.4 | 7.0 | 3.5 | 17.818 | 13.987 | 436 | 46.9 | 4.95 | 1.62 | 72.7 | 12.7 |
| 12.6 | 126 | 74 | 5.0 | 8.4 | 7.0 | 3.5 | 18.118 | 14.223 | 488 | 46.9 | 5.20 | 1.61 | 77.5 | 12.7 |
| 14 | 140 | 80 | 5.5 | 9.1 | 7.5 | 3.8 | 21.516 | 16.890 | 712 | 64.4 | 5.76 | 1.73 | 102 | 16.1 |
| 16 | 160 | 88 | 6.0 | 9.9 | 8.0 | 4.0 | 26.131 | 20.513 | 1130 | 93.1 | 6.58 | 1.89 | 141 | 21.2 |
| 18 | 180 | 94 | 6.5 | 10.7 | 8.5 | 4.3 | 30.756 | 24.143 | 1660 | 122 | 7.36 | 2.00 | 185 | 26.0 |
| 20a | 200 | 100 | 7.0 | 11.4 | 9.0 | 4.5 | 35.578 | 27.929 | 2370 | 158 | 8.15 | 2.12 | 237 | 31.5 |
| 20b | 200 | 102 | 9.0 | 11.4 | 9.0 | 4.5 | 39.578 | 31.069 | 2500 | 169 | 7.96 | 2.06 | 250 | 33.1 |
| 22a | 220 | 110 | 7.5 | 12.3 | 9.5 | 4.8 | 42.128 | 33.070 | 3400 | 225 | 8.99 | 2.31 | 309 | 40.9 |
| 22b | 220 | 112 | 9.5 | 12.3 | 9.5 | 4.8 | 46.528 | 36.524 | 3570 | 239 | 8.78 | 2.27 | 325 | 42.7 |

斜度1:6

（续）

| 型号 | 截面尺寸/mm | | | | | | 截面面积 /cm² | 理论重量 /(kg/m) | 惯性矩/cm⁴ | | 惯性半径/cm | | 截面模数/cm³ | |
|---|---|---|---|---|---|---|---|---|---|---|---|---|---|---|
| | $h$ | $b$ | $d$ | $t$ | $r$ | $r_1$ | | | $I_x$ | $I_y$ | $i_x$ | $i_y$ | $W_x$ | $W_y$ |
| 24a | 240 | 116 | 8.0 | 13.0 | 10.0 | 5.0 | 47.741 | 37.477 | 4570 | 280 | 9.77 | 2.42 | 381 | 48.4 |
| 24b | | 118 | 10.0 | | | | 52.541 | 41.245 | 4800 | 297 | 9.57 | 2.38 | 400 | 50.4 |
| 25a | 250 | 116 | 8.0 | | | | 48.541 | 38.105 | 5020 | 280 | 10.2 | 2.40 | 402 | 48.3 |
| 25b | | 118 | 10.0 | | | | 53.541 | 42.030 | 5280 | 309 | 9.94 | 2.40 | 423 | 52.4 |
| 27a | 270 | 122 | 8.5 | 13.7 | 10.5 | 5.3 | 54.554 | 42.825 | 6550 | 345 | 10.9 | 2.51 | 485 | 56.6 |
| 27b | | 124 | 10.5 | | | | 59.954 | 47.064 | 6870 | 366 | 10.7 | 2.47 | 509 | 58.9 |
| 28a | 280 | 122 | 8.5 | | | | 55.404 | 43.492 | 7110 | 345 | 11.3 | 2.50 | 508 | 56.6 |
| 28b | | 124 | 10.5 | | | | 61.004 | 47.888 | 7480 | 379 | 11.1 | 2.49 | 534 | 61.2 |
| 30a | 300 | 126 | 9.0 | 14.4 | 11.0 | 5.5 | 61.254 | 48.084 | 8950 | 400 | 12.1 | 2.55 | 597 | 63.5 |
| 30b | | 128 | 11.0 | | | | 67.254 | 52.794 | 9400 | 422 | 11.8 | 2.50 | 627 | 65.9 |
| 30c | | 130 | 13.0 | | | | 73.254 | 57.504 | 9850 | 445 | 11.6 | 2.46 | 657 | 68.5 |
| 32a | 320 | 130 | 9.5 | 15.0 | 11.5 | 5.8 | 67.156 | 52.717 | 11100 | 460 | 12.8 | 2.62 | 692 | 70.8 |
| 32b | | 132 | 11.5 | | | | 73.556 | 57.741 | 11600 | 502 | 12.6 | 2.61 | 726 | 76.0 |
| 32c | | 134 | 13.5 | | | | 79.956 | 62.765 | 12200 | 544 | 12.3 | 2.61 | 760 | 81.2 |
| 36a | 360 | 136 | 10.0 | 15.8 | 12.0 | 6.0 | 76.480 | 60.037 | 15800 | 552 | 14.4 | 2.69 | 875 | 81.2 |
| 36b | | 138 | 12.0 | | | | 83.680 | 65.689 | 16500 | 582 | 14.1 | 2.64 | 919 | 84.3 |
| 36c | | 140 | 14.0 | | | | 90.880 | 71.341 | 17300 | 612 | 13.8 | 2.60 | 962 | 87.4 |

（续）

| 型号 | 截面尺寸/mm | | | | | | 截面面积/cm² | 理论重量/(kg/m) | 惯性矩/cm⁴ | | 惯性半径/cm | | 截面模数/cm³ | |
|---|---|---|---|---|---|---|---|---|---|---|---|---|---|---|
| | $h$ | $b$ | $d$ | $t$ | $r$ | $r_1$ | | | $I_x$ | $I_y$ | $i_x$ | $i_y$ | $W_x$ | $W_y$ |
| 40a | 400 | 142 | 10.5 | 16.5 | 12.5 | 6.3 | 86.112 | 67.598 | 21700 | 660 | 15.9 | 2.77 | 1090 | 93.2 |
| 40b | | 144 | 12.5 | 16.5 | 12.5 | 6.3 | 94.112 | 73.878 | 22800 | 692 | 15.6 | 2.71 | 1140 | 96.2 |
| 40c | | 146 | 14.5 | 16.5 | 12.5 | 6.3 | 102.112 | 80.158 | 23900 | 727 | 15.2 | 2.65 | 1190 | 99.6 |
| 45a | 450 | 150 | 11.5 | 18.0 | 13.5 | 6.8 | 102.446 | 80.420 | 32200 | 855 | 17.7 | 2.89 | 1430 | 114 |
| 45b | | 152 | 13.5 | 18.0 | 13.5 | 6.8 | 111.446 | 87.485 | 33800 | 894 | 17.4 | 2.84 | 1500 | 118 |
| 45c | | 154 | 15.5 | 18.0 | 13.5 | 6.8 | 120.446 | 94.550 | 35300 | 938 | 17.1 | 2.79 | 1570 | 122 |
| 50a | 500 | 158 | 12.0 | 20.0 | 14.0 | 7.0 | 119.304 | 93.654 | 46500 | 1120 | 19.7 | 3.07 | 1860 | 142 |
| 50b | | 160 | 14.0 | 20.0 | 14.0 | 7.0 | 129.304 | 101.504 | 48600 | 1170 | 19.4 | 3.01 | 1940 | 146 |
| 50c | | 162 | 16.0 | 20.0 | 14.0 | 7.0 | 139.304 | 109.354 | 50600 | 1220 | 19.0 | 2.96 | 2080 | 151 |
| 55a | 550 | 166 | 12.5 | 21.0 | 14.5 | 7.3 | 134.185 | 105.335 | 62900 | 1370 | 21.6 | 3.19 | 2290 | 164 |
| 55b | | 168 | 14.5 | 21.0 | 14.5 | 7.3 | 145.185 | 113.970 | 65600 | 1420 | 21.2 | 3.14 | 2390 | 170 |
| 55c | | 170 | 16.5 | 21.0 | 14.5 | 7.3 | 156.185 | 122.605 | 68400 | 1480 | 20.9 | 3.08 | 2490 | 175 |
| 56a | 560 | 166 | 12.5 | 21.0 | 14.5 | 7.3 | 135.435 | 106.316 | 65600 | 1370 | 22.0 | 3.18 | 2340 | 165 |
| 56b | | 168 | 14.5 | 21.0 | 14.5 | 7.3 | 146.635 | 115.108 | 68500 | 1490 | 21.6 | 3.16 | 2450 | 174 |
| 56c | | 170 | 16.5 | 21.0 | 14.5 | 7.3 | 157.835 | 123.900 | 71400 | 1560 | 21.3 | 3.16 | 2550 | 183 |
| 63a | 630 | 176 | 13.0 | 22.0 | 15.0 | 7.5 | 154.658 | 121.407 | 93900 | 1700 | 24.5 | 3.31 | 2980 | 193 |
| 63b | | 178 | 15.0 | 22.0 | 15.0 | 7.5 | 167.258 | 131.298 | 98100 | 1810 | 24.2 | 3.29 | 3160 | 204 |
| 63c | | 180 | 17.0 | 22.0 | 15.0 | 7.5 | 179.858 | 141.189 | 102000 | 1920 | 23.8 | 3.27 | 3300 | 214 |

注：表中 $r$、$r_1$ 的数据用于孔型设计，不做交货条件。

## 附录C 部分习题答案

**第2章**

**2-1** a) $F_N = -11.08kN$, $F_{S_y} = -4.62kN$, $T = 0.69 kN·m$, $M_y = -1.66 kN·m$, $M_z = -0.97 kN·m$

b) $F_N = -5kN$, $F_{S_y} = -0.4kN$, $T = 0.24 kN·m$, $M_z = -0.09 kN·m$

c) $F_N = -1319.89N$, $F_{S_z} = 550.55N$, $T = -15.02N·m$, $M_y = -165.17 N·m$, $M_z = -36N·m$

d) $F_N = -100kN$, $F_{S_y} = -25kN$, $F_{S_z} = -16kN$, $M_y = 9.6 kN·m$, $M_z = -22.5 kN·m$

**2-2** $F_N = 200kN$, $M_z = -3.33 kN·m$

**2-4** a) $\sigma_{x'} = 10MPa$, $\tau_{x'y'} = -15MPa$

b) $\sigma_{x'} = 47.3MPa$, $\tau_{x'y'} = 7.3MPa$

c) $\sigma_{x'} = -12.5MPa$, $\tau_{x'y'} = -65MPa$

d) $\sigma_{x'} = 35MPa$, $\tau_{x'y'} = -60.6MPa$

e) $\sigma_{x'} = 0.49MPa$, $\tau_{x'y'} = 20.5MPa$

f) $\sigma_{x'} = -38.3MPa$, $\tau_{x'y'} = 0MPa$

**2-5** a) $\sigma' = 57MPa$, $\sigma'' = -7MPa$, $\alpha_{\sigma'} = -19.33°$, $\alpha_{\sigma''} = 70.67°$, $\tau' = 32MPa$, $\tau'' = -32MPa$, $\alpha_{\tau'} = -64.33°$, $\alpha_{\tau''} = 25.67°$

b) $\sigma' = 57MPa$, $\sigma'' = -7MPa$, $\alpha_{\sigma'} = 19.33'$, $\alpha_{\sigma''} = 109.33°$, $\tau' = 32MPa$, $\tau'' = -32MPa$, $\alpha_{\tau'} = -25.67°$, $\alpha_{\tau''} = 64.33°$

c) $\sigma' = 25MPa$, $\sigma'' = -25MPa$, $\alpha_{\sigma'} = -45°$, $\alpha_{\sigma''} = 45°$, $\tau' = 25MPa$, $\tau'' = -25MPa$, $\alpha_{\tau'} = -90°$, $\alpha_{\tau''} = 0°$

d) $\sigma' = 11.2MPa$, $\sigma'' = -71.2MPa$, $\alpha_{\sigma'} = 52°$, $\alpha_{\sigma''} = -38°$, $\tau' = 41.2MPa$, $\tau'' = -41.2MPa$, $\alpha_{\tau'} = 7°$, $\alpha_{\tau''} = -83°$

e) $\sigma' = 4.7MPa$, $\sigma'' = -84.7MPa$, $\alpha_{\sigma'} = -13.3°$, $\alpha_{\sigma''} = 76.7°$, $\tau' = 44.7MPa$, $\tau'' = -44.7MPa$, $\alpha_{\tau'} = -58.3°$, $\alpha_{\tau''} = 31.7°$

f) $\sigma' = 37MPa$, $\sigma'' = -27MPa$, $\alpha_{\sigma'} = 109.3°$, $\alpha_{\sigma''} = 19.3°$, $\tau' = 32MPa$, $\tau'' = -32MPa$, $\alpha_{\tau'} = 64.3°$, $\alpha_{\tau''} = 154.3°$

**2-8** a) $\sigma_1 = \sigma_0 (1+\cos\theta)$, $\sigma_2 = \sigma_0 (1-\cos\theta)$, $\sigma_3 = 0$, $\tau' = \sigma_0\cos\theta$, $\tau'' = -\sigma_0\cos\theta$

b) $\sigma_1 = \sqrt{3}\tau_0$, $\sigma_2 = 0$, $\sigma_3 = -\sqrt{3}\tau_0$, $\tau' = \sqrt{3}\tau_0$, $\tau'' = -\sqrt{3}\tau_0$

c) $\sigma_1 = 100MPa$, $\sigma_2 = \sigma_3 = 0$, $\tau' = 50MPa$, $\tau'' = -50MPa$

**2-10** $\sigma_1 = 110MPa$, $\sigma_2 = 0$, $\sigma_3 = -20MPa$

**2-11** $\tau_{xy} = 43.3MPa$, $\tau_{x'y'} = -43.3MPa$, $\sigma_{y'} = 50MPa$

**2-13** $\sigma_1 = 84.7MPa$, $\sigma_2 = 20MPa$, $\sigma_3 = -4.7MPa$, $I_1 = 100MPa$, $I_2 = 1200 (MPa)^2$, $I_3 = -8000 (MPa)^3$

**2-14** a) $\sigma_1 = 60MPa$, $\sigma_2 = 30MPa$, $\sigma_3 = -70MPa$, $\sigma_{max} = 60MPa$, $\tau_{max} = 65MPa$

b) $\sigma_1 = 50MPa$, $\sigma_2 = 30MPa$, $\sigma_3 = -50MPa$, $\sigma_{max} = 50MPa$, $\tau_{max} = 50MPa$

**第3章**

**3-1** $\varepsilon_x = 0$, $\varepsilon_y = C$, $\varepsilon_z = 2Gz+Jy+Kx$, $\gamma_{xy} = B$, $\gamma_{yz} = 2Fy+Ix+Jz+D$, $\gamma_{zx} = 2Ex+Iy+Kz$

**3-3** 1）$\varepsilon_{x'} = 0.55 \times 10^{-6} = 0.55\mu$， $\varepsilon_{y'} = 0.45 \times 10^{-6} = 0.45\mu$

2）$\gamma_{x'y'} = -0.17 \times 10^{-6} = -0.17\mu$

3）$\gamma_{\max} = 0.2 \times 10^{-6}$rad， $\alpha_{\gamma_{\max}} = 45°$

**3-4** 1）$\varepsilon_{x'} = -0.433 \times 10^{-8}$， $\varepsilon_{y'} = 0.433 \times 10^{-8}$

2）$\gamma_{x'y'} = -0.5 \times 10^{-8}$rad

3）$\gamma_{\max} = 1 \times 10^{-8}$rad， $\alpha_{\gamma_{\max}} = 0°$

**3-7** 1）$\varepsilon_{x'} = 55\mu$， $\varepsilon_{y'} = 45\mu$

$\gamma_{x'y'} = -60\mu$

2）$\gamma_{\max} = 60.8\mu$， $\alpha_{\gamma_{\max}} = 40.3°$

**3-9** $\varepsilon_{45°} = \dfrac{\gamma_{xy}}{2}$

**3-10** $\varepsilon_{\max} = 150.1\mu$， $\varepsilon_{\min} = -150.1\mu$， $\gamma_{\max} = 300.2\mu$

**3-11** 1）$\varepsilon_3 = 280\mu$

2）$\varepsilon_{\max} = 290\mu$， $\varepsilon_{\min} = -210\mu$， $\gamma_{\max} = 500\mu$

**3-12** $\varepsilon_{\max} = 830\mu$

**3-13** $\varepsilon_{x'} = -335\mu$， $\varepsilon_{y'} = -25\mu$， $\gamma_{x'y'} = -236.8\mu$

**3-14** $\varepsilon_{x'} = -49.6\mu$， $\varepsilon_{y'} = 345.6\mu$， $\gamma_{x'y'} = -222\mu$

**3-15** $\varepsilon'_x = 253.2\mu$

第 4 章

**4-1** $\sigma_e = 200$MPa， $\sigma_s = 240$MPa， $\sigma_b = 420$MPa， $\delta = 25\%$

**4-2** $F = 20$kN

**4-3** $\varepsilon = 5 \times 10^{-4}$， $\sigma = 100$MPa （$\sigma < \sigma_p$）， $F = 7.85$kN

**4-4** $E = 208$GPa， $\nu = 0.32$

**4-5** $\sigma_1 = 0$， $\sigma_2 = -19.8$MPa， $\sigma_3 = -60$MPa

**4-6** a）$\sigma_1 = 0$， $\sigma_2 = 0$， $\sigma_3 = -q$

b）$\sigma_1 = \sigma_2 = -\dfrac{\nu}{1-\nu}q$， $\sigma_3 = -q$

**4-7** $\Delta\delta = -5.66 \times 10^{-3}$mm， $\Delta b = 7.63 \times 10^{-1}$mm， $\Delta h = 1.17 \times 10^{-1}$mm

**4-8** $\varepsilon_{30°} = 6.65 \times 10^{-5}$

**4-10** a）$\theta = 1.0 \times 10^{-4}$， $e = 22500$J/m³， $e_f = 21666.7$J/m³

b）$\theta = 2.0 \times 10^{-4}$， $e = 15244.1$J/m³， $e_f = 11910.1$J/m³

c）$\theta = 2.6 \times 10^{-4}$， $e = 48100$J/m³， $e_f = 42466.7$J/m³

**4-12** $\sigma_{\max} = 53.8$MPa， $\sigma_{\min} = -26.3$MPa

第 5 章

**5-1** a）$F_{N1} = F$， $F_{N2} = 0$， $F_{N3} = -F$

b）$F_{N1} = 0$， $F_{N2} = 4F$， $F_{N3} = 3F$

c）$F_{N1} = 4$kN， $F_{N2} = -2$kN， $F_{N3} = -5$kN

d）$F_{N1} = -10$kN， $F_{N2} = 10$kN， $F_{N3} = 40$kN

**5-2** a) $F_{N1}(x) = 20\rho gaA + \rho gAx$      $(0 \leqslant x \leqslant 2a)$

           $F_{N2}(x) = -20\rho gaA + \rho gAx$      $(2a \leqslant x \leqslant 4a)$

     b) $F_{N1}(x) = -10\rho gaA - \rho gAx$      $(0 \leqslant x \leqslant a)$

           $F_{N2}(x) = -30\rho gaA - \rho gAx$      $(a \leqslant x \leqslant 2a)$

           $F_{N3}(x) = -60\rho gaA - \rho gAx$      $(2a \leqslant x \leqslant 3a)$

**5-3** $\sigma_{tmax} = 16.7\text{MPa}$, $\sigma_{cmax} = -20\text{MPa}$

**5-4** $\sigma_{AB} = -47.4\text{MPa}$, $\sigma_{CB} = 104\text{MPa}$

**5-5**

| $\alpha$ | $\sigma/\text{MPa}$ | $\tau/\text{MPa}$ |
|---|---|---|
| 0° | 100 | 0 |
| 30° | 75 | −43.3 |
| 45° | 50 | −50 |
| 60° | 25 | −43.3 |
| 90° | 0 | 0 |

**5-6** $F = 25.13\text{kN}$

**5-7** $\sigma_t = 100\text{MPa}$

**5-8** $\sigma_{BC} = 76.4\text{MPa}$

**5-10** $u_B = \dfrac{FL}{3EA}$   $(\rightarrow)$

**5-11** $\Delta l = \dfrac{4Fl}{\pi E d_1 d_2}$

**5-12** $\sigma_{AC} = 100\text{MPa}$, $\sigma_{BD} = 100\text{MPa}$, $y_G = 0.75\text{mm}$   $(\downarrow)$

**5-13** $\Delta l = -12\text{mm}$

**5-14** $\sigma_{x1} = 127\text{MPa}$, $\sigma_{x2} = 63.7\text{MPa}$

**5-15** $A$ 点位移是 3.78mm

**5-16** $K = 0.729\text{kN/m}^3$, $\Delta l = -1.97\text{mm}$

**5-17** $\sigma_{tmax} = \dfrac{2F}{3A}$, $\sigma_{cmax} = -\dfrac{F}{3A}$

**5-18** $\sigma_{x1} = 138.33\text{MPa}$, $\sigma_{x2} = 138.33\text{MPa}$

**5-19** $\sigma_{x1} = \dfrac{5F}{6A}$, $\sigma_{x2} = \dfrac{F}{3A}$, $\sigma_{x3} = -\dfrac{F}{6A}$

**5-20** $\sigma_{x1} = -14.7\text{MPa}$, $\sigma_{x2} = 17\text{MPa}$, $\sigma_{x3} = 191.5\text{MPa}$

**5-21** $y_A = \dfrac{Fl}{2EA}$   $(\downarrow)$

**5-22** 24.89MPa

**5-23** $\sigma_{x1} = -36.4\text{MPa}$, $\sigma_{x2} = -59.1\text{MPa}$

**5-24** $\sigma_{x1} = \sigma_3 = -8\text{MPa}$, $\sigma_{x2} = -2\text{MPa}$

**5-25** $\sigma_{AD} = \sigma_{AE} = \sigma_{AB} = \dfrac{\sqrt{3}}{2 + 3\sqrt{3}} \cdot \dfrac{E\delta}{l}$, $\sigma_{BD} = \sigma_{BE} = -\dfrac{1}{2 + 3\sqrt{3}} \cdot \dfrac{E\delta}{l}$

**5-26** $\sigma_{AC} = -\dfrac{2}{5}E\alpha\Delta T$, $\sigma_{BD} = \dfrac{1}{5}E\alpha\Delta T$

**5-28** $\sigma_d = \dfrac{\rho D^2 \omega^2}{4}$，$\Delta D = \dfrac{\rho D^3 \omega^2}{4E}$

**5-29** $\Delta l = \dfrac{W\omega^2 l^2}{EAg}$

第 6 章

**6-1** a) $T_1 = -M$，$T_2 = -2M$

b) $T_1 = -M$，$T_2 = 2M$

c) $T_1 = -20\,\text{kN·m}$，$T_2 = -10\,\text{kN·m}$，$T_3 = 20\,\text{kN·m}$，$T_4 = 80\,\text{kN·m}$

**6-2** 416. 4kW

**6-4** $\tau_\rho = 35\text{MPa}$；$\tau_{\max} = 87.6\text{MPa}$

**6-5** $d_1 = 45\text{mm}$；$D_2 = 46\text{mm}$；$d_2 = 23\text{mm}$

**6-7** 61. 2MPa

**6-8** 18. 47kW

**6-9** 空心轴 $\tau_{\max} = 41.1\text{MPa}$，实心轴 $\tau_{\max} = 23.8\text{MPa}$

**6-10** （1）$\tau_A = 20.4\text{MPa}$，$\gamma_A = 0.255\times10^{-3}\text{rad}$；（2）$\tau_{\max} = 40.8\text{MPa}$，$\varphi = 1.17(°)/\text{m}$

**6-11** （空心圆轴外径/实心轴直径）×$(1+\alpha^2)$；（空心圆轴外径/实心轴直径）$^2$×$(1+\alpha^2)$

**6-12** $\tau_{\max} = 16.3\text{MPa}$，$\varphi = 0.58(°)/\text{m}$

**6-13** （1）$\tau_{\max} = 46.6\text{MPa}$；（2）$P_k = 71.8\text{kW}$

**6-15** $d = 74\text{mm}$

**6-16** （1）$\tau_{\max} = 40.1\text{MPa}$；（2）$\tau_1 = 10.83\text{MPa}$；（3）$\varphi = 0.565$（°）/m

**6-17** $\tau_{\max} = 25\text{MPa}$；$\varphi = 3.59°$

**6-18** 闭口薄壁杆，$M = 10.35\,\text{kN·m}$；开口薄壁杆，$M = 0.142\,\text{kN·m}$

**6-19** $\tau_{x\varphi} = 6.4\text{MPa}$

第 7 章

**7-1** a) $F_{S_{y1}} = -\dfrac{b}{a+b}F$，$M_{z1} = \dfrac{ab}{a+b}F$；$F_{S_{y2}} = \dfrac{a}{a+b}F$，$M_{z2} = \dfrac{ab}{a+b}F$

b) $F_{S_{y1}} = -F$，$M_{z1} = 0$；$F_{S_{y2}} = -F$，$M_{z2} = -Fa$；

$F_{y3} = 2F$，$M_{z3} = -Fa$

c) $F_{S_{y1}} = -F$，$M_{z1} = -Fa$；$F_{S_{y2}} = 0$，$M_{z2} = 0$

d) $F_{S_{y1}} = -\dfrac{M_e}{2a}$，$M_{z1} = -\dfrac{M_e}{2}$；$F_{S_{y2}} = -\dfrac{M_e}{2a}$，$M_{z2} = \dfrac{M_e}{2}$

e) $F_{S_{y1}} = -F$，$M_{z1} = 3Fa$；$F_{S_{y2}} = -F$，$M_{z2} = 2Fa$

f) $F_{S_{y1}} = \dfrac{9}{32}ql$，$M_{z1} = \dfrac{9}{128}ql^2$；$F_{S_{y2}} = \dfrac{1}{32}ql$，$M_{z2} = \dfrac{7}{64}ql^2$

**7-2** a) $F_{S_{y1}}(x) = 0$，$M_{z1}(x) = Fa$　　$(0 \leqslant x \leqslant a)$

$F_{S_{y2}}(x) = F$，$M_{z1}(x) = F(2a-x)$　　$(a \leqslant x \leqslant 2a)$

b) $F_{S_{y1}}(x) = F$，$M_{z1}(x) = 3Fa-Fx$　　$(0 \leqslant x \leqslant a)$

$F_{S_{y2}}(x) = F$，$M_{z1}(x) = F(2a-x)$　　$(a \leqslant x \leqslant 2a)$

c) $F_{S_{y1}}(x) = -\dfrac{F}{2}$, $M_{z1}(x) = \dfrac{1}{2}Fx$ $\quad(0 \leqslant x \leqslant a)$

$\quad F_{S_{y2}}(x) = -\dfrac{F}{2}$, $M_{z2}(x) = -\dfrac{1}{2}Fx+Fa$ $\quad(a \leqslant x \leqslant 3a)$

$\quad F_{S_{y3}}(x) = \dfrac{F}{2}$, $M_{z3}(x) = -\dfrac{1}{2}Fx+\dfrac{3}{2}Fa$ $\quad(3a \leqslant x \leqslant 4a)$

d) $F_{S_{y1}}(x) = 0$, $M_{z1}(x) = 0$ $\quad(0 \leqslant x \leqslant a)$

$\quad F_{S_{y2}}(x) = 0$, $M_{z2}(x) = -M_e$ $\quad(a \leqslant x \leqslant 3a)$

$\quad F_{S_{y3}}(x) = 0$, $M_{z3}(x) = 0$ $\quad(3a \leqslant x \leqslant 4a)$

e) $F_{Sy}(x) = qx-\dfrac{3}{4}qa$, $M_z(x) = \dfrac{3}{4}qax-\dfrac{1}{2}qx^2$ $\quad(0 \leqslant x \leqslant a)$

f) $F_{S_{y1}}(x) = \dfrac{F}{2}$, $M_{z1}(x) = -\dfrac{1}{2}Fx$ $\quad(0 \leqslant x \leqslant 2a)$

$\quad F_{S_{y2}}(x) = -F$, $M_{z2}(x) = Fx-3Fa$ $\quad(2a \leqslant x \leqslant 3a)$

g) $F_{S_{y1}}(x) = qx-\dfrac{1}{2}qa$, $M_{z1}(x) = -\dfrac{1}{2}qx^2+\dfrac{1}{2}qax$ $\quad(0 \leqslant x \leqslant 2a)$

$\quad F_{S_{y2}}(x) = -qa$, $M_{z2}(x) = qax-3qa^2$ $\quad(2a \leqslant x \leqslant 3a)$

h) $F_{S_{y1}}(x) = 0$, $M_{z1}(x) = -qa^2$ $\quad(0 \leqslant x \leqslant a)$

$\quad F_{S_{y2}}(x) = -\dfrac{11}{12}qa$, $M_{z2}(x) = \dfrac{11}{12}qax-\dfrac{23}{12}qa^2$ $\quad(a \leqslant x \leqslant 2a)$

$\quad F_{S_{y3}}(x) = \dfrac{1}{12}qa$, $M_{z3}(x) = \dfrac{19}{12}qa^2-\dfrac{7}{12}qax$ $\quad(2a \leqslant x \leqslant 3a)$

$\quad F_{S_{y4}}(x) = \dfrac{1}{2a}qx^2-4qx+8qa$, $M_{z4}(x) = \dfrac{1}{3a}qx^3-\dfrac{21}{6}qx^2+12qax-\dfrac{40}{3}qa^2$

$$(3a \leqslant x \leqslant 4a)$$

**7-8** $\sigma_{max} = \dfrac{Ed}{D+d}$

**7-9** $\sigma_{实max} = 159\text{MPa}$, $\sigma_{空max} = 93.6\text{MPa}$, 减少 41%

**7-10** $B$ 截面 $\sigma_t = 94.1\text{MPa}$, $C$ 截面 $\sigma_t = 174.1\text{MPa}$, $\sigma_{max} = 174.1\text{MPa}$

**7-11** $\sigma_{max} = 194\text{MPa}$, $\tau_{max} = 48.3\text{MPa}$, $\tau_{缝} = 33.3\text{MPa}$

**7-12** $A$ 点：$\sigma_1 = 16.67\text{MPa}$, $\sigma_2 = 0$, $\sigma_3 = -16.67\text{MPa}$

$\quad B$ 点：$\sigma_1 = 0.93\text{MPa}$, $\sigma_2 = 0$, $\sigma_3 = -167.6\text{MPa}$

$\quad C$ 点：$\sigma_1 = \sigma_2 = 0$, $\sigma_3 = -666.7\text{MPa}$

$\quad D$ 点：同 $C$ 点

$\quad E$ 点：$\sigma_1 = \sigma_2 = \sigma_3 = 0$

**7-14** $F = 15\text{kN}$

**7-15** $\sigma_s = 89.7\text{MPa}$, $\sigma_W = 3.92\text{MPa}$

**7-16** $\sigma_s = 65\text{MPa}$, $\sigma_W = 8.6\text{MPa}$

**7-17** $\sigma_{max} = 120\text{MPa}$

**7-20**  a) $\theta_B = -\dfrac{q_0 l^3}{24EI_z}$, $v_B = -\dfrac{q_0 l^4}{30EI_z}$  b) $\theta_B = -\dfrac{13ql^3}{48EI_z}$, $v_B = -\dfrac{71ql^4}{384EI_z}$

  c) $\theta_B = -\dfrac{9Fl^2}{8EI_z}$, $v_B = -\dfrac{29Fl^3}{48EI_z}$  d) $\theta_B = -\dfrac{ql^3}{48EI_z}$, $v_B = -\dfrac{ql^4}{128EI_z}$

**7-21**  a) $v_A = -\dfrac{5ql^4}{24EI_z}$, $\theta_B = -\dfrac{ql^3}{12EI_z}$  b) $v_A = -\dfrac{27qa^4}{128EI_z}$, $\theta_B = \dfrac{13ql^3}{48EI_z}$

  c) $v_A = \dfrac{ql^4}{16EI_z}$, $\theta_B = \dfrac{ql^3}{12EI_z}$  d) $v_A = \dfrac{qa^4}{6EI_z}$, $\theta_B = \dfrac{11ql^3}{24EI_z}$

**7-22**  $a = \dfrac{2l}{3}$

**7-23**  $v(x) = \dfrac{Px^3}{3EI_z}$

**7-24**  $\sigma_{t\,max} = 32.7\mathrm{MPa}$  $\sigma_{c\,max} = 33.7\mathrm{MPa}$

第 8 章

**8-2**  $\tan\alpha = \dfrac{W_y}{W_z} = \dfrac{9.72}{49} = 0.198$, 即 $\alpha = 11.2°$

**8-3**  $\alpha = 25.5°$, $\sigma_{x\,max} = 9.83\mathrm{MPa}$

**8-4**  $\sigma_{x\,max} = 157.1\mathrm{MPa}$

**8-5**  $\sigma_H = -10.8\mathrm{MPa}$, $\tau_H = 4.7\mathrm{MPa}$; $\sigma_K = -42.1\mathrm{MPa}$, $\tau_K = 0$

**8-6**  $\sigma_{x\,max} = 55.7\mathrm{MPa}$

**8-7**  $\sigma_{x\,t\,max} = 5.4\mathrm{MPa}$

**8-8**  $\sigma_{x\,t\,max} = 26.9\mathrm{MPa}$, $\sigma_{x\,c\,max} = -32.3\mathrm{MPa}$

**8-9**  $\sigma_{max} = 140\mathrm{MPa}$

**8-10**  点 $a$: $\sigma_a = 41.6\mathrm{MPa}$, 点 $b$: $\sigma_b = 240\mathrm{MPa}$, 点 $c$: $\sigma_c = -6.9\mathrm{MPa}$, 点 $d$: $\sigma_d = 116\mathrm{MPa}$

**8-12**  $\sigma_1 = 105.9\mathrm{MPa}$, $\sigma_2 = 0$, $\sigma_3 = -25.9\mathrm{MPa}$, $F_x = 100.5\mathrm{kN}$, $M_e = 657.3\mathrm{N \cdot m}$

**8-13**  $\sigma_{xH} = 12\mathrm{MPa}$, $\tau_{xzH} = 19.1\mathrm{MPa}$, $\sigma_{1H} = 26\mathrm{MPa}$, $\sigma_{2H} = 0$, $\sigma_{3H} = -14\mathrm{MPa}$;

  $\sigma_{xK} = -3.98\mathrm{MPa}$, $\tau_{xyK} = 19.1\mathrm{MPa}$, $\sigma_{1K} = 17.2\mathrm{MPa}$, $\sigma_{2K} = 0$, $\sigma_{3K} = -21.2\mathrm{MPa}$

**8-14**  $B$ 截面上: $\sigma_1 = 212\mathrm{MPa}$, $\sigma_2 = 0$, $\sigma_3 = -4.6\mathrm{MPa}$

**8-15**  $\sigma_{xH} = -14.1\mathrm{MPa}$, $\tau_{xyH} = 0.6\mathrm{MPa}$

**8-16**  $\sigma_{xa} = 41.8\mathrm{MPa}$, $\tau_{xza} = 16.3\mathrm{MPa}$, $\sigma_{1a} = 47.4\mathrm{MPa}$, $\sigma_{2a} = 0$, $\sigma_{3a} = -5.6\mathrm{MPa}$; $\sigma_{xb} = -82.3\mathrm{MPa}$,

  $\tau_{xyb} = 16.3\mathrm{MPa}$, $\sigma_{1b} = 3.1\mathrm{MPa}$, $\sigma_{2b} = 0$, $\sigma_{3b} = -85.4\mathrm{MPa}$

**8-17**  $H$: $\sigma_{xH} = 6.94\mathrm{MPa}$, $\tau_{xzH} = 3.05\mathrm{MPa}$; $J$: $\sigma_{xJ} = -8.06\mathrm{MPa}$, $\tau_{xzJ} = 0$

**8-18**  $a$: $\sigma_{xa} = 0$, $\tau_{xza} = 26.7\mathrm{MPa}$; $c$: $\sigma_{xc} = 24\mathrm{MPa}$, $\tau_{xyc} = 8.3\mathrm{MPa}$

第 9 章

**9-2**  $v_C = \dfrac{Ml^2}{16EI}$ ( $\downarrow$ ), $\theta_A = \dfrac{Ml}{6EI}$ (顺时针)

**9-3**  $v_B = \dfrac{5Fa^3}{12EI}$ ( $\downarrow$ ), $\theta_A = \dfrac{5Fa^2}{4EI}$ (逆时针)

**9-4**  $\theta_{AB} = \dfrac{2\pi FR^2}{EI}$

**9-5**  $u_B = 0.5 \dfrac{FR^3}{EI}$ （←），$v_B = 3.36 \dfrac{FR^3}{EI}$ （↓）

**9-6**  $\theta_A = \dfrac{ql^3}{12EI}$ （逆时针）；$u_A = \dfrac{13ql^4}{48EI}$ （→）

**9-7**  $\theta_A = \dfrac{al\ (t_2-t_1)}{2h}$ （顺时针），$\Delta_C = \dfrac{al^2\ (t_2-t_1)}{8h}$ （↓）

**9-8**  $\theta_A = \dfrac{Fx}{6EIl}\ (l-x)\ (2l-x)$ （顺时针）

**9-9**  a) $\dfrac{3.375Fl}{EA}$ （向右），b) $\dfrac{2.375Fl}{EA}$ （向右）

**9-10**  $\dfrac{5Fl^3}{48EI}$ （向下），$\dfrac{3Fl^2}{8EI}$ （逆时针）

**9-11**  $\dfrac{ql^4}{768EI}$ （向上），$\dfrac{ql^3}{384EI}$ （逆时针）

**9-12**  1) $\dfrac{Ml}{3EI}$ （逆时针），2) $\dfrac{Ml}{6EI}$ （顺时针），3) $\dfrac{Ml}{24EI}$ （顺时针）

**9-13**  4.07mm （向下）

**9-14**  $\dfrac{2Fl^3}{3EI}$ （向右），$\dfrac{Fl^2}{6EI}$ （逆时针）

**9-15**  841mm.

**9-16**  164.6MPa.

**9-17**  7.11mm，140.1MPa.

**9-18**  $\dfrac{2Fl^3}{3EI}$ （向下）

**9-19**  $\sigma_d = \dfrac{Wl}{4W_z}\left[1+\sqrt{1+\dfrac{48EI\ (v^2+gl)}{gWl^3}}\right]$

**9-20**  $\sigma_d = \dfrac{W}{A}\left[1+\dfrac{v}{\sqrt{g\left(\dfrac{gl^3}{3EI}+\dfrac{Wl}{EA}\right)}}\right]$

第 10 章

**10-1**  a) 2 次    b) 1 次    c) 6 次    d) 4 次    e) 5 次    f) 1 次

**10-2**  $F_{BC} = \dfrac{FAl^2}{Al^2+3I}$，$\Delta_B = \dfrac{Fl^3}{EAl^2+3EI}$

**10-3**  $v_D = 5.05$mm

**10-4**  $F_C = 24.08$kN

**10-5**  $\Delta = \dfrac{7qL^4}{1152EI}$

**10-7** a) $F_{C_x} = -\dfrac{P}{\pi}$, $F_{C_y} = \dfrac{P}{2}$, $F_{B_x} = \dfrac{P}{\pi}$, $F_{B_y} = \dfrac{P}{2}$

b) $F_{A_y} = \dfrac{4M_0}{\pi R}$, $F_{B_y} = -\dfrac{4M_0}{\pi R}$, $F_{B_x} = 0$, $M_B = \left(\dfrac{4}{\pi} - 1\right)M_0 = 0.273M_0$

$u_A = \left(\dfrac{\pi}{2} - \dfrac{2}{\pi} - 1\right)\dfrac{R^2}{EI}M_0 = -0.066\dfrac{R^2}{EI}M_0$

**10-10** $F_{BC} = \dfrac{F}{2}$

**10-11** a) 1) $F_{N_{BC}} = \dfrac{25}{53}F$, 2) $\Delta_B = \dfrac{145}{53EA}Fa$

b) 1) $F_{N_{BC}} = 1.2F$, 2) $\Delta_B = \dfrac{8.53Fa}{EA}$

**10-12** a) $F_{N_{AD}} = F_{N_{BD}} = \dfrac{F\cos^2\alpha}{1+2\cos^3\alpha}$ （拉）, $F_{N_{CD}} = \dfrac{F}{1+2\cos^3\alpha}$ （拉）

b) $F_{N_{AD}} = \dfrac{F}{2\sin\alpha}$ （拉）, $F_{N_{BD}} = \dfrac{F}{2\sin\alpha}$ （压）, $F_{N_{CD}} = 0$

c) $F_{N_{AD}} = \dfrac{F\sin^2\alpha}{1+\cos^3\alpha+\sin^3\alpha}$ （拉）, $F_{N_{BD}} = \dfrac{F(1+\cos^3\alpha)}{1+\cos^3\alpha+\sin^3\alpha}$ （拉）,

$F_{N_{CD}} = \dfrac{F\sin^2\alpha\cos\alpha}{1+\cos^3\alpha+\sin^3\alpha}$ （压）

**10-13** $F_1 = \dfrac{I_1 l_2{}^3}{I_2 l_1{}^3 + I_1 l_2{}^3}F$, $F_2 = \dfrac{I_2 l_1{}^3}{I_2 l_1{}^3 + I_1 l_2{}^3}F$

**10-14** $F_{N_{BC}} = 82.8\text{kN}$ （压）

**10-16** a) $M_{\max} = \dfrac{1}{12}ql^2$, $\Delta_{A/B} = \dfrac{1}{64EI}ql^4$; b) $M_{\max} = \dfrac{Fl}{8}$, $\Delta_{A/B} = \dfrac{Fl^3}{96EI}$

c) $M_{\max} = \dfrac{Fl}{2}$, $\Delta_{A/B} = 0$; d) $M_{\max} = \dfrac{1}{4}ql^2$, $\Delta_{A/B} = 0$

**10-17** a) $\Delta_{A/B} = 0$; b) $\Delta_{A/B} = \dfrac{0.0422FR^3}{EI}$

**10-18** a) $|M|_{\max} = qa^2$, $T_{\max} = 0.145qa^2$; b) $M_{\max} = 0.61Fa$, $T = 0.11Fa$

**10-20** $M_B = \dfrac{30EI\delta}{7l^2}$, $M_C = -\dfrac{36EI\delta}{7l^2}$

第 11 章

**11-1** a) $\sigma_{r1} = 90\text{MPa}$  $\sigma_{r2} = 93\text{MPa}$  $\sigma_{r3} = 100\text{MPa}$  $\sigma_{r4} = 95.39\text{MPa}$

b) $\sigma_{r1} = 10\text{MPa}$  $\sigma_{r2} = 37\text{MPa}$  $\sigma_{r3} = 100\text{MPa}$  $\sigma_{r4} = 95.39\text{MPa}$

**11-2** （1）$\sigma_{r3} = 135\text{MPa}$, $\sigma_{r4} = 119\text{MPa}$; （2）$\sigma_{r1} = 30\text{MPa}$, $\sigma_{r2} = 31.2\text{MPa}$

**11-4** a) $\sigma_{r3} = 110\text{MPa}$  $\sigma_{r4} = 95.39\text{MPa}$

b) $\sigma_{r3} = 110\text{MPa}$  $\sigma_{r4} = 95.39\text{MPa}$

**11-5** $\sigma_{r3} = 149.0\text{MPa}$, $\sigma_{r4} = 141.6\text{MPa}$

**11-8**  $\sigma_{r3} = 250\text{MPa}$，$\sigma_{r4} = 229\text{MPa}$

**11-9**  $\sigma_{r3} = 168.3\text{MPa}$

**11-10**  $n_3 = 1.92$，$n_4 = 2.19$

**11-11**  （a）$\sigma_{r3} = p$，$\sigma_{r4} = p$；（b）$\sigma_{r3} = \dfrac{1-2\nu}{1-\nu}p$，$\sigma_{r4} = \dfrac{1-2\nu}{1-\nu}p$

**11-12**  $\sigma_1 = 50\text{MPa}$，$\sigma_2 = 0$，$\sigma_3 = -150\text{MPa}$

**11-13**  （a）152MPa；（b）132.8MPa；（c）192.4MPa

第 12 章

**12-1**  $\sigma_{AB} = -47.4\text{MPa} < [\sigma]$，$\sigma_{BC} = 103.5\text{MPa} < [\sigma]$，$\sigma_{BD} = 200\text{MPa} > [\sigma]$，不安全

**12-2**  $\sigma_{AC} = 106.2\text{MPa} < [\sigma]_{\text{st}}$，$\sigma_{BC} = 60\text{MPa} < [\sigma]_{\text{al}}$，安全

**12-3**  $n = 199$ 根，No4 角钢（40×40×5）

**12-4**  $[F_{AC}] = 61.8\text{kN}$，$[F_{BC}] = 41\text{kN}$，$[F] = 41\text{kN}$

**12-5**  （1）$\sigma_{AB} = 160\text{MPa}$，$\sigma_{BC} = 12.8\text{MPa} > [\sigma]_{\text{W}}$，结构强度不够；（2）$AB$ 杆不变，$BC$ 杆截面为 $b = 63.2\text{mm}$，$h = 126.5\text{mm}$

**12-6**  $F = 18.7\text{kN}$，不安全

**12-7**  （1）$d_1 \geqslant 84.6\text{mm}$，$d_2 \geqslant 74.5\text{mm}$，（2）$d = 84.6\text{mm}$，（3）略

**12-8**  $d_1 \geqslant 82.4\text{mm}$，$d_2 \geqslant 61.8\text{mm}$

**12-9**  $d \geqslant 69.5\text{mm}$

**12-10**  $\tau_{1\text{max}} = 41\text{MPa}$，$\tau_{2\text{max}} = 54.1\text{MPa}$，均安全

**12-11**  $y = 153.6\text{mm}$

$C^+$：$\sigma_t = 60.4\text{MPa} > [\sigma_t]$，$[\sigma_c] = 37.9\text{MPa} < [\sigma_c]$，不安全

$C^-$：$\sigma_c = 45.3\text{MPa} < [\sigma_c]$

**12-12**  $\sigma_{\text{max}} = 6.7\text{MPa} < [\sigma]$，$\tau_{\text{max}} = 1\text{MPa} < [\tau]$

**12-13**  $a = 2.12\text{m}$，$q = 25\text{kN/m}$

**12-14**  No 28a（或 No 25b）

**12-15**  $h/b = \sqrt{2}$，$d = 227\text{mm}$

**12-16**  $b = 161.3\text{mm}$，$h = 242\text{mm}$

**12-17**  $b = 510\text{mm}$

**12-18**  $F = 907\text{kN}$

**12-19**  $b_1 = 41.7\text{mm}$，$h_1 = 125\text{mm}$，$b_2 = 40\text{mm}$，$h_2 = 120\text{mm}$

**12-20**  （1）$2\text{m} \leqslant a \leqslant 2.667\text{m}$；（2）No 50a

**12-21**  （1）$q = 15.68\text{kN/m}$；（2）$d = 16.8\text{mm}$

**12-22**  $I_z = 2.126 \times 10^{-3}\text{m}^4$

最大正应力所在点 $\sigma = 158\text{MPa}$，

最大切应力所在点 $\sigma_{r4} = 127\text{MPa}$，

腹板和翼缘交界处 $\sigma_{r4} = 141.6\text{MPa}$，安全

**12-23**  $v_c = 0.0246\text{mm} < [v]$，安全

**12-24**  $d \geqslant 112\text{mm}$

**12-25**  $v_{\text{max}} = 12\text{mm} < [v] = 17.5\text{mm}$，安全

**12-26**  No 22a

**12-27**  （a）$\sigma_{\max}=133.3\mathrm{MPa}>[\sigma]$，不安全；（b）、（c）$\sigma_{\max}=100\mathrm{MPa}<[\sigma]$，安全

**12-28**  （1）$h=75\mathrm{mm}$；（2）$\sigma_{\max}=40\mathrm{MPa}$，安全

**12-29**  $C$ 截面 $\sigma_{\max}=12\mathrm{MPa}<[\sigma]$，$D$ 截面 $\sigma_{\max}=12\mathrm{MPa}<[\sigma]$，安全

**12-30**  $\alpha=11.2°$

**12-31**  No 32b

**12-32**  $[F]=3.75\mathrm{kN}$

**12-33**  $d\geqslant31.7\mathrm{mm}$，$d\geqslant30.8\mathrm{mm}$

**12-34**  $d=51.8\mathrm{mm}$

**12-35**  $\sigma_{r3}=58.3\mathrm{MPa}<[\sigma]$，安全

**12-36**  （1）$d=48\mathrm{mm}$；（2）$d=49.3\mathrm{mm}$

**12-37**  $\sigma_{r3}=144\mathrm{MPa}<[\sigma]\times105\%$，安全

**12-38**  $\sqrt{\left(\dfrac{4F_{\mathrm{N}}}{\pi d^{2}}\right)^{2}+3\left(\dfrac{16T}{\pi d^{3}}\right)^{2}}\leqslant[\sigma]$

**12-39**  $\sigma_{r3}=107.4\mathrm{MPa}<[\sigma]$，安全

**12-40**  $\sigma_{r4}=119.6\mathrm{MPa}<[\sigma]$，安全

第 13 章

**13-1**  $d=34\mathrm{mm}$，$\delta=10.4\mathrm{mm}$

**13-2**  $\tau=88.5\mathrm{MPa}<[\tau]$，安全

**13-3**  $\tau=84\mathrm{MPa}<[\tau]$，$\sigma_{\mathrm{bs}}=198\mathrm{MPa}<[\sigma_{\mathrm{bs}}]$，$\sigma_{\max}=152\mathrm{MPa}<[\sigma]$，安全

**13-4**  $F_{\max}=292\mathrm{kN}$

**13-5**  $\tau_{铜}=127\mathrm{MPa}$，$\tau_{销}=152.8\mathrm{MPa}$

**13-6**  $d\geqslant15\mathrm{mm}$

**13-7**  $\sigma=153.4\mathrm{MPa}<[\sigma]$，$\tau=146.4\mathrm{MPa}>[\tau]$，$\sigma_{\mathrm{bs}}=230\mathrm{MPa}<[\sigma_{\mathrm{bs}}]$，不安全

**13-8**  $\delta\geqslant9\mathrm{mm}$，$l\geqslant90\mathrm{mm}$，$h\geqslant48\mathrm{mm}$

**13-9**  $[F]=384\mathrm{kN}$

**13-10**  $[F]=203\mathrm{kN}$

第 14 章

**14-1**  $F_{\mathrm{u}}=\dfrac{\sqrt{2}+\sqrt{3}}{2\sqrt{3}}A\sigma_{\mathrm{s}}$

**14-2**  $F_{\mathrm{u}}=\dfrac{2+\sqrt{2}}{2}A\sigma_{\mathrm{s}}$

**14-3**  $F_{\mathrm{u}}=130\mathrm{kN}$，关系曲线略

**14-4**  $F_{\mathrm{u}}=2A\sigma_{\mathrm{s}}$，关系曲线略

**14-5**  $[F]=120\mathrm{kN}$

**14-6**  $[F]=4380\mathrm{kN}$

**14-7**  $[F]=15\mathrm{kN}$

**14-8**  实心轴 $T_{\mathrm{u}}=9.04\ \mathrm{kN·m}$，空心轴 $T_{\mathrm{u}}=18.7\ \mathrm{kN·m}$

**14-9** $T_u = \dfrac{2\pi}{3}(R^3 - r^3)\tau_s$

**14-10** $\dfrac{T_u}{T_s} = \dfrac{4}{3}\dfrac{(1-\alpha^3)}{(1-\alpha^4)}$, $\alpha = \dfrac{d}{D}$

**14-11** $T = 1.448$ kN·m

**14-12** $M_u = 3.35$ kN·m

## 第 15 章

**15-1** $\sigma_m = 200$MPa, $\sigma_a = 100$MPa, $r = 0.333$

**15-2** （1） $r = 1$; （2） $r = -1$

**15-3** $\sigma_{max} = 152.8$MPa, $\sigma_{min} = -101.8$MPa, $\sigma_m = 25.5$MPa, $\sigma_a = 127.3$MPa, $r = -0.666$

**15-4** $\sigma_{max} = -\sigma_{min} = 75.5$MPa, $\sigma_m = 0$, $\sigma_a = 75.5$MPa, $r = -1$, $\sigma\text{-}t$ 曲线略

**15-5** $K_{f\sigma} = 1.55$, $K_{f\tau} = 1.26$, $\varepsilon_\sigma = 0.77$, $\varepsilon_\tau = 0.81$

**15-6** $n_\sigma = 1.4$

**15-7** $n_\tau = 1.84 > [n_f]$

**15-8** $n_\sigma = 2.92 > [n_f]$

**15-10** $n_{\sigma\tau} = 1.88$

**15-11** $n_\sigma = 1.03$

## 第 16 章

**16-3** $F_{cr} = 88.6$kN

**16-4** $F_{cr} = 255$kN

**16-5** $\sigma_{cr} = 666$MPa, $F_{cr} = 401.7$kN

**16-6** $\theta = \arctan(\cot^2\beta)$

**16-7** $n_{st} = 7.46 > [n_{st}]$，稳定

**16-8** $[F] = 84.5$kN

**16-9** $[d] = 24.6$mm

**16-10** $n_{st} = 4.15 > [n_{st}]$，稳定

**16-11** $[D] = 30.54$mm

**16-12** $n_{st} = 7.69 > [n_{st}]$，稳定

**16-13** $\sigma = 56.6$MPa, $[\sigma]_{st} = 92.4$MPa, $\sigma < [\sigma]_{st}$，稳定

**16-14** $[F] = 1941.5$kN

**16-15** $n_{st} = 2.16$

**16-16** $[F] = 159.99$kN

**16-17** $\sigma_{CD} = 56.1$MPa, $\sigma_{AB} = 98.4$MPa, $[\sigma]_{st} = 69.1$MPa，安全

**16-18** $T = 95.76$℃

**16-19** $n_{st} = 2.33 < [n_{st}]$，不稳定

**16-20** $F = 70.35$kN

# 参 考 文 献

[1] 赵九江，张少实，王春香. 材料力学[M]. 哈尔滨：哈尔滨工业大学出版社，1992.

[2] Beer F P, Johnston E R. Mechanics of Materials[M]. 2nd ed. New York：McGraw Hill, 1992.

[3] Александров А В, Потапов В Д. Сопротивление материалов[M]. Москва：Высшая Школа, 2000.

[4] Ицкович Г М, Минин Л С. Руководство к Решению Задач по Сопротивлению Материалов[M]. Москва：Высшая Школа, 1999.

[5] 有光隆. はじめての材料力学[M]. 东京：株式會社技術評論社, 1999.

[6] 单辉祖. 材料力学 （Ⅰ）[M]. 北京：高等教育出版社, 1999.

[7] 单辉祖. 材料力学 （Ⅱ）[M]. 北京：高等教育出版社, 1999.

[8] 孙训方，方孝淑，关来泰. 材料力学[M]. 3 版. 北京：高等教育出版社, 1994.

# 机械工业出版社畅销本版力学教材推荐

| 书　名 | 主　编 | ISBN 号 | 备　注 |
|---|---|---|---|
| 工程力学（工程静力学与材料力学）　第2版 | 范钦珊　蔡　新 | 10407 | 面向21世纪课程教材；含1CD；用于工程管理类专业 |
| 工程力学 | 范钦珊　蔡　新　陈建平 | 20896 | 面向21世纪课程教材；含1CD；60-90学时 |
| 工程力学　第4版 | 张秉荣 | 35749 | 普通院校机电类、近机类专业适用；60-120学时；课件/学习指导 |
| 工程力学（静力学与材料力学） | 王永廉 | 44785 | 应用型本科院校及独立学院适用；课件/学习指导 |
| 工程力学 | 赵　晴 | 26607 | 普通高等教育机电类规划教材；含1CD |
| 工程力学（静力学与材料力学） | 顾晓勤 | 45010 | 应用型本科院校适用；48-64学时 |
| 工程力学（教程篇）　第2版 | 周松鹤　徐烈烜 | 11314 | "十一五"国家规划教材；非机专业适用 |
| 工程力学（导学篇）　第2版 | 王斌耀　顾惠琳 | 11441 | "十一五"国家规划教材 |
| 理论力学　第4版 | 贾启芬　刘习军 | 55049 | "十二五"国家规划教材；新形态教材；课件/学习指导/视频、动画 |
| 理论力学　第2版 | 王永廉　唐国兴 | 33944 | 应用型本科院校及独立学院适用；课件/学习指导 |
| 理论力学　第3版 | 曹咏弘 | 57545 | 机械类、土建类专业适用 |
| 理论力学 | 冯维明 | 58663 | "十三五"国家重点图书；新形态教材 |
| 材料力学　第3版 | 王永廉 | 56740 | "十二五"国家规划教材；应用型本科院校及独立学院适用；课件/学习指导/教学设计/备课笔记/教师手册/动画视频 |
| 材料力学 | 范钦珊　李　晨 | 32078 | "十二五"国家规划教材； |
| 新编材料力学　第3版 | 张少实　王春香 | 58650 | "十一五"国家规划教材；国家首批精品课程主讲教材；国家精品资源共享课程主体教材；新形态教材 |
| 材料力学　第2版 | 聂毓琴　孟广伟 | 13760 | 侧重机械工程方向 |
| 材料力学简明教程（中、少学时） | 孟庆东 | 35194 | 机类、近机类专业适用；中、少学时 |
| 材料力学Ⅰ、Ⅱ | 杨伯源 | 09701、09999 | 侧重土木工程方向 |
| 结构力学Ⅰ、Ⅱ | 萧允徽　张来仪 | 19638、20784 | "十一五"国家规划教材 |
| …… | | | |

力学教材咨询：

张金奎　jinkuizhang@buaa.edu.cn　010-88379722

张　超　endnote2015@163.com　010-88379479

# 机械工业出版社 ⟨经⟩⟨典⟩⟨外⟩⟨版⟩力学教材推荐

| 书 名 | 作/译者 | ISBN 号 |
|---|---|---|
| 工程力学(静力学与材料力学)(翻译版,原书第4版) Statics and Mechanics of Materials | R. C. Hibbeler/范钦珊等 | 978-7-111-58327-1 |
| 工程力学(静力学与材料力学)(影印版,原书第3版) Statics and Mechanics of Materials | R. C. Hibbeler | 978-7-111-45687-2 |
| 静力学(翻译版,原书第12版)　　Statics | R. C. Hibbeler/李俊峰等 | 978-7-111-42443-7 |
| 静力学(影印版,原书第12版)　　Statics | R. C. Hibbeler | 978-7-111-44734-4 |
| 动力学(翻译版,原书第12版)　　Dynamics | R. C. Hibbeler/李俊峰等 | 978-7-111-49048-7 |
| 动力学(影印版,原书第12版)　　Dynamics | R. C. Hibbeler | 978-7-111-44719-1 |
| 材料力学(影印版,原书第8版)　　Mechanics of Materials | R. C. Hibbeler | 978-7-111-44480-0 |
| 材料力学(翻译版,原书第8版)　　Mechanics of Materials | J. M. Gere, B. J. Goodno/王一军 | 978-7-111-53069-5 |
| 材料力学(英文版,原书第7版)　　Mechanics of Materials | J. M. Gere, B. J. Goodno | 978-7-111-35011-8 |
| 材料力学(翻译版,原书第6版)　　Mechanics of Materials | F. P. Beer 等/陶秋帆　范钦珊 | 978-7-111-49016-6 |
| 材料力学(英文版,原书第6版)　　Mechanics of Materials | F. P. Beer 等 | 978-7-111-43247-0 |
| 生物流体力学(翻译版,原书第2版)　Biofluid Mechanics | K. B. Chandran /邓小燕等 | 978-7-111-47205-6 |
| 非线性动力学与混沌(翻译版,原书第2版) Nonlinear Dynamics and chaos | S. H. Strogatz/孙梅　汪小帆等 | 978-7-111-54894-2 |
| 计算流体力学基础及其应用(翻译版) Computational Fluid Dynamics | J. D. Anderson /吴颂平　刘赵淼 | 978-7-111-19393-7 |
| 流体力学及其工程应用(翻译版,原书第10版) Fluid Mechanics with Engineering Applications | E. J. Finnemore, J. B. Franzini/ 钱翼稷　周玉文 | 978-7-111-17723-4 |
| 流体力学及其工程应用(英文版,原书第10版) Fluid Mechanics with Engineering Applications | E. J. Finnemore, J. B. Franzini | 978-7-111-43255-5 |
| 流体力学基础及其工程应用(英文版,原书第2版) Fluid Mechanics Fundamentals and Applications | Y. A. Cengel, J. M. Cimbala | 978-7-111-43507-5 |
| …… | | |

力学教材咨询:

张金奎　jinkuizhang@ buaa. edu. cn　010-88379722

张　超　endnote2015@163. com　　010-88379479